住房和城乡建设部“十四五”规划教材
高等学校给排水科学与工程专业系列教材

给水排水工程规划(第二版)

熊家晴　主　编
张琼华　副主编
郑兴灿　主　审

中国建筑工业出版社

图书在版编目(CIP)数据

给水排水工程规划 / 熊家晴主编；张琼华副主编
. — 2版. — 北京：中国建筑工业出版社，2023.11
住房和城乡建设部“十四五”规划教材 高等学校给
排水科学与工程专业系列教材
ISBN 978-7-112-29102-1

Ⅰ. ①给… Ⅱ. ①熊… ②张… Ⅲ. ①给排水系统—
工程施工—高等学校—教材 Ⅳ. ①TU991

中国国家版本馆 CIP 数据核字(2023)第 170533 号

本书系统论述了城市给水排水工程规划的理论和方法，全书分为两个部分共12章，第1～6章为第一部分，主要介绍城市给水排水工程规划的基础知识和基本理论，包括：城市给水排水工程规划概述、规划原理与方法、地形图的识别与应用、规划与勘测、3S技术应用、水环境分析与评价等基础知识；第7～12章为第二部分，主要是城市给水排水工程规划的具体内容，包括：给水工程规划、排水工程规划、再生水系统工程规划、防洪排涝工程规划、区域给水排水工程综合规划以及城市给水排水工程总体规划、分区规划、详细规划、海绵城市专项规划和水环境综合治理规划实例。

本书为高等学校给排水科学与工程专业教材，也可作为高等学校城乡规划专业、环境科学与工程及相关专业教师的教学参考书，还可用作为规划设计、规划环境评价以及工程管理和相关研究人员的参考用书。

为便于教学，作者制作了与教材相关的课件，如有需要，可发邮件（标注书名、作者名）至 jckj@cabp.com.cn 索取，或到 http://edu.cabplink.com 下载，联系电话：(010) 58337285。

责任编辑：王美玲
责任校对：芦欣甜
校对整理：张惠雯

住房和城乡建设部“十四五”规划教材
高等学校给排水科学与工程专业系列教材
给水排水工程规划（第二版）
熊家晴 主 编
张琼华 副主编
郑兴灿 主 审
*
中国建筑工业出版社出版、发行（北京海淀三里河路9号）
各地新华书店、建筑书店经销
北京红光制版公司制版
北京君升印刷有限公司印刷
*
开本：787毫米×1092毫米 1/16 印张：23¼ 字数：563千字
2023年11月第二版 2023年11月第一次印刷
定价：**50.00**元（赠教师课件）
ISBN 978-7-112-29102-1
(41679)

出版说明

党和国家高度重视教材建设。2016年，中共中央办公厅、国务院办公厅印发了《关于加强和改进新形势下大中小学教材建设的意见》，提出要健全国家教材制度。2019年12月，教育部牵头制定了《普通高等学校教材管理办法》和《职业院校教材管理办法》，旨在全面加强党的领导，切实提高教材建设的科学化水平，打造精品教材。住房和城乡建设部历来重视土建类学科专业教材建设，从“九五”开始组织部级规划教材立项工作，经过近30年的不断建设，规划教材提升了住房和城乡建设行业教材质量和认可度，出版了一系列精品教材，有效促进了行业部门引导专业教育，推动了行业高质量发展。

为进一步加强高等教育、职业教育住房和城乡建设领域学科专业教材建设工作，提高住房和城乡建设行业人才培养质量，2020年12月，住房和城乡建设部办公厅印发《关于申报高等教育职业教育住房和城乡建设领域学科专业“十四五”规划教材的通知》（建办人函〔2020〕656号），开展了住房和城乡建设部“十四五”规划教材选题的申报工作。经过专家评审和部人事司审核，512项选题列入住房和城乡建设领域学科专业“十四五”规划教材（简称规划教材）。2021年9月，住房和城乡建设部印发了《高等教育职业教育住房和城乡建设领域学科专业“十四五”规划教材选题的通知》（建人函〔2021〕36号）。为做好“十四五”规划教材的编写、审核、出版等工作，《通知》要求：（1）规划教材的编著者应依据《住房和城乡建设领域学科专业“十四五”规划教材申请书》（简称《申请书》）中的立项目标、申报依据、工作安排及进度，按时编写出高质量的教材；（2）规划教材编著者所在单位应履行《申请书》中的学校保证计划实施的主要条件，支持编著者按计划完成书稿编写工作；（3）高等学校土建类专业课程教材与教学资源专家委员会、全国住房和城乡建设职业教育教学指导委员会、住房和城乡建设部中等职业教育专业指导委员会应做好规划教材的指导、协调和审稿等工作，保证编写质量；（4）规划教材出版单位应积极配合，做好编辑、出版、发行等工作；（5）规划教材封面和书脊应标注“住房和城乡建设部‘十四五’规划教材”字样和统一标识；（6）规划教材应在“十四五”期间完成出版，逾期不能完成的，不再作为《住房和城乡建设领域学科专业“十四五”规划教材》。

住房和城乡建设领域学科专业“十四五”规划教材的特点，一是重点以修订教育部、住房和城乡建设部“十二五”“十三五”规划教材为主；二是严格按照专业标准规范要求编写，体现新发展理念；三是系列教材具有明显特点，满足不同层次和类型的学校专业教学要求；四是配备了数字资源，适应现代化教学的要求。规划教材的出版凝聚了作者、主审及编辑的心血，得到了有关院校、出版单位的大力支持，教材建设管理过程有严格保障。希望广大院校及各专业师生在选用、使用过程中，对规划教材的编写、出版质量进行反馈，以促进规划教材建设质量不断提高。

住房和城乡建设部“十四五”规划教材办公室
2021 年 11 月

第二版前言

本书在上一版的基础上，结合专业和学科发展以及国家有关部门最近颁布的标准进行了修订，编写单位与人员做了变动，内容有较大的更新和补充，同时增加了课后思考题。对第一版中语言表述不够确切、不够完整的地方进行了修改和完善，使用过程中读者提出的建议和意见，在修订过程中均做了认真考虑。

本版除了内容更新和补充外，对第一版课程结构进行了优化，将原第 7 章纳入第 1 章，丰富了给水排水系统分析方法，增加了电子地图信息的获取、识别与应用、海绵城市和水环境专项规划实例等内容。由于我国的城市规划体系还不完善，随着国土空间规划相关法规的颁布，城市给水排水工程规划相关内容必然发生相应变化，为应对社会发展与国家治理需求，我们将在后续版本中进一步调整、完善。

本书修订稿第 1、3、11 章由西安建筑科技大学熊家晴、张琼华编写；第 2、4、5 章由西安建筑科技大学张琼华、胡以松编写；第 6、7、10 章由西安工程大学王楠、西安建筑科技大学熊家晴编写；第 8、9 章由西安建筑科技大学胡以松、熊家晴编写；第 12 章由西安建筑科技大学张琼华、西安工程大学王楠编写；第 12 章部分案例由中国市政工程中南设计研究总院有限公司和中国市政工程华北设计研究总院有限公司提供；全书由西安建筑科技大学熊家晴主编，国家城市给水排水工程技术研究中心郑兴灿主审。

由于编者水平有限，希望读者提出宝贵意见，以使本教材不断完善。

第一版前言

水是生命之源，也是人类文明之本。水为人类的繁衍生息和社会文明进步作出了重要贡献，是城市生活与生产必不可少的物质。水资源紧缺和水污染问题已经成为世界性的两大水环境问题。探索一条人与自然和谐相处，促进经济社会和人的全面协调，可持续发展的道路是城市规划面临的重要课题。城市给水排水系统由城市给水工程系统和城市排水工程系统组成，具有保证城市正常取水、供水、排水及污水处理与综合利用等功能，是城市重要的基础设施。随着我国国民经济和城市建设的迅速发展，城市给水排水等基础设施的作用与重要性日趋突出。城市给水排水工程规划是集城市水源、给水、排水、污水处理与综合利用等规划于一体的专项规划，也是城市规划的重要组成部分。

合理的城市给水排水工程规划设计要求设计者和管理者对城市基本自然条件、经济和社会状况有比较全面的了解和认识，对城市的基本地形、水文地质、工程地质等进行必要的勘测与分析，掌握第一手资料。只有掌握城市的基本情况，才能使城市给水排水工程规划更加合理和具有可操作性。

本书阐述了城市给水排水工程规划基本原理和基本原则，依据《中华人民共和国城市规划法》等现行法规，从城市给水排水工程规划对基础资料的基本要求出发，详细阐述了规划对城市基本信息（如地形图、环境水文地质与工程地质）的要求、水资源分析与评价、GIS 的基础知识以及在给水排水工程规划中的应用等。根据中国现代城市建设的需要、现代城市规划理论与给水排水工程技术的发展，本着可持续发展的原则，根据一般城市给水排水工程规划的程序，从规划任务、规划原则和规划内容几个方面对城市给水工程规划、排水工程规划、再生水系统工程规划、防洪排涝工程规划和区域给水排水工程规划进行了详细论述。结合规划设计实践，给出了城市给水排水工程总体规划、分区规划、详细规划等阶段的设计实例和示范规划设计过程，有助于读者更好地理解、掌握、运用城市给水排水工程规划的专业知识、技术程序和操作方法。

本书注重工程规划设计的特点，结合给水排水工程规划的基本要求，突出理论的系统性和先进性，力求理论和实践有机结合，系统明确、程序连贯、内容翔实丰富、图文并茂，示范性和实用性强，极具参考应用价值。可作为在校生教科书及教师教学指导用书，也可以作为规划设计、规划环境评价人员参考用书。

本书内容共 13 章，参加编写人员有：嘉兴学院戚玉丽（第 3、4 章部分内容），西安建筑科技大学张荔（第 5、6 章），中国市政工程中南设计研究院沈文（第 7、13 章部分内容)，西安建筑科技大学高必征（第 8、9 章部分内容)。

本书由西安建筑科技大学熊家晴主编，中国市政工程中南设计研究院沈月明主审。

本书涉及内容广泛且编者水平有限，时间紧迫，错误和不足之处在所难免，恳请读者批评指正。

目　录

第1章 概　　述

1.1 城市规划基本概念

城市规划（urban planning）是研究城市的未来发展、城市的合理布局和综合安排城市各项工程建设的综合部署，是一定时期内城市发展的蓝图，是城市管理的重要组成部分，也是城市建设和管理的依据。城市的复杂系统特性决定了城市规划是随城市发展与运行状况定期调整、不断修订、持续改进和完善的复杂连续决策过程。传统的城市规划多注意城市地区的实体特征，而现代城市规划则试图研究各种经济、社会和环境因素的相互关系，并制订能反映这种连续相互作用的规划。城市规划通常包括总体规划和详细规划两个阶段。在一些大中城市，总体规划和详细规划之间有时还增加城市分区规划，此外还有根据特定对象进行的其他性质的专项规划和功能规划。

(1) 总体规划（comprehensive planning）

总体规划指综合性的城市规划，是确定一个城市的性质、规模、发展方向以及制订城市中各类建设的总体布局的全面环境安排的城市规划。总体规划包括选定规划定额指标、制订城市远、近期目标及其实施步骤和措施等工作。

(2) 分区规划（city district planning）

在城市总体规划的基础上，对局部地区的土地利用、人口分布、公共设施、城市基础设施的配置等方面所作的进一步安排以便与详细规划更好地衔接。在城市总体规划完成后，大、中城市可根据需要编制分区规划，分区规划宜在市区范围内同步展开，各分区在编制过程中应及时综合协调。分区范围的界线划分宜根据总体规划的组团布局，结合城市的区、街道等行政区划，以及河流、道路等自然地物确定。

(3) 详细规划（detailed planning）

详细规划是以城市总体规划或分区规划为依据，对一定时期内城市局部地区的土地利用、空间环境、各项建设用地和各种基础设施所作的具体安排。其主要指按城市总体规划的要求对城市局部地区近期需要建设的房屋建筑、市政工程、园林绿化等作出具体布置的规划，为建筑设计提供依据，内容包括：选定技术经济指标，提出建筑空间处理要求，确定各项用地的控制性坐标、建筑物（构筑物）位置与标高、工程管线位置和标高等。城市详细规划又具体分为控制性详细规划和修建性详细规划。

1）控制性详细规划（regulatory planning）

控制性详细规划以城市总体规划或分区规划为依据，确定建设地区的土地使用性质和使用强度的控制指标、道路和工程管线控制性位置以及空间环境控制的规划要求。

2）修建性详细规划（constructive detailed planning）

修建性详细规划以城市总体规划、分区规划或控制性详细规划为依据，制订用以指导各项建筑和工程设施的设计和施工的规划设计。修建性详细规划可以由有关单位依据控制性详细规划及建设主管部门（城乡规划主管部门）提出的规划条件，委托城市规划编制单位编制。

（4）专项规划（specialized planning）

专项规划是针对国民经济和社会发展的重点领域和薄弱环节、关系全局的重大问题编制的规划，是总体规划的若干主要方面、重点领域的展开、深化和具体化，必须符合总体规划的总体要求，并与总体规划相衔接，如海绵城市专项规划、防洪排涝专项规划、黑臭水体整治专项规划等。

（5）功能规划（functional planning ）

对某些领域（如运输、住房和水质）的需要或活动定出目标、政策和工作程序的规划，通常由政府制订。如我国要求各省、市、自治区、新疆建设兵团编制《城市饮用水供水设施改造和建设规划》《全国重点镇供水设施改造和建设规划》《南水北调工程节水规划》等。

（6）实体规划（physical planning ）

实体规划是为开发或改造一个地区而预先做出的设计，把现有一切自然和人为的物质条件纳入规划，加以全面考虑，包括基础设施、房屋建筑、最佳开发战略等。

（7）建设场地规划（site planning ）

建设场地规划是为某一地块的建设所准备的平面布置图、说明书及工程细节，包括对设施的位置、标高、市政设施、道路、人行道、停车场、绿化等细节的考虑。

（8）城市总体规划纲要（master planning outline）

城市总体规划纲要是确定城市总体规划的重大原则的纲领性文件，是编制城市总体规划的依据。

（9）近期建设规划（immediate plan）

近期建设规划是在城市总体规划中，对短期内建设目标、发展布局和主要建设项目的实施所作的安排。

（10）城市规划管理（urban planning administration）

城市规划管理是城市规划编制、审批和实施等管理工作的统称。

1.2 城市规划基本术语

了解和掌握城市规划一般术语，对于规划设计人员来说至关重要，《城市规划基本术语标准》GB/T 50280－1998 中有许多术语与给水排水工程规划息息相关，需要从业人员对这些名词的内涵和外延有足够的理解。

1.2.1 城市与城市化

（1）城市/城镇（city/town）

要了解城市/城镇的概念，需要首先了解居民点（settlement）的概念。居民点是城市（城镇）的基本构成单元，是人类按照生产和生活需要而形成的集聚定居地点。按性质和人口规模，居民点分为城市和乡村两大类。城市/城镇是指以非农产业和非农业人口聚集为主要特征的居民点。城市/城镇包括按国家行政建制设立的市和镇。其中市（municipality city）是指经国家批准设市建制的行政地域；镇（town）是指经国家批准设镇建制的行政地域。

（2）城市化（urbanization）

人类生产和生活方式由乡村型向城市型转化的历史过程，表现为乡村人口向城市人口转化以及城市不断发展和完善的过程，又称城镇化、都市化。在这个过程中，人们常常提到一个概念就是城市化水平（urbanization level），它是衡量城市化发展程度的数量指标，一般用一定地域内城市人口占总人口比例来表示。

（3）城镇体系（urban system）

一定区域内在经济、社会和空间发展上具有有机联系的城市群体（agglomeration）。城市群指一定地域内城市分布较为密集的地区。与城市群相对应的一个概念就是卫星城——卫星城镇（satellite town）是指在大城市市区外围兴建的、与市区既有一定距离又相互间密切联系的城市。

（4）城市性质（designated function of a city）

在中国城市的总体规划中，根据城市的形成与发展的主导因素确定它在国家和地区的政治、经济、文化中的地位和作用。

（5）城市规划区（urban planning area）

城市规划区为城市市区、近郊区以及城市行政区域内其他因城市建设和发展需要实行规划控制的区域。

（6）城市建成区（urban built-up area）

城市建成区为城市行政区内实际已成片开发建设，市政公用设施和公共设施基本具备的地区。

（7）开发区（development area）

开发区为由国务院和省级人民政府确定设立的实行国家特定优惠政策的各类开发建设地区的统称。

（8）旧城改造（urban redevelopment）

旧城改造为对城市旧区进行的调整城市结构、优化城市用地布局、改善和更新基础设施、整治城市环境、保护城市历史风貌等的建设活动。

（9）城市基础设施（urban infrastructure）

城市基础设施为城市生存和发展所必须具备的工程性基础设施和社会性基础设施的总称。工程性基础设施一般指能源供给系统、给水排水系统、道路交通系统、通信系统、环境卫生系统以及城市防灾系统六大系统。社会性基础设施则指城市行政管理、文化教育、医疗卫生、基础性商业服务、教育科研、宗教、社会福利及住房保障等。城市基础设施一般多指工程性基础设施。

1.2.2 城市规划编制

（1）发展战略

1）城市发展战略（strategy for urban development）

城市发展战略为对城市经济、社会、环境的发展所作的全局性、长远性和纲领性的谋划。

2）城市职能（urban function）

城市职能为城市在一定地域内的经济、社会发展中所发挥的作用和承担的分工。

3）城市规模（city size）

以城市人口和城市用地总量所表示的城市的大小。

4）城市发展方向（direction for urban development）

城市各项建设规模扩大所引起的城市空间地域扩展的主要方向。

5）城市发展目标（goal for urban development）

在城市发展战略和城市规划中所拟定的一定时期内城市经济、社会、环境的发展所应达到的目的和指标。

（2）城市人口

1）城市人口结构（urban population structure）

城市人口结构为一定时期内城市人口按照性别、年龄、家庭、职业、文化、民族等因素的构成状况。

2）城市人口年龄构成（urban population age composition）

城市人口年龄构成为一定时期内城市人口按年龄的自然顺序排列的数列所反映的年龄状况，以年龄的基本特征划分的各年龄组人数占总人口的比例表示。

3）城市人口增长（urban population growth）

城市人口增长是指在一定时期内由于出生、死亡和迁入、迁出等因素的消长，导致城市人口数量增加或减少的变动现象。这里有几个相关概念需要了解：城市人口增长率（urban population growth rate）：一年内城市人口增长的绝对数量与同期该城市年平均总人口数之比；城市人口自然增长率（natural growth rate of urban population）：一年内城市人口因出生和死亡因素的消长，导致人口增减的绝对数量与同期该城市年平均总人口数之比；城市人口机械增长率（mechanical growth rate of urban population）：一年内城市人口因迁入和迁出因素的消长，导致人口增减的绝对数量与同期该城市年平均总人口数之比。

4）城市人口预测（urban population forecast）

城市人口预测为对未来一定时期内城市人口数量和人口构成的发展趋势所进行的测算。

（3）城市用地

城市用地（urban land）是城市规划区范围内赋以一定用途和功能的土地的统称，是用于城市建设和满足城市机能运转所需要的土地。如城市的工厂、住宅、公园等城市设施的建筑活动，都要由土地来承载，而且各类功能用途的土地经过规划配置，使之具有城市整体而有机的运营功能。《城市用地分类与规划建设用地标准》GB 50137－2011 对城市用地进行了分类，见表 1-1。

城市用地分类 **表 1-1**

城市用地性质	概　　念
居住用地（residential land）	城市中住宅及相当于居住小区及小区级以下的公共服务设施、道路和绿地等设施的建设用地
公共设施用地（public facilities）	城市中为社会服务的行政、经济、文化、教育、卫生、体育、科研及设计等机构或设施的建设用地
工业用地（industrial land）	城市中工矿企业的生产车间、库房、堆场、构筑物及其附属设施（包括其专用的铁路、码头和道路等）的建设用地

续表

城市用地性质	概　念
仓储用地（warehouse land）	城市中仓储企业的库房、堆场和包装加工车间及其附属设施的建设用地
对外交通用地（intercity transportation land）	城市对外联系的铁路、公路、管道运输设施、港口、机场及其附属设施的建设用地
道路广场用地（roads and squares）	城市中道路、广场和公共停车场等设施的建设用地
市政公用设施用地（municipal utilities）	城市中为生活及生产服务的各项基础设施的建设用地，包括：供应设施、交通设施、邮电设施、环境卫生设施、施工与维修设施、殡葬设施及其他市政公用设施的建设用地
绿地（green space）	城市中专门用以改善生态、保护环境、为居民提供游憩场地和美化景观的绿化用地
特殊用地（specially-designated land）	城市中军事用地、外事用地及保安用地等特殊性质的用地
水域和其他用地（waters and miscellaneous）	城市范围内包括耕地、园地、林地、牧草地、村镇建设用地、露天矿用地和弃置地，以及江、河、湖、海、水库、苇地、滩涂和渠道等常年有水或季节性有水的全部水域
保留地（reserved land）	城市中留待未来开发建设的或禁止开发的规划控制用地

1）城市用地评价（urban landuse evaluation）

根据城市发展的要求，对可能作为城市建设用地的自然条件和开发的区位条件所进行的工程评估及技术经济评价。

2）城市用地平衡（urban landuse balance）

根据城市建设用地标准和实际需要，对各类城市用地的数量和比例所作的调整和综合平衡。

（4）城市总体布局

1）城市结构（urban structure）

城市结构为构成城市经济、社会、环境发展的主要要素，在一定时间内形成的相互关联、相互影响与相互制约的关系。

2）城市功能分区（functional districts）

城市功能分区为将城市中各种物质要素，如住宅、工厂、公共设施、道路、绿地等按不同功能进行分区布置，组成一个相互联系的有机整体。

3）工业区（industrial district）

工业区为城市中工业企业比较集中的地区。

4）居住区（residential district）

居住区为城市中由城市主要道路或片段分界线所围合，设有与其居住人口规模相应的、较完善的、能满足该区居民物质与文化生活所需的公共服务设施的相对独立的居住生活聚居地区。

5）商业区（commercial district）

商业区为城市中市级或区级商业设施比较集中的地区。

6）文教区（institutes and colleges district）

文教区为城市中大专院校及科研机构比较集中的地区。

7）中心商务区［central business district（CBD）］

大城市中金融、贸易、信息和商务办公活动高度集中，并附有购物、文娱、服务等配套设施的城市中综合经济活动的核心地区。

8）仓储区（warehouse district）

为储藏城市生活或生产资料，城市中比较集中布置仓库、储料棚或储存场地的独立地区或地段称为仓储区。

9）综合区（mixed-use district）

城市中根据规划可以兼容多种不同使用功能的地区称为综合区。

10）风景区（scenic zone）

城市范围内自然景物、人文景物比较集中，以自然景物为主体，环境优美，具有一定规模，可供人们游览、休息的地区称为风景区。

11）市中心（civic center）

市中心为城市中重要市级公共设施比较集中、人群流动频繁的公共活动地段。

12）副中心（sub-civic center）

副中心为城市中为分散市中心活动强度的、辅助性的次于市中心的市级公共活动中心。

（5）居住区规划

居住区规划（residential district planning）是对城市居住区的住宅、公共设施、公共绿地、室外环境、道路交通和市政公用设施所进行的综合性具体安排。

1）十五分钟生活圈居住区（15-min pedestrian-scale neigh-borhood）

以居民步行15min可满足其物质与生活文化需求为原则划分的居住区范围；一般由城市干路或用地边界线所围合，居住人口规模为50000～100000人（约17000～32000套住宅），配套设施完善的地区。

2）十分钟生活圈居住区（10-min pedestrian-scale neighbor-hood）

以居民步行10min可满足其物质与生活文化需求为原则划分的居住区范围；一般由城市干路、支路或用地边界线所围合，居住人口规模为15000～25000人（约5000～8000套住宅），配套设施齐全的地区。

3）五分钟生活圈居住区（5-min pedestrian-scale neighbor-hood）

以居民步行5min可满足其物质与生活文化需求为原则划分的居住区范围；一般由支路及以上城市道路或用地边界线所围合，居住人口规模为5000～12000人（约1500～4000套住宅），配建社区服务设施的地区。

（6）城市绿地系统

城市绿化（urban afforestation）是城市中栽种植物和利用自然条件以改善城市生态，保护环境，为居民提供游憩场地和美化城市景观的活动。城市绿地系统（urban green space system）是指城市中各种类型和规模的绿化用地组成的整体，一般分为如下几类：

1）公共绿地（public green space）

城市中向公众开放的绿化用地，包括其范围内的水域。

2）公园（park）

城市中具有一定的用地范围和良好的绿化及一定服务设施，供群众游憩的公共绿地。

3）绿带（green belt）

在城市组团之间、城市周围或相邻城市之间设置的用以控制城市扩展的绿色开敞空间。

4）专用绿地（specified green space）

城市中行政、经济、文化、教育、卫生、体育、科研、设计等机构或设施，以及工厂和部队驻地范围内的绿化用地。

5）防护绿地（green buffer）

城市中具有卫生、隔离和安全防护功能的林带及绿化用地。

（7）竖向规划和工程管线综合

1）竖向规划（vertical planning）

为满足城市开发建设地区（或地段）道路交通、地面排水、建筑布置和城市景观等方面的综合要求，对自然地形进行利用、改造、确定坡度、控制高程和平衡土方等而进行的规划设计，称为竖向规划。

2）城市工程管线综合（integrated design for utilities pipelines）

统筹安排城市建设地区各类工程管线的空间位置，综合协调工程管线之间以及与城市其他各项工程之间的矛盾所进行的规划设计，称为城市工程管线综合。

1.2.3 城市规划管理

（1）城市规划法规（legislation on urban planning）

城市规划法规为按照国家立法程序所制定的关于城市规划编制、审批和实施管理的法律、行政法规、部门规章、地方法规和地方规章的总称。

（2）规划审批程序（procedure for approval of urban plan）

规划审批程序为对已编制完成的城市规划，依据城市规划法规所实行的分级审批过程和要求。

（3）城市规划用地管理（urban planning land use administration）

城市规划用地管理为根据城市规划法规和批准的城市规划，对城市规划区内建设项目用地的选址、定点和范围的划定，总平面审查，核发建设用地规划许可证等各项管理工作的总称。

（4）选址意见书（permission notes for location）

选址意见书为城市规划行政主管部门依法核发的有关建设项目的选址和布局的法律凭证。

（5）建设用地规划许可证（land use permit）

建设用地规划许可证为经城市规划行政主管部门依法确认其建设项目位置和用地范围的法律凭证。

（6）城市规划建设管理（urban planning and development control）

城市规划建设管理为根据城市规划法规和批准的城市规划，对城市规划区内的各项建设活动所实行的审查、监督检查以及违法建设行为的查处等各项管理工作的统称。

（7）建设工程规划许可证（building permit）

建设工程规划许可证为城市规划行政主管部门依法核发的有关建设工程的法律凭证。

（8）建筑面积密度（total floor space per hectare plot）

建筑面积密度为每公顷建筑用地上容纳的建筑物的总建筑面积。

（9）容积率（plot ratio，floor area ratio）

容积率为一定地块内，总建筑面积与建筑用地面积的比值。

（10）建筑密度（building density，building coverage）

建筑密度为一定地块内所有建筑物的基底总面积占用地面积的比例。

（11）建筑七线（building lines）

建筑七线包括红线、绿线、蓝线、紫线、黑线、橙线和黄线。红线针对道路控制；绿线针对城市公共绿地、公园、单位绿地和环城绿地等的控制；蓝线针对城市水面的控制；紫线针对历史文化街区的保护；黑线针对给水排水、电力、电信、燃气等市政管网的管控；橙线针对轨道交通管理；黄线针对地下文物管理。

（12）人口毛密度（residential density）

人口毛密度为单位居住用地上居住的人口数量。

（13）人口净密度（net residential density）

人口净密度为单位住宅用地上居住的人口数量。

（14）建筑间距（building interval）

建筑间距为两栋建筑物或构筑物外墙之间的水平距离。

（15）城市道路面积率（urban road area ratio）

城市道路面积率为城市一定地区内，城市道路用地总面积占该地区总面积的比例。

（16）绿地率（greening rate）

绿地率为城市一定地区内各类绿化用地总面积占该地区总面积的比例。

1.3 城市规划的特征与任务

城市规划首先是一门综合性很强的跨专业学科，它涵盖政治、经济、地理信息、建筑工程、建筑设计、城市景观设计、环境科学与工程和管理工程等诸多要素。城市规划的根本目的是发展经济、改善人民生活并保护环境。城市规划总的来说是通过各种手段的控制、调节，使社会和国民经济协调稳定的发展，并用行政、法律的手段来保障这种发展。城市规划在城市建设中起着“龙头”作用，这是由城市规划的特性及其在城市建设中的地位决定的。

1.3.1 城市规划的基本特征

（1）城市规划的综合性

城市规划是国家和人民根本利益的体现，具有很强的综合性。它不仅要解决单项工程建设的合理性问题，而且还要解决各个单项工程之间相互关系的合理性问题。要运用综合的、全局的观点正确处理城市与乡村、生产与生活、局部与整体、近期与远期、地上与地下、平时与战时、经济建设与环境保护等一系列关系，处理经济、社会、环境效益问题，进行多方案比较、可行性研究和科学论证，筛选出合理可行的最佳城市建设和社会发展方案。

（2）城市规划的政策性

城市规划是城市政府根据城市经济、社会发展目标和客观规律对城市发展建设所作出的综合部署和统筹安排，是城市各项土地利用和建设必须遵循的指导性文件，具有很强的政策性。它表明政府对特定地区建设和发展所要采取的行动，也是国家对城市发展进行宏观调控的手段之一。它一方面提供城市社会发展的保障措施；另一方面又以政府干预的方式克服市场的消极因素，并将规划政策告知公众，实现全社会对国家政策和规划策略的认同。批准的城市规划具有法律效力，而且城市规划的制定与实施受法律保护，它是城市人民政府及其规划行政主管部门依法行政、依法办事、依法治城的依据和准则。是否按城市规划的要求进行建设，是区别合法与违法的界限。城市规划要发挥空间利益的调控作用，必须按照公共政策的理论框架，以空间利益为核心，展开对规划主体、规划过程和规划制度研究。

（3）城市规划的前瞻性

城市规划既要解决城市当前建设中的问题，做好各项基本建设的前期调查研究和可行性论证，又要考虑城市的长远发展需要，超前研究建设中即将出现的一些重大问题，并对城市建设加以引导和控制，保持城市发展的整体性，具有很强的前瞻性。城市规划是城市发展建设和管理的“龙头”，城市的发展建设和管理的好坏在很大程度上取决于规划的优劣和执行的力度。

（4）城市规划的引导性

城市规划的最终目的，是促进经济、社会和环境的协调发展。城市规划管理工作作为政府的一项职能，其管理目标是创造良好的投资环境和生活生产环境，为城市的现代化服务。城市规划管理的根本目标就是服务与引导，同时在管理过程中，实施有效的监控，协调个人利益、集体利益与公共利益的关系，实现公共利益的最大化，保障城市健康有序和可持续发展。

（5）城市规划的连续性

城市的布局结构和形态是长期的历史发展所形成的，通过城市的建设和改造来改变城市的布局和形态需要一个相当长的时间。它的发展速度要和经济、社会发展的速度相适应，与城市能够提供的财力、物力、人力相适应。尽管城市规划表现出一定的阶段性特征，但随着经济社会的发展和时间的推移，在一定历史条件下审批的城市规划项目、建设用地和建设工程仍需保持一定的连续性。

1.3.2 城市规划的主要任务

（1）查明城市区域范围内的自然条件、自然资源、经济地理条件、城市建设条件、现有经济基础和历史发展的特点，确定本城市在区域中的地位和作用；

（2）确定城市性质、规模及长远发展方向，拟定城市发展的合理规模和各项技术经济指标；

（3）选择城市各项功能组成部分的建设用地，并进行合理组织和布局，确定城市规划空间结构；

(4) 拟定旧城改建的原则、方式、步骤及有关政策；

(5) 拟定城市布局和城市设计方案以保持城市特色；

(6) 确定各项城市基础设施的规划原则和工程规划方案；

(7) 与城市国民经济计划部门相结合，安排近期城市的各项建设项目。

1.4 城市给水排水工程规划必要性和原则

1.4.1 城市给水排水系统规划的必要性

城市给水排水系统既是城市大系统的一个重要组成部分，又是区域水资源系统的一个子系统。因此，城市给水排水系统规划要与城市规划和区域水资源综合规划相协调，既要满足城市高质量、高保证率供水的需要，支持城市的发展，又要根据区域水资源的条件，对城市的发展提出调整和制约的要求。如果一个地区的水资源非常短缺，不能满足城市发展的需要，且采取一定措施后仍不能达到供需平衡，那么这个城市的发展就将受到刚性制约。缺水城市不宜发展耗水量大、污染严重的工业。水资源过分紧张的地区应调整产业结构，组成节水、高效利用的产业体系。

城市给水排水系统的结构是分层的，城市给水排水系统规划也应有明确的层次，并与不同阶段的城市规划内容相适应。在城镇体系规划阶段，城市给水排水系统（控制）规划的主要任务是在宏观层面上，应做好区域水资源的供需平衡分析，合理选择水源，划定水源保护区；在城市总体规划阶段，给水排水系统（总体）规划的主要任务是研究城市规划区内的各类用水需求，优先满足生活用水，合理安排生产和生态用水，确定水源地、给水厂、污水处理厂及其管网设施的发展目标和总体布局；在城市详细规划阶段，水系统（详细或专项）规划的主要任务是确定规划期内给水排水系统及其网络设施建设的规模、详细布局和运行管理方案。

城市给水排水系统建设中存在规划不协调、建设不配套、管理不统一等问题，规划中要注重厂网配套和供水、排水及污水处理能力的协调增长。城市水资源的保护和利用存在因水源污染而被迫在给水厂前端设置污水处理设施对原水进行预处理，因缺水需对污水处理厂的出水进行深度处理后回用等情况。在这些情况下，给水系统和排水系统相互交织，城市水源、供水、用水、排水等子系统之间的关系变得越来越密切，相互间的制约作用也越来越明显，客观上需要从系统总体规划的层面上加强协调与整合。此外，在总体规划中，给水工程、排水工程、水资源保护等专业规划之间缺乏有机联系。加强给水排水工程规划是实施城市给水排水系统有效控制的重要手段。

1.4.2 城市给水排水系统规划的基本原则

(1) 可持续原则

水资源的可持续利用强调允许当代人满足其需求而不损害后代人满足其自身需求的可能性，水资源的可持续利用与水资源保护互为因果，互相促进。实现水资源的可持续利用，支撑和保障经济社会的可持续发展，需要从各个方面促进有效节约、保护、开发、管理和使用水资源，应对全球水资源短缺的挑战。规划过程中必须考虑水资源的承载能力，必须在掌握其特点和规律的基础上进行适度、可持续的开发和利用，兼顾经济发展和生态平衡。

（2）经济性原则

在城市发展过程中，资源占用与能源消耗过大，建设行为分散，要坚持适用、经济的原则。规划过程中要科学合理地确定城市给水排水工程各项定额指标，对一些重大水环境问题和决策进行经济综合论证，围绕“双碳”目标充分考虑绿色低碳发展。

（3）前瞻性与可操作性统一原则

在城市给水排水工程规划过程中既要考虑城市当前社会经济发展水平和区域环境状况，使规划具有可操作性，又要考虑发展的长期目标，使规划具有前瞻性。科学制定规划，既突出前瞻性和建设性，又兼顾针对性和可操作性，推动城市高质量发展。

（4）安全性原则

规划中要考虑系统的安全性，包括供水安全性、排污治理安全性、生态安全性等方面。供水系统要在一定时间一定范围内有足够的水质水量能满足要求，供水系统输送到用户要有一定的保证率，要考虑在重大环境地质灾害（如在地震、洪涝、海啸、台风等）、人为破坏（污染、投毒等）的条件下保证最基本的生活用水，要有足够的备用水源和可靠的供水系统。排污治理需要评估故障时产生环境影响、生态灾难的可能性。

（5）综合性原则

城市给水排水工程规划须从实际出发，正确处理和协调各种关系。规划过程中，应当使城市的发展规模、各项建设标准、定额指标等与国家和地方的经济技术发展水平相适应；要正确处理好城市局部建设和整体发展的辩证关系；正确处理好近期建设与远期发展的辩证关系，规划既要保持近期建设的相对完整，又要科学预测城市远景发展的需要；要处理好城市经济发展和环境建设的辩证关系，注意保护和改善城市生态环境，防止污染和其他公害，加强城市绿化建设和市容环境卫生建设，保护历史文化遗产、城市传统风貌、地方特色和自然景观，使城市的经济发展与环境建设同步进行。

1.5　城市给水排水工程规划的地位和作用

给水排水工程是城市基础设施的一个组成部分，为保障人民生活和工业生产，城市必须具有完善的给水系统和排水系统。经过 40 多年改革开放的发展和积累，我国已处于城市化高速增长期，2019 年全国平均城市化率超过 60％，根据联合国的估测，世界发达国家的城市化率在 2050 年将达到 86％，我国的城市化率在 2050 年将达到 71.2％。给水排水工程作为城市经济和城市空间实体赖以存在和发展的支撑条件之一，其设施的建设水平是城市的现代化水平标志之一。给水排水工程规划是对城市的水源、供水、用水、排水、污水处理、水生态持水等各要素进行综合布置、设计和管理、优化水资源的配置，科学的规划可以促进城市给水排水系统的良性循环和城市的可持续发展，而科学合理的规划取决于高起点的统一的规划编制办法和要求。

城市给水排水工程规划是城市规划的有机组成部分，它的作用主要体现在以下几个方面：

（1）引领作用

城市给水排水工程规划是城市给水排水工程设施发展建设和管理的关键和依据。应充分发挥城市给水排水工程规划的引领作用，科学编制未来发展规划，把握未来发展主动权。以未来引领当下，以当下决定未来，推动城市高质量发展。

(2) 指导作用

规划编制工作多是根据建设需要进行的，由于规划编制单位、编制时段的不同，各层级规划之间往往缺乏有效协同，缺乏系统性和整体性，在具体工程项目建设中存在系统性不强，重复建设等问题。因此，在实际工程建设中需要城市市政工程总体规划、分区规划和详细规划约束指导，使之具有系统性和整体性。

(3) 优化作用

城市给水排水工程规划应综合考虑各种关系进行多方案比较、可行性科学论证，筛选最佳方案良好的水环境不是局部地域的，它的范围是整个流域乃至全球，需通过合理配置和优化给水排水工程设施建设，恢复水的健康循环和良好水环境，维系水资源可持续利用。

(4) 管理作用

许多城市在道路、管线等市政工程设施建设中，由于缺乏统一规划导致建设和管理中出现许多矛盾和问题，如：频繁的管道埋设，反复挖填，造成巨大的人力、物力和财力的浪费，而且影响城市形象和交通，给城市居民生活带来诸多不便和安全隐患。城市给水排水工程规划作为市政工程建设的主要内容，合理的规划对城市建设与管理工作具有促进作用。

1.6 给水排水工程规划步骤

城市给水排水工程是一项集城市用水的取水、净化、输送，城市污水的收集、处理、综合利用，降水的汇集、处理、排放以及城区御洪、防洪、排涝为一体的系统工程，是保障城市社会经济活动的生命线工程。

城市给水排水工程规划是城市规划中的一项专业规划，是对城市给水排水工程系统地作出统一安排，从时序上保证给水排水工程建设与城市发展相协调，促进城市的可持续发展，同时也是城市整体开发建设目标的一个重要组成部分。

《中华人民共和国城乡规划法》强调城市总体规划编制时应当编制给水排水工程规划，其重点是优化配置和合理利用水资源，发挥最优的综合效益。城市给水排水工程规划有一定的编制流程，如图 1-1 所示。

1.6.1 规划的层次结构

城市给水排水工程规划作为城市规划的组成部分，可以形成不同空间层次与详细程度的规划。如城市总体规划中的给水排水工程规划、城市分区规划中的给水排水工程规划以及详细规划中的给水排水工程规划。另一方面，也可以针对整个城市单独编制该城市给水排水工程专项规划。专项规划中又包含有不同层面和不同深度的规划内容。这些不同层次、不同深度、不同类型、不同专业的专项规划由相应的政府部门组织编制，作为行业发展的依据。城市规划更多在吸取各专项规划内容的基础上，对各个系统之间进行协调，并将各种设施用地落实到城市空间中去。城市规划的编制程序一般是先编制区域规划和总体规划，然后根据总体规划编制详细规划，如图 1-2 所示。在小城市和县城规划时一般都将总体规划和详细规划合并起来，一次完成。如果城市总体规划编制比较详细，近期建设项目不多，用地范围不大，也可不编制详细规划，依据城市总体规划的要求直接进行建设项

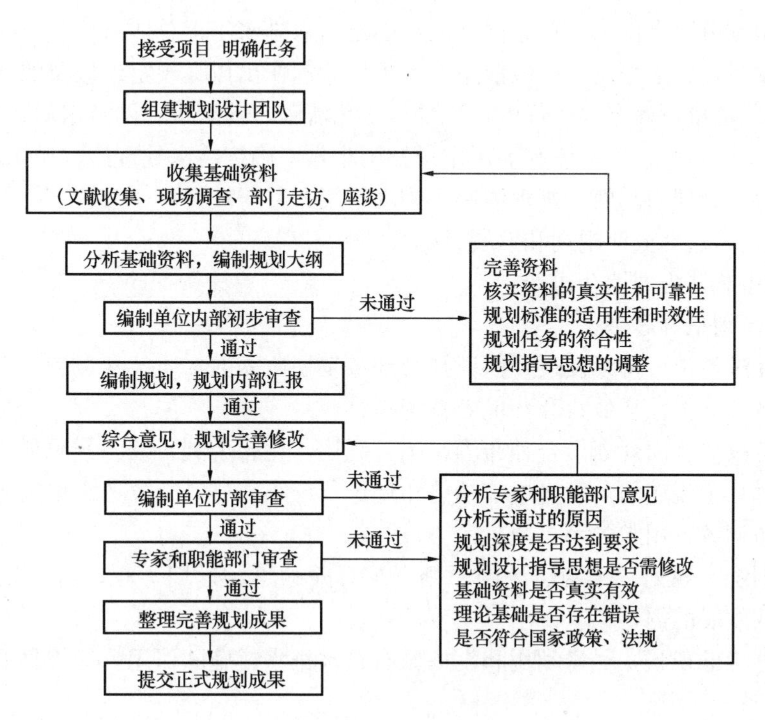

图 1-1　给水排水工程规划编制流程图

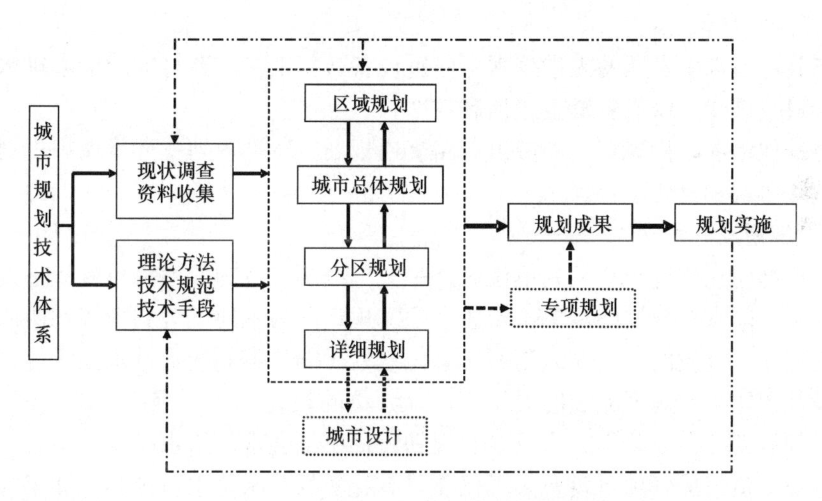

图 1-2　城市规划技术体系结构图

目设计。

给水排水工程专项系统规划的层次划分与相应的城市规划层次相对应。即在拟定专项规划建设目标的基础上，按照空间范围的大小和规划内容的详细程度，依次分为城市给水排水工程总体规划、城市给水排水工程分区规划、城市给水排水工程详细规划。给水排水工程专项规划的工作程序依次为：首先对系统所应满足的需求进行预测分析，其次确定规划目标，并进行系统选型，最后确定设施及管网的具体布局。

1.6.2　规划任务

给水排水工程规划的任务是通过综合研究当地地形、水源条件、城市和工业布局之间的关系，编制城市给水排水工程总体规划，确定给水排水工程总体布局，指导城市给水排水事业合理发展，为工程设计提供依据，为规划管理作出详细规定。涉及的主要内容有：

1）预测用水量，确定水厂规模、厂址、工艺流程、输配水管网及水质、水压要求；

2）预测生活污水、工业废水等污水量和雨水量，确定污水处理厂、排水泵站的规模、厂址、污水污泥处理与利用、排水体制、排水管渠布置与坡度；

3）确定近、远期分期规划和发展目标；

4）与城市总体规划综合协调。

1.6.3 规划指导思想

(1) 以促进城市可持续发展及保证社会经济发展所需的水质、水量和改善水环境为目标，达到经济效益、社会效益和环境效益统一；

(2) 坚持按“全面规划，合理布局，综合利用，化害为利”及“开源节流并重”的方针进行规划，从全流域的角度对城市功能布局进行统筹安排，充分考虑水资源容量和水环境承载力，协调各方用水关系，减少污染；

(3) 根据统一规划、分期建设的原则，统筹兼顾近、远期工程内容，以近期建设为主，考虑远期发展的需要；

(4) 充分考虑现状，尽量利用和发挥原有给水排水设施的作用，使规划的系统与原有系统有机结合；

(5) 根据客观实际因地制宜，在保证水质的前提下，尽量节省工程投资、节省用地、节省能源、降低运行成本；

(6) 充分考虑未来发展的先进技术、先进设备、新工艺、新材料对给水排水专业的影响，有利于科技进步、以节省资金、提高效率；

(7) 与其他单项工程规划，如城市道路交通规划、防洪规划、环境保护规划、防灾工程规划等相互协调和密切配合。

1.6.4 规划设计团队

规划管理部门在挑选规划编制单位时，一般把编制单位的能力和质量权重设为大于设计费用的权重。国家对规划编制单位资质有明文规定，为了便于规划衔接和协调，建议由同一具有规划设计资质的单位在编制城市总体规划时同步编制给水排水工程规划。

规划设计团队决定规划完成的质量，设计人员的教育和培训程度、工作经历及年限、在给水排水领域的工作经验等尤为重要。规划设计小组通常由给水排水、电气、经济、城市规划等专业人员组成，项目负责人不仅要具有扎实的给水排水理论知识和丰富的城市给水厂、污水处理厂及城市给水排水管渠网设计、运行及管理经验，而且能站在城市总体规划的宏观立场上分析并解决水资源现状与城市发展、近期建设与远期规划之间存在的问题，还要具有解决各专业规划之间矛盾的综合能力。

1.6.5 规划基础资料

掌握真实可靠的基础资料是进行成功有效规划的保证。给水排水工程规划的基础资料通常包括气象、水文、地质、地形等自然因素资料，还包括环境保护、城市建设等与给水排水工程有关的规划资料和现状资料。其中给水排水现状资料非常重要，可以进一步细化为：

1）城市给水水源一般指清洁淡水，即传统意义的地下水和地表水，重点了解其水量与水质多水源保障；

2）城市给水厂的设计规模、供水能力、处理工艺、占地面积、投产时间、服务区域、运行负荷率、设备运行安全性、水厂的水质、水压、成本、水价；

3）输配水管路的走向、管径、闸门、消火栓，主干管的流量，测压点的水压；

4）调节水池和加压泵站建造及投入使用时间，调节水池的容积、池底标高、水深、加压泵站规模、设备运行的安全性；

5）污水处理厂的厂址、设计规模、处理等级、处理工艺、占地面积、投产时间、服务区域、设备运行安全性、排水口位置；

6）污泥处理工艺、污泥量、污泥的最终出路；

7）污水处理的运行成本、资金来源；

8）排水体制（分流制和合流制）、排水系统平面布置、管渠走向、管径、排水坡度、排入水体所造成的污染情况。

1.6.6 规划提纲

城市给水工程规划提纲包含选择和寻求城市水源，确定取水和净水方式，布置和建设各类取水、净水、输配水等工程设施和管网系统等。城市排水工程规划包含排水体制、排水量预测、污水处理及污泥处理后达到的标准、排水主干管的走向及管径和埋深、排水泵站、污水处理厂位置选择等。

1.6.7 规划编制

分析基础资料、预测水量、设计系统和设施、管网规划方案等均是规划编制的内容。随着水污染加重和人民生活水平的提高，地表水环境质量标准和生活饮用水质量标准不断修订，国家关于给水排水工程的法律、规范及标准不断更新，编制规划的依据不断调整。同时，通过编制给水排水工程规划，结合当地实际，制定相关的实施办法，补充完善规划依据。

了解水量大、开采集中、水质要求严格、用水连续等城市用水的特点，对区域水资源和水污染控制进行研究，规划思路不能局限于规划期限和规划范围，要从更长的时间和更大的范围远景来探讨水量和水质的保证。

深入分析基础资料，用系统工程观念，从水源、水输送、水处理、水排放等环节，进行综合优化分析和技术经济比较，要有动态规划的概念，确定规划期内给水排水工程的分期实施，便于主管部门实施操作。

城市缺水属于资源型缺水、水质型缺水还是工程型缺水，需要针对不同原因，提出相应的解决办法，避免不加强水污染控制、动辄远距离调水的做法。现状供水水质与规划水质标准比较是否存在较大差距，能否达到饮用水卫生标准，属于水厂净化工艺还是二次污染造成，城市污水处理是采用集中统一处理还是分散处理，这些问题必须在规划编制中发现、分析并且得到解决。

1.6.8 规划成果

规划成果包括文本、图件、说明书、基础资料汇编、展板（或挂图）和规划图纸等六部分。

（1）规划文本。规划文本是对规划的各项目标和内容提出规定性要求的文件，文本是说明书的结论概要，语言要求精练，是用作规划实施、监督的指导性文件，充分表达规划设计的意图和目标。

（2）图件。图件包括城市给水厂、加压泵站、调节水池等给水设施和污水处理厂、提升泵站等排水设施及城市给排水管网（管径、管长、走向）的布置现状图及规划图，还包括城市水系图、水量分布图、给水排水工程系统规划图等。供方案评审和提交最终设计成果的附图图幅一般为A3。

（3）规划说明。规划说明是对规划文本的具体解释，要求内容翔实，通常包含分析成果、设计方案等。

（4）展板（或挂图）。展板包括主要设计文件，一般以设计图纸为主，配以主要说明文字对图纸进行解释和补充，供方案评审使用（图幅一般为A0或A1，也可根据具体情况定）。随着计算机信息技术的发展，传统展板逐渐被图文演示文稿、视频动画和三维模拟动画等电子文件所替代。

（5）基础资料汇编。基础资料汇编主要是对现状基础设施进行分析。

（6）规划图纸。规划图纸包括部分设计图纸，能基本表达规划设计的意图和目标。图纸按一定比例（1∶500、1∶1000、1∶2000、1∶5000、1∶10000等）绘制。

随着城市管理的现代化和计算机应用的普及，各城市一般都要求规划设计部门将最终的规划成果刻成光盘和纸质文件一并提交。

思 考 题

1. 城市规划的基本特征是什么？
2. 城市规划的主要任务是什么？
3. 给水排水工程规划基本原则是什么？
4. 简述给水排水工程规划的层次结构。
5. 简述给水排水工程规划在城市规划中的地位和作用。
6. 简述给水排水工程规划的编制流程。

第2章　城市给水排水工程规划原理与方法

2.1　城市给水排水系统的基本内涵

城市水资源作为城市生产和生活的最基础的资源之一，除了它固有的本质属性外，还具有环境属性、社会属性和经济属性。水的环境属性源于其本身就是环境的重要组成部分，它决定了水在自然环境中的特殊地位以及水的质量和状态受环境影响的必然性；水的社会属性决定了水资源的功能，主要体现在水的被开发利用上，而开发利用的行为方式又取决于社会对水的需求程度和认识水平；水的经济属性是水资源稀缺性的体现，它是由水的社会属性衍生出来的，社会的需求是产生水经济价值的根源，水的功能和价值只有通过开发利用和保护这一系列社会活动才能得以实现。因此，水资源的功能和价值的实现过程实际上就是水资源的开发利用和保护过程。由此可见，城市给水排水系统就是在一定地域空间内，以城市水资源为主体，以水资源的开发利用和保护为目的并与自然因素和社会环境密切相关且随时空变化的动态系统。从这个意义上说，城市给水排水系统的内涵已经远远超出了通常所说的“水资源系统”或“水源系统”的范畴，这个系统不仅包含了相关的自然因素，还融入了社会、经济、政治等许多因素。

从系统内部而言，它是一个由各种相互影响、相互制约结合而成的要素和系统组成的有机整体。系统的各层次、各子系统之间和各要素之间是一种立体网络状的互相联系和互相渗透的关系。系统内外连续的、强大的、高效率的物质流和能量流的运动使系统功能得以充分发挥。城市水源、给水、排水、用水及中水等系统及各系统之间的相互联系要服从城市给水排水系统整体的功能和目的并根据逻辑统一性的要求展开。在城市给水排水整体系统中，即使某个局部系统并不很完善，它们也可能协调成为具有良好功能的系统。相反，即使每个系统都是良好的，但却不一定能构成完善的城市给水排水系统。因此，对城市给水排水系统的分析必须强调各个局部系统之间的有机联系，单独从某一环节着手并进行简单的串联叠加难以获得有价值的系统效果。

除了自身系统外，它还同城市其他的系统相互制约并结合成为整个城市系统。只有确保在城市这一复合系统中，水系统结构稳定、功能完善、水资源量足质优、时空分布合理，社会经济和环境系统相互协调，才能实现整体功能最优和系统持久发展。因此，它既是自然系统、社会系统、经济系统的共同耦合结果，又是水质和水量的共同耦合结果。

水环境通过自然水文循环使整个大气圈内水量恒定不变，维持水量平衡。但是对于某个城市给水排水系统而言，水资源特别是淡水资源总量都是有限的，系统的输入会受到一定的限制和制约。首先，城市所处的地理纬度在很大程度上决定了城市水资源的拥有量，水资源的分布在地区和季节分布上很不均衡；其次，城市的淡水资源深受过境径流水量的制约。

在系统输出方面，清水经系统代谢循环后成为污水或废水。系统通过内部的排水系统进行控制，而控制的程度与好坏将直接对城市环境产生巨大影响。因此，废水的收集与处理是维系水系统健康循环的关键，水环境能否实现健康循环，系统输出控制（包括污水量和污染物的负荷）将起到决定性的作用。

2.2 城市给水排水系统的基本要素

从城市给水排水系统的内涵中不难看出，城市给水排水系统是由城市的水源、供水、用水和排水 4 个子系统组成的，如图 2-1 所示。4 个子系统的相互联合构成了城市水资源开发利用和保护的一个循环系统，每个子系统都对这个循环系统起着一定的促进或制约作用。

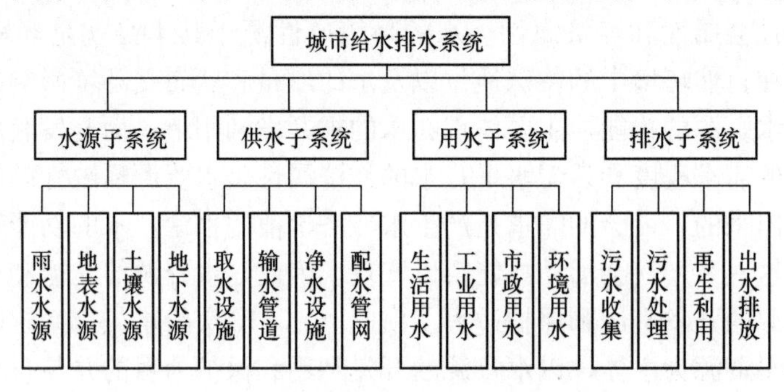

图 2-1 城市给水排水系统基本要素

城市给水排水水系统具有明显的分层结构特征。系统和要素之间形成了一个由较高层次向较低层次分解的三级谱系结构。不同层次之间相互联系，相互制约；同一层内的各子系统或要素之间既有联系，又有矛盾和冲突，因而需要在上一层次系统中加以综合与协调，以保持系统的整体性和稳定性。例如，水源、供水、用水和排水 4 个子系统构成了水资源开发利用和保护的一个过程链，这个链的每个环节都是不可缺少的，彼此间相互影响、相互促进、相互制约。否则，水的功能和价值就得不到有效体现。如果其中某个链点出了问题，则需要在系统的最高层次上通过调整供需关系来达到子系统间的协调。

2.3 城市给水排水系统的功能特征

城市给水排水系统总体功能是满足城市的合理用水需求和保护水环境，即满足城市居民的生活和社会用水需求、城市发展的生产用水需求、城市景观和市政的环境用水需求和保证排水快速安全、保护水环境。根据系统论原理，系统的功能和结构是统一的，功能以结构为基础，也就是说结构决定功能。由于城市给水排水系统的结构是分层次的，其功能也应该是分层次的。在系统层次上城市水系统的总体功能是满足城市社会经济和自然环境的用水需求，即生活、生产、生态等用水需求。考虑城市水源是自然环境的重要组成部分，也可以将城市水系统的功能表述为：在一定的约束条件下，最大限度地满足城市社会经济的合理用水需求。这里所指的约束条件有三层含义：一是不能破坏水资源量的补排平衡；二是不能破坏水资源的质量状态；三是不能破坏水资源环境。

水源子系统是水资源质与量的状态系统，是供水的源泉，其主要功能是为系统提供足够数量并符合一定质量标准的“源水”；供水子系统的功能是开发、输送和加工“源水”，使其成为符合一定标准的“商品水”，并将其送至各类用户；用水子系统的主要功能是消费“商品水”；排水子系统的主要功能是排放污水和净化污水。

除了以上基本功能外，随着人们对环境品质要求的提高以及对城市生态环境的重视，城市给水排水系统作为城市系统的重要子系统已经成为城市建设的绿色生命线，能有效减弱城市热岛效应和污染影响，具有提供绿地、保护环境和开展旅游娱乐、文化教育等生态功能，对高品位生态城市的建设有重要的意义。

2.3.1 城市给水排水系统模式

（1）传统城市给水排水系统模式

水循环包括水的自然循环和社会循环，如图 2-2 所示。由于人们对自然水循环的影响力有限，主要是在社会循环方面加以考虑，这就决定了城市给水排水系统规划在水循环系统中具有十分重要的意义。

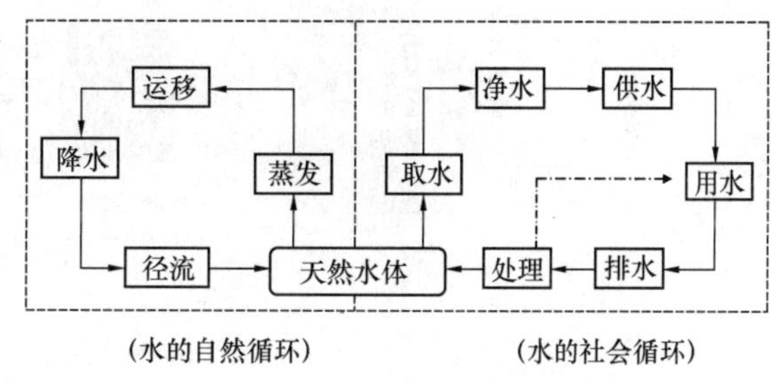

图 2-2 水循环模式

人们从自然水体取水，经过一定的处理用于生产、生活，将污水收集并在城市排水管网主干管的终端建立城市污水处理厂集中处理后排放，对于径流则主要采取管渠收集排入自然水体或污水处理厂。因此，城市给水排水系统主要采取的循环模式（取水——供水——排水——处理——排放），即取水经给水系统处理后供给用户系统，用户系统排放的污水经排水系统处理后回到水体，完成水循环的过程。因此，城市给水排水系统主要是向用户提供用水、排出雨水、污水，满足人类生产及生活所需的基础设施。

由于天然状态下的水循环系统在一定时期和一定区域内是动态平衡的，当天然水体被城市开发利用进入社会循环时，便组成了一个“从水源取清水”到“向天然水体排污水”的城市人工水循环系统即水的社会循环系统，于是原来水的平衡被打破。这个系统每循环一次，水量便可能消耗 20%～30%，水质也会随之恶化，甚至变为污水，若将污水排入环境，又会进一步污染水源，从而陷入水量越用越少、水质越用越差的恶性水循环之中。这种循环模式无论是从理论上分析，还是从实践中观察，都是处于失控状态的，必须加以改变。而改变循环模式的关键措施之一便是加强对城市水系统的控制，主要控制手段就是进行合理的城市给水排水工程规划。

（2）健康水代谢模式

水代谢（water metabolism）是近年来国内外一批专家学者倡导的理念，其要点是将自然水系比拟为生命体，将水文循环中的蒸发、降水、径流等一系列过程及其维持水量平衡和水的自然净化作用比拟为生态代谢。水系维持其生态健康状况的能力则称之为代谢容量（metabolic capacity）。自然水系为人类提供维持生存所必需的淡水资源，随着工业化和城市化的推进，人类需要建造大规模的取水、供水、用水、排水工程设施，形成了叠加于自然水文循环之上的无数人工水循环系统。从水量的角度来看，2020 年中国地表水供水总量占全国供水总量的82.44%，自然水系的水代谢过程已经受到人类活动的严重干扰，导致其代谢容量锐减，水生态健康状况难以维系。

根据未来城市可持续发展和水资源可持续开发利用的需求，城市给水排水规划应遵循水代谢的理念，将城市置于自然水循环体系之中，分析城市用水与流域径流量、水源供水的依存关系，以及城市排水对水系代谢容量的影响，保障城市水系统健康（图2-3）。在自然水循环的体系中结合水资源的利用和保护将污水作为城市可利用水资源，重新配置城市水系统。引入了生态设计的方法，应用绿色技术，实现资源输入最小化、利用效率最大化、污染输出最小化。

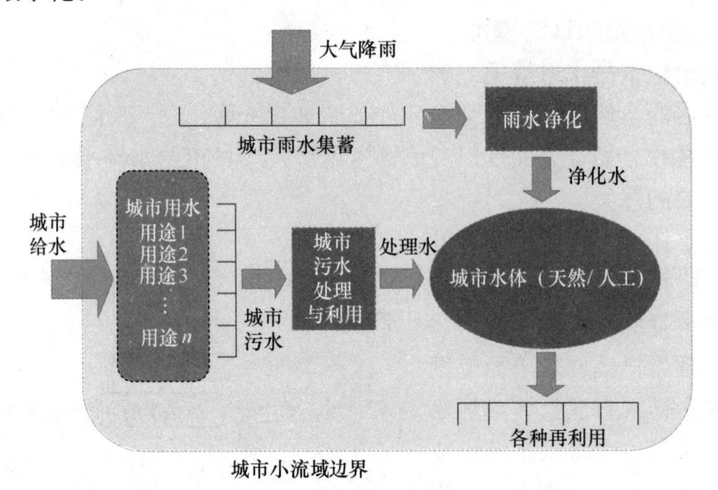

图2-3 健康水代谢模式

2.3.2 城市给水排水系统的反馈机制

目标、信息和反馈是城市给水排水系统控制的三个重要依据。目标是控制行为的指南，信息是实施控制的基础，反馈是实现控制的手段。城市给水排水系统的控制目标是调整水系统的循环模式，即尽可能减少循环过程中的水量消耗和水质恶化，引导给水排水系统逐步进入良性循环状态。城市给水排水系统的信息是指水量、水质、水价以及利用率、漏失率、处理率等反映系统状态的参数或指标。城市给水排水系统的反馈是一个不断根据信息修正误差的过程，其反馈机制是一个闭合回路，如图2-4所示。在施行控制的过程中，围绕既定目标，每输入一个指令（或决策），各个子系统都应能及时得到信息的反馈，而这样的信息反馈正是施行下一步控制作用的依据。举例来说，如果某个指令是地下水资源的开采量（P_1），那么经过系统的一个循环周期以

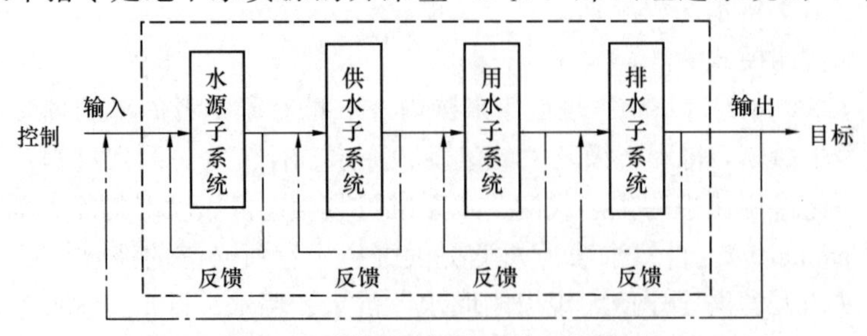

图2-4 城市给水排水系统反馈机制

后，至少有三个信息会得到反馈，那就是实际发生的供水量（P_2）、用水量（P_3）和排水量（P_4）三个参数。P_1、P_2、P_3、P_4 之间的不同比例关系隐含着不同的利用率、漏失率等反映系统优劣状态的重要信息。同理，与水质相关的信息也会得到反馈。这些信息将提示我们下一步控制的对象和重点。

2.4　城市给水排水系统的规划控制

伴随城市化进程在不同历史阶段的变化特征，我国城市水资源的开发利用战略先后经历了“以需定供，单纯开源”“开源为主，提倡节水”“开源与节流并重”“开源、节流与治污并重”等多次调整。随着城市化进程的加快，水资源的供需矛盾将进一步加剧，水环境保护的难度也将进一步加大。为了改良城市给水排水系统，在城市规划中必须坚持“节流优先、治污为本、多渠道开源”的城市水资源可持续利用战略。

（1）开源模式

开源模式如图 2-5（a）所示。在城市给水排水系统中多渠道开源可以避免长距离引水，节省投资并降低给水工程门槛。传统给水水源主要是地表水（江河、湖泊）和地下水。多渠道开源包括雨水的收集利用、污水的再生利用等。雨水的收集利用不仅可以增加供水，节省排水系统工程费用，同时对城市生态环境的改善具有重要作用；污水的再生利用相当于增加系统的供水能力和可用水量，同时也能减少取用水量及排水量。

（2）节流模式

节流模式如图 2-5（b）所示。在城市给水排水系统中强化节流不仅可减少取水量和污水排放量，还能减少供水、排水和污水处理设施的投资，进而降低企业的综合成本和消费者的水费支出。

（3）治污模式

治污模式如图 2-5（c）所示。在城市给水排水系统中强化治污可削减污染物，改善排水质量，有助于遏制水环境污染，保护水源水质。

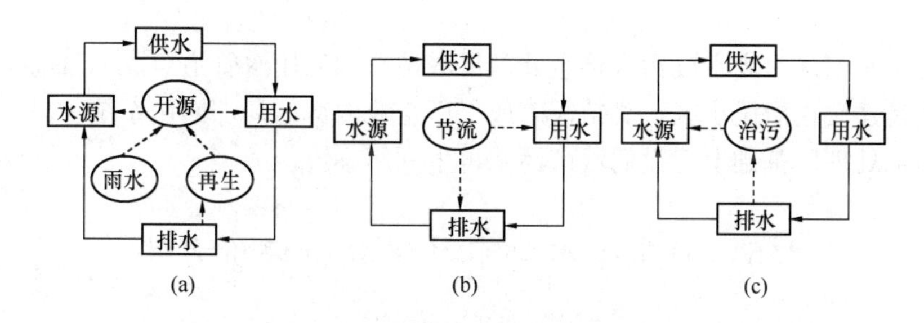

图 2-5　城市给水排水系统规划控制模式

（a）开源模式；（b）节流模式；（c）治污模式

以上三种控制模式，虽然方法不尽相同，但都有助于促进城市给水排水系统的良性循环。因此，规划中加强开源节流和治污内容，重视雨水、中水等非传统水资源的利用，是建立城市给水排水系统良性循环机制，实现城市水资源可持续利用的关键。

2.5 城市给水排水系统网络构建

城市是一个由水网、电网、路网、供热网、燃气网、通信网、消费网等许许多多小网络构成的大网络系统。在这个大网络中，水网是市政公用设施的重要组成部分，对城市的经济发展、社会稳定和环境改善起着至关重要的作用。它不是孤立存在的，而是与其他许多网络相互交织、相互促进和相互制约的，如水网服务于消费网，却依赖于电网，也常常受制于路网，相关的网络间需要协调。否则，便可能存在安全隐患，或出现管线冲突现象，进而导致市政工程建设的重复、返工、浪费等后果。城市水网是城市大网络系统中不可分割的有机组成部分，应将其纳入城市大网络系统，统一规划、统一建设、统一管理。

城市给水排水系统网络通常由地表水网、地下水网、供水网络、排水网络、再生水网络等组成：

（1）地表水网由河道、水渠、湖泊、水库和池塘等有形介质和水体组成，也就是地表水系。受区域的自然、气候和环境条件的影响，不同城市地表水网的发育程度差异很大，如华北和西北地区的多数城市发育较差，而南方地区的许多城市则水网密布。

（2）地下水网由有形的地下水井群和无形的地下水渗流场构成。地下水网不仅是许多城市（尤其是北方城市）的主要供水水源和供水设施，而且也是影响城市地基稳定和市政基础设施安全的重要因素，如西安等城市出现地裂缝和地面沉降等问题就与地下水网被破坏有关。

（3）供水网络由取水口、输水管道、给水厂、给水泵站、配水管道和户内给水管道等组成。供水网络遍布城市各地，进入千家万户，这是一张与其他市政基础设施关系最为密切的网络，也是政府和市民最为关注的公共网络。

（4）排水网络由市政和企业的排水管道、户内排水管道、排水泵站和污水处理厂等构成。排水网络是城市生活污水和工业废水的排泄和净化系统，其总体覆盖范围与供水网络相似。

（5）再生水网络由废水或污水再生处理厂（站）和回用水管道组成。目前主要有两类系统，一类是建设在居民小区、宾馆饭店或工厂企业内部的局部回用系统，另一类是在城市集中式污水处理厂基础上建设的城市污水再生利用系统。

2.6 城市给水排水系统分析评价方法

城市给水排水系统是支撑城市存在和发展的重要基础设施，是城市生态系统中重要的组成部分，健康的水系统是国家可持续发展的有利保障。城市给水排水工程规划最根本的目的就是实现城市给水排水系统的可持续发展。目前，对于城市给水排水工程的评价往往集中在水量和水质等表观指标上，使人们很难从可持续发展的本质问题上寻找解决的途径和方法，导致规划中缺乏综合量化指标来衡量城市给水排水工程规划的合理性。

2.6.1 技术经济分析法

技术经济分析法是指对不同的技术政策、技术规划和技术方案进行计算比较、论证，评价其先进性，以达到技术与经济的最佳结合，取得最佳技术经济效果的一种分析方法。

技术经济分析法一般采用较完整的指标体系进行定性或定量分析，在实际分析中，应把定性分析与定量分析有机结合起来，以便选择最优方案。技术经济分析的具体方法有方案比较分析法、成本效益分析法和投资分析法等。

（1）方案比较分析法

方案比较分析法是指借助一组能从各方面反映方案技术经济效果的指标体系，对实现同一目标的几个不同方案进行计算、分析相比较，从中评选出最优方案的一种分析方法。采用这种方法时，首先要选择对比方案，并确定对比方案的指标体系，然后把比较方案的有用成果等同化，对各方案进行计算、分析和比较，得出定量和定性的分析结果，再通过对整个指标体系进行定量和定性的综合比较和分析，最后选出最优方案。

（2）成本效益分析法

成本效益分析法是指对每个技术方案的成本与效益进行比较，并选择出成本最低而效益最高方案的一种分析比较方法。采用这种方法时，一般先将方案的指标分为耗费（成本）指标和所得（效益）指标两大类，在实际工作中，为了便于计算分析，又把效益指标分为可计量和不可计量两种，通过对耗费和效益的预测和计算，进行对比分析，以求出最佳方案。

（3）投资分析法

投资分析法是指对建设项目、更新改造技术组织措施等技术方案进行可行性研究所使用的方法，主要内容是分析投资项目的技术性、经济性和社会性，从不同方案的经营费用、投资额、投资回收期、改变社会环境等方面进行比较分析，以指导投资决策，力求取得最佳投资效果。

2.6.2 系统分析方法

系统分析方法是解决社会用水供需矛盾以及水体环境恶化与恢复的平衡矛盾比较科学的、有效的方法之一。其主要特点是研究问题时重点把握问题的整体性、相关性以及对周围环境的适应性。特别是区域性给水排水工程规划不仅涉及的问题庞大而复杂，而且工程耗资大、周期长，常常需要对众多可行方案的优劣进行评价和判断。在区域或流域范围内，采用系统分析方法对规划方案进行深层次论证，可以保证各类水资源的合理利用以及各类给水排水设施的合理布局，为日后区域给水排水设施的统一调度、优化运行奠定良好的基础。

采用系统分析方法即可建立给水排水综合规划优化的概念模型：目标为水资源量使用最少 F_1、水处理设施费用最少 F_2、COD 排放量最少 F_3，约束条件为水资源可供给量约束、用水与排水系统内水量平衡约束、再生水利用约束、环境最大承载力约束。模型的数学表达如式（2-1）和式（2-2），约束条件为式（2-3）。

$$V \rightarrow \{\min F_1, \min F_2, \min F_3\} \tag{2-1}$$

$$\begin{cases} F_1 = f_1(W_L, W_E, W_I) \\ F_2 = f_2(W_L, W_E, W_I, W_P, W_R) \\ F_3 = f_3(W_P) \end{cases} \tag{2-2}$$

$$
\begin{cases}
0 \leqslant W_L + W_E + W_I \leqslant W \\
W_P = \eta(W_L + W_I) \\
W_R \leqslant \min\{w(W_L + W_I + W_E), \alpha W\} \\
f_3[(\eta W_L + W_I)] \leqslant \max_{COD}
\end{cases}
\tag{2-3}
$$

式中 W_L——生活用水量；

W_I——生产用水量；

W_E——生态用水量；

W_P——排水量；

W_R——再生水量；

W——水资源可利用总量；

η——污水排放系数；

w——再生水利用系数；

α——再生水占水资源总量的比例；

$\max_{COD}$——环境 COD 最大允许排放量。

该模型将给水、排水系统作为一个整体，考虑了生态、生产、生活三方面的水资源用量，并且对污水排放、污水再生回用等方面进行了综合考虑，研究了其统一规划、协调发展与综合利用等相关问题，从而提高了给水排水工程投资的社会、经济和环境效益，满足了城市可持续发展的水资源环境良性循环要求。

2.6.3 战略环境评价法（SEA）

战略环境评价法（SEA）是指对政策（Policies）、计划（Plans）、规划（Programs）（简称 3P）及其替代方案的环境影响进行系统的和综合的评价过程。它是在 3P 层次上及早协调环境与发展关系的一种决策和规划手段，也是实施可持续发展战略的有效工具和手段。

战略环境评价的目的是在政策、计划、规划被提出时或至少在其执行前的评估中提供给有关当局一种工具，使其能充分觉察出有关政策、规划、计划对环境和可持续发展产生的影响。在制定政策、规划和计划时，为了使社会经济与环境的协调发展，使之符合可持续发展的要求，更应加重视环境容量的问题。

2.6.4 生命周期评价法（LCA）

生命周期评价（Life cycle assessment，简称 LCA）作为一种具有广泛应用的产品环境特征分析和决策支持工具，应用于城市给水排水系统，将综合预防污染和节约资源的战略用于整个城市给水排水工程规划建设过程中，可以开发出更为生态、经济和可持续发展的水环境代谢体系。LCA 作为一种有效的信息评价工具，被广泛地应用到各种决策和战略规划中。其分析结果能为城市生态环境建设提供宏观决策依据，为城市建设及水资源的合理配置提出建议。

根据生命周期评价理论框架，城市给水排水系统 LCA 分析由几个步骤完成，如图2-6所示。

在进行城市给水排水系统 LCA 评价时，首先应明确地表述评价的目标和范围，整个评价的目标定义是起点。

其次，必须确定系统分析的边界。城市给水排水系统的生命周期过程由若干过程构

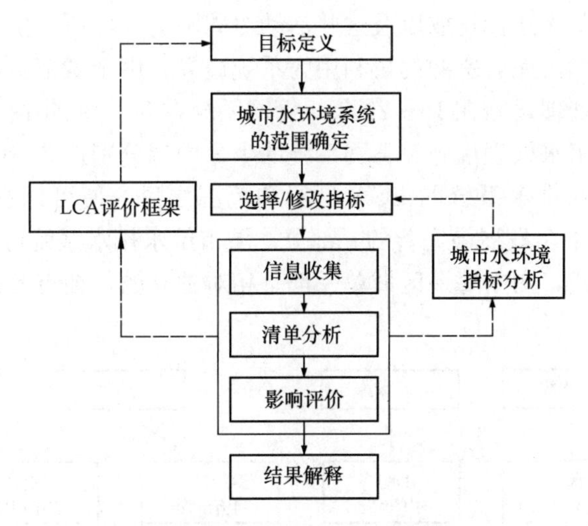

图 2-6　城市给水排水系统 LCA 流程

成，如图 2-7 所示。图 2-7 中区域 1a 为给水部分，即从水源到收集到给水处理再到输送至用户。区域 1b 为污水处理回用部分，即从污水收集到污水处理厂的各级处理，包括污泥处理和深度处理。区域 2 为整个给水排水系统过程，即从水源至给水处理，用户使用，污水收集，污水处理，再生回用，最终达标水再排至流域。区域 3 所指为城市给水排水系统及周围的环境，即包括 2 所示所有区域以及城市给水排水系统过程中所产生的可利用资源的使用，如沼气利用、污泥的再利用。根据研究的目标定义、评价的广度与深度，一般以完整的城市给水排水系统为系统边界，即从水源地至给水处理、用户使用、污水收集、污

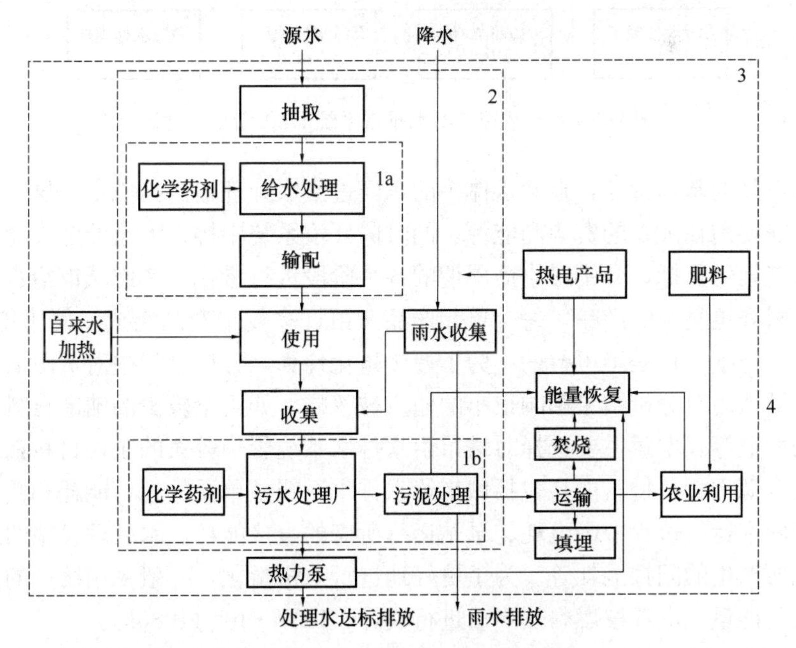

图 2-7　城市给水排水系统边界分析

1—给水处理；2—污水处理；3—城市水资源的人工处理、利用及处置；
4—城市给水排水系统的边界范围

水处理、再生回用和最终达标排放以及这些活动对周围的环境所产生的影响，如污水处理过程中所产生的沼气和污泥等资源的再利用为系统边界。由于城市给水排水系统的不断发展变化，一般城市水处理设施在15～20年、管网系统在30～50年内都需要某种程度的改造和更新。因此，城市水处理设施和管网系统的生命周期分别按20年和50年进行考虑。

在确定了城市给水排水系统的LCA目标和范围之后，便可以进行系统的清单分析(LCI)，清单分析是LCA发展最完善的一部分。城市给水排水系统可建立如图2-8所示的生命周期清单分析模式，图中每一区域单元都是相对独立的，拥有各自的物质和能量的平衡流动。

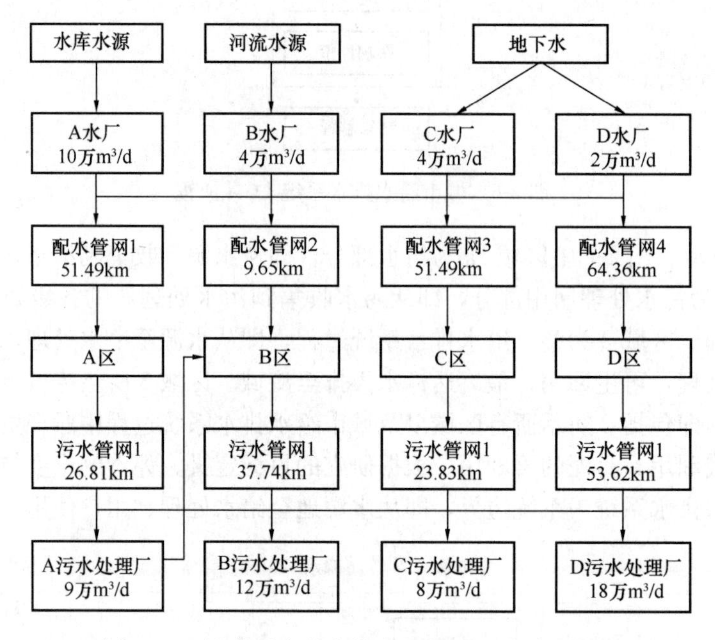

图2-8　西北某城市给水排水系统LCA清单示意图

水具有产品的基本特征，自然水体中的水经过给水处理输送给城市，供人类消费，在整个过程中需要消耗大量的资源和能源，同时向环境系统中排入大量的污染物。可以选取资源消耗和能耗为指标，分别对生命周期的各个阶段进行量化。考虑城市给水排水系统包含基本原材料和更复杂的产品，每一单元产品又由许多复杂产品组成，使用传统LCA对每一产品进行详细分析是不可行的，为了便于量化计算，分析过程中对资源输入项进行了简化，许多被认为对分析结果影响很小的输入被忽略，如用量较少的辅助材料、与过程相关联的辅助作业等。本章主要选择对城市给水排水系统影响较大的主要材料钢材和水泥作为指标进行资源消耗分析。能耗包括城市给水排水系统各单元的运行能耗和其建设及拆除能耗，如管网在运行过程中的电耗、泵站运行所需的直接能耗、水处理设施的运行能耗和原材料消耗所产生的间接能耗等。为了更好地进行分析量化，一般采用统一的能量单位表达不同形式的能量，电耗按燃料热当量进行换算，1kW·h=11080kJ。

通过应用上述建立的城市给水排水系统评价清单模型辨识和量化整个生命周期阶段中资源和能源的消耗，可以得到如图2-9、图2-10所示的分析结果。

通过生命周期分析评价，可以优化城市给水排水工程系统规划，真正实现城市给水排水工程规划的最优化，实现节水、节能的目的。

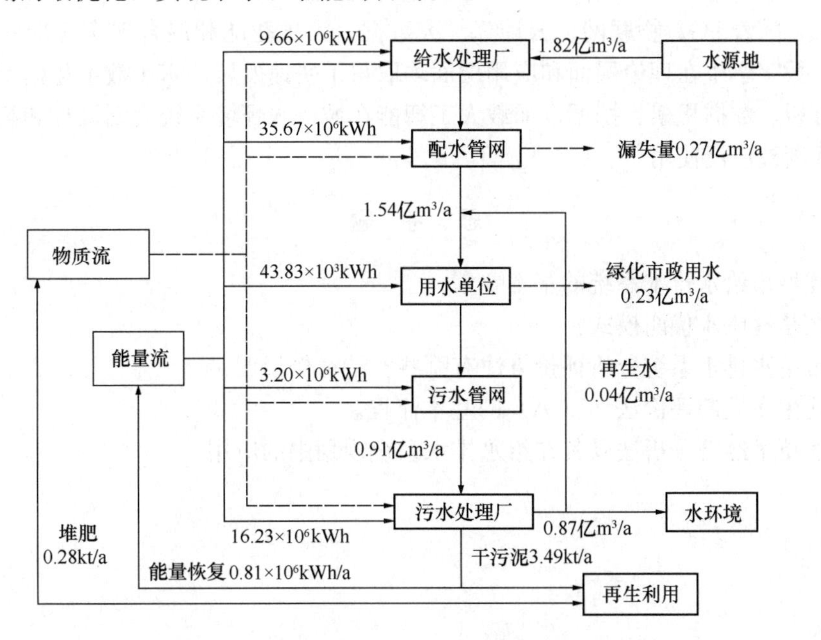

图 2-9　西北某城市给水排水系统清单分析结果

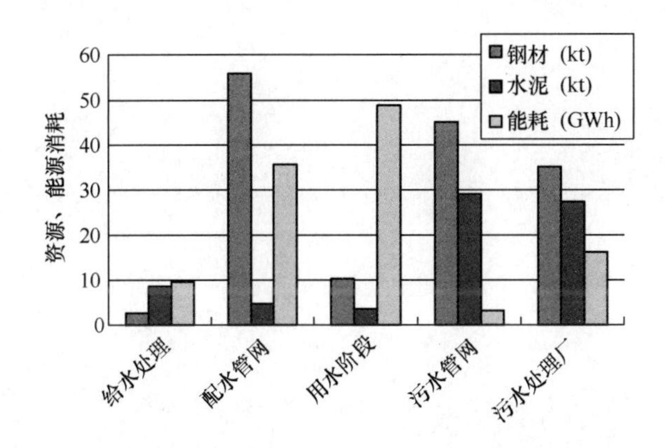

图 2-10　西北某城市给水排水系统生命周期内的资源消耗和能耗

2.6.5　其他分析评价方法

（1）数学分析法

数学分析法是指根据某些技术经济问题之间的内在联系，运用数学模型来分析其相互之间关系的一种方法。数学分析法经济活动分析具体方法之一，是数学分析方法在经济活动分析中的实际运用。主要包括：量本利分析法、相关分析法、回归分析法、线性规划法和投入产出法等具体方法。这类方法主要用于因素分析、预测分析、趋势分析、决策分析、方案优化、效益评价等方面。

（2）数字孪生系统

数字孪生也被称为数字双胞胎和数字化映射，它是充分利用物理模型、传感器更新、运行历史等数据，集成多学科、多物理量、多尺度、多概率的仿真过程，在虚拟空间中完成映射，从而反映相对应的实体装备的全生命周期的过程。

近年来，随着5G、物联网、云计算、大数据、人工智能和混合现实等新一代信息技术的发展，数字孪生在理论层面和应用层面均取得了快速发展，基于数字化模型进行的各类仿真、分析、数据积累、挖掘，加载人工智能在城市水环境系统规划设计和高效运维管理过程中逐渐被广泛使用。

思 考 题

1. 简述城市给水排水系统的基本要素。
2. 什么是健康水代谢模式?
3. 城市给水排水系统分析评价方法有哪些？请举例说明。
4. 简述生命周期评价法（LCA）的基本流程。
5. 简述技术经济分析法及其在给水排水系统规划中的应用。

第3章　城市规划与地形图

城市规划与城市地形图有着密不可分的联系，认识地形图并会使用地形图是进行城市给水排水工程规划工作的基础和必要条件。

地形图是按一定的程序和方法，用符号和注记及等高线表示地物、地貌及其他地理要素平面位置和高程的正射投影图，参考《工程测量基本术语标准》GB/T 50228－2011。地物是指地面上天然或人工形成的物体，如平原、湖泊、河流、海洋、房屋、道路、桥梁等；地貌是指地表高低起伏的形态，如山地、丘陵和平原（原始形态）等。当测区较小时，不考虑地球曲率的影响，将地面上各种地形沿铅垂线方向投影到水平面上，再按一定比例缩绘到图纸上，并使用统一规定的符号绘制成图。在图上仅表示地物平面位置的称为平面图。若所测区域范围较大，要顾及地球曲率的影响，采用专门的投影方法，运用测绘成果编绘而成的称为地图。为了使地形图的测绘、编制和出版得到统一，便于交流、识读和使用地形图，国家有关部门对地形图上表示各种要素的符号、注记等进行了规范化管理，制订并颁布实施了一系列的不同比例地形图图式标准。

3.1　地形图的比例尺

地形图上任一线段的长度与它所代表的实地水平距离之比，称为地形图比例尺。

比例尺的表示方法如下：图上一段直线长度 d 与地面上相应线段的实际长度 D 之比，称为地形图比例尺。比例尺又分为数字比例尺和图示比例尺两种。

（1）数字比例尺

以分子为1的分数形式表示的比例尺称为数字比例尺。数字比例尺的定义用下式表示。

$$\frac{d}{D}=\frac{1}{D/d}=\frac{1}{M}=1:M \tag{3-1}$$

式中　M——比例尺分母，代表实地水平距离缩绘在图上的倍数。

当图上1cm代表实地水平距离10m时，该图比例尺为1/1000，一般写成1∶1000或1∶1千，通常标注在地形图的下方。

一般将数字比例尺化为分子为1，分母为一个比较大的整数 M 表示。M 越大，比例尺的值就越小；M 越小，比例尺的值就越大，如数字比例尺1∶500>1∶1000。经济建设部门习惯称比例尺为1∶500、1∶1000、1∶2000、1∶5000的地形图为大比例尺地形图，称比例尺为1∶1万、1∶2.5万、1∶5万、1∶10万的地形图为中比例尺地形图，称比例尺为1∶20万、1∶50万、1∶100万的地形图为小比例尺地形图。我国规定1∶1万、1∶2.5万、1∶5万、1∶10万、1∶25万、1∶50万、1∶100万7种比例尺地形图为国家基本比例尺地形图。地形图的数字比例尺注记在图廓外南面的正中央。土建类各专业一般需要大比例尺地形图，其中比例尺为 1∶500 和 1∶1000 的地形图一般用平板仪、经纬仪或全站仪等测绘；比例尺为 1∶2000 和 1∶5000 的地形图一般用由 1∶500 或 1∶1000 的地形图缩小编绘而成。大面积 1∶500～1∶5000 的地形图也可以用航空摄影测量方法成图。

（2）图示比例尺

如图 3-1 所示，用一定长度的线段表示图上长度，并按图上比例尺相应的实地水平距离注记在线段上，这种比例尺称为图示比例尺。图示比例尺绘制在数字比例尺的下方，其作用是便于用分规直接在图上量取直线段的水平距离，同时还可以抵消在图上量取长度时图纸伸缩的影响。

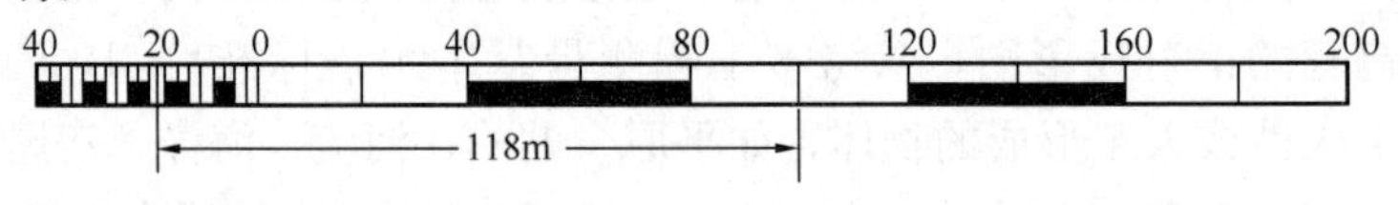

图 3-1　图示比例尺

（3）地形图比例尺的选择

在城市建设的规划、设计和施工中，需要用到的比例尺是不同的，具体列入表 3-1。

地形图比例尺的选用　　**表 3-1**

比　例　尺	用　　途
1∶10000	城市总体规划、厂址选择、区域布置、方案比较
1∶5000	
1∶2000	城市详细规划及工程项目初步设计
1∶1000	城市详细规划、建筑设计、工程施工设计、竣工图
1∶500	

（4）比例尺的精度

人的肉眼能分辨的图上最小距离是 0.1mm，如果地形图的比例尺为 1∶M，则将图上 0.1mm 所表示的实地水平距离 0.1M（mm）称为比例尺的精度。根据比例尺的精度，可以确定测绘地形图的距离测量精度。在规定了图上要表示的地物最短长度时，还可以确定采用多大的测图比例尺。例如，测绘 1∶1000 比例尺的地形图时，其比例尺的精度为 0.1m，故量距的精度只需到 0.1m，因为小于 0.1m 的距离在图上表示不出来。

当设计规定需要在图上量出实地最短长度时，根据比例尺的精度，可以反算出测图比例尺。如欲使图上能量出的实地最短线段长度为 0.05m，则所采用的比例尺不得小于 $\frac{0.1\text{mm}}{0.05\text{m}}=\frac{1}{500}$。不同比例尺地形图的比例尺精度见表 3-2。比例尺越大，表示地物和地貌的情况越详细，比例尺越小，表示地物和地貌的情况越简单。

比例尺精度　　**表 3-2**

比例尺	1∶500	1∶1000	1∶2000	1∶5000
比例尺的精度（m）	0.05	0.1	0.2	0.5

对同一测区，采用较大比例尺测图往往比采用较小比例尺测图的工作量和经费支出增

加数倍。所以，测绘何种比例尺的地形图，应根据工程的性质、规划和设计用途等实际需要合理地选择，不要盲目地认为比例尺越大越好。

3.2 大比例尺地形图图式

在地形图上，各种地物和地貌，采用统一规定的符号表示。《地形图图式》作为全国地形图测绘的统一符号，是测制和出版地形图的基本依据之一，是识别和使用地形图的重要工具。

地形图的内容丰富，可归纳为数学要素、地形要素和辅助要素三大类。数学要素为图廓、坐标格网、比例尺等，地形要素为地物和地貌符号，辅助要素有图名、图号、接图表等。《1∶500 、1∶1000、1∶2000 地形图图式》GB/T 20257.1－2007 中的符号有三类：地物符号、地貌符号和注记符号。

（1）地物符号

地物符号分比例符号、非比例符号和半比例符号。

1）比例符号

有些地物轮廓较大，如房屋、运动场、稻田、花圃、湖泊等，其形状和大小可以按测图比例尺缩小，用规定符号和注记说明地物的性质特征，这些符号称为比例符号，见表 3-3。

常见比例符号 **表 3-3**

编号	符号名称	1∶500　1∶1000	1∶2000
1	一般房屋 混——房屋结构 3——房屋层数	混 3	1.6 2
2	简单房屋		
3	建筑中的房屋	建	
4	破坏房屋	破	
5	棚　房	45° 1.6	
6	旱　地	1.0 2.0 10.0 10.0	

续表

编号	符号名称	1∶500 1∶1000	1∶2000
7	稻　田	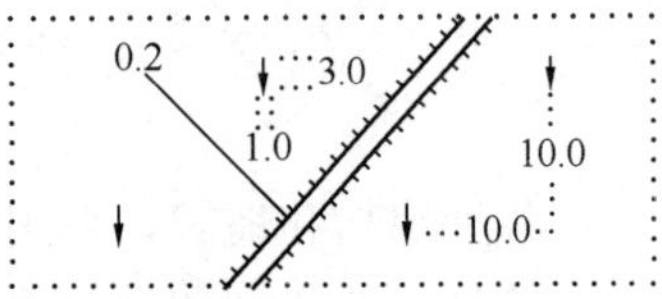 0.2 3.0 1.0 10.0 10.0	
8	果　园	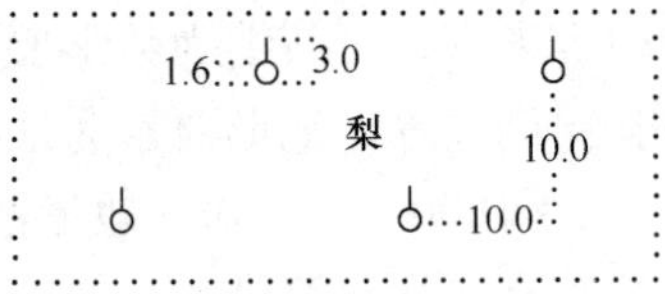 1.6 3.0 梨 10.0 10.0	
9	地类界、地物范围线	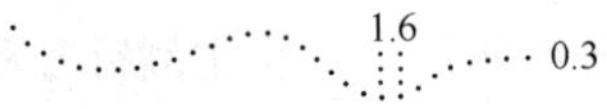 1.6 0.3	

2）非比例符号

有些重要或目标显著的独立地物，其轮廓亦较小，如三角点、导线点、水准点、塔、碑、独立树、路灯、检查井等，无法将其形状和大小按照地形图的比例尺绘到图上，则不考虑其实际大小，只准确表示物体的位置和意义，采用规定的符号表示，这种符号称为非比例符号，见表 3-4。非比例符号的中心位置与地物实际中心位置随地物的不同而异，在测图和用图时注意以下几点：

A. 规则几何图形符号，如圆形、三角形或正方形等，以图形几何中心代表实地地物中心位置，如水准点、三角点、钻孔等；

B. 宽底符号，如烟囱、水塔等，以符号底部中心点作为地物的中心位置；

C. 底部为直角形的符号，如独立树、风车、路标等，以符号的直角顶点代表地物中心位置；

D. 几种几何图形组合成的符号，如气象站、消火栓等，以符号下方图形的几何中心代表地物中心位置；

E. 下方没有底线的符号，如亭、窑洞等，以符号下方两端点连线的中心点代表实地地物的中心位置。

非 比 例 符 号 **表 3-4**

编　号	符 号 名 称	图　示
1	三角点 凤凰山——点名 394. 468——高程	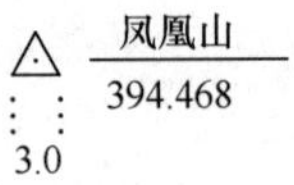 凤凰山 394.468 3.0
2	导线点 I16——等级、点号 84. 46——高程	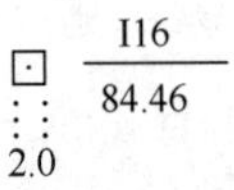 I16 84.46 2.0

续表

编　　号	符 号 名 称	图　　示
3	埋石图根点 16——点号 84.46——高程	1.6 ⊕ 16/84.46 2.6
4	不埋石图根点 25——点号 62.74——高程	1.6 ⊙ 25/62.74
5	照明装置 （a）路灯； （b）杆式照射灯	(a) 2.0 1.6 4.0 1.0　(b) 1.6 4.0 1.6 1.0

3）半比例符号

半比例符号一般又称为线形符号。对于沿线形方向延伸的一些带状地物，如铁路、公路、通信线、管道、围墙等，其长度可按比例缩绘，而宽度无法按规定尺寸绘出的符号称为半比例符号。一般线形符号的中心就是实际地物的中心线，但是城墙和垣栅等地物中心位置在其符号的底线上，见表 3-5。

半 比 例 符 号　　　　表 3-5

编　　号	符 号 名 称	图　　示
1	等级公路 2——技术等级代码； （G301）——国道路线编号	0.2 0.4 2(G301)
2	等外公路	0.2
3	乡村路 （a）依比例尺的； （b）不依比例尺的小路	(a) 4.0 1.0 0.2 (b) 8.0 2.0 0.3 4.0 1.0 0.3
4	围墙 （a）依比例尺的； （b）不依比例尺的	(a) (b) 10.0 0.6 0.3
5	栅栏、栏杆	10.0 1.0
6	篱笆	10.0 1.0

上述三种符号在使用时不是固定不变的，同一地物，在大比例尺图上采用比例符号，而在中小比例尺上可能采用非比例符号或半比例符号。

（2）地貌符号

地貌内容复杂，变化万千。在地形图上表示地貌的方法有很多种，在测量工作中，表示地貌的方法一般是等高线。等高线又分为首曲线、计曲线、间曲线和助曲线。在计曲线上注记等高线的高程；在谷地、鞍部、山头及斜坡方向不易判读的地方和凹地的最高、最低等高线上，绘制与等高线垂直的短线，称为示坡线，用以指示斜坡降落方向。

（3）注记符号

用文字和数字或特定的符号加以说明或注释的符号，称为注记。它包括文字注记、数字注记、符号注记三种，如房屋的结构、层数（编号文字、数字）、地名、路名、单位名、（编号文字）计曲线的高程、碎部点高程、独立性地物的高程以及河流的水深、流速等（编号数字），见表 3-6。

标　记　符　号　　　　**表 3-6**

编　号	符 号 名 称	图　　示
1	等高线注记	25
2	一般高程点及注记 （a）一般高程点； （b）独立性地物的高程	(a) 0.5 ··· • 163.2　(b) 75.4
3	一般房屋 混——房屋结构； 3——房屋层数	混 3

3.3　地貌的表示方法

为了能在地形图上按要求精确详尽地显示地貌，世界各国广泛采用等高线法表示地貌。所谓等高线法，就是用等高线配合辅助符号（如示坡线、变形地符号）和高程注记来表示地貌的方法。

地形的类别划分根据地面倾角的大小确定，一般分为以下 4 种类型：地势起伏小、地面倾斜角在 3°以下，称为平坦地；倾斜角在 3°～10°，称为丘陵地；倾斜角为 10°～25°，称为山地；绝大多数倾斜角超过 25°的，称为高山地。

（1）等高线表示地貌的原理与特性

1）等高线表示地貌的原理

地面上高程相等的相邻各点所连的闭合曲线称为等高线。如图 3-2 所示，设想有一座高出水面的小山头与某一静止的水面相交形成的水涯线为一闭合曲线，曲线的形状随小山头与水面相交的位置而定，曲线上各点的高程相等。例如，当水面高为 70m 时，曲线上任一点的高程均为 70m；若水位继续升高至 80m、90m，则水涯线的高程分别为 80m、90m。将这些水涯线垂直投影到水平面 H 上，并按一定的比例尺缩绘在图纸上，这就将小山头用等高线表示在地形图上了。这些等高线具有数学概念，既有其平面的位置，又表示了一定的高程数字。因此，这些等高线的形状和高程，客观地显示了小山头的形态、大小和高低。

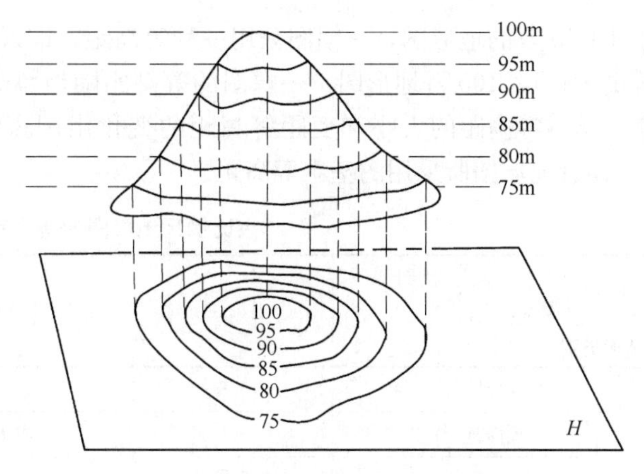

图 3-2 等高线表示地貌的原理图

2）等高线表示地貌的特性

为了客观合理地测绘地貌并勾绘等高线，根据等高线表示地貌的原理，将等高线与相应地貌形态比较，可以归纳出等高线的一些特性。了解这些特性有助于在规划设计过程中更好地使用地形图。

A. 等高线成互相套合的闭合曲线，每条等高线各代表确定的某一高程，高程相等的点不一定在同一条等高线上，但同一条等高线上各点的高程必定相等，等高线既不相交也不重合，否则此处必有变形地貌符号。

B. 等高线是闭合曲线，不能中断（间曲线除外），如果不在同一幅图内闭合，必在若干相邻图幅内闭合；等高线的弯曲形状与相应地貌平面轮廓形态保持水平相似的关系。

C. 等高线只有在陡崖或悬崖处才会重合或相交。

D. 等高线经过山脊或山谷时改变方向，因此，山脊线与山谷线应和改变方向处的等高线的切线垂直相交，并在山脊线或山谷线的两侧成近似对称图形。

E. 在同一幅地形图内，基本等高距是相同的，因此，等高线平距大表示地面坡度小；等高线平距小则表示地面坡度大；平距相等则坡度相同。

F. 图上每条等高线分别反映地貌某一高度的水平轮廓，而一组等高线则以其疏密变化反映斜坡在垂直方向的形状，因此，等高线的组合图形能给人以立体概念，即等高线法表示地貌具有一定的立体感。

（2）等高距与等高线平距

水平面的高程不同，相应等高线表示的地面高程也不同。地形图上相邻等高线间的高差，称为等高距，通常用 h_0 表示。地形图上相邻等高线间的水平距离，称为等高线平距，通常用 d 表示。同一幅地形图的等高距 h_0 是相同的，所以等高线平距 d 的大小与地面坡度 i 有关。等高线平距越小，等高线越密，表示地面坡度越陡；反之，等高线平距越大，等高线越稀疏，表示地面坡度越平缓。因此，可以根据等高线的疏密判断地面坡度的缓与陡。等高线平距与地面坡度的关系可用下式表示。

$$i=\frac{h_0}{d\times M} \tag{3-2}$$

式中 M——地形图比例尺分母。

地形图的等高距也称为基本等高距。等高距越小，用等高线表示的地貌细部就越详尽；等高距越大，地貌细部表示得越粗略。但是，当等高距过小时，图上的等高线过于密集，将会影响图面的清晰度，而且会增加测绘工作量。测绘地形图时，要根据测图比例尺、测区地面的坡度情况、用图目的等因素全面考虑，并按国家规范要求选择合适的基本等高距，大比例尺地形图常用的基本等高距为 0.5m、1m、2m 等，见表 3-7。我国大于等于 1∶50 万的地形图，一幅图只用一种等高距，即采用固定等高距，这种等高距称为基本等高距；1∶100 万地形图，一幅图的等高距随地势高低的变化而变化，即采用变距等高距。基本等高距的大小和变距等高距的变化由国家统一规定，表 3-8 是我国 1∶1 万～1∶50万地形图所采用的基本等高距。

大比例尺地形图的基本等高距　　表 3-7

地形类别 \ 基本等高距(m) \ 比例尺	1∶500	1∶1000	1∶2000	1∶5000
平地	0.5	0.5	0.5	2
丘陵地	0.5	0.5 或 1	1	5
山地	0.5 或 1	1	2	5
高山地	1	1、2	2	5

1∶1 万～1∶50 万地形图的基本等高距　　表 3-8

地形类别 \ 基本等高距(m) \ 比例尺	1∶10000	1∶25000	1∶50000	1∶100000	1∶250000	1∶500000
平地	2.5 或 1.0	5.0 或 2.5	10	20	50	100
丘陵地	2.5	5.0	10	20	50	100
山地	5.0 或 2.5	5.0	10	20	100	200
高山地	10	10	20	40	100	200

（3）等高线的分类

为了便于从图上正确地判别地貌，在同一幅地形图上应采用一种等高距。由于地球表面形态复杂多样，有时按基本等高距绘制等高线往往不能充分表示出地貌特征，为了更好地显示局部地貌和用图方便，地形图上可采用 4 种等高线，如图 3-3 所示。

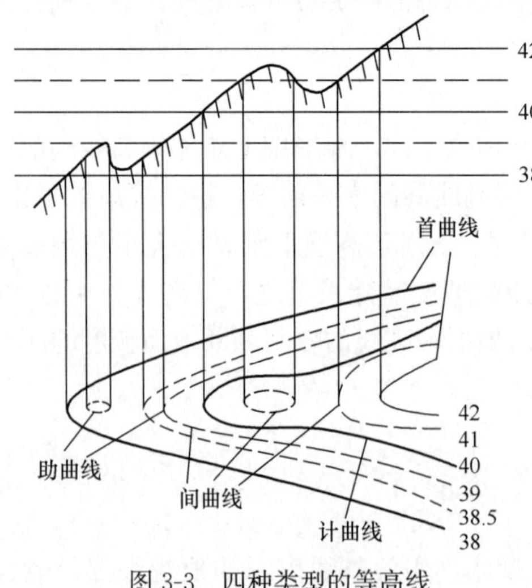

图 3-3　四种类型的等高线

1）首曲线。按基本等高距测绘的等高线，用 0.15mm 宽的细实线绘制。

2）计曲线。为了读图方便，凡是高程能被 5 倍基本等高距整除的曲线均用 0.3mm 粗实线描绘，并注上该曲线的高程，称为计曲线，又称加粗曲线。

3）间曲线。对于坡度很小的局部区域，当用基本等高线不足以反映地貌特征时，可按 1/2 基本等高距加绘一条等高线，该等高线称为间曲线。间曲线用 0.15mm 宽的长虚线（6mm 长、间隔为 1mm）绘制，可不闭合。

4）助曲线。用间曲线还无法显示局部地貌特征时，可按 1/4 基本等高距描绘等高线，称为辅助等高线，简称为助曲线，用短虚线描绘。在实际测绘中，极少使用。

（4）基本地貌的等高线

地貌虽然复杂多样，但可以归纳为几种基本的地貌。了解和熟悉用等高线表示的基本地貌，将有助于在城市规划中正确地识读和应用地形图。基本地貌有：山头与洼地、山脊与山谷、鞍部、陡崖与悬崖等，如图 3-4 所示。

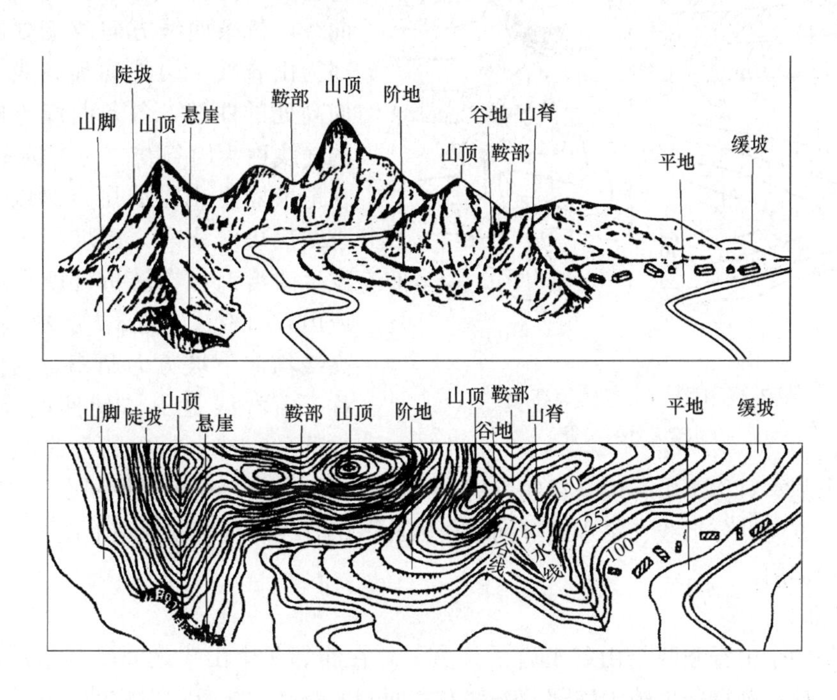

图 3-4　基本地貌的等高线

1）山头与洼地（或盆地）

图 3-5（a）、（b）分别表示山头和洼地的等高线，它们投影到水平面都是一组闭合曲

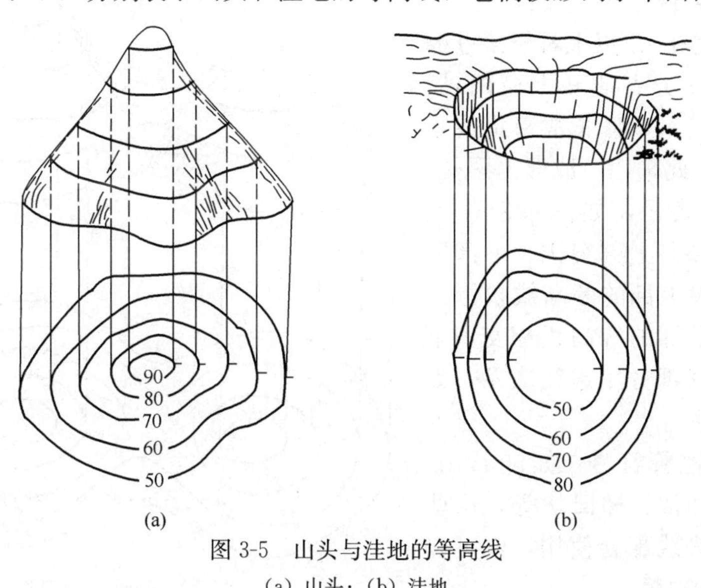

图 3-5　山头与洼地的等高线

（a）山头；（b）洼地

线，其区别在于：山头的等高线内圈高程大于外圈高程，洼地则相反。这样就可以根据高程注记区分山头和洼地。也可以用示坡线来指示斜坡向下的方向。在山头、洼地的等高线上绘出示坡线，有助于地貌的识别。

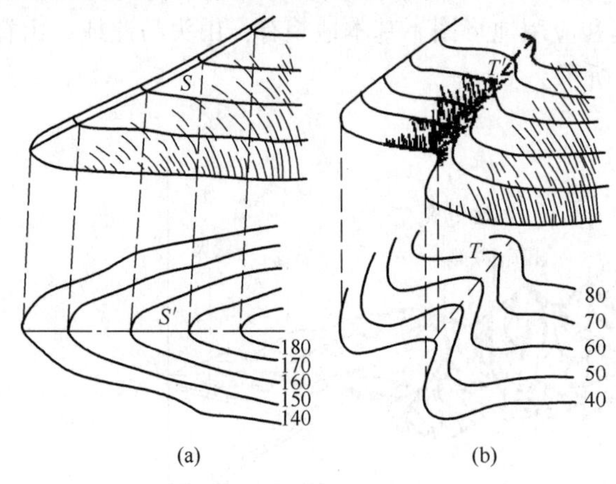

图 3-6　山脊与山谷的等高线
（a）山脊；（b）山谷

2）山脊与山谷

山脊的等高线是一组凸向低处的曲线，各条曲线方向改变处的连接线即为山脊线。山谷的等高线为一组凸向高处的曲线，各条曲线方向改变处的连线称为山谷线。为了读图的方便，在地形图上山脊线用点画线表示，山谷线用虚线表示。山坡的坡度和走向发生改变时，在转折处就会出现山脊或山谷地貌，如图 3-6 所示。山脊的等高线均向下坡方向凸出，两侧基本对称。山脊线是山体延伸的最高棱线，也称分水线。山谷的等高线均凸向高处，两侧也基本对称。山谷线是谷底点的连线，也称集水线。在工程规划设计中，要考虑地面的水流方向、分水线、集水线等问题。因此，山脊线和山谷线在地形图测绘及应用中具有重要的作用。

3）鞍部

鞍部是两个山脊和两个山谷汇合的地方。处在相邻两个山头之间呈马鞍形的低凹部分，习惯上称这种特殊地貌为鞍部。鞍部左右两侧的等高线是近似对称的两组山脊线和两组山谷线，如图 3-7 所示 S 处。鞍部是山区道路选线的重要位置。一般是越岭道路的必经之地，因此在道路工程上具有重要意义。

4）陡崖与悬崖

陡崖是坡度在 70°以上难于攀登的陡峭崖壁，陡崖分石质和土质两种。如果用等高线表示，将非常密集或重合为一条线，因此采用《地形图图式》中陡崖符号来表示，如图 3-8（a）、（b）所示。悬崖是上部突出、下部凹进的地貌。悬崖上部的等高线投影到水平面时，与下部的等高线相交，下部凹进的等高线部分用虚线表示，如图 3-8（c）所示。

还有一些地貌符号，如陡石山、崩崖、滑坡、冲沟、梯田坎等，这些地貌符号和等高线配合使用，就可以表示各种复杂的地貌。

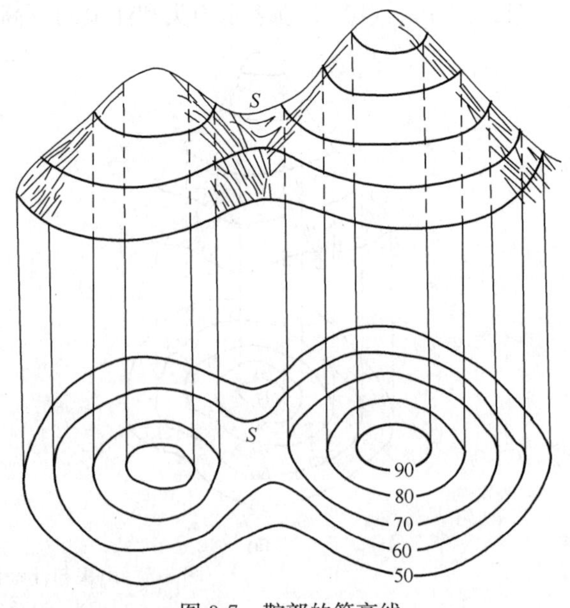

图 3-7　鞍部的等高线

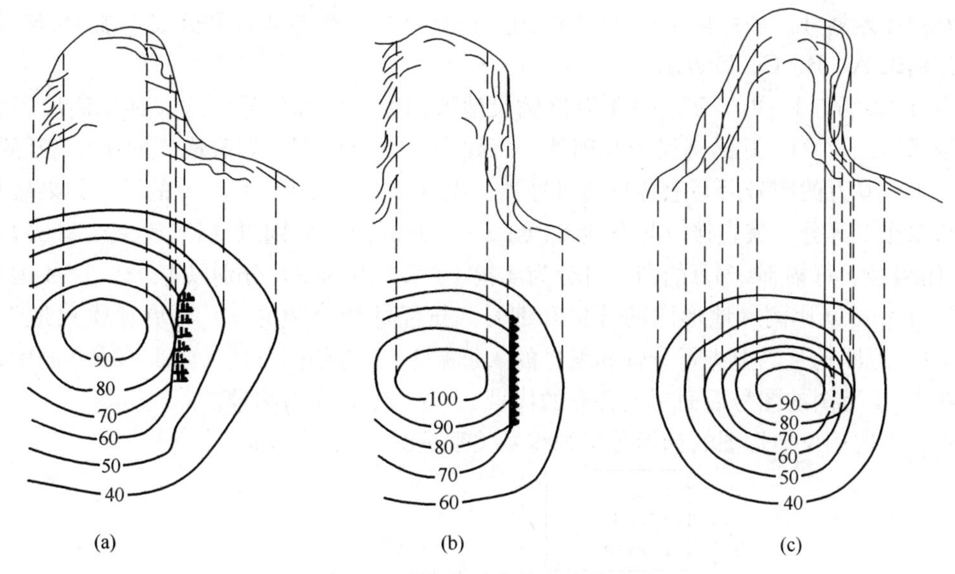

图 3-8 陡崖与悬崖等高线的表示
(a) 石质陡崖；(b) 土质陡崖；(c) 悬崖

3.4 地形图的应用

大比例尺地形图是建筑工程规划设计和施工中的重要地形资料。特别是在规划设计阶段，不仅要以地形图为底图，进行总平面的布设，而且还要根据需要，在地形图上进行一定的量算工作，以便因地制宜地进行合理的规划和设计。

3.4.1 地形图的分幅与编号

为了便于管理和使用地形图，使各种比例尺地形图幅面规格大小一致，避免重测、漏测，需要将各种比例尺的地形图进行统一的分幅和编号。图号是为了方便贮存、检索和使用地形图而给予各分幅地形图的代号。通常标注在地形图的正上方处。地形图的分幅方法有两类：一类是按经纬线分幅的梯形分幅法，一般用于 1∶5000～1∶100 万的中、小比例尺地形图的分幅；另一类是按坐标格网分幅的矩形分幅法，一般用于城市和工程建设 1∶500～1∶2000 的大比例尺地形图的分幅。

(1) 中、小比例尺地形图的梯形分幅和编号

地形图的梯形分幅又称国际分幅，由国际统一规定的经线为图的东西边界，统一规定的纬线为图的南北边界。由于子午线向南北极收敛，因此，整个图幅呈梯形，其划分的方法和编号，随比例尺不同而不同。

1) 1∶100 万比例尺地形图的分幅和编号。1∶100 万比例尺地形图的分幅是从地球赤道（纬度 0°）起，分别向南北两极，每隔纬差 4°为一横行，依次以拉丁字母 A、B、C、D、…、V 表示；由经度 180°起，自西向东每隔经差 6°为一纵列，依次用数字 1、2、3、…、60 表示。每幅图的编号，先写出横行的代号，中间绘一横线相隔，后面写出纵列的代号。

2) 1∶50 万、1∶20 万、1∶10 万比例尺地形图的分幅和编号。这三种比例尺地形图的分幅和编号，都是在 1∶100 万比例尺地形图分幅和编号的基础上，按照表 3-9 中的相

应纬差和经差划分。如每幅 1∶100 万的图，按经差 3°、纬差 2°可划分成 4 幅 1∶50 万的图，分别以 A、B、C、D 表示。

3）1∶5 万、1∶2.5 万、1∶1 万比例尺地形图的分幅和编号。这三种比例尺图的分幅编号都是以 1∶10 万比例尺为基础的。每幅 1∶10 万的图，划分成 4 幅 1∶5 万的图，分别在 1∶10 万的图号后写上各自的代号 A、B、C、D。每幅 1∶10 万的图，如果按其经差和纬差作 8 等分，就直接可划分为 64 幅 1∶1 万的图，分别以（1），（2），（3），…，（64）作编号。每幅 1∶5 万的图又可分为 4 幅 1∶2.5 万的图，分别以 1、2、3、4 编号。

4）1∶5000 比例尺地形图的分幅和编号。按经纬线分幅的 1∶5000 比例尺地形图，是在 1∶1 万图的基础上进行分幅和编号的，每幅 1∶1 万的图分成 4 幅 1∶5000 的图，并分别在 1∶1 万图的图号后面写上各自的代号 a、b、c、d 作为编号。

中、小比例尺地形图的梯形分幅和编号关系见图 3-9、表 3-9。

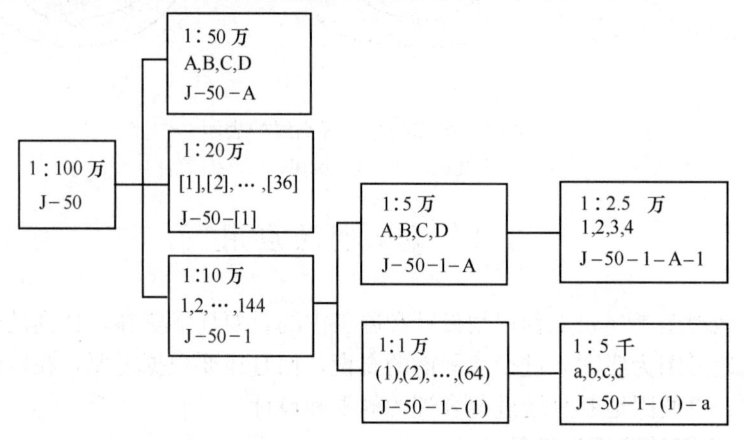

图 3-9　梯形分幅与编号关系

各种比例尺按经、纬度分幅　　　　**表 3-9**

比例尺	图幅大小		1∶100 万、1∶10 万、1∶5 万、1∶1 万的分幅数	分幅代号
	纬差	经差		
1∶100 万	4°	6°	1	行 A，B，C，…，V；列 1，2，3，…，60 A，B，C，D，[1],[2],[3],…,[36],1,2,3,…,144
1∶50 万	2°	3°	4	
1∶25 万	40′	1°	36	
1∶10 万	20′	30′	144	
1∶10 万	20′	30′	1	A,B,C,D (1),(2),(3),…,(64)
1∶5 万	10′	15′	4	
1∶1 万	2′30″	3′45″	64	
1∶5 万	10′	15′	1	1,2,3,4
1∶2.5 万	5′	7′30″	4	
1∶1 万	2′30″	3′45″	1	a,b,c,d
1∶5000	1′15″	1′52.5″	4	

（2）大比例尺地形图的分幅与编号

《1：500、1：1000、1：2000 地形图图式》规定：1：500～1：2000 比例尺地形图一般采用 50cm×50cm 正方形分幅或 40cm×50cm 矩形分幅。1：2000 地形图也可以采用经纬度统一分幅，编号有以下几种方法。

1）数值编号法。地形图编号一般采用图廓西南角坐标公里数编号法，也可选用流水编号法或行列编号法等。采用图廓西南角坐标公里数编号法时 x 坐标在前，y 坐标在后，1：500 地形图取至 0.01km（如 20.50～41.76），1：1000、1：2000 地形图取至 0.1km（如 20.0～41.0）。

2）数字顺序编号法。带状测区或小面积测区，可按测区统一用顺序进行标号，一般从左到右，从上到下用数字 1，2，3，4……编定，如图 3-10 所示，其中“张村－8”为测区张村的第 8 幅图编号。

	张村-1	张村-2	张村-3	张村-4	
张村-5	张村-6	张村-7	张村-8	张村-9	张村-10
张村-11	张村-12	张村-13	张村-14	张村-15	张村-16

图 3-10　数字顺序标号法

3）以 1：5000 编号为基础的编号法。如图 3-11 所示，当测区同时有多种比例尺地形图时，通常以 1：5000 地形图为基础，将测区四等分后得到 4 幅 1：2000 地形图，在对应的 1：5000 地形图编号后分别加上罗马数字Ⅰ、Ⅱ、Ⅲ和Ⅳ，即为该 4 幅图的编号。同理，根据 1：2000 或 1：1000 地形图与编号可得 1：1000 或 1：500 地形图及编号。

4）行列编号法。行列编号法的横行是指以 A、B、C、D……编排，由上到下排列；纵列以数字 1、2、3……，从左到右排列来编排。编号是“行号－列号”，如图 3-12 所示，“C－4”为其中 3 行 4 列的一幅图编号。

3.4.2　地形图的阅读

（1）图名和图号

图名即本幅图的名称，是以所在图幅内最著名的地名、厂矿企业和村庄的名称来命名的。为了区别各幅地形图所在的位置关系，每幅

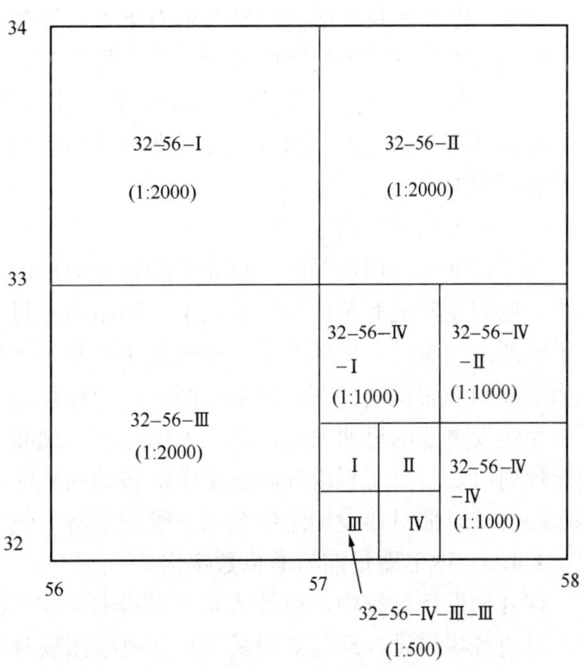

图 3-11　以 1：5000 编号为基础的编号法

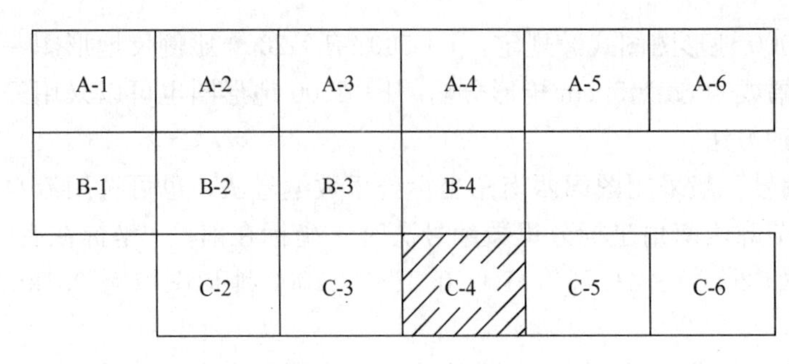

图 3-12　行列编号法

地形图上都编有图号。图号是根据地形图分幅和编号方法编定的，并把它标注在北图廓上方的中央。

(2) 接图表

说明本图幅与相邻图幅的关系，供索取相邻图幅时用。通常是中间一格画有斜线的代表本图幅，四邻分别注明相应的图号（或图名），并绘注在图廓的左上方。在中比例尺各种图上，除了接图表以外，还把相邻图幅的图号分别注在东、西、南、北图廓线中间，进一步表明与四邻图幅的相互关系。

(3) 图廓

图廓是地形图的边界，矩形图幅只有内、外图廓之分。内图廓就是坐标格网线，也是图幅的边界线，用 0.1mm 细线绘出。在内图廓外四角处注有坐标值，并在内廓线内侧，每隔 10cm 绘有 5mm 的短线，表示坐标格网线的位置。在图幅内绘有每隔 10cm 的坐标格网交叉点。外图廓是最外边的粗线，起到修饰作用，用 0.5mm 粗线绘出。在城市规划以及给水排水线路等设计工作中，有时需用 1：1 万或 1：2.5 万的地形图。这种图的图廓有内图廓、分图廓和外图廓之分。内图廓是经线和纬线，也是该图幅的边界线。内、外图廓之间为分图廓，它绘成为若干段黑白相间的线条，每段黑线或白线的长度，表示实地经差或纬差 1′。分度廓与内图廓之间，注记了以千米为单位的平面直角坐标值。

(4) 三北方向关系图

在中、小比例尺图的南图廓线的右下方，还绘有真子午线、磁子午线和坐标纵轴（中央子午线）方向这三者之间的角度关系，称为三北方向图。利用该关系图，可对图上任一方向的真方位角、磁方位角和坐标方位角三者间作相互换算。此外，在南、北内图廓线上，还绘有两个标志点，两点的连线即为该图幅的磁子午线方向，有了它利用罗盘可将地形图进行实地定向。

(5) 地形图的识读

为了正确地应用地形图，首先要能看懂地形图。地形图用各种规定的符号和注记表示地物、地貌及其他有关资料。首先了解测图的年月和测绘单位，以判定地形图的新旧；然后了解图的比例尺、坐标系统、高程系统和基本等高距以及图幅范围和接图表，然后进行地物识读和地貌识读。在识读地形图时，应注意地面上的地物和地貌不是一成不变的。由于城乡建设事业的迅速发展，地面上的地物、地貌也随之发生变化，因此，在应用地形图进行规划以及解决工程设计和施工中的各种问题时，除了细致地识读地形图外，还需进行实地勘察，以便对建设用地作全面正确的了解。

3.4.3　地形图扫描与屏幕数字化

在规划设计过程中，设计人员往往获取的是纸质地形图，随着计算机绘图技术的发展，目前各规划设计部门普遍采用计算机绘图软件进行规划设计。纸质地形图需要通过扫描仪生成数字化地形图，方便地提供给规划设计、工程 CAD 和 GIS 使用，关键问题是必须具有功能完善、方便使用的地形图扫描矢量化软件，方能快捷地完成扫描栅格数据向图形矢量数据的转换。

(1) 扫描栅格数据

扫描仪可分为滚筒式、平板式、CCD直接摄像式三种，其中大幅面的地图以滚筒(卷纸)式用得最多。普通的扫描仪大都按灰度分类扫描，高级的可按颜色分类扫描。目前市场上常见的A0幅面的滚筒式单色分灰度扫描仪的分辨率为400～800dpi。利用扫描仪得到的地形图信息是按栅格数据结构的形式存储的，相当于将扫描范围的地形划分为均匀的网格，每个网格作为一个像元，像元的位置由所在的行列号确定，像元的值即扫描得到的该点色彩灰度的等级（或该点的属性类型代码），称为像素。绝大多数扫描仪是按栅格方式扫描后将图像数据交给计算机来处理。

(2) 数据矢量化

数据矢量化的主要目的是能方便地提取地物、地貌特征点的三维坐标及各类地物实体的空间位置、长度、面积等信息，以供使用，或用计算机控制绘图仪自动绘图。通过记录坐标的方式，用点、线、面等基本信息要素来精确表示各类地形实体，这种数据结构称为矢量数据结构。

一条曲线是通过一系列带有 x，y 坐标的采集点给出的，点位越密，表示的曲线越精确，计算机绘图时可以通过软件自动计算并拟合，绘制出平滑曲线。要想在计算机屏幕上显示、绘图仪自动绘制该曲线，或求算曲线上某点的坐标、曲线的长度等信息，必须首先通过对扫描栅格数据的细化处理，提取图形的构图骨架（即中心线），再经过计算机软件计算，跟踪处理，将栅格图像数据（中心线）转换成用一系列坐标表示其图形要素的矢量数据。

如果底图存在污点，线条不光滑等，再受到扫描系统分辨率的限制，就有可能扫描出噪声（误差或缺陷）。所以一般在细化和矢量化之前，应利用专门的计算机算法对栅格数据进行噪声和边缘的平滑处理，除去这些噪声，以防矢量化的误差和失真。

此外，由于存在图纸的变形及扫描变形的影响，使得扫描后的图像产生某种程度的失真，因此，需要对图形进行纠正，这项工作称为数据的预处理。

3.4.4 用图的基本内容

(1) 求图上某点的坐标和高程

1) 确定点的坐标

在地形图上进行规划设计时，往往要用图解法量测一些设计点的坐标，每幅地形图的内外图廓线之间均按一定格式注有坐标数字，图的西南角是该幅图的坐标始点。如图3-13所示，其始点坐标为 $X=500\text{m}$，$Y=1200\text{m}$。根据 A 点所在的方格，按测图比例尺量出 pA 和 mA 的距离，再加上小方格的 O 点坐标，即为 A 点在图上的坐标值为：

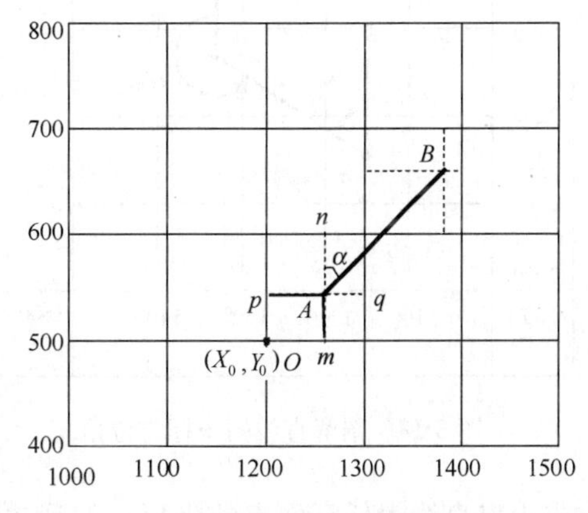

图3-13 点坐标的确定

$$X_A=X_0+\text{mA}\times M;\ Y_A=Y_0+\text{pA}\times M \tag{3-3}$$

式中　X_0、Y_0——O 点坐标；

M——比例尺分母。

由于图纸会产生伸缩，使方格边长往往不等于理论长度。为了使求得的坐标值精确，可采用乘伸缩系数进行计算。

随着计算机的快速发展和电子地图的广泛应用，通过计算机可以很精确地确定点的坐标，如矢量化后可在 AutoCAD 中通过 id 命令很快确定点的坐标。主要应注意的是高斯坐标系和屏幕坐标系的转换关系。

2）确定点的高程

在地形图上的任一点，可以根据等高线及高程标记确定其高程。如果所求点不在等高线上，则作一条大致垂直于相邻等高线的线段，量取其线段的长度，按比例内插求得，有时也可以根据相邻两等高线的高程目估确定。因此，目估高程精度低于等高线本身的精度。规范中规定，在平坦地区，等高线的高程中误差不应超过 1/3 等高距；丘陵地区，不应超过 1/2 等高距；山区，不应超过一个等高距。由此可见，如果等高距为 1m，则平坦地区等高线本身的高程误差允许到 0.3m，丘陵地区为 0.5m，山区可达 1m。所以，用目估确定点的高程是允许的。

（2）确定图上直线的长度、坐标方位角及坡度

1）确定图上直线的长度

确定图上直线的长度可采用直接量测或通过坐标计算。用卡规在图上直接卡出线段长度，再与图示比例尺比量，即可得其水平距离。也可以用毫米尺量取图上长度并按比例尺换算为水平距离，但后者受图纸伸缩的影响。当距离较长时，为了消除图纸变形的影响以提高精度，可用两点的坐标计算距离。在 AutoCAD 图中可以通过 Dist 或 list 命令很快确定直线长度。

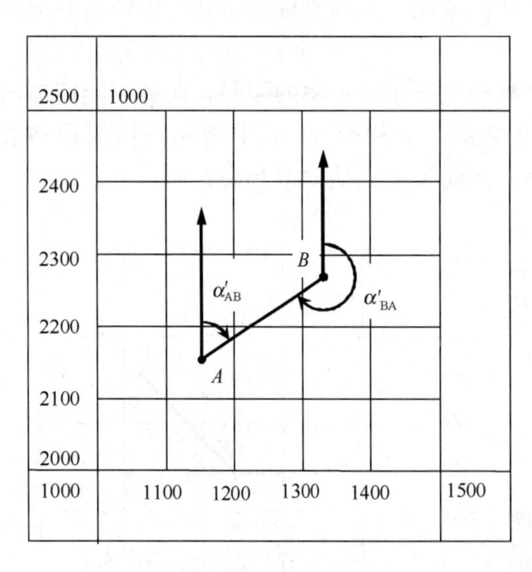

图 3-14　图解直线的坐标方位角

2）求某直线的坐标方位角

求某直线的坐标方位角可用图解法或解析法。当精度要求不高时，可由量角器在图上直接量取其坐标方位角。如图 3-14 所示，利用图解法求某直线的坐标方位角时，可先过线上的 A、B 两点精确地作平行于坐标格网纵线的直线，然后用量角器的中心分别对准 A、B 两点量出直线 AB 的坐标方位角 α'_{AB} 和直线 α'_{BA} 的坐标方位角 α'_{BA}，则直线 AB 的坐标方位角可用式（3-4）求得。利用解析法是先求出直线上任意两点的坐标，然后再按式（3-5）计算该线的坐标方位角，当直线较长时，解析法可取得较好的结果。在 AutoCAD 图中可以通过 Angle 命令很快确定直线的坐标方位角。

$$\alpha_{AB}=\frac{1}{2}(\alpha'_{AB}+\alpha'_{BA}\pm 180°) \tag{3-4}$$

$$a_{AB} = \arctan \frac{y_B - y_A}{x_B - x_A} = \arctan \frac{\Delta y_{AB}}{\Delta x_{AB}} \tag{3-5}$$

3）确定直线的坡度

设地面两点间的水平距离为 D，高差为 h，而高差与水平距离之比称为坡度，以 i 表示，常以百分率或千分率表示。如果两点间的距离较长，中间通过疏密不等的等高线，则所求地面坡度为两点间的平均坡度。在地形图上求得直线的长度以及两端点的高程后，可按下式计算该直线的平均坡度 i，即

$$i = \frac{h}{d \cdot M} = \frac{h}{D} \tag{3-6}$$

式中　d——图上量得的长度，mm；

M——地形图比例尺分母；

h——两端点间的高差，m；

D——直线实地水平距离，m。

坡度有正负号，"+"正号表示上坡，"−"负号表示下坡，坡度常用百分率（%）或千分率（‰）表示。

（3）按一定方向绘制纵断面图

在各种线路工程设计中，为了进行填挖方量的概算，以及合理地确定线路的纵坡，都需要了解沿线路方向的地面起伏情况，为此，常需利用地形图绘制沿指定方向的纵断面图。如图 3-15 所示，欲沿 AC 绘制断面图，可在绘图纸或方格纸上绘制一水平线 AC，过 A 点作 AC 的垂线作为高程轴线。然后在地形图上用卡规自 A 点分别卡出 A 点至各点的距离，并分别在图上自 A 点沿 AC 方向截出相应的点。再在地形图上读取各点的高程，按高程轴线向上画出相应的垂线。最后，用光滑的曲线将各高程线顶点连接起来，即得

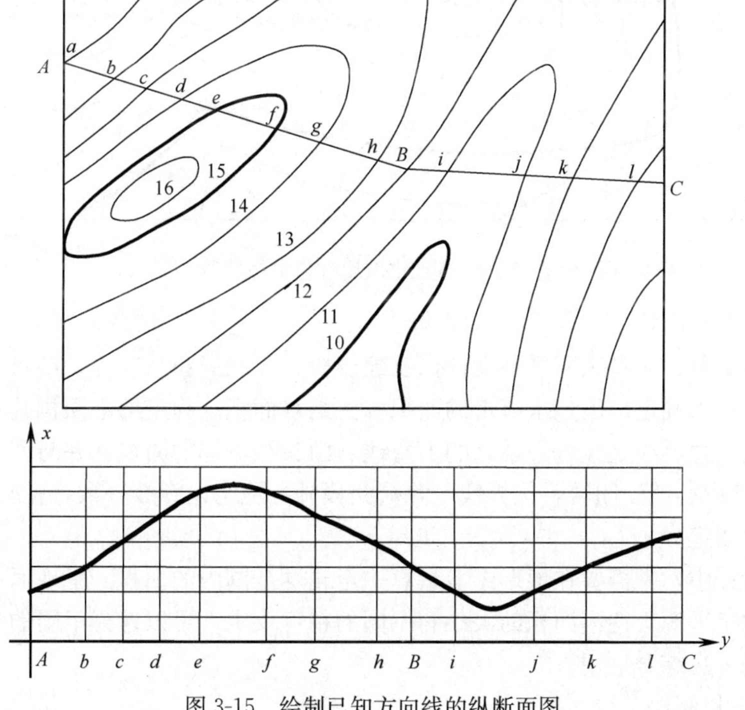

图 3-15　绘制已知方向线的纵断面图

AC方向的断面图。绘制纵断面图也可以在计算机中快速实现。断面过山脊、山顶或山谷处的高程变化点的高程，可用比例内插法求得。绘制断面图时，为了使地面的起伏变化更加明显，高程比例尺比水平比例尺大10～20倍。如，水平比例尺是1∶2000，高程比例尺为1∶200。

（4）按限制坡度在地形图上选线

在道路、管线、渠道等工程设计时，都要求线路在不超过某一限制坡度的条件下，选择一条最短路线。如图3-16所示，设从A点到高地B点要敷设一条输水管线，要求其坡度不大于5%（限制坡度）。设计用的地形图比例尺为1∶2000，等高距为1m。为了满足限制坡度的要求，根据计算得出该线路经过相邻等高线之间的最小水平距离D，以A点为圆心，以D为半径画弧交等高线于点1，再以点1为圆心，以D为半径画弧，交等高线于点2，依此类推，直到B点附近为止。然后连接A、1、2、…、B，便在图上得到符合限制坡度的路线。这只是A到B的路线之一，为了便于选线比较，还需另选一条路线，同时考虑其他因素，如少占农田，建筑费用最少，避开易塌方或崩裂地带等，以便确定路线的最佳方案。在选线过程中，有时会遇到两相邻等高线间的最小平距大于D的情况，即所作圆弧不能与相邻等高线相交，说明该处的坡度小于指定的坡度，则以最短距离定线。

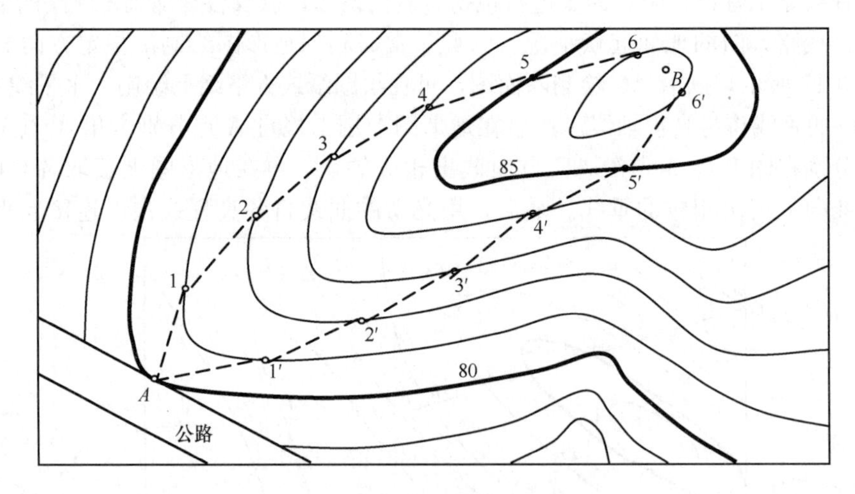

图3-16　按规定坡度选定最短路线

（5）确定汇水面积

城市雨水工程、防洪工程规划设计以及建设桥梁、涵洞和水库等，都要根据汇集于这个地区的水流量来确定。汇集水流量的面积称为汇水面积。确定汇水面积必须先确定汇水面积的边界线，边界线是经过一系列的山脊线、山头和鞍部的曲线，并与河谷的指定断面（公路或水坝的中心线）闭合，边界线（除公路段外）应与山脊线一致，且与等高线垂直。

（6）面积测定

在规划设计中，常需要在地形图上量算一定轮廓范围内的面积。土地面积量算的方法很多，根据数字来源、待测面积的大小和不同的精度要求，可以选择不同的量算方法，也可以结合不同方法综合运用。

1）透明方格纸法

对于不规则曲线围成的图形，可采用透明方格法进行面积量算。用透明方格网纸（方格边长一般为 1mm、2mm、5mm、10mm）覆盖在要量测的图形上，先数出图形内的完整方格数，然后将不够一整格的用目估折合成整格数，两者相加乘以每格所代表的面积，即为所量算图形的面积。

2）平行线法

量算面积时，将绘有间距 $d=1$mm 或 2mm 的平行线组的透明纸覆盖在待算的图形上，则整个图形被平行线切割成若干等高 d 的近似梯形，上、下底的平均值以 l_i 表示，如图 3-17 所示。则图形的总面积为：

$$S = d\sum_{i=1}^{n}\Sigma l_i M^2 \tag{3-7}$$

式中　M——地形图的比例尺分母。

3）解析法

如果图形为任意多边形，且各顶点的坐标已在图上量出或已在实地测定，可利用各点坐标以解析法计算面积。如图 3-18 所示，欲求四边形 $ABCD$ 的面积，已知其顶点坐标为 $A(x_1、y_1)$、$B(x_2、y_2)$、$C(x_3、y_3)$和 $D(x_4、y_4)$，则其面积相当于相应梯形面积的代数和，即：

$$S_{ABCD}=S_{ABB'A'}+S_{BCC'B'}-S_{ADD'A'}-S_{DCC'D'} \tag{3-8}$$

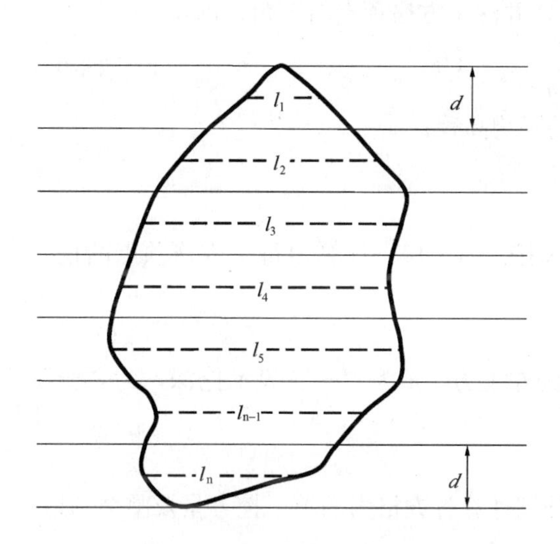

图 3-17　平行线法量算面积

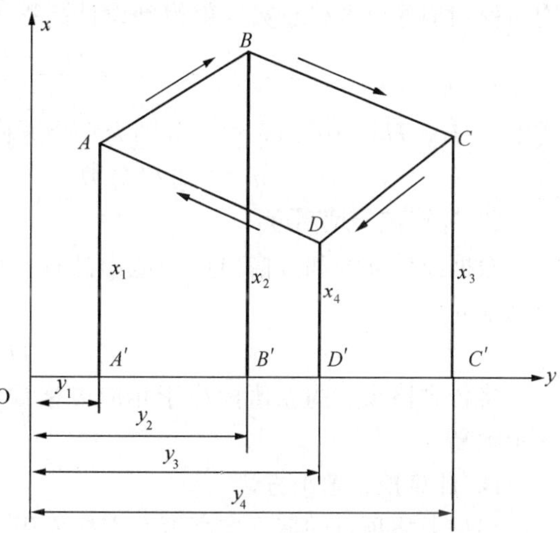

图 3-18　解析法计算面积

4）求积仪法

求积仪是一种专门供图上量算面积的仪器，其优点是操作简便、速度快、适用于任意曲线图形的面积量算，且能保证一定的精度。求积仪分机械求积仪和电子求积仪两种。电子求积仪是采用集成电路制造的一种新型求积仪，性能优越、可靠性好、操作简便。

除了上面的传统方法外，用得比较多的还有几何图形法。这种方法就是将图形划分为若干个简单的几何图形，然后用比例尺量取计算所需的元素，应用面积计算公式求出各个简单几何图形的面积，最后取代数和，即为多边形的面积。

目前，在电子地图或 AutoCAD 图中广泛利用计算机快速测量。如在进行城市规划时，地形可通过矢量化导入 AutoCAD 图形中，通过 Area 命令快速测出面积和周长。

(7) 平整土地中的土石方量估算

在各种工程建设中，除对建筑物要做合理的平面布置外，往往还要对原地貌做必要的改造，以便适于布置各类建筑物，排除地面水以及满足交通运输和敷设地下管线等，这种地貌改造称之为平整土地。给水厂、污水处理厂以及泵站等厂区规划中需要考虑场地的平整。在平整土地工作中，常需预算土石方的工程量，即利用地形图进行填、挖土石方量的概算。采用的方法有多种，其中方格法（或设计等高线法）是应用最广泛的一种。下面分两种情况介绍该方法。

1）要求平整成水平面

将原地貌按挖填土方量平衡的原则改造成水平面，其计算土石方量的步骤如下。

A. 在地形图上绘方格网

在地形图上拟建场地内绘制方格网。方格网的大小取决于地形复杂程度、地形图比例尺大小以及土方概算的精度要求。例如，在设计阶段采用 1∶500 的地形图时，根据地形复杂情况，一般边长为 10m 或 20m。方格网绘制完后，根据地形图上的等高线，用内插法求出每一方格顶点的地面高程 H'，并注记在相应方格顶点的右上角。

B. 计算设计高程

先将每一方格顶点的高程加起来除以 4，得到各方格的平均高程，再把每个方格的平均高程相加除以方格总数，就得到设计高程 H_0，并注于方格顶点右下角，即：

$$H_0 = \frac{H_1 + H_2 + \cdots + H_n}{n} \tag{3-9}$$

式中 H_1、H_2、…、H_n——分别为每个方格的平均高程；

n——方格总数。

C. 计算挖、填高度

根据设计高程和方格顶点的地面高程，可以按式（3-10）计算出每一方格顶点的挖、填高度 h。

$$h = H' - H_0{}' \tag{3-10}$$

将各方格顶点的 h 值标注于相应方格顶点的左上方。h 为“+”表示挖深，为“−”表示填高。

D. 计算挖、填土方量

根据方格顶点的填、挖高度及方格面积，分别计算各方格内的填、挖方量及整个场地总的填、挖方量。总挖方量和总填方量应相等。

2）要求按设计等高线整理成倾斜面

将原地貌改造成统一坡度的倾斜面，一般可根据填、挖平衡的原则，画出设计倾斜面的等高线。但是，有时要求所设计的倾斜面必须包含不能改动的某些高程点（称为设计斜面的控制高程点）。例如，已有道路的中线高程点、永久性或大型建筑物的外墙地坪高程等。

将原地貌按设计等高线改造成倾斜面，其计算土石方量的步骤同前，不同之处是各方格顶点的设计高程是根据设计等高线内插求得的，并注记在方格顶点的右下角。

3.4.5 电子地图（electric map）信息的获取、识别与应用

电子地图（electric map）是一种模拟地图产品，具有地图的数学法则、制图综合和

特定的符号系统等基本特征。

（1）电子地图功能

在电子地图中的任何对象（如点、线、面）都是数据化的，其数据化的一般原理是：利用特定的数字化仪，将普通地图所反映的各要素转换为地理坐标或直角坐标数据，并以某种管理方式把数据按一定的格式存储在计算机中，进行有效的存放和管理，最后传输到电子地图上。新型的电子地图与GPS技术结合使用，实现全天候的定位和导航，实时测定用户接收机的位置和移动速度，进行静态和动态的定位和测速。用GPS技术可以快速而准确地得到接收机所在的位置坐标，经过一定的变换后，得到地图上的点位。

随着科技的发展，其所包含的互联网地图、手机APP和相关API（应用程序编程接口）等得到迅速发展，且搜索内容也大为拓宽，涉及人们衣食住行的方方面面。现在，百度地图、高德地图等电子地图受到使用者的广泛关注，可以利用数字地图记录的信息，派生新的数据，如地图上等高线表示地貌形态，利用电子导航地图的等高线和高程点可以生成数字高程模型，将地表起伏以数字形式表现出来，可以直观立体地表现地貌形态。

（2）电子地图优点

1）在计算机的支持下，电子地图不受固定投影和比例尺的约束，可以根据应用需要进行实时的投影和比例变化，同时多尺度地图数据库的构建能够提供不同细节程度的目标信息浏览；

2）在地图符号系统上，电子地图具有更大的灵活性，用户可以对三维符号、动态符号、多媒体符号等进行自定义和修改，在屏幕上实时生成新的符合不同领域要求的地图；

3）在电子地图条件下，由于屏幕浏览和缩放功能的存在，综合的目的不再简单解决表达问题，而是进一步转化为表达与分析双重功能。

（3）在给水排水工程中的应用

电子地图可以形象生动地显示工程所在地区地形地貌，电子地图可利用GPS地理资讯系统来建立资料。这些资料包括道路属性及各城市建设设施等，以此取得设计区域的参考资料，为给水排水工程规划工作提供资料支撑，包括流域面积、分数线、等高线、坡度、坡向、建筑、道路、高程等。

城市给水排水工程规划设计可以依托电子地图与电力、电信、道路、燃气、供热等其他市政工程规划相协调，在符合相关规范的要求下，融合GIS、BIM等技术建立三维城市信息模型辅助完成管线的整体布局和具体定位，使得给水排水管网的管理效率逐步提高。

思考题

1. 什么是数字比例尺，如何表示精度？
2. 什么是大比例尺，如何区分大比例尺和小比例尺？
3. 简述电子地图的特点，并说明在给水排水工程规划设计中如何应用。
4. 简述地形图分幅与编号的目的，给水排水工程规划中一般采用哪种形式的分幅？
5. 举例说明如何按限制坡度在地形图上进行给水排水管道选线。
6. 如何在电子地图上计算排水系统的汇水面积？

第4章 给水排水工程规划与勘测

4.1 给水排水工程规划设计对勘测的要求

城市规划和建设始于城市地形图，城市建设止于竣工测量和归档图件，因此，城市勘测的作用在现代城市活动中是其他行业无法替代的。充分、准确的勘测资料，是保证工程规划设计质量的前提。为了做到多快好省地完成工程勘测设计任务，应根据设计的不同阶段布置勘测工作。在布置勘测工作之前，应搜集核对建设区域内已有的勘测成果，在保证质量的前提下尽量加以利用，以缩小新的勘测范围，减少勘测工作量。本节只讨论城市给水排水工程规划对勘测的一般要求，以供规划设计人员在收集资料时参考。

4.1.1 地形测量的要求

(1) 总平面图

总平面图应包括地形、地物、等高线、坐标等，比例尺为1：10000～1：50000。

(2) 枢纽工程平面图

最好用20～50m小方格导线施测，实测范围视具体需要确定，图上应包括地形、地物、等高线等，比例尺为1：200～1：500。

(3) 取水口测量

1) 地形图：比例尺为1：200～1：1000。

2) 河床断面图：比例尺横向为1：200～1：1000；纵向为1：50～1：100。通常由取水口上下游每隔50～100m测河床断面，一般测三处，河床变化复杂的河流则另定。

(4) 给水排水管道测量

1) 平面地形图：比例尺1：500～1：2000（一般1：1000～1：2000。遇管线综合复杂的街道时采用1：500)。测量范围一般按管道每侧不小于30m考虑，其中每侧10m范围内应详测。

2) 定线测量：按设计提出的定向条件在平面地形图上测量订桩（此项工作可与平面地形图测量同时进行，亦可先测绘平面地形图，后进行定线测量)，订出管道中心桩。管道的起点、终点、转折点，除测出桩号外应给出坐标，并绘出点桩距。

3) 纵断面图：比例尺横向宜与平面图比例相同；纵向为1：100～1：200。应沿管道中线测绘现有地面高程。沿线如有现状地下交叉管线，应测出交叉点桩号。

4) 穿越铁路、公路、河道、堤坝处应测其横断面详图：比例尺横向为1：100～1：500；纵向为1：10～1：50。除交叉段地形高程外，应分别测出铁路轨顶高程、交叉点的铁路里程数，公路、河床、堤坝断面，路边沟深度，水面高程等。测量宽度视具体情况确定。

4.1.2 工程地质勘察的要求

(1) 枢纽工程勘察要求

1）枢纽工程范围内的地形地物概述；

2）地下水概述，包括勘察时实测水位；

3）土壤物理分析及力学试验资料；

4）钻孔布置。主要构筑物（建筑物）如泵房、沉淀池、滤池、清水池、办公管理楼等一般须布置 2～10 个钻孔，其深度决定于构筑物（建筑物）基础下受力层的深度，一般应钻至基底下 3～6m。水工构筑物及取水构筑物的探孔深度应达到河床最大冲刷深度以下不小于 5m 或钻至中等风化岩石为止。

5）勘察成果除满足上述要求外，应对设计构筑物的基础砌置深度、基础及上层结构的设计要求、施工排水、基槽处理以及特殊地区的地基（如可液化土地基、淤泥、高填土等）提出必要的处理建议。

（2）输配水干管勘察要求

一般钻孔布置间距 300～500m，孔深 4～6m。技术要求可查阅枢纽工程勘察要求中的具体规定。

（3）不同设计阶段对勘察内容的要求

1）初步设计阶段：要求勘察部门对枢纽工程场地稳定性作出评价，对主要构筑物地基基础方案及对不良地质防治工程方案提供工程地质资料及处理建议。

2）施工图设计阶段：要求勘察部门根据设计确定的构筑物位置，在初步设计勘察结论的基础上进行勘察部门认为需要进行的补充勘察工作，并提出补充报告。

4.1.3　水文地质勘察的要求

在可能作为水源地的地区范围内进行水文地质勘察工作。

（1）一般规定

1）水文地质测绘宜在比例尺大于或等于测绘比例尺的地形地质图基础上进行。当只有地形图而无地质图或地质图的精度不能满足要求时，应进行地质、水文地质测绘。

2）水文、地质测绘的比例尺：普查阶段宜为 1∶50000～1∶100000；详查阶段宜为 1∶5000～1∶25000；勘探阶段宜为 1∶10000 或更大的比例尺。

3）水文地质测绘的观测路线宜按下列要求布置。

A. 沿垂直岩层或岩浆岩体构造线走向；

B. 沿地貌变化显著方向；

C. 沿河谷、沟谷和地下水露头多的地带；

D. 沿含水层带走向。

4）水文地质测绘的观测点宜布置在下列地点。

A. 地层界线、断层线、褶皱轴线、岩浆岩与围岩接触带标志层、典型露头和岩性、岩相变化带等；

B. 地貌分界线和自然地质现象发育处；

C. 井泉钻孔、矿井、坎儿井、地表坍陷岩溶水点（如暗河出入口、落水洞、地下湖）和地表水体等。

5）地质测绘每平方千米的观测点数和路线长度可按表 4-1 确定。

6）进行水文地质测绘时可利用现有遥感影像资料进行判释与填图，减少野外工作量和提高图件的精度。

水文地质测绘的观测点数和观测路线长度　　表 4-1

测绘比例尺	地质观测点数（个/km²）		水文地质观测点数（个/km²）	观测路线长度（km/km²）
	松散层地区	基岩地区		
1∶100000	0.10～0.30	0.25～0.75	0.10～0.25	0.50～1.00
1∶50000	0.30～0.60	0.75～2.00	0.20～0.60	1.00～2.00
1∶25000	0.60～1.80	1.50～3.00	1.00～2.50	2.50～4.00
1∶10000	1.80～3.60	3.00～8.00	2.50～7.50	4.00～6.00
1∶5000	3.60～7.20	6.00～16.00	5.00～15.00	6.00～12.00

注：1. 同时进行地质和水文地质测绘时表中地质观测点数应乘以 2.5，复核性水文地质测绘时观测点数为规定数的 40%～50%。

2. 水文地质条件简单时采用小值，复杂时采用大值，条件中等时采用中间值。

7）遥感影像资料的选用宜符合下列要求：

A. 航片的比例尺与填图的比例尺接近；

B. 陆地卫星影像选用不同时间各个波段的 1∶500000 或 1∶250000 的黑白相片以及彩色合成或其他增强处理的图像；

C. 热红外图像的比例尺不小于 1∶50000。

8）遥感影像填图的野外工作应包括下列内容。

A. 检验判释标志；

B. 检验判释结果；

C. 检验外推结果；

D. 补充室内判释难以获得的资料。

9）遥感影像填图的野外工作量，每平方千米的观测点数和路线长度宜符合下列规定。

A. 地质观测点数宜为水文地质测绘地质观测点数的 30%～50%；

B. 水文地质观测点数宜为水文地质测绘水文地质观测点数的 70%～100%；

C. 观测路线长度宜为水文地质测绘观测路线长度的 40%～60%。

（2）水文地质测绘内容和要求

1）地貌调查宜包括下列内容。

A. 地貌的形态、成因类型及各地貌单元间的界线和相互关系；

B. 地形、地貌与含水层的分布及地下水的埋藏、补给、径流排泄的关系；

C. 新构造运动的特征、强度及其对地貌和区域水文地质条件的影响。

2）地层调查宜包括下列内容。

A. 地层的成因类型、时代、层序及接触关系；

B. 地层的产状、厚度及分布范围；

C. 不同地层的透水性、富水性及其变化规律。

3）地质构造调查宜包括下列内容。

A. 褶皱的类型、位置、长度及延伸和倾状方向；两翼和核部地层的产状、裂隙发育特征及富水地段的位置；

B. 断层的位置、类型、规模、产状、断距、力学性质和活动性；断层上、下盘的节理发育程度、断层带充填物的性质和胶结情况；断层带的导水性、含水性和富水地段的位置；

C. 不同岩层层位和构造部位中节理的力学性质、发育特征、延伸和交接关系及其富水性；

D. 测区所属的地质构造类型、规模、等级和测区所在的构造部位及其富水性。

4）泉的调查宜包括下列内容。

A. 泉的出露条件、成因类型和补给来源；

B. 泉的流量、水质、水温、气体成分和沉淀物；

C. 泉的动态变化、利用情况。若有供水时，应设观测站进行动态观测。

5）水井调查宜包括下列内容。

A. 井的类型、深度、井壁结构、井周地层剖面、出水量、水位水质及其动态变化；

B. 地下水的开采方式、开采量、用途和开采后出现的问题；

C. 选择有代表性的水井进行简易抽水试验。

6）地表水调查宜包括下列内容。

A. 地表水的流量、水位、水质、水温、含砂量及动态变化以及地表水与地下水（包括暗河和泉）的补排关系；

B. 利用现状及其作为人工补给地下水的可能性；

C. 河床或湖底的岩性和淤塞情况以及岸边的稳定性。

7）水质调查应包括下列内容。

A. 水质简易分析：取样点数不应少于前面规定的水文地质观测点总数的40%。分析项目包括颜色、透明度、嗅和味、沉淀值、可溶性固形物总量、总硬度等指标；

B. 水质专门分析：取样水点数不应少于简易分析点数的20%。分析项目包括：生活饮用水应符合国家现行的《生活饮用水卫生标准》的要求；生产用水应按不同工业企业的具体要求确定；在有地方病或水质污染的地区，应根据病情和污染的类型确定；

C. 划分地下水的水化学类型，了解地下水水化学成分的变化规律、水污染的来源、途径、范围、深度和危害程度。

4.2 环境水文地质调查

环境水文地质调查是环境水文地质工作的基础，包括对已有资料的收集和野外调查，环境水文地质调查工作的主要内容是：了解城市的一般概况，查明城市环境水文地质条件和环境水文地质问题。

（1）城市环境情况调查

1）城市的发展和变迁；

2）工农业生产现状与发展规划；

3）城市建设规模及其布局调整；

4）现有人口密度和控制指标；

5）城市供水状况及其历史沿革，生活与工农业用水的供需平衡概况；

6）地下水开发利用的历史沿革和现状；

7）土地利用状况等。

(2) 天然环境水文地质条件调查

1) 气候、水文、土壤和植被状况；

2) 地层岩性、地质构造和地貌特征及主要矿产；

3) 包气带岩性、厚度与结构，含水岩层的岩性、结构、厚度和富水性以及隔水岩层岩性、厚度、结构；

4) 地下水水位、水质和水温特征，地下水类型、补给、径流和排泄条件以及地下水环境背景值（污染起始值）或对照值。

(3) 人为环境水文地质条件调查

1) 地下水开发利用状况调查

应了解主要开采层的层次、开采量、开采强度、开采井的密度、深度、施工结构质量，开采过程中水质、水量、水位的变化状况。

2) 地下水污染源调查

应查明工业污染源的位置、主要污染物及其浓度、年排放量、排放方式、排放途径和去向、处理及综合利用状况；应了解生活污水和医疗卫生废水的排放量、排放方式、排放途径、去向与处理程度；生活垃圾、粪便的排放、储存、处理利用状况；露天厕所分布状况；郊区化肥、农药和农家肥施用量及其历年的变化；较大的牲畜场分布、规模与发展状况；污灌区位置、范围、污灌量、灌溉方式、污水的主要成分和作物种类。

3) 大气、地表水和土壤污染状况调查

应调查大气、地表水与土壤中的主要污染物及其污染程度、范围与演变过程、污染原因和途径。

4) 与地下水有关的其他人类工程活动调查

应收集调查改变天然地质结构的各种地下工程，改变环境化学条件的矿产开发等工程活动及其对环境生态的影响等有关资料。

(4) 主要环境水文地质问题调查

1) 地下水水质问题调查

应查明地下水中主要物质成分及含量的时空分布、过高或过低物质成分含量程度和范围、不良水质形成原因、对环境和生态（包括人体健康）的影响；应查明地下水中的主要污染物及其分布特征、污染程度和污染范围、污染原因、污染类型及其对环境和生态的影响。

2) 地下水资源衰减状况调查

在开采地下水历史比较长，机井密度比较大的城市，每1～2年要统测一次丰、枯水期水位，了解集中开采区地下水位降落漏斗的规模和发展趋势；查明漏斗中心的水位、漏斗面积和形状、漏斗形成的原因，计算各年和多年累计的开采量；了解下降幅度和下降速度；在机井开采量调查的基础上，应对集中开采区的代表性机井，每1年进行一次丰、枯水期开采量调查，了解开采量衰减情况，查明地下水开采量衰减程度和原因；分析研究机井密度、水位下降幅度与机井开采量变化关系，了解地下水开采量衰减趋势。应查明被疏干含水层的位置、疏干形状和面积，被疏干含水层类型、岩性和厚度、疏干量、疏干原因和发展趋势。

3) 地面沉降与地面塌陷调查

调查沉降和塌陷的位置、范围及面积、沉降量和塌陷量、沉降区和塌陷区的环境水文地质条件、沉降和塌陷原因以及发展趋势。

4）其他环境水文地质问题调查

A. 开采深层热水和热矿泉对环境和生态的影响程度、范围、原因和途径；

B. 海水入侵的原因、程度、范围、途径及其对环境和生态的影响；

C. 黄土湿陷的形成原因、程度、范围、途径及其对环境和生态的影响。

（5）环境水文地质调查方法与基本要求

1）环境水文地质调查中的水质采样点，平均每 1～5$km^2$1 个。一般调查点（包括地质、地貌、水文地质和环境水文地质调查点）应为水质采样点的三倍左右；

2）重要环境水文地质调查点和采样点应有照片附在调查卡片中；

3）地下水化验项目应包括常量元素、微量元素、特殊成分和细菌分析。其中，必测项目有：三氮、酚、氰、汞、铬、砷和化学耗氧量等；

4）在环境水文地质调查中，应尽量在现场测定 pH、Eh、DO、电导率和水温等不稳定项目。

采样和化验方法按有关标准规范的规定执行。

4.3 环境水文地质勘探与试验

环境水文地质勘探与试验是环境水文地质工作的重要组成部分，是在环境水文地质调查的基础上，针对某些需要进一步查明的环境水文地质问题而进行的。

（1）环境水文地质勘探的任务

1）查明环境水文地质条件在垂直方向上的分布特征与规律；

2）查明地下水污染、地面沉降、塌陷等环境水文地质问题在垂直方向上的分布特征与规律。

（2）环境水文地质试验的任务

1）有关地下水污染物的分布范围、运移、扩散规律、土体对污染物质的吸附、解吸等作用的强度和有关参数的研究；

2）了解天然状态和人为活动影响下地下水均衡条件、均衡要素，测定各均衡要素的参数，配合地下水动态观测和开采调查进行地下水均衡计算；

3）查明其他环境水文地质问题的形成机制，并取得有关参数。

4.4 环境水文地质监测

环境水文地质监测是通过对地下水水位、水量、水温、水质的长期监测查明地下动态变化的重要手段，是进行城市环境水文地质质量评价，解决地下水合理开发、科学管理的基础工作。

地下水监测网的布设应以最少的监测点控制较大的面积，获得大量典型动态资料。具体布设应考虑：

（1）控制不同的水文地质单元；

(2) 控制不同的含水层（组），特别是易污染层，监测重点是主要供水目的层及已污染的含水层；

(3) 控制地下水水位下降漏斗区，地面沉降区以及控制其他专门环境水文地质问题等。

地下水监测点必须是具有代表性的单孔或孔组，其基本水文地质资料齐全，取水结构清楚，并可以保持监测时间的连续性。作为水质监测的点应该是常年使用的生产井或泉。地下水监测点分类可分为区域性监测点和专门性监测点两类。区域性监测点又可分为控制性监测点和辅助性监测点。控制性监测点一般是在供水勘探过程中选留下来作为长期监测的钻孔和专门施工的监测孔。它主要构成不同水文地质单元和不同含水层地下水动态特征的基本监测线。辅助性监测点属于面上均匀分布的点，一般选择机井、民井即可。专门性监测点是指为某种或某些专门目的，如为了解某一环境水文地质问题而布置的监测点，包括监测地下水位下降漏斗、监测地面沉降、监测海水入侵、监测某一污染源对地下水污染的影响等的监测点。监测点的密度可根据工作比例尺、环境水文地质条件及环境水文地质问题的复杂程度而定。一般 1∶2.5 万、1∶5 万、1∶10 万监测点的数量可考虑每平方千米 0.1～1 个，控制性监测点数量占监测点总数的百分比一般不应低于 20％。

地下水水位监测频率是根据水动态变化幅度和监测点分类来确定。控制性监测点每五天监测一次（其中 20％的点应安装自记水位计），监测日期一般要求为逢五逢十日。辅助性监测点可每十天或每月监测一次。南方岩溶地区的控制点每三天一次，雨季还要加密至每天监测两次。地下水水质监测频率一般每年采样两次，即在地下水的枯水期与丰水期各采一次。根据具体情况，采样次数可适当增加，在已了解水质变化规律的情况下也可 1～2 年采样一次。控制性监测点水质监测项目除简分析项目外还包括铁、锰、铜、锌、硝酸盐、亚硝酸盐、氨氮、化学耗氧量、生物耗氧量、氟化物、硒、砷、汞、镉、总铬、铬、氰化物、挥发酚、细菌及大肠菌群等。辅助性监测点水质监测项目根据调查区具体情况而定。

4.5 工程地质勘察

岩土工程地质勘察是基本建设过程中的基础环节，以了解、查明建设地点的岩土构成、地层、构造、水文地质情况，建设地点的地质环境情况为目的。通过地面地质调查、钻探、物探、浅井、钎探、原位测试，岩、土、水样的室内测试等手段为基本建设的设计、预算、施工提供岩土构成，岩土力学性质、地质环境，基础方案等方面的第一手技术资料，使工程基础的设计、预算、施工做到科学、合理和可靠。

工程地质勘察报告是对工程地质勘察所获得的各种资料进行分析整理后提交建设部门使用的成果资料。它主要包括地质剖面图及各种相关地质图件、钻探测试数据的统计、反演分析、工程地质条件分析与评价、建设工程基础方案可行性论证等。

城市规划工程地质勘察必须结合任务要求，因地制宜，选择运用各种勘察手段，提供符合城市规划要求的勘察成果。在勘察工作中要积极采用有效的新技术和地质学科新理论。

城市规划工程地质勘察，除应符合相关规范外，尚应符合国家现行标准的有关规定：

（1）规划勘察的等级可根据城乡规划项目重要性等级（表4-2）和场地复杂程度等级（表4-3）划分为甲级和乙级。甲级是指在规划项目重要性等级和场地复杂程度等级中，有一项或多项为一级；乙级是指除勘察等级为甲级以外的勘察项目。

城乡规划项目重要性等级　　表4-2

一级	二级	三级
（1）20万人口以上的城市、镇总体规划、详细规划和各种专项规划（含修订或者调整）； （2）研究拟定国家重点工程、大型工程项目规划选址	（1）20万人口以下城市、镇总体规划、详细规划和各种专项规划（含修订或者调整）； （2）中、小型建设工程项目规划选址的可行性研究	乡、村庄的规划编制

场地复杂程度等级　　表4-3

一级（复杂）	二级（中等复杂）	三级（简单）
符合下列条件之一者为一级场地（复杂场地）： （1）对建筑抗震的危险地段； （2）不良地质作用和地质灾害发育强烈； （3）地质环境已经或可能受到强烈破坏； （4）地形和地貌类型复杂； （5）工程地质、水文地质条件复杂	符合下列条件之一者为二级场地（中等复杂场地）： （1）对建筑抗震的不利地段； （2）不良地质作用和地质灾害一般发育； （3）地质环境已经或可能受到一般破坏； （4）地形和地貌较复杂； （5）工程地质、水文地质条件较复杂	符合下列条件者为三级场地（简单场地）： （1）抗震设防烈度等于或小于6度或对建筑抗震的一般、有利地段； （2）不良地质作用和地质灾害不发育； （3）地质环境基本未受破坏； （4）地形和地貌简单； （5）工程地质、水文地质条件简单

（2）规划勘察应按总体规划、详细规划两个阶段进行。专项规划或建设工程项目规划选址，可根据规划编制需求和任务要求进行专项规划勘察。

（3）规划勘察前应取得下列资料：

1）规划勘察任务书；

2）各规划阶段或专项规划的设计条件，包括城乡类别说明，规划区的范围、性质、发展规模、功能布局、路网布设、重点建设区或建设项目的总体布置和项目特点等；

3）与规划阶段相匹配的规划区现状地形图、城乡规划图等。

（4）规划勘察的工作内容、勘察手段及工作量，应与城乡规划编制各阶段或专项规划的编制需求相适应。

（5）规划勘察应在搜集已有资料的基础上，通过必要的工程地质测绘和调查、勘探、原位测试和室内试验，经过综合整理、分析，为城乡规划编制和建设工程项目规划选址提供勘察成果。

（6）规划勘察工作应符合下列规定：

1）各规划阶段勘察前期应分析已有资料，进行实地踏勘，确定工作重点，制定切实可行的勘察方案；

2）应根据规划勘察工作区及所在地区已有资料的详细程度、当地工程建设经验以及场地的复杂程度，在研究和利用相关资料的基础上，结合勘察阶段、勘察等级和规划编制要求等，确定勘察工作内容；

3）当规划勘察工作区内存在影响场地稳定性的不良地质作用和地质灾害、重大的环境工程地质问题时，应进行必要的专项工程地质勘察工作，或在规划勘察工作中开展专题研究。

（7）规划勘察工作区应划分评价单元，并应按评价单元分析评价场地稳定性和工程建设适宜性。评价单元的划分应符合下列规定：

1）应依据地形地貌单元、工程地质与水文地质单元、水系界线、洪水淹没线、活动断裂带展布位置以及规划用地功能分区界线等进行综合划分；

2）对存在不良地质作用和地质灾害的规划区，应按其影响范围、程度等进行综合划分。

（8）在规划勘察过程中，所有勘探点的位置和标高，应分别按统一的国家或地方坐标系统和高程系统测定、整理和记载。

（9）规划勘察成果资料应存档，并宜进行成果资料信息数字化，建立相应的地质信息数据库管理系统。

4.5.1 总体规划阶段的工程地质勘察

总体规划勘察应以工程地质测绘和调查为主，并辅以必要的地球物理勘探、钻探、原位测试和室内试验工作；应调查规划区的工程地质条件，对规划区的场地稳定性和工程建设适宜性进行总体评价。

（1）总体规划勘察应包括下列工作内容：

1）搜集、整理和分析相关的已有资料、文献；

2）调查地形地貌、地质构造、地层结构及地质年代、岩土的成因类型及特征等条件，划分工程地质单元；

3）调查地下水的类型、埋藏条件、补给和排泄条件、动态规律、历史和近期最高水位，采取代表性的地表水和地下水试样进行水质分析；

4）调查不良地质作用、地质灾害及特殊性岩土的成因、类型、分布等基本特征，分析对规划建设项目的潜在影响并提出防治建议；

5）对地质构造复杂、抗震设防烈度 6 度及以上地区，分析地震后可能诱发的地质灾害；

6）调查规划区场地的建设开发历史和使用概况；

7）按评价单元对规划区进行场地稳定性和工程建设适宜性评价。

（2）总体规划勘察前应搜集下列资料：

1）区域地质、第四纪地质、地能地质、工程地质、水文地质等有关的影像、图件和文本；

2）地形地貌、遥感影像、矿产资源、文物古迹、地球物理勘探等资料；

3）水文、气象资料，包括水系分布、流域范围、洪涝灾害以及风、气温、降水等；

4）历史地理、城址变迁、既有上地开发建设情况等资料；

5）已有地质勘探资料。

（3）总体规划勘察的勘探点布置应符合下列规定：

1）勘探线、点间距可根据勘察任务要求及场地复杂程度等级，按表 4-4 确定。

2）每个评价单元的勘探点数量不应少于 3 个；

3）钻入稳定岩上层的勘探孔数量不应少于勘探孔总数的 1/3。

总体规划勘探线、点间距（m）　　**表 4-4**

场地复杂程度等级	勘探线间距		勘探点间距	
Ⅰ类场地	300～500	500～700	200～400	400～600
Ⅱ类场地	500～800	700～1000	400～600	600～800
Ⅲ类场地	800～1000	1000～1500	600～800	800～1000

（4）总体规划勘察的勘探孔深度应满足场地稳定性和工程建设适宜性分析评价的需要，并应符合下列规定：

1）勘探孔深度不宜小于 30m，当深层地质资料缺乏时勘探孔深度应适当增加；

2）在勘探孔深度内遇基岩时，勘探孔深度可适当减浅；

3）当勘探孔底遇软弱土层时，勘探孔深度应加深或穿透软弱土层。

（5）采取岩土式样和进行原位测试的勘探孔数量不应少于勘探孔总数的 1/2，必要时勘探孔宜全部采取岩土式样和进行原位测试。

4.5.2　详细规划阶段的工程地质勘察

详细规划勘察应对规划区内各建筑地段的稳定性作出工程地质评价，为确定规划区内近期房屋建筑、市政工程、公用事业、园林绿化、环境卫生及其他公共设施的总平面布置，以及拟建的重大工程地基基础设计和不良地质现象的防治等提供工程地质依据、建议及其技术经济论证依据。

（1）详细规划工作应符合下列规定：

1）详细规划勘察应根据场地复杂程度、详细规划编制对勘察工作的要求，采用工程地质测绘和调查、地球物理勘探、钻探、原位测试和室内试验等综合勘察手段；

2）详细规划勘察应在总体规划勘察成果的基础上，初步查明规划区的工程地质与水文地质条件，对规划区的场地稳定性和工程建设适宜性作出分析与评价。

（2）详细规划勘察应包括下列工作内容：

1）搜集、整理和分析相关的已有资料；

2）初步查明地形地貌、地质构造、地层结构及成因年代、岩土主要工程性质；

3）初步查明不良地质作用和地质灾害的成因、类型、分布范围、发生条件，提出防治建议；

4）初步查明特殊性岩土的类型、分布范围及其工程地质特性；

5）初步查明地下水的类型和埋藏条件，调查地表水情况和地下水位动态及其变化规律，评价地表水、地下水、土对建筑材料的腐蚀性；

6）在抗震设防烈度 6 度及以上地区，评价场地和地基的地震效应；

7）对各评价单元的场地稳定性和工程建设适宜性作出工程地质评价；

8）对规划方案和规划建设项目提出建议。

（3）详细规划勘察前必须取得下列文件和图件

1）总体规划勘察成果资料；

2）地貌、气象、水文、地质构造、地震、工程地质、水文地质和地下矿产资源等有关资料；

3）既有工程建设、不良地质作用和地质灾害防治工程的经验和相关资料；

4）详细规划拟定的城乡规划用地性质、对拟建各类建设项目控制指标和配套基础设施布置的要求。

（4）详细规划勘察的勘探线、点的布置应符合下列规定：

1）勘探线宜垂直地貌单元边界线、地质构造带及底层分界线；

2）对于简单场地（三级场地），勘探线可按方格网布置；

3）规划有重大建设项目的场地，应按项目的规划布局特点，沿纵、横主控方向布置勘探线；

4）勘探点可沿勘探线布置，在每个地貌单元和不同地貌单元交界部位应布置勘探点，在微地貌和地层变化较大的地段、活动断裂等不良地质作用发育地段可适当加密；

5）勘探线、点间距可按表4-5确定。

（5）详细规划勘察的勘探孔可分一般性勘探孔和控制性勘探孔，其深度可按表4-6确定，并应满足场地稳定性和工程建设适宜性分析评价的要求。

（6）控制性勘探孔不应少于勘探孔总数的1/3，且每个地貌单元或布置有重大建设项目地块均应有控制性勘探孔。

详细规划勘探线、点间距（m） **表4-5**

场地复杂程度等级	勘探线间距	勘探点间距
一级场地（复杂场地）	100～200	100～200
二级场地（中等复杂场地）	200～400	200～300
三级场地（简单场地）	400～800	300～600

详细规划勘探孔深度（m） **表4-6**

场地复杂程度等级	一般性勘探孔	控制性勘探孔
一级场地（复杂场地）	＞30	＞50
二级场地（中等复杂场地）	20～30	40～50
三级场地（简单场地）	15～20	30～40

注：勘探孔包括钻孔和原位测试孔。

（7）遇下列情况之一时，应适当调整勘探孔深度：

1）当场地地形起伏较大时，应根据规划整平地面高程调整孔深；

2）当遇有基岩时，控制性勘探孔应钻入稳定岩层一定深度，一般性勘探孔应钻至稳定岩层层面；

3）在勘探孔深度内遇有厚层、坚实的稳定土层时，勘探孔深度可适当减浅；

4）当有软弱下卧层时，控制性勘探孔的深度应适当加大，并应穿透软弱土层。

（8）详细规划勘察采取岩土试样和原位测试工作应符合下列规定：

1）采取岩土试样和进行原位测试的勘探孔，宜在平面上均匀分布；

2）采取岩土试样和进行原位测试的勘探孔的数量宜占勘探孔总数的1/2，在布置有重大建设项目的地块或地段，采取岩土试样和进行原位测试的勘探孔不得少于6个；

3）各主要岩土层均应采取试样或取得原位测试数据；

4）采取岩土试样和原位测试的竖向间距，应根据地层特点和岩土层的均匀程度确定。

（9）详细规划勘察的水文地质勘察应符合下列规定：

1）应调查对工程建设有较大影响的地下水埋藏条件、类型和补给、径流、排泄条件，各层地下水水位和变化幅度；

2）应采取有代表性的水样进行腐蚀性分析，取样地点不宜少于3处；

3）当需绘制地下水等水位线时，应根据地下水的埋藏条件统一量测地下水位；

4）宜设置监测地下水变化的长期观测孔。

4.5.3 工程地质测绘和调查

工程地质测绘和调查的范围宜根据规划阶段、场地复杂程度确定；规划勘察的工程地质测绘和调查，可利用航空摄影或卫星资料进行遥感地质解译；工程地质测绘和调查方法应根据规划阶段、已有资料和场地复杂程度综合确定。

（1）工程地质测绘和调查前应搜集下列资料：

1）比例尺满足测绘精度要求的地形图；

2）区域地质、工程地质、水文地质、地震地质等资料；

3）有关的遥感影像图片及其解译资料；

4）其他与勘察评价相关的水文、气象、地震、工程建设等资料。

（2）工程地质测绘和现场调查宜包括下列内容：

1）地形、地貌特征、地貌单元；

2）岩土的年代、成因、性质和分布；

3）各类岩体结构面的类型、产状、发育程度；

4）地下水的类型、补给来源、径流与排泄条件，含水层的岩性特征、埋藏深度、水位变化、污染情况及其与地表水体的关系，井、泉位置；

5）最高洪水位及其发生时间、淹没范围；

6）气象、水文、植被、土的标准冻结深度；

7）地质构造的性质、分布、特征及断裂的活动性；

8）不良地质作用和地质灾害的形成、分布、形态、规模及发育程度；

9）已有建（构）筑物及城市基础设施破坏变形情况和相应的工程防护经验。

（3）工程地质测绘应根据任务要求及场地特征，采用实地测绘法、遥感解译或多方法相结合的方式。

（4）采用实地测绘法时，地质观测点的布置应符合下列规定：

1）在地质构造线、地质接触线、地貌单元分界线、不良地质作用发育地段等代表性部位，应布设观测点；

2）当基岩露头较少时，应根据具体情况布置一定数量的探坑或探槽；

3）观测点的间距宜控制在图上距离2～6cm，并可根据场地工程地质条件的复杂程度，结合对规划选址、工程建设的影响程度，适当加密或放宽；

4）利用遥感影像资料解译成果进行测绘时，现场检验观测点的数量宜为工程地质测绘点数的1/3～1/2。

（5）采用遥感解译法应符合下列规定：

1）应根据规划区地质环境特点、任务要求和勘察阶段，选用适宜的遥感图像种类和比例尺；

2）遥感解译宜在工程地质测绘前进行，解译过程应结合工程地质测绘开展工作，并应相互验证和补充；

3）可选用多片种、多层次的遥感图像，进行综合解译，必要时可采用多时相的遥感图像进行动态解译；

4）采用相片成图法应结合实地测绘法进行校对和验证，必要时可进行修正。

（6）遥感解译成果应包括遥感图像工程地质解译图和遥感解译说明书等，底图可用影像图或地形图。必要时，应编制卫星遥感图像略图或航空遥感图像略图。

（7）工程地质测绘和调查时，应按场地稳定性和工程建设适宜性相似性原则，在附有坐标的地形图上编制工程地质分区图，制图比例尺不宜小于工程地质测绘比例尺；分区不能完全反映场地工程地质条件的复杂程度时，可再划分亚区。

4.5.4　资料整理和报告编制的基本要求

勘察报告应资料完整、结论有据、建议合理、便于使用和存档，并应因地制宜、突出重点、有针对性。岩土的物理力学性质指标应分层进行统计。当同层岩土的同一指标差别很大时，应进一步划分亚层并重新统计。勘察报告的文字、术语、符号、数字、计量单位、标点等，均应符合国家现行有关标准的规定。

（1）勘察报告应根据规划阶段、任务要求、场地复杂程度及规划区工程建设特点等具体情况编写，并应包括下列内容：

1）勘察目的、任务要求和依据的技术标准；

2）规划区概况，包括地理位置、范围和勘察面积以及项目规划的基本情况等；

3）勘察方法和工作量布置，包括工程地质测绘和调查、勘探、测试方法和资料整理方法及说明，各项勘察工作的数量、布置原则及其依据等；

4）地质环境特征，包括地理简况及变迁、地形地貌特征、水文气象条件、区域地质简况、场地工程地质及水文地质条件、不良地质作用和地质灾害等；

5）工程地质图表及其编制的原则、内容及需要说明的问题；

6）场地稳定性和工程建设适宜性分析评价；

7）结论及建议；

8）报告使用应注意的事项和有关说明。

（2）勘察报告图件成果应包括综合图、专题图和辅助图，并应符合下列规定：

1）综合图可通过工程地质专题要素复合或综合进行绘制，图件应包括工程地质分区图，场地稳定性分区图，工程建设适宜性分区图。需要时，宜提供不良地质作用和地质灾害分布（分区）图、环境工程地质问题预测图、水文地质分区图等；

2）专题图件宜包括岩土层空间分布图，岩土层工程性质分区图，地下水埋藏深度分布图，暗埋的河、湖、沟、坑分布图，江、湖、河、海岸线变迁图，地形地貌以及地质构造图等；

3）辅助图件宜包括钻孔柱状图、地质剖面图、原位测试成果图、实际材料图及照片等反映地质环境要素特征的图表。

4.6 地下管线调查

4.6.1 城市地下管线调查意义

地下管线是城市基础设施的重要组成部分，地下管线大致分为给水管和中水管、雨水与污水管、燃气管道、供热管道、石油与化工管道、照明电缆与有线电视电缆、工业与其他专用性动力电缆、通信电缆与光缆等。地下管线被誉为城市的“生命线”，是城市赖以生存和发展的物质基础，日夜进行着水、电、信息和能量的供配与传输。因此，查明城市中现有地下管线的分布和规划好未来的地下管线，就成为我国城市建设、国民经济和社会发展中一件重要的基础性工作。

城市各类地下管线的经费来源和所属单位不同，没有统一管理体制，埋设时间不同，因而很多城市地下管线的管径、管材、走向、埋深等十分混乱、错综复杂。掌握和摸清城市地下管线的现状是城市自身经济、社会发展的需要，是城市规划建设管理的需要，是抗震防灾和应付突发性重大事故的需要。对维护城市“生命线”的正常运行，保证城市人民的正常生产、生活和社会发展都具有重大的现实意义和深远的历史意义。

4.6.2 隐蔽地下管线探测

目前，隐蔽地下管线的探测方法主要有全球卫星定位系统（GPS）和物探方法。GPS是一种精确确定管线位置的重要技术，已在一定范围内得到应用，该方法能准确地确定标志的经度、纬度和高度数据，精度可小于1英寸（≈25.4mm）。物探方法较多，一般根据地下管线的材质、埋深和地质条件不同，采取不同的探测方法。下面简要介绍地下管线物探方法。

（1）直接法和插钎法

当阀门井和消防井分布较密时，可采取在井内直接观测的方法，这是一种可行又直观的简便方法。在埋深较浅且覆盖层又很松软时，可采用钢钎触探方法，这是一种经济、简便、有效并可行的方法。

（2）磁探测法

磁探测法是属于地球物理探测法中的一种，通常称为磁法探测。由于铁质性管道在地球磁场的作用下被磁化，便或多或少地带有磁性。管道被磁化后的磁性强弱与管道的铁磁性材料有关，钢、铁管的磁性强，铸铁管的磁性较弱，非铁质管则无磁性。被磁化的铁质管道就成了一根磁性管道，因而形成它自身的磁场，通过在地面观测铁质管道的磁场的分布，便可发现铁质管道并推算出管道的埋深。

（3）电探测法

这也属于地球物理探测法之一，通常称之为电法探测。电法探测可分为直流电探测法与交流电探测法两大类。

1）直流电探测法。这种方法是用人工通过两个供电电极向地下供直流电，电流从正极供入地下再回到负极，在地下形成一个电流密度分布空间，当存在金属管线时，由于金属管线的导电性良好，它们对电流有“吸引”作用，使电流密度的分布产生异常情况，若地下存在水泥或塑料管道，它们的导电性极差，于是对电流则有“排斥”作用，同样也使电流密度的分布产生异常情况，通过在地面布置的两个测量电极便可观测到这种异常，从而可以发现金属管线或非金属管线的存在及其位置。

2）交流电探测法。这种方法是利用交变电磁场对导电性或导磁性或介电性的物体具有感应作用或辐射作用，从而产生二次电磁场，通过观测发现被感应的物体或被辐射的物体。常用的交流电探测法可分为：甚低频法、电磁感应探测法和电磁辐射探测法。

甚低频法借助强功率长波电台所发射的甚低频电磁波对地下管线产生感应作用来发现地下管线的存在及其位置；电磁感应探测法是利用人工发射的电磁波对地下管线产生电磁感应作用来发现地下管线的存在及其位置；电磁辐射探测法是利用电磁波的感应与辐射作用来探测地下管线。

物探方法探测的准确性、精度决定于管线及其周围土或其他介质的特性。采用物探方法探测地下管线必须具备：被探测的地下管线与其周围土或其他介质之间有明显的物性差异；被探测的地下管线所产生的异常场有足够的强度，能从干扰背景中清楚地分辨出其异常；探测精度要求范围之内。电磁感应法探测钢筋混凝土地坪下的管线时，接收机应离地坪一定高度，以克服钢筋网的干扰。

4.6.3 地下管线测量

地下管线测量可分为已有地下管线的整理测量（普查）和新埋设管线的竣工测量或新建地下管线的施工测量（规划放线），对管线测量本身而言，不管是管线普查、管线施工测量还是管线竣工测量，都称为地下管线测量。它们不同之处在于竣工测量是在管线施工后回土前，地下管线特征点部位明显的情况下进行，施测对象明确，管线变化情况清楚，无需采用管线仪或其他探测手段来查明管线点位置，即可进行管线测量：而普查必须先对已埋设的地下管线，用探查手段探查出管线在地面上投影位置后，才能开始测量，由于增加了管线的探查，不仅增加了工作量，而且管线点的位置精度比竣工测量要差。普查除增加了探查误差，同时还可能对一些复杂地段，留下一些一时查不清的情况，所以从提高地下管线测量的质量出发，应尽量能做到边施工边测量。不论何种测量，最终目的是测量出管线点（或地面标志点）的平面坐标、高程或直接测绘出地下管线图，或利用获得的管线点成果绘制地下管线专业图、综合管线图等。

地下管线测量与地形图测绘的区别在于，地形图测绘只测绘地面的地物、地貌，而地下管线测量除测绘管线两侧地物、地貌外，还要测量出地下管线特征点的位置（平面坐标和高程）和特征点之间的相互关系。地下管线测量工作基本内容有：测区已有控制成果和地形图的收集；地下管线点的连测；测量成果资料的整理，以及管线图的绘制。对缺少已有控制成果和地形图的测区，还需进行管线点连测所需的基本控制网和补测管线经过区域的地形图，对已有控制成果和地形图检测和补测。

4.6.4 城市地下管线图的编绘

（1）地下管线图编绘的原则

1）地下管线图编绘应按任务书或任务委托书进行。任务委托书一般有三种情况：一是由专业探测单位的上级部门以任务书的形式下达；二是由用户以委托书的形式委托；三是由探测单位以委托书的形式委托。前两种情况是指探测与编绘同属于一个单位的两支作业队或一支作业队的情况，探测和编绘都执行同一份任务书或委托书即可，后一种是指探测和编绘属于两个不同单位的两支作业队伍，探测单位或用户单位应以委托书的形式进行委托。任务书或委托书的内容包括：工程名称、工作内容、时间要求以及应提交的成果等。

2）地下管线图的编绘应在已有新测或经修测合格的地形图和地下管线探测成果的基础上进行。如果没有达到此条件，资料不足时，应由上道工序负责解决，在特殊情况下，也可委托编绘单位解决。

3）地下管线图编绘的对象应是埋设于地下的给水、排水、燃气、热力、工业等各种管道以及电力和电信电缆。地下管线图应反映地下管线的平面位置、走向、埋深（或高程）、规格、性质、材质等。但对地面部分的管线也应适当考虑，因为地上地下的管线均属于管线系统的组成部分，为了体现管线的系统性，增加管线图的功能，只要管线图上负荷量允许，宜将地面部分的管线绘到地下管线图上，专业管线图应尽可能绘到图上。

4）地下管线图编绘的任务，虽然分市政公用管线探测区、厂区或住宅小区管线探测区、施工场地管线探测区和专用管线探测区四类，但对城市地下管线图的编绘，一般是指市政公用管线探测区管线图的编绘，并由城市规划部门负责管理。其他三类对整座城市来说是属于局部性的，编绘管线图时应按局部性的要求进行。

5）地下管线图编绘，除应符合《城市地下管线探测技术规程》CJJ 61－2017 外，尚应符合现行的《城市测量规范》CJJ/T 8－2011 或《工程测量标准》GB 50026－2020 以及城市当地的有关规定。地形、地貌应符合现行国家标准《国家基本比例尺地图 1∶500、1∶1000、1∶2000 地形图》GB/T 33176－2016，管线及其附属设施的符号宜按《城市地下管线探测技术规程》附录 E 地下管线图图例执行，工厂或住宅小区也可采用本地区规划、设计单位的现用图例。范围较小的工程，可用较简单的办法，直接在图上注记管线与附近建、构筑物的距离及埋深，以表示管线的位置即可。

6）坐标和高程系统可区别情况采用，市政公用管线区和专用管线区应采用与当地城市坐标和高程系统相一致的系统，厂区或住宅小区管线区和施工场地管线区可采用本地的建筑坐标系统，但应与当地城市坐标系统建立换算关系式。

7）地下管线图编绘的图幅和比例尺，专业管线图和综合管线图宜采用与城市大比例尺地形图一致的图幅和比例尺，局部放大示意图可采用任意比例尺，但应考虑示意图的大小以能清楚表示管线位置和管线图相协调、美观的要求。对于带状图、工厂或住宅小区和施工场地等的图幅可按现行国家标准《建筑制图标准》GB/T 50104－2010 规定的标准。

（2）地下管线编绘的工作内容

地下管线图的编绘是在已有新测或经修测合格的地形图和地下管线探测成果的基础上进行的，是地下管线探测工程中的一道工序，是最终出成果的工作。

地下管线图的编绘，是指综合地下管线图、专业地下管线图、管线纵横断面图和放大示意图的编绘。地下管线图上的内容除表示测区内的管线、附属设施、建（构）筑物以及地形外，根据不同情况和需要还包括管线点成果、文字说明、图例、指北针及图签等。地下管线探测区不同，其范围和要求也不同，在编绘地下管线图时应根据不同的测区不同的要求进行，但其编绘的工作内容和技术方法基本是一致的。地下管线图编绘包括：编图、绘图、编制成果表三项内容。编图，是指将实地探测所取得的地下管线成果或已有的地下管线成果，以及已有的地形图，按规定的比例尺、规范、规程、图式图例以及任务委托的技术要求，编绘成地下管线的铅笔图；绘图，是将地下管线铅笔图上墨或描绘、着色、整饰等，使之成为地下管线成果的正式图；编制成果表，是将管线的起点、终点、拐弯点、交叉点、变径点等特征位置测量的坐标、高程以及管线性质、规格、管径、管材等，按一定的规格和方法绘制成表或册，作为工程成果的一部分。

地下管线图编绘的工作内容主要有：工作准备、方案制订、图幅尺寸选定、地形图复制、管线展绘、文字数字注记、成果表编制、文字说明、图廓整饰、原图上墨、质量检查等。

目前编绘地下管线图的人员组织，大致有两种情况，一是“一条龙”作业法，即从接受任务、管线调查、管线探测、编绘地下管线图、编写报告书到成果提交，同属于一支作业队伍；二是统一组织分工作业法，即整个工程由承担任务单位的项目负责人统一组织，现场的调查、探测由一支作业队伍完成，编绘地下管线图由另一支作业队伍完成，编写报告书、成果验收到提交由项目负责人负责。作业方法不同，虽然在地下管线图编绘这一环节的工作中没有什么不同，但对编绘地下管线图的上、下工序的工作有所不同，“一条龙”作业法是由一支作业队完成所有的工作，工序之间不存在交接问题；分工作业法，必须要做好上、下工序的交接工作和熟悉资料的工作。

（3）编绘工作的资料准备

地下管线图的编绘，首先要作好资料准备，主要工作是资料收集和资料分析与整理。

1）资料收集

资料收集，包括地下管线资料和大比例尺地形图两部分。地下管线资料，主要是收集各种管线的实测资料、管线施工图设计资料、施工变更设计通知书（图）以及技术说明资料等。

实测资料是编绘地下管线图的基本资料。实测资料又分两部分：已有地下管线现状探查、测绘的资料；在管沟覆土前测量的竣工图资料。

管线施工设计图是施工的依据，严格按其施工的设计图纸对于编绘地下管线图也是可靠的资料，它与实地探测的资料所不同的，仅仅在于设计图纸所提供的坐标、标高和尺寸是设计的，而实地探测的资料则是实际测量出来的，两者的精度有一定的差别。

按施工要求，在施工中必须严格按施工图施工，若不能按施工图施工时，则需由设计单位变更设计，并须下达施工变更通知书（图），施工单位则按变更通知书（图）进行施工。因此，按设计图编绘管线图时，凡遇到有变更通知书（图）处，都应采用变更通知书（图）的资料，而不能再采用原设计图的资料。若施工时不能严格按设计图施工，则此设计资料只能作为参考而不能直接用于编图，必须是实测资料才能用于编绘。

地形图是编绘地下管线图的基础图，编绘哪个探测区的地下管线图，就需要有反映哪个探测区地形现状的大比例尺地形图。选择作为编绘地下管线图底图的地形图，其比例尺应与编制地下管线图的比例尺一致，一般都是以城市最大比例尺基本地形图作为编绘地下管线图的底图。地形图的来源，一是从城市测绘资料管理部门取得；二是由任务委托单位提供；三是实测。凡城市已有符合要求的地形图，都可以从城市测绘资料管理部门取得，若城市地形图部分不符合要求，则需按现行《城市测量规范》进行修测或补测。对于工矿等企事业单位，其资料基本由自己管理，所需的地形图，一般是由任务委托单位提供；施工场地管线探测区范围一般较小，但需要的精度往往较高，在探测地下管线的同时，对地形图进行实测。

地下管线图编绘工作阶段的资料收集工作，主要是向承担地下管线探测任务的作业单位收集。收集的资料主要包括以下内容。

A. 地下管道和地下电缆明显管线点调查表；

B. 地下管线探查记录表；

C. 管线点成果表；

D. 探测工作示意图及管线附属设施草图；

E. 节点放大示意图、管沟剖面图；

F. 探测前向城市自来水公司、市政工程管理处、煤气热力公司、供电局、市话局、长话局以及厂矿专业部门、设计单位等广泛收集符合现行标准的现状的地下管线资料；

G. 符合编绘地下管线图需要的地形图；

H. 其他有参考价值的资料。

如果地下管线图编绘人员就是实际地下管线探测人员，则部分资料不存在再收集的问题。

2）资料的分析与整理

A. 对地形图的质量分析。

① 收集的地形图一般应为聚酯薄膜底图，其质量应符合国家现行的各部、委批准颁发的各种大比例尺地形测量技术标准；

② 地形图的比例尺不应小于所编绘管线图的比例尺；

③ 坐标、高程系统应与管线测量一致；

④ 图上地物、地貌基本反映测区现状；

⑤ 对不符合质量要求的部分，按现行的《城市测量规范》的技术标准进行实测或修测合格。

B. 对管线资料的质量分析。

除实测管线资料以外，对编绘用的各种管线资料均应进行质量分析，一是对管线在地面的露头及各种窨井与地形图上的同一地物符号应作核对，对有遗漏或平面位置误差大于图上 1mm 的部分进行实地检查和修正；二是对坐标、高程、尺寸等成果数据进行精度分析，其精度应满足《城市地下管线探测技术规程》的要求。

C. 对资料的全面性分析。

根据编绘地下管线图的工作任务，检查各种管线资料是否齐全，每种管线应有的成果资料是否齐全，应有的地形图是否齐全，还有哪些遗漏问题，这些问题应如何处理等。

D. 对管线编号的分析。

在管线探查阶段、管线点测量阶段和管线图的编绘阶段，管线点的编号是一个比较麻烦的工作，因此，在编绘管线图前，应对管线探查和测量阶段的编号方法进行分析，为后续工作提供更科学的编号方法。因此，同一管线点在不同工序中的编号应列出对照表，以利于对照，防止出错。

E. 对资料的整理。

资料整理的目的是为了方便编图和提高工作效率。一个工程特别是大工程的资料是很多的，整理时应按管线探测区集中，然后按每种专业分别集中，再按编绘的先后顺序集中，同类的成果资料集中，并编好目录分别存放，以保证使用时方便。

F. 地形图复制。

作为编绘地下管线图的地形图，不应直接在地形原图上编绘，只能在原图的二底图上编绘，因为地形图原图是作为档案资料保存的，不应随便取作他用或改动；另外，作为编绘地下管线图的地形图，一般还要根据地下管线图的需要对地形原图的内容进行取舍，在编绘管线图前必须对地形原图进行复制。复制的方法有三种：一是映绘，其方法是在地形图原图或新编绘的地形图上覆盖专用于绘图的聚酯薄膜，用绘图工具按地形底图原样描绘成二底图。映绘二底图，必须保持良好的精度，坐标格线在图上应小于 0.2mm，坐标对角线在图上应小于 0.3mm，明显地物点在图上应小于 0.5mm，不明显地物在图上应小于 0.75mm；二是使用平版印刷的方法复制，这需到有复制能力的业务单位复制；三是探测区若已有数字化基本地形图，则可通过数字化地形图机助成图系统输出地下管线图所需要的地形地物的二底图，或通过数字化（只选择地下管线图所需要的地形地物数字化）处理，用计算机成图的方法绘制二底图。对于只需单张二底图或份数很少的二底图，一般采用映绘方法或计算机成图方法，对于需要同样二底图份数较多的工程，一般应用平版印刷，亦可用计算机成图方法绘制。复制二底图的数量应顾及编绘综合地下管线图、专业地下管线图的需要。

3）编绘材料、工具的准备

编绘地下管线图所需的材料，主要是图纸、墨水、颜色等，图纸有透明纸和聚酯薄膜。薄膜绘图要求墨色黑实，附着牢固，不涨线，因此墨水选用常以炭黑骨胶制成的原墨膏中加入重铬酸铵、醋酸、甘油和水配制成的墨水或用树脂为粘合剂配制的墨水。薄膜图上色，为增加不透明度和附着力，可选用特殊的有色塑料油漆，塑料油漆绘到薄膜上，色泽鲜明，便于复印蓝晒，不易脱落，可长久保存。

工具的准备主要是：铅笔、小刀、橡皮、分方尺、展点器、直尺、三角板、绘图仪、写字仪和图板等。另外还应准备有关规范、规程、图式图例、手册等工具书。随着计算机技术的发展，目前各设计单位普遍采用计算机绘制底图，上面提到的材料和工具目前用得已经很少了。

4）编绘方案的制定

对于大中型工程的地下管线图编绘任务，都应制定出科学、实用的编绘工作方案。方案制定应由承担编绘任务的负责人起草，并会同分项目负责人或全体作业人员讨论、修改定稿，最终由主管领导审批执行。方案主要包括以下内容。

A. 工程名称，管线图编绘的工作内容、任务量、时间要求及应提交的成果；

B. 管线图编绘的技术要求，应执行的规范、规程、细则、图式图例等；

C. 人员组织、工作步骤、日程安排工作进度表。

思考题

1. 简述给水排水工程规划对工程地质勘察的要求。
2. 简述给水排水工程规划对水文地质勘察的要求。
3. 对比总体规划阶段与详细规划阶段对工程地质勘测的不同要求。
4. 详细勘察的工作内容有哪些？详细勘察前必须取得哪些文件和图件？
5. 城市基础设施中地下管线主要组成有哪些？探明这些管线具有什么意义？

第5章　GIS技术在给水排水规划中的应用

3S技术广泛应用于资源调查、环境评估、灾害预测、国土管理、城市规划、邮电通信、交通运输、军事公安、水利电力、公共设施管理、农林牧业、统计、商业金融等几乎所有领域。其中地理信息系统（Geo-information system，GIS）技术能够实现对复杂的地理系统快速、准确、综合的空间定位及过程动态分析，遥感（Remote sensing，RS）技术和全球定位系统（Global positioning system，GPS）技术作为主要的辅助手段在城市规划中得到越来越广泛的应用。

5.1　GIS技术

5.1.1　GIS技术

GIS是一种具有采集、分析、管理和输出多种地理信息能力的软件。在计算机软、硬件的支持下，实现对空间地理信息数据的管理，并由计算机程序模拟常规的或者专门的地理分析方法，作用于空间数据，从而利用产生的相关信息来完成某些工作量巨大或人类难以完成的任务。GIS能够实现对复杂的地理系统快速、准确、综合的空间定位及过程动态分析，考虑其具有的空间性、动态性，故将其应用到水资源和水环境领域的监测、分析和管理中来，可以充分发挥它的潜力。GIS通常可从四方面进行分类。

（1）按研究对象的性质和内容分

1）综合性GIS

按国家统一标准，存储管理全国范围内的各种自然和社会经济数据，或对全球气候、环境、资源等进行存储管理的全球地理信息系统，如加拿大国家地理信息系统，中国自然环境综合信息系统等。

2）专题性GIS

以某一专业、任务或现象为目标建立的地理信息系统，其数据项的内容及操作功能的设计都是为某一特定专业任务服务的，如小流域综合治理地理信息系统、森林资源管理信息系统等。

（2）按研究对象的分布范围分

1）全球性地理信息系统

全球性地理信息系统研究区域往往涉及全球范围。

2）区域性地理信息系统

区域性地理信息系统为以某种区域为对象进行研究管理和规划，如美国明尼苏达州地理信息系统、中国黄土高原地理信息系统等。

（3）按GIS的应用功能分

1）工具型GIS

工具型 GIS 也称地理信息系统开发平台或外壳，是具有地理信息系统基本功能，供其他系统调用或用户进行二次开发的操作平台。用户能借助地理信息系统上具有的功能直接完成应用任务，或者利用工具型地理信息系统及专题模型完成应用任务。国外已有很多商品化的工具型地理信息系统，如 ARC/INFO、GENAMAP、MAPINFO 和 MGE 等著名软件。国内近几年也正在积极开发工具型地理信息系统，并取得了巨大的成绩。

2）应用型 GIS

应用型 GIS 为根据用户的需求和应用目的而设计的解决一类或多类实际应用问题的地理信息系统，除了具有地理信息系统的基本功能外，还具有解决地理空间实体及空间信息的分布规律、分布特性及相互依赖关系的应用模型和方法。应用型地理信息系统按研究对象的性质和内容又可分为专题地理信息系统和区域地理信息系统。专题地理信息系统具有有限目标和专业特点，为特定目的服务；而区域地理信息系统主要以区域综合研究和全面信息服务为目标，有不同的规模，如国家级、地区或省级、市级和县级等，也有以自然分区或流域为单位的。

（4）按 GIS 的数据结构类型分

1）矢量数据结构 GIS

采用一个没有大小的点（坐标）来表达基本点元素（空间数据的点、线和面等图形）的地理信息系统。

2）栅格数据结构 GIS

以二维数组来表示空间点特征的地理信息系统。

3）混合数据结构 GIS

矢量数据结构和栅格数据结构的特点不同，适用范围也不同，相互之间不能替代，出现了矢量数据结构和栅格数据结构并行的地理信息系统，即混合数据结构。

由于城市给水排水问题具有鲜明的空间地理特性，GIS 的应用必将给其管理决策带来巨大的辅助功能，一是可以提高工作效率。利用 GIS 的空间查询功能可迅速得到所需要的信息并显示对应的空间位置，而不必像以前那样查阅大量的图纸数据；二是可以改善工作质量。利用 GIS 软件可有效地组织数据可视化，准确定位所需要的信息；三是可以拓展工作范围。对于给水排水管网的分析，以前只能基于简单模型，而 GIS 能够提供路径分析、现状分析和管网改扩建模型分析，还可以实现多媒体技术和网络技术的集成，使得不同领域数据共享变得简单高效。

5.1.2 3S 集成技术

（1）RS 技术

RS 是指间接性的通过电磁波的反射，辐射或者发射辐射来感测目标的特征信息，然后再通过扫描、摄影、传输和处理，从而将从高空或者外层接受来自地球表层的各类地理电磁波信息，展现到信息接收者眼前，实现对地表各类地物和现象进行远距离测控和识别的现代综合技术。其中包含信息传输、提取、处理和应用技术，传感器技术，目标信息特征的分析与测量技术。根据其可视范围广的特点，RS 技术可用于水资源调查、植被资源调查、地形地貌观测等方面。对大气环境、水环境（包括海洋环境）、土地环境、生态环境等环境要素实施全方位、多尺度、多层次、多角度的探测和研究。随着全球变化的加剧和环境污染问题的日益突出，遥感技术在环境科学领域中得到越来越广泛的应用。利用遥感技术监测大范围的环境变化成为获取环境信息的强有力手段。环境遥感逐渐发展成为遥感应用学科的一个重要组成部分。

（2）GPS 技术

GPS 是一种以人造地球卫星为基础的高精度无线电导航的定位系统。GPS 以全天候、高精度、自动化、高效益等显著特点，成功地应用于大地测量、工程测量、航空摄影测量、运载工具导航和管制、地壳运动监测、工程变形监测、资源勘查等多种学科，给测绘及相关领域带来一场技术革命。

GPS 在环境科学中主要用于实时、快速地提供目标地物的地理坐标，及时对地理信息系统（GPS）进行数据更新，为环境信息的动态采集提供快速、精确的定位服务。遥感技术主要提供有关研究对象的宏观综合数据信息，较难获取精度较高的详细数据，GPS 可以弥补这一数据采集缺陷。在生态环境监测中，不论是利用遥感影像还是直接在野外进行数据采集都可以借助 GPS 获取采集点的空间位置。在对这些数据进行分析和整理后，将实际信息如环境污染、土地利用、植被类型、绿化覆盖率等生态环境变化情况与空间位置一一对应起来，为相应专题数据库构建和专题图生成提供基础。

（3）RS 与 GIS 的集成

地理信息系统是用于分析和显示空间数据的系统，遥感则是空间数据的一种形式。目前大多数的地理信息系统软件没有提供完善的遥感数据处理功能，遥感图像处理软件也不能很好地处理 GIS 数据，需要将遥感与地理信息系统进行集成。

遥感与地理信息系统的集成，可以有以下三个层次：

1）分离的数据库，通过文件转换工具在不同系统之间传输文件。

2）两个软件模块具有一致的用户界面和同步的显示。

3）集成的最高目的是实现单一的、提供了图像处理功能的地理信息系统软件系统。

在遥感和地理信息系统的集成系统中，遥感数据是 GIS 的重要信息来源，而 GIS 则可以作为遥感图像解译的强有力的辅助工具。

（4）GPS 和 GIS 的集成

作为实时提供空间定位数据技术的 GPS，可以与地理信息系统进行集成，实现以下几个方面的具体应用。

1）定位

通过将 GPS 接收机连接在安装了 GIS 软件和该地区空间数据的便携式计算机上，可以方便地显示 GPS 接收机所在位置，并实时显示其运动轨迹，从而可以利用 GIS 提供的空间检索功能，得到定位点周围的信息，从而实现决策支持。

2）测量

通过 GPS 和 GIS 的集成可以测量区域的面积或者路径的长度。该过程类似于用数字化仪进行数据录入，需要跟踪多边形边界或路径，采集抽样后的顶点坐标，并将坐标数据通过 GIS 记录，然后计算相关的面积或长度数据。在进行 GPS 测量时，要注意以下一些问题：首先，要确定 GPS 的定位精度是否满足测量的精度要求；其次，对不规则区域或者路径的测量，需要确定采样原则，采样点选取的不同，会影响到最后的测量结果。

（5）RS 和 GPS 的集成

遥感是建立在地面物体的光谱特征之上的，因此，遥感图像的解译常常需要进行地面同步光谱测量，而且在遥感图像处理之前，首先需要做辐射校正和几何校正。而地面同步光谱测量和对遥感图像进行几何校正时，都需要对所在地进行定位。RS 和 GPS 集成的主要目的是利用 GPS 的精确定位功能解决遥感影像的实时处理和快速编码及定位困难的问题，既可以采用同步集成方式，也可以采用非同步集成方式。

（6）3S 技术的集成

3S 技术为城市的科学规划与决策提供了新一代的观测手段、描述语言和思维工具。GIS、RS 和 GPS 三者的集成利用，构成了整体、实时和动态的对地观测、分析和应用的运行系统。3S 集成技术的发展，形成了综合、完整的对地观测系统，提高了人类认识地球的能力，同时拓展了传统测绘科学的研究领域，如图 5-1 所示。在给水排水工程施工与管理过程中，3S 技术在信息的采集、信息的存储和管理、信息的应用等三个方面发挥着重要作用，主要体现在：

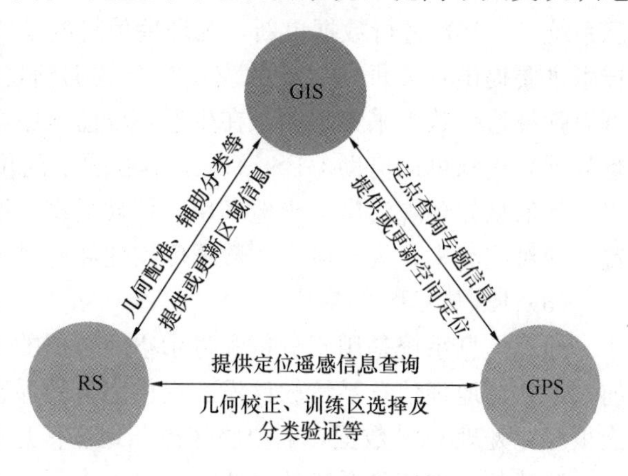

图 5-1　3S 技术的集成

1）相对于传统的信息获取手段，遥感技术具有宏观、快速、动态、经济等特点。由于遥感信息获取技术的快速发展，各类不同时空分辨率的遥感影像获取将会越来越容易，遥感信息势必会成为现代化给水排水规划的日常信息源。

2）给水排水工程施工与管理过程中所涉及的数据量是非常巨大的，既有实时数据，又有环境数据、历史数据；既有栅格数据（如遥感数据），又有矢量数据、属性数据，组织和存储这些不同性质的数据是一件非常复杂的事情，而且给水排水工程信息中 70%以上与空间地理位置有关，关系型数据管理系统是难以管理如此众多的空间信息的，而 GIS 恰好具备这一功能。地理信息系统不仅可以用于存储和管理各类海量给水排水工程信息，还可以用于给水排水工程信息的可视化查询与网上发布。

3）给水排水工程信息中 70%以上与空间地理位置有关，以 GPS 为代表的全新的卫星空间定位方法，是获取涉水信息空间位置的必不可少的手段。

5.2　GIS 技术在给水排水规划中的应用

GIS 能及时准确完整的提供给水排水工程规划设计所需信息，并能为管理者辅助决策提供依据，在城市给水排水领域应用十分广泛。

5.2.1　城市给水管网 GIS 管理与设计

由于城市给水管网在地下呈立体交叉网状分布，具有分布集中性和不可见性，其管理的难度越来越大，应用传统的图纸和图表管理方式难以对大量的管网信息进行有效的管理和利用。

应用 GIS 并结合给水管网水力计算模型、优化设计与调度管理模型、数据采集与监控系统、PLC 编程软件等给水管网计算机管理系统，可很好地实现管网信息更新、模型管理与实测数据统一，避免工作重复，提高工作效率，有效地为管理决策者提供重要信息。如图 5-2 所示，以 GIS 为基础的给水管网计算机管理系统，包括数据库、现状分析、管网模型、GIS、优化调度等模块。GIS 提供管网图形信息，可实现管网现状分析，对 GIS 基础数据进行校正，使 GIS 符合实际工作的要求；管网模型是对管网系统进行水力分析，其基础数据来源于 GIS；改扩建模型对新建或扩建管网进行分析；水量预测系统以数据库中的历史数据为基础进行分析；数据采集与监控系统用于把管网、水厂、泵站等实测数据传送到数据库，便于其他系统利用这些数据进行分析；优化设计则是在现状分析和 GIS 的基础上进行规划和分析；CAD 则直接利用 GIS 的基础数据和优化设计结果，进行施工图设计；报表输出是按照自来水公司的要求，定期产生报表；图形管理是对 GIS 图形的添加和删除，并对工程施工图、管网模型图、现状分析图等进行管理；优化调度是利用数据库的基础资料、当日当时的现状资料、GIS 的图形资料、水量预测的供水资料等进行全范围调度，并发送调度指令。

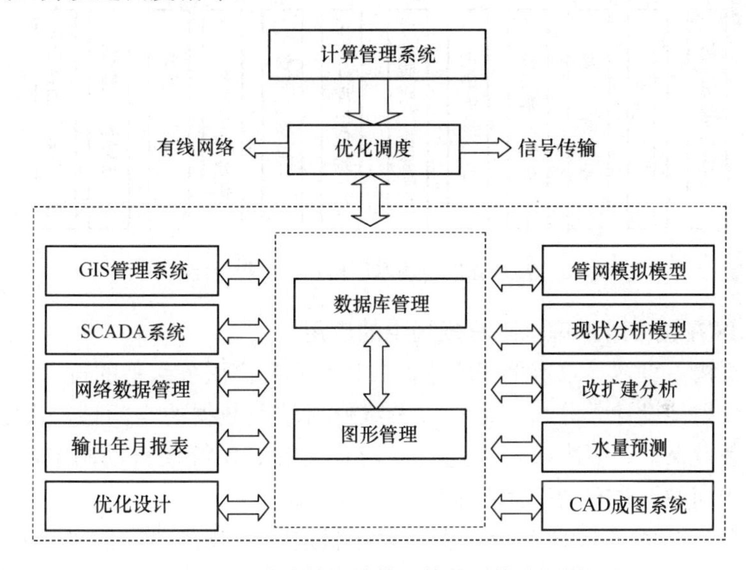

图 5-2　给水管网计算机管理系统流程图

5.2.2　城市排水管网及污水处理厂 GIS 管理与设计

城市排水管网系统是一个四维的系统，隐藏性决定了它的复杂性，而隐藏性、埋设位置的集中性也决定了排水管线数据的重要性，因此系统数据必须完整、准确，具有显示性，这要求排水管网系统是一个动态可维护的系统。由于 GIS 具有图文并茂、动态更新的特点，可满足专业管线管理部门对管线空间信息和属性信息的要求，能进行空间定位、属性查询和空间分析功能，能够建立四维矢量拓扑关系，特别是网络分析功能，为城市排水管网的规划设计、管理调控提供了强有力的支持，网络分析包括以下一些功能：最优路径、事故决策、网络特殊中断处理等。

地下管线信息系统能实现数据输入、管理、查询、输出及一些基本的空间分析操作，例如空间叠加、缓冲区分析等。应用 GIS 空间分析功能能进行排水管网系统的设计，如排水泵站地理位置分布、管线空间布置和主干管的埋设，从而降低排水管网系统工程造价。利用 GIS 技术和排水系统模型程序包中设施管理自动成图技术的联合使用下可以更好地进行排水管网系统的优化分析。建立城市各工业及生活小区污水排放污染源空间和属性数据库，通过将水质模型与各种规划模型扩展到GIS分析模块，可建立实用的决策支持系统，用来优化选择城市或区域污水处理厂的数量及其位置分布。图5-3为排水管网与污水处理厂信息系统设计结构图。

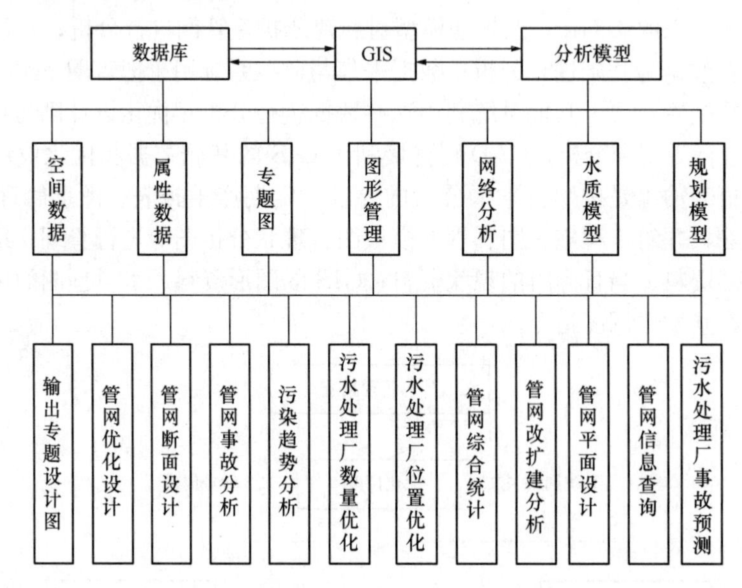

图5-3 排水管网与污水厂信息系统设计结构图

5.2.3 GIS在城市给水排水工程规划中的应用

给水排水机构一直在寻求有助于安全高效运行和提高服务水平的技术。大城市地区给水排水系统的规划、设计、分析、运行以及维修所涉及数据的空间性，决定了GIS在该领域应用的显著效果。许多决策可以通过应用专家GIS系统而自动制定，这种系统可以自动解决区域水问题，并有助于优选最低成本的方案。

（1）给水系统模型与GIS对接，能大大克服这些模型在图形信息显示上的局限性，准确预测需水量和实现当前及未来供需平衡在供水管理中相当重要。传统的预测区域需水量的手段忽视了一些与用户相关的独特特性，这些特性包括家庭规模、财产价值、订购数量、土壤特性等，这些都会因地理位置的改变而出现差异。GIS考虑了这些与各个地理位置有关的重要特性，从而提高了区域水资源规划中需水量预测的精度。

（2）GIS网络工具可以用于定线及分配问题分析，最新的研究集中在水分配系统的模拟与分析方面。在该研究中应用了Auto CAD/ARC CAD GIS，包含研究区布局信息的地图扫描成栅格图并通过ArcScan软件包将图像转换成矢量格式。然后，这幅包含全部信息的图像可以根据需要分解为许多层，如管网层、道路层、排水层等。与各层有关的数据，如管道长度和直径等，可以通过数据库软件（如Dbase）与相应的对象连接起来。一旦这些连接全部完成，就可以在网络上任何一点进行模拟，并预测和显示结果，从而作出决策。

（3）GIS用于编制排水系统总体规划，其有效性能得到了充分体现，它将现有数据库中有关排水能力及条件等数据引入到一个地理分析环境中去，形成文字和图像信息。能预测未来的废水流量，评估现有的处理及收集系统设备，制订排水系统修缮计划，确定和评估扩大排水设备的方案，并准备相应的实施和筹资的阶段性计划。

（4）能用于管网应急预警系统分析。城市给水排水管网的功能会因各种类型故障而被破坏，如何快速、准确地找出事故点的位置，及时调度阀门，使维修时间最短、停水区域最小、关闭的阀门最少，即阀门的应急预警问题，成为保证供水和排水可靠性的关键所在。传统的处理方案是由工程技术人员在图纸上来描述，但是因为工程图纸量非常大，常常难以及时、准确、全面地提供管网的拓扑结构信息，不仅浪费了大量的人力物力，而且还可能造成决策上的失误。应用 GIS 管网应急预警系统，实际中如果管网中某处发生爆炸，用户首先以电话通知自来水公司或排水处有关部门，系统操作人员根据用户反映的街区名称，在管网地图和属性数据库中查找相关图档，确定爆管的管段编号、管径、管材、埋设日期和准确地理位置，然后运行阀门调度程序，可得出阀门优化调度的方案，将这些资料打印出来交给施工人员，以便迅速准确地准备材料、进入现场抢修。

（5）利用 GIS 进行水环境评价与规划。水环境评价与规划是在决策和开发建设活动中实现水资源可持续利用的一种有效手段和方法。GIS 具有叠加分析、缓冲区分析、三维分析等功能，可作为水环境评价与规划的有效工具。如利用 GIS 的空间叠加功能，将地理信息与水环境要素的监测数据集中到一起，进行区域水环境质量现状评价；把每个栅格位置上有关适宜性指标组合到一起进行分析与评价，以解决厂址选择问题。

（6）GIS 用于水资源的管理和分析。GIS 能够管理与场地位置密切相关的地形、水文、土地利用及其他环境数据，并将它们与特定应用程序相关联，从而对复杂的水资源问题进行综合分析，所以 GIS 在该领域的应用研究非常多。

（7）GIS 可用于区域水环境管理。区域水环境管理就是为保障一定区域内生活或生产活动对水资源的需求，以防止水环境恶化或改善水环境质量为目标，对水资源利用及其他可能对水环境质量产生影响的活动进行的一系列调整、控制和协调活动。GIS 在区域水环境管理中的应用有以下两方面：一是区域内各种与水环境管理相关数据的存储、显示、查询、统计和输出；二是与各种评价模型、规划模型、水质模型及其他社会经济模型等相结合，集成为区域水环境管理信息系统、决策支持系统或专家系统，为区域水环境管理决策提供依据。

（8）可用于水质污染状况和趋势分析。在区域水体质量现状评价工作中，根据水体上监测断面的监测数据，对整个区域的水体污染指标进行客观、全面的评价，以反映出区域中水体受污染的程度、空间分布情况以及排放到该水体工业污染源的比例，为环境保护决策人员及时提供信息。应用 GIS 空间分析功能，如通过叠加分析，可以提取行政区域内水体分布图、水体污染程度图；通过缓冲区分析，可对图上要素作出分析，如显示水体污染源影响范围；通过路径分析，可以得到污水排放去向。

思考题

1. 什么是 GIS？GIS 的分类方法有哪些？
2. 什么是 3S 集成技术？其中 RS 与 GIS 集成可以分为哪几个层次？
3. 3S 技术在给水排水工程施工与管理过程中作用主要体现在哪几个地方？
4. 简述 GIS 技术在城市排水管网及污水处理厂管理和设计中的作用。
5. GIS 技术在城市给水排水工程规划过程中可以解决哪些问题？

第6章 水资源与水环境分析评价

6.1 水资源概述

6.1.1 水资源的基本概念

水资源（Water Resources）一词很早就已经出现，其概念随着时代前进也在不断丰富和发展。国外较早采用这一概念的是美国地质调查局（USGS），该局于1894年设立了水资源处，其主要职责是对地表河川径流和地下水进行观测。之后，随着水资源一词被广泛用于与水的利用有关的业务和行业中，但在相当一段时间没有很恰当的解释，要求对其定义给予更为具体的界定。

《英国大百科全书》将水资源定义为“自然界任何形态的水，包括气态水、液态水和固态水的含量”。显然这一解释是对“水”的完整解释，却忽略了水的可利用性，并不能作为水资源的确切定义。

1963年英国发布的《水资源法》把水资源认定为“地球上具有足够数量的可用水”，这一概念给出了更为明确的含义，突显了水资源在量上的可利用性。

1977年联合国教科文组织（UNESCO）和世界气象组织（WMO）联合发布的《水资源评价活动——国家评价手册》中指出，水资源是指“可资利用或有可能被利用的水源，这个水源应具有足够的数量和可用的质量，并能在某一地点为满足某种用途而被利用”。这一定义重点强调了水作为一种“资源”的用途和价值，已被广泛接受。

1988年颁布并实施的《中华人民共和国水法》中指出，“一切地表水和地下水统称为水资源”。《环境科学词典》(1994）定义水资源为“在特定时空下可利用的水，是可再利用资源，不论其质与量”。

在《中国大百科全书》中的大气科学、海洋科学、水文科学卷中，水资源被认定为“地球表层可供人类利用的水，包括水量（水质）、水域和水能资源，通常指每年可更新的水量资源”；在水利卷中，将水资源定义为“自然界各种形态的天然水，并将可供人类利用的水资源作为供评价的水资源”。

由于研究对象不同，或场合不同，人们对水资源含义的认识和理解存在差异性。综上所述，水资源可理解为人类长期生存、生活、生产过程中所需要的各种水，既包括数量和质量含义，又包括使用价值和经济价值。水资源的概念通常有狭义、广义和工程上的概念之分。

狭义上的水资源是指人类在一定的经济技术条件下能够直接使用的淡水。

广义上的水资源是指在一定的经济技术条件下能够直接或间接使用的各种水体，包括海洋、地下水、湖泊、冰川、河川径流等。

工程上的水资源仅指狭义水资源范围内可以得到恢复更新的淡水量中，在一定技术经济条件下，可以为人们所用的那一部分水以及少量被用于冷却的海水。

6.1.2　水资源的用途

水作为一种重要的资源，其用途可用图 6-1 概括，图中“直接利用”中的“水流利用”以及“间接利用”中的“傍水利用”一般来说不会直接引起水资源量的改变，但是对水资源的量有很高的要求；图中“直接利用”中的“抽水利用”是为了直接满足人们生活、生产的要求，将从水源中抽取一定的水量，当然也对水资源的量有很高的要求。图示的各种用途是广义上的水资源利用，而满足生活、生产需要的“抽水利用”是狭义上的水资源利用。生活、生产用水以外的水资源利用往往会被人们所忽视，但它们也是水资源利用价值的重要体现。

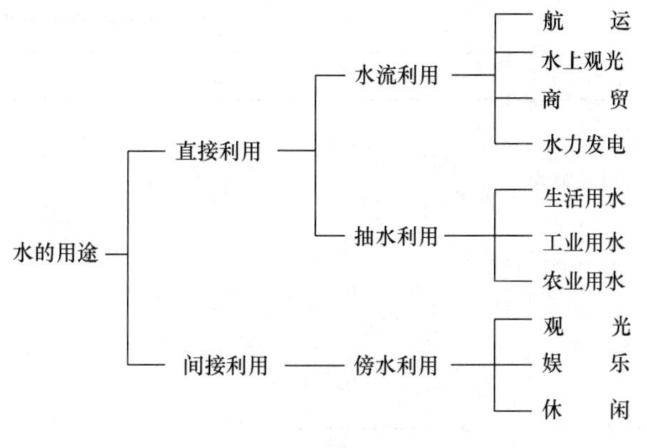

图 6-1　水资源的用途

从与人的生存和生活质量的相关度来说，生活用水应当说是水资源最基本、最重要的用途。它通常包括饮用水（饮水、炊事等）、卫生用水（洗涤、沐浴、厕所冲洗等）、市政用水（绿化、清扫等）和消防用水等。工业用水和农业用水则与人们的生产活动密切相关。

6.1.3　水资源的价值

水资源的价值主要体现在以下几个方面：

（1）水的生命维持价值

水是人类赖以生存的源泉。目前一个公认的观点是，讲人权或人的生存权就不能不考虑获得安全供水的权力。世界卫生组织（WHO）提出了供水服务标准，见表 6-1。表中以取水距离或时间以及获取水量作为两个量化标准来评价供水的水平。

（2）水的社会价值

水资源与社会发展具有密不可分的关系。我们生活的地球因为有丰富的水资源才孕育了人类，人类文明的发祥地都离不开江河等重要的水资源。肥沃的农田离不开充足的灌溉用水条件，工业的发展在很大程度上取决于水的供应条件。在当今的世界上，工业化国家要么是依靠得天独厚的丰富水资源条件得到迅猛发展，要么是利用高科技很好地解决了水资源问题而得到发展，而发展中国家大都存在亟待解决的水资源不足问题。这些都是水资源具有重要社会价值的例证。

（3）水的环境与生态价值

世界资源保护联盟针对 21 世纪全球性的水资源与生态环境问题进行了多方面的研究，提出了环境水流的概念。所谓环境水流，是指河流、湿地、海湾这样的水域中，赖以维持其生态系统以及抵御各种用水竞争的流量。环境水流是保障河流功能健全，进而提供发展经济，消除贫穷的基本条件。从长远的观点来看，环境水流的破坏将对一个流域产生灾难性的后果，其原因就在于流域基本环境生态条件的丧失。环境水流既包括天然生态系统维系自身发展而要求的环境生态用水，也包括人类为了最大限度地改变天然生态系统，保护物种多样性和生态整合性而提供的环境生态用水。专家们提出了生态需水量和绿水的概念，提醒人们注意生态系统对水资源的需求，水资源的供给不仅要满足人类的需求，而且生态系统对水资源的需求也必须得到保证。但水的环境和生态价值属于公共服务功能，很难给出定量化的评价。

世界卫生组织的供水服务标准　　表 6-1

服务水平	取水距离/时间	获取水量	满足的需求	问题解决的紧迫性
无供水服务	距离＞1km 所需时间＞30min	＜5L/(人·d)	不能保障最低生活需求； 不能保障基本卫生条件	非常紧迫 （急需提供基本供水服务）
最低水平	距离＜1km 所需时间＜30min	平均 20L/(人·d)	基本保障最低生活需求； 难以保障基本卫生条件； 到较远处入厕	紧迫 （进行卫生教育，提供较好供水服务）
中等水平	室外公用自来水	平均 50L/(人·d)	保障生活需求； 能保障基本卫生条件； 院内就近入厕	低 （进一步改善卫生条件，提高健康水平）
高水平	室内自来水	平均 100～200 L/(人·d)	保障生活需求； 保障卫生条件； 室内卫生间	非常低

（4）水的经济价值

水资源的经济价值包括第一产业、第二产业和第三产业的用水价值。由于水资源在人类文明社会的发展和环境保护中占据中心位置，整个社会需要为水资源的开发、利用以及保护付出巨大的经济代价。水资源的经济价值可以用市场价格来反映，目前全世界发展中国家从水费得到的收益都远远低于投入的资金，据报道，印度主要城市的水费约为实际成本的 1/9～1/5，我国一些城市为 1/3 左右。水的昂贵经济价值是贫穷国家无法保证安全饮用水供应的根本原因。

6.1.4　水资源可持续开发与利用

可持续发展是指经济、社会、资源和环境保护协调发展，它们是一个密不可分的系统，既要达到发展经济的目的，又要保护好人类赖以生存的自然资源和环境，使子孙后代能够永续发展和安居乐业。

《中国 21 世纪初可持续发展行动纲要》中提出，“合理开发和集约高效利用资源，不断提高资源承载能力，建成资源可持续利用的保障体系和重要资源战略储备安全体系。”为此，针对自然资源中居极其重要位置的水资源，其开发利用的战略必须符合可持续发展的理念和方针。所谓可持续水资源开发，就是要充分认识水资源系统的规律，科学地评价水资源的储量和可供开发利用的潜力，在此基础上制定开发利用的计划。随着工农业的发展，城市化进程的加速，人口的增加和相对集中化，生活水平的改善和提高，人们对水资源的需求量必然增大。面对需求量—供水量—水资源开发利用潜力这三者之间的矛盾，必须研究符合可持续发展方针的水资源开发利用战略，确保需求量—供水量—水资源开发利用潜力三者之间的平衡和协调。

6.2 地表水资源

6.2.1 基本概念

地表水资源是指河流、湖泊、冰川、沼泽等一切地表水体的总称。地表水资源量即是指这些地表水体的动态流量，一般用河川径流量综合反映，大气降水是地表水体的主要补给来源，在一定程度上反映水资源的丰枯情况。任何一个自然水体都存在着水量的补充和排泄，其水量平衡关系如图 6-2 所示。

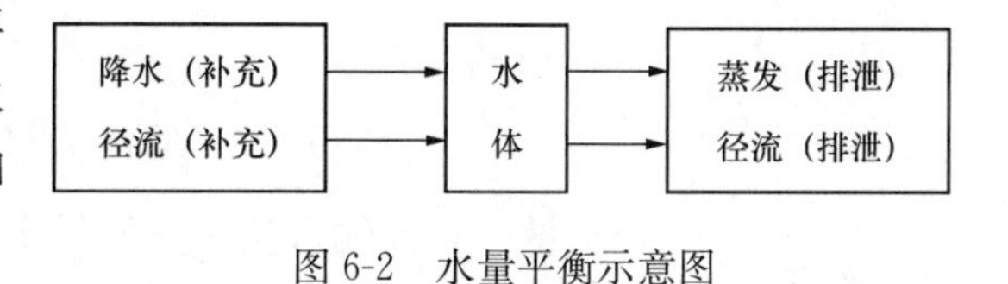

图 6-2 水量平衡示意图

降水包括大气降雨和降雪；径流包括地下径流和地表径流，有流入也有流出；蒸发是指水从水体表面向大气蒸发。降水和径流流入是收入项，蒸发和径流流出是支出项。收入项和支出项要保持平衡，水体才能保持总水量不变；如果收入项小于支出项，水体的总水量将会减少；如果收入项大于支出项，水体的总水量将会得到恢复和增加。

在一个流域内，如果忽略不计从地下进出的潜流量，则在多年均衡情况下可建立下列水量平衡方程式。

$$P = R + E \tag{6-1}$$

式中 P——降水量；

R——河川径流量；

E——蒸发量。

该式表示降水量与河川径流量的关系，降水是地表水资源的收入项，河川径流和蒸发是地表水资源的支出项。通常人们所说的地表水资源量基本上是指河川径流量 R。

河川径流量 R 和降水量 P 一般可以根据各流域的水文监测资料计算而得，蒸发量 E 则可以用降水量减去河川径流量求得。

一个水体的水资源总量可以用下式表示。

$$W = R + R_g - R_r \tag{6-2}$$

式中 W——水资源总量；

R——河川径流量；

R_g——地下水补充量；

R_r——重复水量。

重复水量指由于地表水和地下水相互联系又相互转化，河川径流量中有一部分水量是由地下水补给的，而地下水补给量中也有一部分来源于地表水的入渗，因此在计算水资源总量时应扣除相互转化所重复计算的水量，用 R_r 表示。

6.2.2 地表水的可利用性

评价地表水可利用性的要素主要包括水量可利用性、水质可利用性、技术经济可行性和环境影响评价等。

（1）水量可利用性

要利用地表水，首先要考虑该地表水体的水量是否充足，是否能够满足开采目标取水量的水量要求。一般是考虑对该水体输出项的截留，同时要保证在截留利用输出量后不能影响下游已有水利工程或取水工程的正常运行及生态环境需求，如图 6-3 所示。开采过程中应该保持地表水体原有的水量平衡关系。

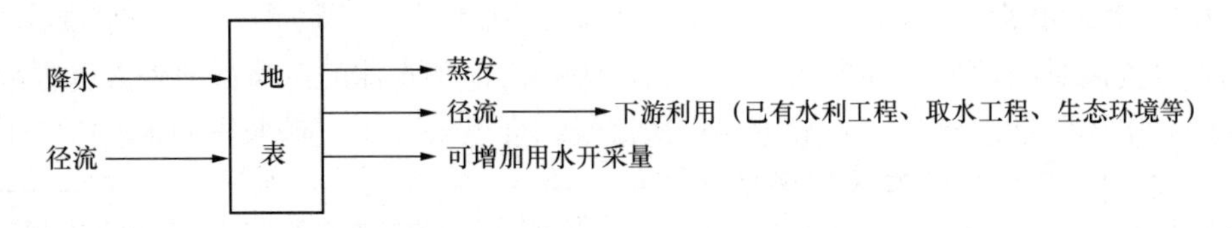

图 6-3　地表水可利用水量

降水量＋径流输入量＝蒸发量＋下游利用量＋可利用量

地表水的水量可利用性的必要条件是其取水量必须小于输入项（降水量及径流输入量的总和），水量可利用性的充分条件是其取水量必须小于输出项（蒸发及径流输出量的总和）。在满足蒸发，保证下游已建水利工程、已建取水工程及生态环境需水量的情况下，利用水体输出项总量的富余部分。

可利用量＝（降水量＋径流输入量）－（蒸发量＋下游利用量）

当开采量小于可利用量时，新增取水量不会影响水体本身的水量平衡（水体正常蓄水量及蒸发量），也不会发生与下游已建水利工程、已建取水工程及生态环境需水量竞争水源的情况。这种取水属于合理取水，符合可持续发展的原则；当开采量大于可利用量时，水体的水量支出项增大，新增取水量将会严重影响水体本身的水量平衡，水体正常蓄水量将会不断减少，同时由于所开采水量过量截留输出项，与下游已建水利工程、已建取水工程及生态环境需水量发生竞争水源的现象，造成下游可利用水量不足，影响下游工农业生产，引起下游生态环境缺水、生态逐渐恶化。这种取水属于掠夺性开采，不符合可持续发展的原则。因此，评价一个水体的水量可利用性，需要按照可持续发展的原则，不仅考虑当地的发展及生态环境，也要顾及下游的工农业生产需要及生态环境平衡。

（2）水质可利用性

地表水的水质必须达到一定的标准，水量才有可能被利用。我国对地表水体的水质进行了分类，制定了《地表水环境质量标准》GB 3838－2002。按照本标准，地表水的水质被划分为五类，分别称Ⅰ类水源、Ⅱ类水源、Ⅲ类水源、Ⅳ类水源和Ⅴ类水源。

Ⅰ类和Ⅱ类水源水质良好，经过简单的处理及消毒后可供生活饮用；Ⅲ类水源水质受到轻度污染，经过常规净化处理（如混凝、沉淀、过滤、消毒等）可供饮用；Ⅳ类及Ⅴ类水源水质受到严重污染，不能作为生活饮用水源，部分可以作为农业及林牧用水。

（3）技术经济可行性

地表水的可利用性还应考虑水源被处理达到目标水质的技术可行性，同时要考虑取水工程费用和处理成本及一次性投资，即技术经济可行性评价。

（4）环境影响评价

从地表水体中取水，水体的总水量或水量平衡会受到一定的影响，最终可能会影响到水体周围的环境与生态，直至影响周边居民的生活环境，应对取水工程进行环境影响评价。

6.2.3 地表水资源水量评价

（1）河流年径流量计算

1）平均年径流量计算

平均年径流量是指利用数理统计方法求出实测各年径流量的均值。计算平均年径流量时，按资料充足、资料不足和缺乏实测资料三种情况考虑。资料充足是指具有一定代表性且超过30年的实测资料系列，包括特大丰水年、特小枯水年及相对应的丰水年组和枯水年组。

A. 资料充足时平均年径流量的计算

资料充足时，平均年径流量可按下式计算：

$$Q_{\mathrm{ave}} = \frac{Q_1 + Q_2 + \cdots + Q_n}{n} = \frac{1}{n}\sum_{i=1}^{n} Q_i \tag{6-3}$$

式中 Q_{ave}——平均年径流量，m^3/s；

Q_i——实测年径流量，m^3/s，$i=1，2，\cdots，n$；

n——样本个数。

B. 资料不足时平均年径流量的计算

当实测资料系列代表性较差且不到20年，则首先须插补延展资料系列，以提高其代表性，然后依据经过延展的资料系列来推求年径流量均值。常采用相关分析法来进行插补延展资料系列。一般被用作自变量的河流水文参数包括：（A）与本站在成因上有密切联系的相邻其他站点的实测年径流量；（B）本站或与本站在成因上有密切联系的相邻其他站点的年降水量。

C. 缺乏实测资料时平均年径流量的计算

对于中、小河流，经常会遇到缺乏实测径流资料的情况，或即使有部分实测资料，但因系列过短，不能用相关分析法来插补延展。这种情况下可采用间接途径来推求年径流量均值。

（A）等值线图法

先绘制出计算断面以上的流域。如果流域面积小且等值线分布均匀，则流域形心等值线的数值即可作为年径流量。如果流域面积较大，等值线分布不均匀，则采用面积加权法计算。

（B）水文比拟法

水文比拟法是指将选定的参照流域的某一水文特征值移用到研究流域上的方法。采用水文比拟法的关键在于合理选择参证流域，影响该流域径流的主要因素应与研究流域相似，且有较充足的水文实测资料。

当研究流域与参证流域处于同一河流的上、下游并且二者面积相差不大（面积相差为3%～5%），或者两个流域不在同一条河流上，但气候与下垫面条件相似时，可直接将参证流域的年径流深R_r移用到研究流域，即

$$R_y = R_r \tag{6-4}$$

当研究流域与参证流域的个别因素有差异时，则应进行修正后再移用，计算公式如下：

$$R_y = k \cdot R_r \tag{6-5}$$

式中 R_y——研究流域的年径流深，mm；

R_r——参证流域的年径流深，mm；

k——考虑不同因素影响时的修正系数，其计算公式为

$$k = P_y / P_r \tag{6-6}$$

P_y——研究流域的年降水量，m^3/s；

P_r——参证流域的年降水量，m^3/s。

2）设计年径流量计算

设计年径流量是指通过河流某指定断面对应于设计频率的年径流量。计算设计年径流量时，按有实测资料和缺乏实测资料两种情况考虑。

A. 有实测资料时设计年径流量的计算

计算步骤如下：

（A）分析实测资料有无代表性，对少于20年的短系列必须加以延展；

（B）计算经验频率，绘制经验频率曲线；

（C）计算径流量均值 Q_{ave} 及变差系数 C_v 和偏差系数 C_s；

（D）用适线法确定理论频率曲线，应注意频率大于50%部分与经验频率点据的符合情况；

（E）推求不同设计频率的设计年径流量。

B. 缺乏实测资料时设计年径流量的计算

当缺乏实测资料时，可借助频率曲线来估算设计年径流量。其计算步骤如下：

（A）用前述的等值线图法或水文比拟法求得平均年径流量 Q_{ave} 及变差系数 C_v；

（B）取 C_s 值为 C_v 值的某一倍数。多数情况下可采用 $C_s = 2C_v$，也可查用各地区水文手册的经验比值。对于湖泊较多的流域，因 C_v 值较小，可采用 $C_s > 2C_v$；对于干旱地区，可考虑采用 $C_s < 2C_v$；

（C）推求设计频率的年径流量。

（2）河流径流量还原计算

还原计算是指消除人为影响，将实测资料系列回归到“天然状态”的一种方法，包括分项调查法和降水径流模式法等。下面就常用的分项调查法进行简单介绍。

分项调查法是针对影响径流变化的各项人类活动，逐项进行调查，分析确定各自影响径流的程度，然后逐项还原计算。根据水量平衡原理，可建立实测径流与各项还原水量间的水量平衡方程式：

$$Q_{天然} = Q_{实测} + Q_{灌溉} + Q_{工业} + Q_{蓄水} + Q_{引水} + Q_{蒸发} + Q_{渗漏} + Q_{分洪} \tag{6-7}$$

式中 $Q_{天然}$——还原后的天然径流量，m^3/s；

$Q_{实测}$——水文站实测径流量，m^3/s；

$Q_{灌溉}$——灌溉耗水量，m^3/s；

$Q_{工业}$——工业和城市生活耗水量，m^3/s；

$Q_{蓄水}$——计算时段始末蓄水工程蓄水变量，可正可负，m^3/s；

$Q_{引水}$——跨流域（地区）引水增加或减少的测站控制水量，增加水量为负值，减少水量为正值，m^3/s；

$Q_{蒸发}$——蓄水工程水面蒸发量和相应陆地蒸发量的差值，m^3/s；

$Q_{渗漏}$——蓄水工程的渗漏量，m^3/s；

$Q_{分洪}$——河道分洪水量，m^3/s。

（3）分区地表水资源水量计算

分区地表水资源水量是指区内降水形成的河流径流量，不包括入境水量。计算分区年径流量系列时，按区内河流有水文站控制和区内河流没有水文站控制两种情况考虑。

1）区内河流有水文站控制

按水资源分区，选择控制站，分析实测及天然径流量，依据控制站天然年径流量系列，按面积比修正为该分区天然年径流量系列。

若区内控制站上下游降水量相差较大，则可按上下游的单位面积平均降雨量与面积之比，加权计算分区的年径流量。计算公式如下：

$$Q_{AB}=Q_{A}\left(1+\frac{\overline{P_{B}}\cdot F_{B}}{\overline{P_{A}}\cdot F_{A}}\right) \tag{6-8}$$

式中 Q_{AB}——分区年径流量，m^3/s；

Q_{A}——控制站以上年径流量，m^3/s；

$\overline{P}_{A}$——控制站以上同一年的单位面积平均降水量，$m^3/(s\cdot km^2)$；

$\overline{P}_{B}$——控制站以下同一年的单位面积平均降水量，$m^3/(s\cdot km^2)$；

F_{A}——控制站以上的面积，km^2；

F_{B}——控制站以下的面积，km^2。

2）区内河流没有水文站控制

计算步骤如下：

A. 利用水文模型计算径流量系列；

B. 利用自然地理特征相似的邻近地区的降水、径流关系，由降水系列推求径流系列；

C. 参考邻近分区同步期径流系列，利用同步期径流深等值线图，从图上量出本区与邻近分区年径流量系列，再求其比值，然后乘以邻近分区径流系列，得出本区径流量系列，并经合理性分析后采用。

（4）地表水资源可利用量计算

所谓地表水资源可利用量是指在经济合理、技术可行及满足河道内生态环境用水的前提下，通过蓄水工程、引水工程、提水工程等工程措施可供河道外一次性利用的最大水量。

某一分区的地表水资源可利用量，不应大于当地河流径流量与入境水量之和再扣除相邻地区分水协议规定的出境水量，计算公式如下：

$$Q_{可利用}=Q_{实测当地河流径流}+Q_{灌溉入境}-Q_{工业出境} \tag{6-9}$$

6.3 地下水资源

6.3.1 基本概念

地下水是指埋藏于地表以下的各种形态的水分，包括液态水（亦称重力水）、固态水、气态水、吸着水、薄膜水、毛细水六种。地下水资源则是指具有直接或间接使用价值的地下水的总称。地下水埋藏、分布在各种岩石和地质结构里，将地下水所处的这种地质环境称为地下水的埋藏条件。在自然条件下，地下水的聚集、运动的过程各不相同，因而在埋藏条件、分布规律、水力学特征、物理性质、化学成分、动态变化等方面都具有不同特点。

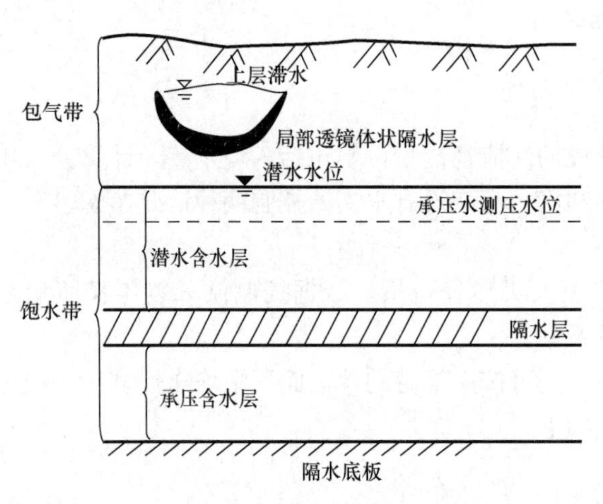

图 6-4　地下水资源的埋藏类型

按照地下水的埋藏条件，地下水资源可以分为三大类：上层滞水、潜水和承压水，如图 6-4 所示。按照含水层的空隙性质，地下水资源又可以分为三类：孔隙水、裂隙水和岩溶水。将上述两种分类的地下水组合起来，地下水资源可以分为多种类型，见表 6-2。

地下水资源分类　　表 6-2

按照埋藏条件	定义	按含水层的空隙性质		
		孔隙水	裂隙水	岩溶水
上层滞水	包气带中局部隔水层之上具有自由水面的重力水	季节性存在于局部隔水层上的重力水	出露于地表的裂隙岩层中季节性存在的重力水	裸露岩溶化岩层中季节性存在的悬挂水
潜水	饱水带中第一个具有自由表面的含水层中的水	上部无连续完整隔水层存在的各种松散岩层中的水	基岩上部裂隙中的无压水	裸露岩溶化岩层中的无压水
承压水	充满于上下两个稳定隔水层之间的含水层中的重力水	松散岩层组成的向斜、单斜和山前平原自流斜地中的地下水	构造盆地及向斜、单斜岩层中的裂隙承压水，断层破碎带深部的局部承压水	向斜及单斜岩溶岩层中的承压水

影响地下水径流的主要因素有含水层的空隙性、地下水的埋藏条件、地下水补给量、地形状况、地下水化学成分、人类活动因素等。

6.3.2 地下水循环

由自然界的水循环可知，地下水运动既是自然界水的大循环的一个重要组成部分，同时又是独立地、不停地进行着自身的补给、径流、排泄的小循环。

地下水经常不断地参与自然界的水循环。含水层或含水系统通过补给从外界获得水量，经过地下径流过程水由补给处输送到排泄处，然后向外界排泄。

在地下水的交换移动过程中，伴随着盐分的移动和交换。补给、径流、排泄无限往复进行着，构成了地下水循环。

当一个地区的自然条件发生变化，或者人工改变地下水位时（开采或回灌），地下水的径流方向会随着改变，补给区和排泄区也相应迁移，甚至排泄区有可能变为补给区。

（1）自然条件改变引起的转化

1）河流水位变化。当河流水位高于两岸的地下水位时，河水向两岸渗透补给，形成地表水向地下水补给方式；当大量取水或其他情况造成河水水位迅速降低，低于地下水位时，两岸的地下水就会反过来补给河流。

2）地质结构变化。由于地质运动，地质结构发生较大变化，引起地下分水岭改变，这样也会引起地下水的补给、径流、排泄条件及方式的转化。

（2）人类活动引起的转化

修建水库、人工开采地下水、采矿排水、农田灌溉、人工回灌等都会改变地下水位或地表水体的水位，因此会引起地下水与地表水之间的补给、径流、排泄的相互转化。

大气降水是地表水的主要来源，同样也是地下水的主要来源。三水（大气降水、地表水与地下水）永远处于不断的相互转化之中。地下水与地表水之间，双方互为补给源与排泄对象，同时也起到相互调节的作用。在一个流域内无论开发地表水资源还是开发地下水资源都会对双方产生影响。

6.3.3 地下水的可利用性

地下水是否可以被利用，同地表水一样，需要从地下水体的水量、水质、开采技术、开采后对当地及周边地质环境和水文环境的影响等多个方面进行综合分析，可利用性评价要素主要包括水量可利用性、水质可利用性、技术经济可行性、环境影响评价等。

（1）水量可利用性

有关地下水水量的表示方法有多种，如早期使用的静储量、动储量、调节储量、开采量，目前使用较多的是储存量、补给量、允许开采量、可利用量等。从水资源利用的角度，应充分重视允许开采量和可利用量。

1）允许开采量：是指在整个开采期内，出水量稳定、动水位不超过设计要求、水质和水温变化在允许的范围内，取水不影响已建水源工程，不发生危害性工程地质现象的情况下，单位时间的最大开采量，单位为“m^3/h、m^3/d、m^3/a”。

2）可利用量：即实际取水能力，可利用量必须小于允许开采量。可按下式计算可利用量。

$$Q_k = \Delta Q_b + \Delta Q_p + \mu A \cdot (\Delta h / \Delta t) \tag{6-10}$$

式中 Q_k——地下水可利用量；

ΔQ_b——利用期的补给自然增量；

ΔQ_p——利用期的排泄减少量；

$\mu A \cdot (\Delta h / \Delta t)$——地下水位降低形成的利用量。

从维持地下水循环平衡的角度看，可利用量首先要充分利用开采期内的自然补给增量，其次要充分截流开采期的排泄量，但是要在不能因为截流排泄量而使得周围生态环境及地表水体发生不良变化的限度范围内；在前两项水量不足时，需要以牺牲地下水位为代价来增加地下水的可利用量，但是这种方式不宜提倡。

（2）水质可利用性

地下水一般水质较好，取水时尽量作为饮用水水源，不要将其大量作为工业、农业用水水源。

（3）技术经济可行性

开采地下水时，要考虑技术上能够达到，经济上合理，才可以考虑利用。

（4）对地质环境的影响性

可利用量必须在允许开采量之内，要考虑地下水位下降，同时要考虑是否影响其他取水工程的正常水量，也要考虑取水后是否会发生工程地质条件变化及影响生态环境等情况。

6.3.4 地下水资源水量评价

（1）评价前提

进行地下水的水量评价，应掌握下列资料：

1）勘察区含水层的岩性、结构、厚度、分布规律、水力性质、富水性以及有关参数；

2）地下水的开采现状和今后的开采规划；

3）含水层的边界条件，地下水的补给、径流和排泄条件；

4）水文、气象资料和地下水动态观测资料；

5）初步拟定的取水构筑物类型和布置方案。

（2）评价步骤

进行地下水的水量评价时，应根据实际要求，结合地区的水文地质条件，计算地下水的补给量和允许开采量，必要时，应计算储存量。具体步骤如下：

1）根据初步估算的地下水水量和拟定的开采方案，计算取水构筑物的开采能力和区域动水位；

2）确定开采条件下能够取得的补给量，包括补给量的增量、蒸发与溢出的减量；

3）根据工程的实际需要和水源地类型（常年的、季节性或非稳定型的），论证在整个开采期内的开采和补给的平衡；

4）确定允许开采量。地下水水量评价的方法，应根据需水量，勘察阶段和地区水文地质条件确定，宜选择几种适于勘察区进行计算和分析比较，得出符合实际的结论。

（3）补给量的确定

补给量是指天然状态或开采条件下，单位时间从地下水径流的流入、降水渗入、地表水渗入、越层补给、人工补给等途径进入含水层（带）的水量。计算补给量时，应按天然状态和开采条件下两种情况进行。当开采条件下的补给量显著增加时，则应主要计算开采条件下的补给量。

1）进入含水层的地下水径流量可按下式计算：

$$Q = K \cdot I \cdot B \cdot M \tag{6-11}$$

式中　Q——地下水径流量，m^3/d；

K——含水层渗透系数，m/d；

I——天然状态或开采条件下的地下水水力坡度；

B——计算断面的宽度，m；

M——含水层厚度，m。

2）降水入渗的补给量可按以下三种方法计算。

A. 当采用降水入渗系数计算时，可按下式计算：

$$Q = F \cdot \alpha \cdot X/365 \tag{6-12}$$

式中 Q——日平均降水入渗补给量，m^3/d；

F——降水入渗的面积，m^2；

α——年平均降水入渗系数；

X——年降水量，m。

B. 在地下水径流条件较差、以垂直补给为主的潜水分布区，按下式计算：

$$Q = \mu \cdot F \cdot \sum \Delta h/365 \tag{6-13}$$

式中 $\sum \Delta h$——年内每次降水后，地下水水位升幅之和，m；

F——降水入渗的面积，m^2；

μ——潜水含水层的给水度。

C. 地下水径流条件良好的潜水分布区，则可用数值法计算。

3）农田灌溉水和人工漫灌水的入渗补给量可根据灌入量、排放量减去蒸发量及其他消耗量进行计算。

4）河、渠的入渗补给量可根据勘察区上下游断面的流量差或河渠渗入的有关公式确定。

5）当利用各单项补给量之和确定总补给量时，应对各单项补给项目进行具体分析，确定对本区起主导作用的项目，并应避免重复。

6）当利用开采区内的地下水排泄量和含水层中地下水储存量之差计算补给量时，可按下式计算：

$$Q_B = E + Q_y + Q_j + Q_k + \Delta W/365 \tag{6-14}$$

式中 Q_B——日平均地下水补给量，m^3/d；

E——日平均地下水蒸发量，m^3/d；

Q_y——日平均地下水溢出量，m^3/d；

Q_j——流向开采区外的日平均地下水径流量，m^3/d；

Q_k——日平均地下水开采量，m^3/d；

ΔW——连续两年内相同一天的地下水储存量之差（年储存量小于上年者取负值），m^3/d。

7）地下水总补给量可根据水源地上游地下水最小径流量与水源地影响范围内潜水最低、最高水位之间的储存量之和确定。

（4）储存量计算

储存量是指储存于含水层内的重力水体积。

1）潜水含水层的储存量可按下式计算：

$$W = \mu \cdot V \tag{6-15}$$

式中 W——地下水的储存量，m^3；

V——潜水含水层的体积，m^3；

μ——潜水含水层的给水度。

2）承压水含水层的弹性储存量，可按下式计算：

$$W = F \cdot S \cdot h \tag{6-16}$$

式中 W——地下水的弹性储存量，m^3；

F——含水层的面积，m^2；

S——储存系数；

h——承压水含水层自顶板算起的压力水头高度，m。

（5）允许开采量计算

允许开采量是指在可预见的时期内，通过经济合理、技术可行的措施，单位时间内从含水层中获取的最大水量。在整个开采期内，出水量不会减少，水质和水温在允许范围内变化，已建水源地正常开采不受影响，不发生危害性的工程地质现象。

1）在地下水的补给以地下水径流为主，含水层的厚度不大、储存量很少且下游又允许疏干的情况下，可采用地下水断面径流量法确定允许开采量，其值不宜大于最小的地下水径流量。

2）当水源地具有长期开采的动态资料，证明地下水有充足的补给，且能形成较稳定的下降漏斗时，可根据总出水量与区域漏斗中心处的水位下降的相关关系，计算单位下降系数，并应结合相应的补给量确定扩大开采时的允许开采量。当含水层埋藏较浅，水位下降后地表水能充分补给时，可根据取水构筑物的形式和布局，采用有关岸边渗入公式确定允许开采量。当需水量不大，且地下水有充足补给时，可只计算取水构筑物的总出水量作为允许开采量。

3）当地下水属于周期性补给，且有足够的储存量，采用枯水期疏干储存量的方法计算允许开采量时，宜符合下列要求：

A. 能够取得的部分储存量，应满足枯水期的连续开采，且抽水井中动水位的下降不超过设计要求；

B. 在补给期间可能得到的补给量，应保证被疏干的部分储存量能够得到补偿。

4）当利用泉作为水源，根据泉的动态观测资料，结合地区的水文、气象资料，进行评价泉的允许开采量时，按不同的具体情况，宜分别符合下列规定：

A. 当需水量显著小于泉的枯水流量时，宜根据泉的调查和枯水期的实测资料直接进行评价；

B. 当需水量接近泉的枯水流量时，宜根据泉流量的动态曲线和流量频率曲线进行评价，也可建立泉流量的消耗方程式进行评价；

C. 当需水量大于泉的枯水流量时，如有条件，宜在枯水期进行降低水位的试验，确定有无扩大泉水流量的可能性，并在此基础上进行评价。

5）当利用暗河作为供水水源时，可根据枯水期暗河出口处的实测流量评价允许开采量。如有长期观测资料，也可结合地区的水文、气象资料，根据暗河的流量频率曲线评价允许开采量。在暗河分布地区，个别地段的允许开采量可采用地下径流模数法进行简单评价，也可选择合适的断面，通过天然落水洞、竖井或钻孔进行抽水，计算过水断面上的总径流量进行评价。

6）当勘察区与某一开采区的水文地质条件基本相似，且开采区已有多年的实际开采资料时，根据两地区的典型比拟指标，可采用比拟法评价勘察区的允许开采量。当布置井群开采地下水时，允许开采量可根据干扰井群的总出水能力和开采条件下的相应补给量，并结合设计要求的动水位，反复试算和调整后确定。当水文地质条件复杂，补给条件难以查明时，可采用枯水期单孔或群孔开采试验的方法，根据抽水试验的实测资料直接（或适当推算）确定允许开采量。

7）对大厚度含水层的分段取水，每一井组的允许开采量，可选用有关公式或按实际干扰抽水试验资料确定。对复杂的大型水源地，宜采用数值法计算允许开采量，预报水位变化规律，也可采用模拟方法（如电模拟）确定允许开采量。在确定允许开采量的过程中，如需计算各抽水井内或近井区的水位下降值时，应考虑由于三维流、紊流、井损等因素的影响而产生的水位附加下降值。

8）允许开采量可划分为A、B、C、D、E五级，各级的精度，宜按下列内容进行分析和评价：

A. 水文地质条件的研究程度；

B. 动态观测时间的长短；

C. 计算所引用的原始数据和参数的精度；

D. 计算方法和公式的合理性；

E. 补给的保证程度。

各级允许开采量的精度应符合一定的规定，见表6-3。

各级允许开采精度规定 **表6-3**

级别	精度规定
E级	（1）根据现有地下水有关资料，结合必要的路线踏勘，概略了解区域水文地质条件；（2）推测圈定可能富水的地段；（3）粗略评价地下水资源，估算允许开采量
D级	（1）初步查明含水层（带）的空间分布及水文地质特征；（2）初步圈定可能富水的地段；（3）概略评价地下水资源，估算地下水允许开采量
C级	（1）基本查明含水层（带）的空间分布及水文地质特征；（2）初步掌握地下水补给、径流、排泄条件及其动态变化规律；（3）应根据带观测孔的抽水试验或枯水期的地下水动态资料确定有代表性的水文地质参数；（4）结合开采方案初步计算允许开采量，提出合理的采用值；（5）初步论证补给量，提出拟建水源地的可靠性评价
B级	（1）查明拟建水源地区的水文地质条件与供水有关的环境水文地质问题，提出开采地下水必需的有关含水层的资料和数据；（2）根据一个水文年以上的地下水动态资料和互阻抽水试验或试验性开采抽水试验，验证水文地质计算参数，掌握含水层的补给条件及供水能力；（3）建立或完善数学模型，结合具体的开采方案，计算和评价补给量，确定允许开采量；（4）预测地下水开采条件下水位、水量、水质可能发生的变化；（5）提出保护和改善地下水水量和地下水水质的措施
A级	（1）具有为解决开采水源地具体课题所进行的专门研究和试验成果；（2）根据开采的动态资料进一步完善地下水数学模型，并逐步建立地下水管理模型；（3）掌握3年以上水源地连续的开采动态资料，并对地下水允许开采量进行系统的多年的均衡计算和评价；（4）提出水源地改造、扩建及保护地下水资源的具体措施

6.4 水环境质量标准

为了控制水中成分产生的不良作用，每一种用水都制定了一套由一系列水质参数所定义的水质标准。每一项水质参数表征一项由水质成分所产生的物理的、化学的或生物的特征。水质标准则对这些参数加以量的界定。

水环境质量标准是依据各类水域功能，为控制水污染，保护水资源，保证人体健康，维护生态平衡，促进经济建设而制定的水环境质量评判标准，是国家、部门或地区所制定的强制性或指导性标准。我国的水环境质量标准分为国家标准与地方标准两级。国家标准在全国范围内统一使用；地方标准则结合当地环境状况与生态特点，用以补充国家标准的不足，即对国家标准中未规定的项目予以补充。地方标准必须以国家标准为依据，并应等于或严于国家标准。

国家乃至地方规定的各种水环境质量标准，都是按照各种用水部门的实际需要制定的，既是控制水环境污染的基本依据，也是水环境质量的评价标准。目前我国现行的水环境质量标准主要包括《地表水环境质量标准》GB 3838－2002、《地下水质量标准》GB/T 14848－2017、《生活饮用水水源水质标准》CJ 3020－1993、《生活饮用水卫生标准》GB 5749－2022、《污水综合排放标准》GB 8978－1996、《城镇污水处理厂污染物排放标准》GB 18918－2002 等。

6.4.1 地表水环境质量标准

2002 年 4 月 28 日国家环境保护总局和国家质量监督检验检疫总局联合发布了《地表水环境质量标准》GB 3838－2002（附录 1）。该标准按照地表水环境功能分类和保护目标，规定了水环境质量应控制的项目及限值，以及水质评价、水质项目的分析方法和标准的实施与监督，适用于江河、湖泊、运河、渠道、水库等具有使用功能的地表水水域。本标准依据环境功能和保护目标，按功能高低将地表水水域依次划分为以下五类：

Ⅰ类：主要适用于源头水、国家自然保护区；

Ⅱ类：主要适用于集中式生活饮用水地表水源地一级保护区、珍稀水生生物栖息地、鱼虾类产卵场、仔稚幼鱼的索饵场；

Ⅲ类：主要适用于集中式生活饮用水地表水源地二级保护区、鱼虾类越冬场、洄游通道、水产养殖区等渔业水域及游泳区；

Ⅳ类：主要适用于一般工业用水区及人体非直接接触的娱乐用水区；

Ⅴ类：主要适用于农业用水区及一般景观要求水域。

对应地表水上述五类水域功能，将地表水环境质量标准基本项目标准值分为五类，不同功能类别分别执行相应类别的标准值（附录 1）。同一水域兼有多类功能类别的，执行最高功能类别对应的标准值。此外，该标准还将水环境标准项目分为三类，分别为地表水环境质量标准基本项目、集中式生活饮用水地表水源地补充项目和集中式生活饮用水地表水源地特定项目。其中，地表水环境质量标准基本项目适用于全国江河、湖泊、运河、渠道、水库等具有使用功能的地表水水域，而集中式生活饮用水地表水源地补充项目和特定项目则适用于集中式生活饮用水地表水源地一级保护区和二级保护区。

本标准项目共计 109 项，其中地表水环境质量标准基本项目 24 项，集中式生活饮用水地表水源地补充项目 5 项，集中式生活饮用水地表水源地特定项目 80 项。

6.4.2 地下水质量标准

我国现行的地下水质量标准是由国家质量监督检验检疫总局和国家标准化管理委员会于 2017 年 10 月 14 日联合发布的《地下水质量标准》GB/T 14848－2017（附录 2）。该标准于 2018 年 5 月 1 日正式实施，规定了地下水质量分类、指标及限值，地下水质量调查与监测，地下水质量评价等内容，适用于地下水质量调查、监测、评价与管理。

该标准根据我国地下水质量状况和人体健康风险，并参照生活饮用水、工业、农业等用水质量要求，依据各组分含量高低（pH 除外），将地下水质量划分为以下五类：

Ⅰ类：地下水化学组分含量低，适用于各种用途；

Ⅱ类：地下水化学组分含量较低，适用于各种用途；

Ⅲ类：地下水化学组分含量中等，以《生活饮用水卫生标准》GB 5749－2022 为依据，主要适用于集中式生活饮用水水源及工农业用水；

Ⅳ类：地下水化学组分含量较高，以农业和工业用水质量要求以及一定水平的人体健康风险为依据，适用于农业和部分工业用水，适当处理后可作生活饮用水；

Ⅴ类：地下水化学组分含量高，不宜作为生活饮用水水源，其他用水可根据使用目的选用。

该标准的水质指标共计 93 项，由 39 项常规指标和 54 项非常规指标所组成。对应地下水上述五类质量用途，将地下水中常规指标和非常规指标的标准值也分为五类，不同质量类别分别执行相应类别的标准值（附录 2）。与《地下水质量标准》GB/T 14848－1993 相比，新修订后的标准中，感官性状及一般化学指标由 17 项增至 20 项，毒理学指标中无机化合物指标由 16 项增加至 20 项，毒理学指标中有机化合物指标由 2 项增至 49 项。

6.4.3 饮用水水源水质标准

我国现行的饮用水水源水质标准是《生活饮用水水源水质标准》CJ/T 3020－1993（附录 3），该标准是由中华人民共和国建设部于 1993 年 8 月 5 日发布的，并于 1994 年 1 月 1 日正式实施。该标准对生活饮用水水源的水质指标、水质分级、标准限值、水质检验以及标准的监督执行给出了明确的规定，适用于城乡集中或分散式生活饮用水的水源水质量（包括各单位自备生活饮用水水源）。

该标准将生活饮用水水源水质分为以下两级：

（1）一级水源水：水质良好。地下水只需消毒处理，地表水经简易净化处理（如过滤）、消毒后即可供生活饮用者。

（2）二级水源水：水质受轻度污染。经常规净化处理（如絮凝、沉淀、过滤、消毒等），其水质即可达到《生活饮用水卫生标准》GB 5749－2022 规定，可供生活饮用者。

该标准的水质指标共计 34 项，对于不同质量类别的水源水，应分别执行相应类别的标准限值（附录 3）。当水质浓度超过二级标准限值的水源水，就不宜作为生活饮用水的水源。若限于条件需加以利用时，应采用相应的净化工艺进行处理。处理后的水质应符合《生活饮用水卫生标准》GB 5749－2022 规定，并取得省、市、自治区卫生厅（局）及主管部门批准。

6.4.4 饮用水水质标准

饮用水的安全性对人体健康至关重要，寻求安全与洁净的饮用水显得尤为重要。饮用水的安全性主要是依据饮用水水质标准来衡量的。根据国际标准组织技术委员会的定义，饮用水水质不仅适宜于饮用目的，而且在感官性状和公共卫生方面是公众可以接受的水，即饮用水水质要同时满足卫生和美感两个要求，主要体现在以下五个方面：

（1）感官性状良好，即外观、色、嗅、味良好。这是饮用者判断饮用水水质及其可接受程度的首要和直接指标，但感官良好的水并不意味着一定安全。

（2）满足人体的生理需要，水中应含有人体内生理、生化活动所需的各种营养成分，特别是无机盐类及微量元素。

（3）不得有致病菌和致病微生物，防止水传疾病的发生和流行，确保水质微生物学质量的安全性。

（4）水中所含化学物质及放射性物质不得危害人体健康，保证人终生饮用不引起急、慢性中毒及其他潜在的远期健康危害。

（5）不产生腐蚀和腐蚀引起的水污染。

因此，从生理感观、物理性质、溶解盐类含量、有毒成分及细菌成分等方面对饮用水水质进行全面评价是十分必要的。依据对饮用水的水质要求，饮用水水质标准一般包括微生物学指标、毒理指标、感官性状和一般化学及和放射性指标。为此，针对各国不同的地理环境、人文环境、给水资源状况，每个国家都制定了符合本国用水环境具体条件的饮用水质标准，且随着具体条件的改变不断修订。各国的饮用水水质标准目的在于保证饮用水水质的安全性和可靠性。

目前，全世界具有国际权威性、代表性的饮用水水质标准主要有三部，分别为世界卫生组织（WHO）制订的《饮用水水质准则》、美国环保局（USEPA）制订的《饮用水水质标准与健康建议》以及欧盟（EU）制订的《饮用水水质指令》。其他国家或地区的饮用水水质标准大都以这三部标准为基础或重要参考，来制订或修订本国的国家饮用水水质标准。

下面就世界卫生饮用水水质准则、美国饮用水水质标准和我国生活饮用水水质标准进行详细介绍。

（1）世界卫生饮用水水质准则

安全饮用水评价需要科学规范的水质标准，安全饮用水的获得需要系统完善的饮用水水质管理体系。现行的世界卫生饮用水水质标准是由世界卫生组织（WHO）于 2011 年新修订的《饮用水水质准则》（第 4 版）（附录 4）。新修订的《饮用水水质准则》（第 4 版）是世界各国制订饮用水国家标准和各国保障饮用水安全的重要参考。

与《饮用水水质准则》（第 3 版）相比，第 4 版准则进一步提出了保障饮用水微生物安全的系统性方法的重要性，强调重在水源保护的多级屏障理念，并增加了之前版本没有的化学品指标，修正了之前的化学品附录。此外，新修订后的这版准则进一步发展了早期版本中介绍的概念、方法和信息，包括在第 3 版中介绍的确保饮用水水质安全的综合预防风险管理方法。主要考虑以下几点：

1）饮用水安全，包括必备程序、特定准则值及其使用方法。

2）建立准则及准则值的方法。

3）微生物危害均为发展中国家和发达国家首要关注的问题。该版准则以第 3 版介绍的通过多种防护方式确保饮用水微生物安全的预防性原则为基础，强调了水源保护的重要性。

4）气候变化会引起水温和降雨模式的改变，加剧旱灾或洪灾、破坏水质或引起水缺乏，要认识到将这些影响作为水管理政策一部分进行管理的重要性。

5）饮用水中的化学污染物，增加了之前未曾提及的化学品，诸如用于饮用水中传播媒介控制的杀虫剂；修正了现有的化学品表，加入了新的科学信息；在某些情况下，新信息建议降低优先级的地方准则的覆盖范围缩小了。

6）对于通过饮用水接触会造成大规模健康影响的关键化学品，该版准则提供了相关指导，帮助确认地区化学品优先级及其管理方法，这些化学品包括：砷、氟化物、铅、硝酸盐、硒和铀。

7）许多不同利益相关者在确保饮用水安全方面的重要作用；该版准则中深入介绍了第3版中提及的关键利益相关者在确保饮用水安全中的作用和责任。

8）对传统社区供水或公用事业管理以外情形如雨水收集、其他非管道供水或双管道系统的指导。

（2）美国饮用水水质标准

现行的美国饮用水水质标准是由美国环保局（USEPA）水办公室于2011年发布的《饮用水水质标准与健康建议》（附录5）。该标准所含内容分为三大类，分别为第一类饮用水标准（包括饮用水标准与健康建议和微生物指标）、第二类饮用水水质标准和饮用水建议标准。其中第一类饮用水标准为强制性执行标准；第二类饮用水标准是非强制的联邦标准，它与饮用水的味道、气味、颜色和其他美学上不良影响的性质有关。USEPA建议各州把这些标准作为合理的水质目标，但联邦法规并不要求供水系统遵守此标准。但各州可采用政府关心的自己的强制性法规，为了安全，应检查州立的饮用水标准。

（3）我国生活饮用水水质标准

我国现行的生活饮用水水质标准是由国家市场监督管理总局和国家标准化管理委员会于2022年3月15日联合发布的《生活饮用水卫生标准》GB 5749－2022（附录6）。该标准将于2023年4月1日正式实施。该标准对生活饮用水水质要求、生活饮用水水源水质要求、集中式供水单位卫生要求、二次供水卫生要求、涉及饮用水卫生安全的产品卫生要求、水质检验方法给出了明确的规定，适用于各类生活饮用水。

与《生活饮用水卫生标准》GB 5749－2006相比，新标准对饮用水的水质安全要求更高，新标准将原标准中的“非常规指标”调整为“扩展指标”，水质指标数量由原标准的106项调整为97项，包括常规指标43项和扩展指标54项。新标准的主要变化如下：

1）新标准更加关注感官指标。色度、浑浊度、臭和味等指标与饮用水时的口感、舒适度密切相关，新标准增加了2-甲基异莰醇和土臭素等物质。

2）新标准更加关注消毒副产物。新标准进一步将检出率较高的一氯二溴甲烷、二氯一溴甲烷、三溴甲烷、三卤甲烷、二氯乙酸、三氯乙酸6项消毒副产物指标从非常规指标调整到常规指标。同时，氨（以N计）从非常规指标调整到常规指标。

3）新标准更加关注风险变化。增加了乙草胺和高氯酸两项扩展指标；新标准将三氯乙醛、硫化物、氯化氰（以CN^-计）、六六六（总量）、对硫磷、甲基对硫磷、林丹、滴滴涕、甲醛、1,1,1-三氯乙烷、1,2-二氯苯、乙苯12项指标从标准正文中删除；将硒、四氯化碳、挥发酚、阴离子合成洗涤剂4项指标从常规指标调整到扩展指标；考虑大肠埃希氏菌比耐热大肠菌群有更强的指示作用，将耐热大肠菌群这一指标彻底删除。

4）新标准调整了标准正文中 8 项指标的限值，包括硝酸盐（以 N 计）、浑浊度、高锰酸盐指数、游离氯、硼、氯乙烯、三氯乙烯、乐果。

A. 新标准取消了在水源或净水条件限制时部分指标限值的放宽，如硝酸盐（以 N 计）地下水源限制时为 20mg/L、浑浊度在水源与净水条件限制时为 3NTU、耗氧量（COD_{Mn}法）在原水大于 6mg/L 时为 5mg/L；

B. 提高指标限值，如，厂水中游离氯余量的上限值从 4mg/L 调整为 2mg/L，氯乙烯的限值由 0.005mg/L 调整为 0.001mg/L，三氯乙烯的限值由 0.07mg/L 调整为 0.02mg/L，乐果的限值由 0.08mg/L 调整为 0.006mg/L；

C. 硼的标准限值从 0.5mg/L 放宽至 1mg/L（欧盟 1mg/L，世界卫生组织 2.4mg/L）。

6.4.5 污水排放标准

污水排放标准是对排放到水体中的各种污染物浓度的最高限额，是为了实现环境质量标准目标，保护水体水质不进一步恶化、治理已被污染的水环境，结合技术经济条件和环境特点，对排入水环境的污染物或有害因子所做的控制规定，即排放限值，是实现环境质量标准的重要保证，也是控制污染源的重要手段。

我国的污水排放标准分为两级，包括国家标准和地方标准。国家标准适用于在全国范围内使用，而地方标准则需结合当地生态特点和水环境状况，用来弥补国家标准的不足，即对国家标准中未规定的项目予以补充。通常要求地方标准是根据国家标准来制定的，且必须等于或严于国家标准。

目前，我国现行的污水排放标准包括《污水综合排放标准》GB 8978 - 1996、《城镇污水处理厂污染物排放标准》GB 18918 - 2002 以及众多的行业排放标准。

（1）污水综合排放标准

我国现行的污水综合排放标准为《污水综合排放标准》GB 8978 - 1996（附录 7），该标准是由国家环保总局于 1996 年 10 月 4 日发布的，并于 1998 年 1 月 1 日正式实施。该标准按照污水排放去向，对 69 种水污染物最高允许排放浓度及部分行业最高允许排水量给出了明确的规定，适用于现有单位水污染物的排放管理，以及建设项目的环境影响评价、建设项目环境保护设施设计、竣工验收及其投产后的排放管理。

该标准根据排放污染物的毒性及其对人体、动植物和水环境的影响，将工业企业和事业单位排放的污染物分为以下两类污染物：

1）第Ⅰ类污染物，是指能在环境或动植物体内蓄积，对人体健康产生长期不良影响的污染物。不分行业和污水排放方式，也不分受纳水体的功能类别，对其一律执行严格的标准值，并规定在车间或车间处理设施的排放口取样控制，其最高允许排放浓度必须达到本标准要求。尤其需要注意的是，采矿行业的尾矿坝出水口不得视为车间排放口。

2）第Ⅱ类污染物，其长远影响小于第Ⅰ类污染物，按排放水域的使用功能分区以及企业性质分为一级、二级和三级标准，并规定在工厂企业排放口取样控制，其最高允许排放浓度必须达到本标准要求。

（2）城镇污水处理厂污染物排放标准

我国现行的城镇污水处理厂污染物排放标准为《城镇污水处理厂污染物排放标准》GB 18918 - 2002（附录 8），该标准是由中华人民共和国国家环境保护总局和国家质量监督检验检疫总局于 2002 年 12 月 24 日联合发布的，并于 2003 年 7 月 1 日正式实施。

该标准分年限对城镇污水处理厂出水、废气排放和污泥处置（控制）中污染物的控制项目和标准限值给出了明确的规定，适用于城镇污水处理厂出水、废气排放和污泥处置（控制）的管理。该标准也适用于居民小区和工业企业内独立的生活污水处理设施污染物的排放管理。排入城镇污水处理厂的工业废水和医院污水，应达到《污水综合排放标准》GB 8978－1996、相关行业的国家排放标准、地方排放标准的相应规定限值及地方总量控制的要求。

该标准依据污染物的来源及性质，将污染物控制项目划分为基本控制项目和选择控制项目两类。本标准污染物控制项目共计 62 项，其中基本控制项目 24 项，主要包括影响水环境和城镇污水处理厂一般处理工艺可以去除的常规污染物，以及部分一类污染物，必须执行控制；选择控制项目 43 项，主要包括对环境有较长期影响或毒性较大的污染物，由地方环境保护行政主管部门根据污水处理厂接纳的工业污染物的类别和水环境质量要求选择控制。

此外，基于城镇污水处理厂排入地表水域环境功能和保护目标，以及污水处理厂的处理工艺，该标准将基本控制项目的常规污染物标准值划分为一级、二级和三级标准，其中一级标准又分为 A 标准和 B 标准。但一类重金属污染物和选择控制项目不分级。

6.5 水环境质量监测和评价

6.5.1 水环境质量监测

为及时全面掌握水环境质量的动态变化特征，非常有必要进行水环境质量监测，以期为水环境质量的准确评价和水资源的合理开发利用提供数据支撑。水环境质量监测的主要目的包含以下几点：

1）获得代表水体水质现状的数据，为水体环境质量评价使用；

2）明确水体中主要污染物的时、空分布特征，并进一步追溯污染物的来源、污染途径和迁移转化规律，来预测水体污染的变化趋势；

3）判断水污染对水环境和人体健康造成的影响；

4）探明各种污染物的污染原因。

（1）地表水水质监测

地表水水质监测采用以流域为单元，优化断面为基础，连续自动监测分析技术为先导，手工采样及实验室分析技术为主体，移动式现场快速应急监测技术为辅助手段的自动监测、常规监测与应急监测相结合的监测技术路线。地表水水质监测的采样布点、监测频率应符合现行国家标准《地表水环境质量监测技术规范》HJ 91.2－2022 的要求。

1）监测断面布设原则

地表水的采样布点原则如下：

A. 应能在宏观上反映流域（水系）或所在区域的水环境质量状况和污染特征；

B. 应避开死水区、回水区、排污口处，尽量设置在顺直河段上，选择河床稳定、水流平稳、水面宽阔、无急流或浅滩且方便采样处；

C. 应考虑采样活动的可行性和方便性，尽量利用现有的桥梁和其他人工构筑物；

D. 应考虑社会经济发展、监测工作的实际状况和需要，要具有相对的长远性；

E. 应考虑水文测流断面，以便利用其水文参数，实现水质监测与水量监测的结合；

F. 监测断面的设置数量，应考虑人类活动影响，通过优化以最少的监测断面、垂线和监测点位获取具有充分代表性的监测数据，有助于了解污染物时空分布和变化规律；

G. 监测断面布设后应在地图上标明准确位置，在岸边设置固定标志。同时，以文字说明断面周围环境的详细情况，并配以照片，相关图文资料均应存入断面档案；

H. 流域（水系）可布设背景断面、控制断面、消减断面和河口断面；

I. 行政区域可在水系源头设置背景断面或在过境河流设置入境断面或对照断面、控制断面、消减断面、出境断面或河口断面。

2）采样点的确定

河流监测断面上采样点的设置，应根据河流的宽度和深度而定。其监测断面上设置的采样垂线数与各垂线上的采样点的设置应分别满足表 6-4 和表 6-5 的要求。

河流采样垂线数的设置 **表 6-4**

水面宽度 b	垂线数
$b \leqslant 50m$	设 1 条垂线（中泓线）
$50m < b \leqslant 100m$	设 2 条垂线（左、右岸有明显水流处）
$100m < b \leqslant 1000m$	设 3 条垂线（左、中、右）
$b > 1500m$	设 5 条等距离的垂线

注：1. 垂线布设应避开污染带，监测污染带应另加垂线；
2. 确能证明断面水质均匀时，可仅在中泓线设置垂线；
3. 凡在该断面要计算污染物通量时，应按本表设置垂线。

河流采样垂线上采样点的设置 **表 6-5**

水深 h	采样点数
$h \leqslant 5m$	上层一点
$5m < h \leqslant 10m$	上层、下层两点
$h > 10m$	上层、中层、下层三点

注：1. 凡在该断面要计算污染物通量时，应按本表设置垂线；
2. 上层是指水面下或冰下 0.5m 处。水深不到 0.5m 时，在 1/2 水深处；中层是指 1/2 水深处；下层是指河底以上 0.5m 处。

对湖泊和水库的采样断面，除了出入湖、库的河流汇合处及湖岸功能区的分布等因素外，还要考虑面积、水源、鱼类回流和产卵区等。湖泊和水库的监测垂线上的采样点的设置应满足表 6-6 的要求。

3）采样时间和频次的确定

采样频次一般应遵循的原则：依据不同的水体功能、水文要素和污染源、污染物排放等实际情况，力求以最低的采样频次，取得最具代表性的水样，既要能反映水质在时间和空间上的变化状况，又要切实可行。

自动监测既可实时在线监测，亦可按照实际需要自行设定各项目的监测频次。常规水质监测采样时间和频次的要求如下：

A. 对于饮用水源及重要水源保护区，全年可采样 8～12 次；

B. 对于重要水系干流及一级支流，全年可采样 12 次；

C. 对于一般中小河流，全年可采样 6 次，丰、平、枯水期各 2 次；

D. 对于面积＞$1000km^2$的湖泊和库容＞$1\times10^8m^3$ 的水库，每月应采样分析 1 次，全不少于 12 次；

E. 其他湖库，全年可采样 2 次，丰、枯水期各 1 次。

湖泊和水库监测垂线采样点的设置　　表 6-6

水深 h	采样点数
$h\leqslant5m$	一点（水面下 0.5m 处，水深不足 1m 时，在 1/2 水深处设置采样点）
$5m<h\leqslant10m$	二点（水面下 0.5m，水底上 0.5m）
$h>10m$	三点（水面下 0.5m，中层 1/2 水深处，水底上 0.5m）

注：1. 根据监测目的，如需要确定变温层（温度垂直分布梯度≥0.2℃/m 的区间），可从水面向下每隔 0.5m 测定并记录水温、溶解氧和 pH，计算水温垂直分布梯度；
2. 若湖泊、水库有温度分层现象时，则要考虑设置温跃层采样点；
3. 有充分数据证实垂线上水质均匀时，可酌情减少采样点；
4. 受客观条件所限，无法实现底层采样的深水湖泊、水库，可酌情减少采样点。

4）监测项目

根据《地表水环境质量监测技术规范》HJ 91.2－2022，选择地表水的监测项目一般遵循如下原则：

A. 依据监测目的，选择国家和地方地表水环境质量标准中要求控制的监测项目；

B. 优先选择对人和生物危害大、对地表水环境影响范围广的监测项目；

C. 各地区可根据本地区污染源特征和水环境保护功能，以及本地区经济、监测条件和技术水平适当增加监测项目。

地表水水质监测的项目一般可分为物理性、化学性和生物学三种水质指标类型，见表 6-7。其中以化学性水质指标的监测项目为主。

地表水水质指标的监测项目　　表 6-7

类别	监测项目
物理性水质指标	温度、色度、浊度、电导率、嗅和味、悬浮物、透明度等
化学性水质指标	有机污染物：DO、COD、BOD_5、TOC、挥发酚等 非金属无机污染物：pH、Cl^-、F^-、CN^-、As等 金属污染物：硬度、Cr、Cd、Pb、Hg 等
生物性水质指标	细菌总数、大肠杆菌数、各种病原细菌、病毒等

除了上述监测项目外，有时还要根据污染源的具体情况，增加某些特殊的监测项目。此外，在地表水水质监测中，为了估计两股或几股水流混合后的污染情况或污染源对地表水体污染的影响，还要掌握河流流量或污水排放量的大小。因此，进行流量或流速的测定也是地表水水质监测中的必要内容。

此外，对于具备地表水自动监测分析技术的自动监测站，其水质监测项目见表 6-8。自动监测项目根据水质自动监测站配备的仪器确定，自动监测站的基本配置应保证必测项目所需的监测仪器。仪器不成熟或其性能指标不能满足当地水质条件的项目不应作为自动监测项目。

地表水水质自动监测站必测项目与选测项目 **表 6-8**

水体	必测项目	选测项目
河流	水温、pH、溶解氧、电导率、浊度、高锰酸盐指数、氨氮、总磷、总氮	挥发酚、挥发性有机物、油类、重金属、粪大肠菌群、流量、流速、流向、水位等
湖、库	水温、pH、溶解氧、电导率、浊度、高锰酸盐指数、氨氮、总磷、总氮、叶绿素 a	挥发酚、挥发性有机物、油类、重金属、粪大肠菌群、藻类密度、水位等

5）分析方法

选用的标准分析方法的测定下限应低于该监测项目规定的环境质量标准限值。监测项目分析方法应优先选用《地表水环境质量标准》GB 3838－2002 中规定的标准分析方法及项目标准值；若适用性满足要求，其他国家、行业标准分析方法也可选用。自动监测执行国家环境保护总局、美国环保局（USEPA）和欧盟（EU）认可的仪器分析方法，并按照《地表水自动监测技术规范》HJ 915－2017 的规定进行。

（2）地下水水质监测

地下水水质监测是进行地下水环境质量评价的基础工作，也是研究和预测地下水质量状况和地下水体中污染物动态变化的重要手段。

1）监测点的布设原则

A. 总体上能反映监测区域内的地下水环境质量状况；

B. 监测点不宜变动，尽可能保持地下水监测数据的连续性；

C. 综合考虑监测井成井方法、当前科技发展和监测技术水平等因素，考虑实际采样的可行性，使地下水监测点布设切实可行；

D. 应定期对地下水水质监测网的运行状况进行一次调查评价，依据最新情况对地下水水质监测网进行优化调整。

2）监测点的确定

地下水监测点的布置方法如下：

A. 对于较大面积的监测区域，沿地下水流向为主与垂直地下水流向为辅相结合布设监测点；对同一个水文地质单元，可根据地下水的补给、径流、排泄条件布设控制性监测点。地下水存在多个含水层时，监测井应为层位明确的分层监测井。

B. 地下水饮用水源地的监测点布设，以开采层为监测重点；存在多个含水层时，应在与目标含水层存在水力联系的含水层中布设监测点，并将与地下水存在水力联系的地表水纳入监测。

C. 对地下水构成影响较大的区域，如化学品生产企业以及工业集聚区在地下水污染源的上游、中心、两侧及下游区分别布设监测点；尾矿库、危险废物处置场和垃圾填埋场等区域在地下水污染源的上游、两侧及下游分别布设监测点，以评估地下水的污染状况。污染源位于地下水水源补给区时，可根据实际情况加密地下水监测点。

D. 污染源周边地下水监测以浅层地下水为主，如浅层地下水已被污染且下游存在地下水饮用水源地，需增加主开采层地下水的监测点。

E. 岩溶区监测点的布设重点在于追踪地下暗河出入口和主要含水层，按地下河系统径流网形状和规模布设监测点，在主管道与支管道间的补给、径流区适当布设监测点，在重大或潜在的污染源分布区适当加密地下水监测点。

F. 裂隙发育区的监测点尽量布设在相互连通的裂隙网络上。

G. 可选用已有民井和生产井或泉点作为地下水监测点，但须满足地下水监测设计的要求。

3）采样时间和频次的确定

地下水采样频次一般应遵循的原则：基于具体水文地质条件和地下水监测井使用功能，结合当地污染源、污染物排放实际情况，争取用最低的采样频次，取得最具代表性的地下水样品，达到全面反映调查对象的地下水水质状况、污染原因和迁移规律的目的。

不同监测对象的地下水采样频次见表 6-9，有条件的地方可按当地地下水水质变化情况，适当增加采样频次。

不同监测对象的地下水采样频次 **表 6-9**

监测对象	采样频次
地下水饮用水源取水井	常规指标采样宜≥每月 1 次，非常规指标采样宜≥每年 1 次
地下水饮用水源保护区和补给区	采样宜≥每年 2 次（枯、丰水期各 1 次）
区域	区域采样频次参照《区域地下水质监测网设计规范》DZ/T 0308－2017 的相关要求执行
污染源	危险废物处置场采样频次参照《危险废物填埋污染控制标准》GB 18598－2019 的相关要求执行
	生活垃圾填埋场采样频次参照《生活垃圾填埋场污染控制标准》GB 16889－2008 的相关要求执行
	一般工业固体废物贮存、外置场地下水采样频次参照《一般工业固体废物贮存和填埋污染控制标准》GB 18599－2020 相关要求执行
	其他污染源，对照监测点采样频次宜≥每年 1 次，其他监测点采样频次宜≥每年 2 次，发现有地下水污染现象时需增加采样频次

4）监测项目

根据《地下水环境监测技术规范》HJ 164－2020，选择地下水的监测项目一般遵循如下原则：

A. 依据监测目的，选择《地下水质量标准》GB/T 14848－2017 中要求的常规项目和非常规项目。以常规项目监测为主，不同地区可按当地的实际情况来选择非常规项目。同时还应补充钾、钙、镁、重碳酸根、碳酸根、游离 CO_2 等项目，以便于地下水水化学分析。

B. 地下水环境监测时的气温、地下水水位、水温、pH、溶解氧、电导率、氧化还原电位、嗅和味、浑浊度、肉眼可见物等监测项目为每次监测的现场必测项目。

C. 实际调查过程中的监测项目应根据地下水污染实际情况进行选择，尤其是特征项目以及背景项目的调查。

D. 所选监测项目应有国家或行业标准分析方法、行业监测技术规范、行业统一分析方法。

E. 地下水饮用水源保护区和补给区以《地下水质量标准》GB/T 14848－2017 常规项目为主，可根据地下水饮用水源环境状况和具体环境管理需求，增加其他非常规项目。

F. 区域地下水监测项目参照《区域地下水质监测网设计规范》DZ/T 0308－2017 相关要求确定。

G. 污染源的地下水监测项目以污染源特征项目为主，同时根据污染源的特征项目的种类，适当增加或删减有关监测项目。不同行业的特征监测项目根据行业相关规定来选取。

H. 矿区或地球化学高背景区和饮水型地方病流行区，应增加反映地下水特种化学组分天然背景含量的监测项目。

5）分析方法

监测项目分析方法应优先选用国家或行业标准分析方法，所选用分析方法的测定下限应低于规定的地下水标准限值。尚无国家或行业标准分析方法时，可选用行业统一分析方法或等效分析方法，但须按照《环境监测分析方法标准制订技术导则》HJ 168－2020 的要求进行方法确认和验证，方法检出限、测定下限、准确度和精密度应满足地下水环境监测要求。

6.5.2 水环境质量评价

水环境质量评价是指根据水环境质量标准，选取正确的评价方法，对水体质量做出有效评判，确定其水质状况和应用价值，为防治水体污染及合理开发利用、保护与管理水资源提供科学依据。

（1）地表水质量评价方法

1）地表水质量定性评价法

地表水质量评价是根据应实现的水域功能类别，选取相应类别的水质标准，进行单因子评价，评价结果应说明水质达标情况，超标的则应说明超标项目和超标倍数。丰、平、枯水期特征明显的水域，还应分水期进行水质评价。

地表水环境质量定性评价分为：优、良好、轻度污染、中度污染和重度污染五个等级。

A. 河流断面水质评价

采用单因子评价法对河流断面进行水质类别评价，断面水质类别与其定性评价分级的对应关系见表 6-10。

河流断面水质定性评价 **表 6-10**

水质类别	水质状况	水质类别	水质状况
Ⅰ～Ⅱ类水质	优	Ⅴ类水质	中度污染
Ⅲ类水质	良好	劣Ⅴ类水质	重度污染
Ⅳ类水质	轻度污染		

B. 河流、水系、流域整体水质评价

评价河流、水系、流域整体水质状况时，当断面总数少于 5 个时，计算河流、水系、流域所有断面各评价指标浓度算术平均值，然后按河流断面水质评价方法评价，以该类水质按表 6-10 评价。当断面总数不少于 5 个时，采用断面水质类别比例法，计算出河流、水系、流域中各水质类别断面数占评价断面总数的百分比，以表 6-11 所示的方法对其水质评价。

河流、水系、流域水质定性评价分级 **表 6-11**

水质类别比例	水质状况
Ⅰ～Ⅱ类水质比例＞0，且Ⅰ～Ⅲ类水质比例≥90.0％	优
Ⅰ～Ⅲ类水质比例≥75.0％	良好
Ⅰ～Ⅳ类水质比例＞0，且劣Ⅴ类水质比例＜20.0％	轻度污染
劣Ⅴ类水质比例＜40.0％	中度污染
劣Ⅴ类比例≥40.0％	重度污染

注：若水质类别比例满足多个水质定性评价分级条件，则以水质状况最优的作为定性评价结果。

C. 河流主要水质类别的判定

河流中的主要水质类别的判定条件为：当河流的某一类水质断面比例大于或等于 60％，则称河流以该类水质为主。当不满足上述条件时，若Ⅰ～Ⅲ类，或Ⅳ～Ⅴ类水质断面比例大于或等于 70％，则称河流以Ⅰ～Ⅲ类水质或Ⅳ～Ⅴ类水质为主。除此之外，不需要指出主要水质类别。

2）不同时段地表水环境质量对比分析

A. 基本要求

进行同一水体与前一时段、前一年度同期水质比较时，为保证数据的可比性，必须满足：评价时选择的监测项目必须相同；评价时选择的断面基本相同；定性评价必须以定量评价为依据。

B. 两时段断面浓度变化对比分析

评价某项污染项目的浓度值与前一时段的变化程度时，按以下规定进行：当评价指标浓度值升高或降低的幅度小于 20％时，且没有使该指标的水质类别发生变化，则属于水质无明显变化；当评价指标浓度值升高或降低的幅度大于或等于 20％时，且没有使该指标的水质类别发生变化，则属于水质有所好转或有所恶化；当评价指标浓度值的升高或降低使该指标的水质类别发生了一级或多级变化，则属于水质显著好转或显著恶化。

C. 两时段的河流水质变化对比分析

对河流水质在不同时段的变化趋势分析，以断面类别比例的变化为依据，按以下规定评价：当水质状况等级不变时，则评价为无明显变化；当水质状况等级发生一级变化时，则评价为好转或恶化；当水质状况等级发生两级以上（含两级）变化时，则评价为显著好转或显著恶化。

3）综合营养状态指数法

采用综合营养状态指数法对地表水体进行营养状态评价，计算公式为

$$TLI(\Sigma) = \sum_{j=1}^{m} W_j \cdot TLI(j) \tag{6-17}$$

式中 $TLI(\Sigma)$——综合营养状态指数；

W_j——第 j 种参数的营养状态指数的相关权重；

m——参与评价的参数个数，$m=5$；

$TLI(j)$——第 j 种参数的营养状态指数。

以叶绿素 a（Chla）作为基准参数，则第 j 种参数的归一化的相关权重计算公式如下：

$$W_j = \frac{r_{ij}^2}{\sum_{j=1}^{m} r_{ij}^2} \tag{6-18}$$

式中 W_j——第 j 种参数的营养状态指数的相关权重；

r_{ij}^2——第 j 种参数与基准参数 Chla 的相关系数；

m——参与评价的参数个数，$m=5$。

中国湖泊（水库）Chla 与其他参数之间的相关权重 W_j、相关关系 r_{ij} 和 r_{ij}^2 见表 6-12。

中国湖泊（水库）部分参数与和 Chla 的相关关系 r_{ij}、r_{ij}^2 及 W_j 值　　表 6-12

参数	Chla	TP	TN	SD	COD_{Mn}
j	1	2	3	4	5
r_{ij}	1	0.84	0.82	−0.83	0.83
r_{ij}^2	1	0.7056	0.6724	0.6889	0.6889
W_j	0.2663	0.1879	0.1790	0.1834	0.1834

最后根据计算得到的 $TLI(\Sigma)$ 值，对水体营养状态进行分级评价，综合营养状态指数与营养状态的对应关系见表 6-13。

湖泊和水库营养状态评价分级　　表 6-13

综合营养状态指数	营养状态
$TLI(\Sigma)<30$	贫营养
$30\leqslant TLI(\Sigma)\leqslant 50$	中营养
$50< TLI(\Sigma)\leqslant 60$	轻度富营养
$60< TLI(\Sigma)\leqslant 70$	中度富营养
$TLI(\Sigma)>70$	重度富营养

一般选择引起水体富营养化的变量 TN、TP、透明度（SD）、COD_{Mn} 和 Chla 五个指标作为评价富营养化的因子集，各指标营养状态指数按式（6-12）～式（6-15）计算：

$$TLI(\text{Chla}) = 10\times(2.5+1.086\ln\text{Chla}) \tag{6-19}$$

$$TLI(\text{TP}) = 10\times(9.436+1.624\ln\text{TP}) \tag{6-20}$$

$$TLI(\text{TN}) = 10\times(5.453+1.694\ln\text{TN}) \tag{6-21}$$

$$TLI(\text{SD}) = 10\times(5.118-1.94\ln\text{SD}) \tag{6-22}$$

$$TLI(\text{COD}_{Mn}) = 10\times(0.109+2.661\ln\text{COD}_{Mn}) \tag{6-23}$$

其中，Chla 单位为"mg/m^3"，透明度 SD 单位为"m"，其他指标单位均为"mg/L"。

4）城市内湖景观水质综合指标评价

城市内湖的景观功效在很大程度上取决于水的感官性状，而水的视觉感官性状尤为重要。水的视觉感官性状主要体现在水的浑浊度和色度上，其中藻类繁殖导致的有机色度对水的视觉感官性状影响很大。城市内湖景观水质综合指标是以水体的视觉感官性状为着眼点，进行城市内湖的景观功效评价，包括与水体感官性状密切相关的悬浮物（SS）、有机物（COD_{Mn}）、溶解氧（DO）、氨氮（NH_3-N）、硝酸盐氮（NO_3^--N）、总磷（TP）和水力停留时间（HRT）7 个因子。上述 7 个因子的幂乘积形式表达的城市内湖景观水质评价综合指标计算式如下：

$$WQI_{UL} = \prod_{i=1}^{7} q_i^{w_i} \tag{6-24}$$

式中 WQI_{UL}——城市内湖景观状态评价综合指标，取值范围为 0～100，代表城市内湖的整体景观状态及维持该景观效果的能力；

q_i——第 i 个因子的质量（i=1～7），范围为 0～100，其计算方法见式（6-28）；

w_i——各因子的权重值（i=1～7），各因子的权重之和为 1，即 $\sum_{i=1}^{7} w_i = 1$。

A. 因子质量 q_i 的计算

（A）因子的无因次化

假设各因子的实测值为 x_i，理想值为 $x_{i,0}$，则按式（6-18）对各因子进行无因次化。

$$X_i = \frac{x_i}{x_{i,0}} \tag{6-25}$$

式中 X_i——第 i 个无因次因子；

x_i——第 i 个因子的实测值；

w_i——各因子的权重值（i=1～7），各因子的权重之和为 1，即 $\sum_{i=1}^{7} w_i = 1$。

$x_{i,0}$——第 i 个因子的理想值，见表 6-14。

各因子的最优值及理想值 **表 6-14**

因子	SS	DO	COD_{Mn}	NH_3-N	NO_3^--N	TP	HRT
理想值 x_0	1mg/L	DOs	2mg/L	0.06mg/L	0.04mg/L	0.005mg/L	1d

注：DOs 为饱和溶解氧浓度（mg/L）。

（B）因子质量 q_i 计算

各无因次化因子 X_i 服从对数正态分布，X_i 的概率密度函数为：

$$f(X_i) = \frac{1}{\sqrt{2\pi} X_i \sigma_i} e^{-\frac{(\ln X_i - \mu_i)^2}{2\sigma_i^2}}, (X_i > 0) \tag{6-26}$$

式中 X_i——第 i 个无因次因子；

μ_i——第 i 个因子的样本均值，各因子对应的 μ_i 见表 6-15；

σ_i——第 i 个因子的样本标准偏差，各因子对应的和 σ_i 值见表 6-15。

各因子对数分布函数的 μ 和 σ 值 **表 6-15**

因子	μ	σ
SS	1.183	0.297
DO	−0.016	0.185
COD_{Mn}	0.793	0.15
NH_3-N	0.903	0.374
NO_3^--N	1.037	0.587
TP	0.889	0.567
HRT	1.81	0.346

注：本表数据是基于全国 189 座代表性城市内湖水质资料统计获得。

通过 X_i 的概率密度函数积分可得到各因子的累积分布函数为：

$$F(X_i)=\Phi\left(\frac{\ln(X_i)-\mu_i}{\sigma_i}\right)=\int_0^{X_i}\frac{1}{\sigma_i X_i\sqrt{2\pi}}e^{-\frac{(\ln X_i-\mu_i)^2}{2\sigma_i^2}}\mathrm{d}X_i \tag{6-27}$$

最后根据各因子的累积分布函数，可得到除 DO 以外的各因子质量 q_i 的计算式为：

$$q_i=100\times[1-F(X_i)] \tag{6-28}$$

DO 的因子质量 q_{DO} 计算式为：

$$q_{DO}=\begin{cases}100 & F(X_{DO})>0.5\\ 100\times[2F(X_{DO})] & F(X_{DO})\leqslant 0.5\end{cases} \tag{6-29}$$

式中，$F(X_i)$ 的值介于 0～1 之间，q_i 的值介于 0～100 之间。

(C) 因子赋权 w_i

根据城市内湖的补给水源（天然水/再生水）、补给水量和水力停留时间（HRT）以及 SS 含量来确定各因子的权重，见表 6-16。

综合指标中各因子的权重值（w_i） **表 6-16**

参数＼条件	天然水补水				再生水补水	
	水量充沛		水量不充沛		水量充沛	水量不充沛
	低 SS	高 SS	低 SS	高 SS		
SS	0.169	0.371	0.151	0.33	0.051	0.07
COD_{Mn}	0.127	0.111	0.142	0.124	0.23	0.417
DO	0.037	0.032	0.04	0.037	0.036	0.089
NH_3-N	0.154	0.131	0.157	0.132	0.037	0.086
NO_3^--N	0.142	0.132	0.153	0.126	0.033	0.082
TP	0.183	0.163	0.241	0.191	0.038	0.09
HRT	0.188	0.059	0.116	0.06	0.575	0.166

注：1. 根据城市内湖补水来源，考虑天然水补水和再生水补水两种条件；
2. 根据补水水量的充沛程度，考虑充沛和不充沛两种条件，按城市内湖的 HRT 来判断，天然水补水条件下 HRT＜30d 为水量充沛，再生水补水条件下 HRT＜15d 为水量充沛；
3. 根据补水的 SS 浓度，SS≤20mg/L 为低 SS 条件，否则为高 SS 条件；
4. 再生水指水质不低于一级 A 排放标准的污水处理厂处理水，SS≤10mg/L；
5. 表中的权重值基于全国 189 座代表性城市内湖水质资料，通过敏感度分析得出。

B. 城市内湖景观状态分级

采用 0～100 的一系列连续数字对城市内湖景观状态进行分级：$WQI_{UL}>65$，景观状态为优；WQI_{UL}：45～65，景观状态为良；WQI_{UL}：25～45，景观状态为中；$WQI_{UL}<25$，景观状态为差。

5）黑臭水体评价方法

目前，用于黑臭水体评价的方法种类繁多，包括感官指标评价法、单因子污染指数法、DO 指数法、有机污染综合评价法、黑臭多因子加权指数法、综合水质标识指数法和多元非线性回归法等。下面介绍几种目前应用比较广泛的黑臭水体评价方法。

A. 有机污染综合评价法

$$I_{有机} = \frac{BOD_{5,i}}{BOD_{5,0}} + \frac{COD_{Mn,i}}{COD_{Mn,0}} + \frac{NH_3\text{-}N_i}{NH_3\text{-}N_0} - \frac{DO_i}{DO_0} \tag{6-30}$$

式中 $I_{有机}$——有机污染指数；

$BOD_{5,i}$、$COD_{Mn,i}$、NH_3-N_i和DO_i——i断面的BOD_5、COD_{Mn}、NH_3-N和DO实测值；

$BOD_{5,0}$、$COD_{Mn,0}$、NH_3-N_0和DO_0——i断面的BOD_5、COD_{Mn}、NH_3-N和DO标准值。

该方法将有机污染分为5个等级，分别为当$I_{有机} \leqslant 1$时，为较好；$1 < I_{有机} \leqslant 2$时，为一般；$2 < I_{有机} \leqslant 3$时，为低污染；$3 < I_{有机} \leqslant 4$时，为中等污染；$I_{有机} > 4$时，严重污染。该方法综合考虑了多个水质参数，一定程度上提高了评价的精确性和可靠性，但对不同河流的水体黑臭评价结果可能产生较大差异。

B. 综合水质标识指数法

综合水质标识指数法是基于单因子水质标识指数法提出的，其计算方法如式（6-31）和式（6-32）。

$$I_{wq} = X_1 X_2 X_3 X_4 \tag{6-31}$$

$$X_1 X_2 = \frac{1}{m} \Sigma(P'_1 + P'_2 + \cdots + P'_m) \tag{6-32}$$

式中 I_{wq}——水质标识指数；

X_1——河流总体的综合水质类别；

X_2——综合水质在X_1类水质变化区间内所处的位置，实现了在同类水质中进行优劣比较；

X_3——参与综合水质评价的水质指标中，劣于水环境功能区目标的单项指标个数；

X_4——综合水质类别与水体功能区类别的比较结果，视综合水质的污染程度，为一位或两位有效数字；

m——参加综合水质评价的水质单项指标的数目；

P'_1、P'_2、P'_m——分别为第1、2、m个水质因子的单因子水质指数，为对应单因子水质标识指数中的整数位和小数点后第1位。

其中，单因子水质标识指数P_i由1位整数、小数点后2位或3位有效数字组成，计算方法如下：

$$P_i = X_1 X_2 X_3 \tag{6-33}$$

式中 P_i——第i个水质因子的单因子水质指数，为对应单因子水质标识指数中的整数位和小数点后第1位；

X_1——第i项水质指标的水质类别，如，$X_1 = 1$，表示该指标为Ⅰ类水，$X_1 = 2$，表示该指标为Ⅱ类水，往下以此类推；

X_2——监测数据在X_1类水质变化区间中所处的位置，根据公式按四舍五入的原则计算确定；

X_3——水质类别与功能区划设定类别的比较结果，视评价指标的污染程度，X_3为一位或两位有效数字。

该方法综合考虑了多个水质因子之间的相互作用，既能对Ⅰ～Ⅴ类水进行连续性描述，还可以进一步评价劣Ⅴ类水，判断是否黑臭，既可以用于评价河流水体黑臭情况，又可以用于河流水质类别的评价，是一种比较全面的黑臭水体评价方法。缺点是其黑臭判定阈值具有地域性，因此在对不同地区、不同类型水体进行黑臭评价时需要对黑臭阈值进行重新判定，以提高其评价结果的可靠性。

(2) 地下水质量评价方法

地下水质量评价是以地下水水质监测资料为基础，可分为单指标评价和综合评价两种。

1) 地下水质量单指标评价

单指标评价也称单要素评价，是将地下水水质调查分析资料或水质监测资料与水质标准值对比，判明水质是否达标，即按指标值所在的限值范围确定地下水质量类别，指标限值相同时，从优不从劣。例如：挥发性酚类Ⅰ、Ⅱ类限值均为0.001mg/L，若质量分析结果为0.001mg/L时，应定为Ⅰ类，不定为Ⅱ类。水质评价因子应按国家标准和当地的实际情况确定。单要素污染指数的计算公式如下：

$$I = C_i / C_0 \tag{6-34}$$

式中 I——单要素污染指数；

C_i——地下水中某组分的实测浓度，mg/L；

C_0——背景值或对照值，mg/L。

当背景值为一含量区间时，

$$I = | C_i - \overline{C_0} | / (C_{0\max} - C_0) \text{ 或 } I = | C_i - \overline{C_0} | / (\overline{C_0} - C_{0\min}) \tag{6-35}$$

式中 I——单要素污染指数；

C_i——地下水中某组分的实测浓度，mg/L；

C_0——背景值或对照值，mg/L；

$\overline{C_0}$——背景（或对照）含量区间中值，mg/L；

$C_{0\max}$，$C_{0\min}$——背景（或对照）含量区间最大和最小值，mg/L。

采用这种方法可对各种污染组分质量类别分别进行评价。当$I \leqslant 1$时，为未污染；当$I > 1$时，为污染，并可根据I值进行地下水污染程度分级。此法的优点是直观、简便，被广泛应用。缺点是不能全面反映地下水资源的质量状况。若需要进一步了解地下水质量的整体情况，或为了全面反映地下水资源的质量状况，可进行综合评价。

2) 地下水质量综合评价

综合评价法是按单指标评价结果最差的类别来确定，并指出最差类别的指标。

例如：某地下水样氯化物含量400mg/L，四氯乙烯含量350μg/L，这两个指标均属Ⅴ类，其余指标均低于Ⅴ类。则该地下水质量综合类别定为Ⅴ类，Ⅴ类指标为氯离子和四氯乙烯。

思 考 题

1. 水资源的定义有狭义、广义和工程上的概念之分，它们分别是指什么？水资源的价值主要包括哪几方面的价值？

2. 地表水资源的含义是什么？如何评价地表水的可利用性？

3. 地下水资源主要包括哪些类型？如何评价地下水的可利用性？

4. 地下水补给量的计算方法都有哪几种？地下水储存量的计算方法都有哪几种？

5. 比较 WHO《饮用水水质准则》、USEPA《饮用水水质标准与健康建议》与中国《生活饮用水卫生标准》GB 5749－2022 差异。

6. 水环境质量监测时地表水和地下水的采样布点原则分别是什么？

第 7 章　城市给水工程规划

7.1　城市给水工程规划的原则与内容

7.1.1　城市给水工程规划的一般原则

城市给水工程规划以城市总体规划为依据，应结合城市现状和发展、人口变化、工业布局、交通运输、电力供应等因素进行规划，提出技术先进、经济合理、安全可靠的城市供水方案。一般应遵循如下规划设计原则：

（1）城市给水工程规划应根据国家和地方的法律、法规文件进行编制。

（2）规划期限应和城市总体规划相一致，在满足城市供水需求的前提下，一般按远期（10～20 年）规划、近远期结合、以近期（5～10 年）为主的原则进行设计，统一规划，分期实施。重视近期规划，同时考虑城市远期发展的需要，避免重复建设。对于改建和扩建工程，应充分利用原有设施，进行统一规划。

（3）应执行现行的《室外给水设计标准》GB 50013－2018、《城市给水工程规划规范》GB 50282－2016 及相关行业部门现行的有关规范或规定。供应生活用水的给水系统供水水质必须符合现行的《生活饮用水卫生标准》GB 5749－2022。

（4）应正确处理城镇生活、工业及农业用水之间的关系，合理安排水资源利用。

（5）应能保证给水供应所需水量，符合对水质、水压的要求，在消防和突发事故时仍能供给一定的水量。

（6）合理利用水资源，保护环境，尽量利用就近水源，避免长距离输水。

（7）应积极采用绿色、低碳、智慧、节能且行之有效的新技术、新材料和新工艺，力求技术先进、经济合理，提高供水水质，保证供水安全，降低工程造价，优化运行成本。

（8）应保证社会效益、经济效益和环境效益的统一。优先保证城市生活用水，统筹兼顾，综合利用，讲究实效，发挥水资源的多种功能。

（9）规划水源地、水厂、泵站等工程设施用地时，应节约用地。

（10）水源选择、净水厂位置和输配水管线路的布置，应根据城市规划建设的要求，结合城市现状加以确定。水源的选择应在保证水量满足供应的前提下，采用优质水源以确保居民健康。

7.1.2　城市给水工程规划的内容与步骤

城市给水工程规划的基本任务，是保证经济合理、安全可靠地供给城市居民生活和生产用水及保障人民生命财产的消防用水，并满足对水量、水质和水压的要求。

（1）城市给水工程规划的基本内容

城市给水工程包括水源地保护、取水工程、净水工程和输配水工程等内容，城市给水工程规划具体内容包括：

1）分析城市给水工程现状和存在的问题；

2）确定用水量标准，估算城市总用水量和给水系统中各单项工程的设计流量；

3）进行区域水资源与城市用水量之间的供需平衡分析；

4）研究各种用户对水量、水质和水压的要求，制订水量、水质的规划原则和方案；

5）合理选择水源，确定取水位置、取水方式、给水厂的规模、位置和净化方案；

6）输水管网及配水干管布置，主要加压站、高位水池规模及位置；

7）根据城市的特点确定给水系统的组成，规划城市供水管网并进行平差计算，求出最佳方案；

8）对取水水体和周围环境提出较全面的环保要求和水源地防护措施；

9）估算总投资，绘制城市给水工程规划图。规划过程中一定要进行多方案的技术经济比较，优化选定规划方案。

（2）规划步骤

1）根据给水规划主管部门的委托文件和规划任务的合同，明确城市给水工程规划的任务、内容和范围，确定规划编制依据文件与规划项目有关的方针政策文件。了解规划项目的性质，明确规划设计的目的、任务与内容；取得规划项目主管部门提出的正式委托书，签订项目规划设计合同（或协议书）。

2）成立规划设计团队，根据规划设计合同（或协议书）制定规划设计进度与工作安排。

3）调查搜集给水工程规划所需的基础资料，进行现场踏勘，建立基础资料汇编文件。

基础资料主要有：上一轮城市总体规划、分区规划和详细规划，规划范围最新地形图，城市近远期经济和社会发展规划；本轮城市总体规划布局、道路规划、竖向规划、人口分布，建筑密度、建筑层数和卫生设备标准，城市和工业区对水量、水质、水压的要求；收集城镇的排水、道路、供电、消防、通信、燃气等的有关规划，便于相互协调，处理好各种地下管线的关系，其中与城镇排水系统规划相协调极为重要。现有水源、用水量、用水人数和用水普及率、现有管网系统布置、对水量、水压和水质的要求，供水成本和水价，以及供水可靠性等；气象、水文及水文地质、工程地质资料等；相关水资源论证报告、水利规划设计文件和相关工程建设项目环境影响评价报告等；同时还需收集有关部门对给水工程规划的指示、文件，与其他部门的分工协议等。在此基础上形成基础资料汇编文件。

在充分掌握上述资料的基础上，为了解实地情况，应进行一定深度的调查研究和现场踏勘。通过现场踏勘了解和核对实地地形，增加感性认识。现场踏勘过程中，需要准备必要的工器具和设备，对于无法取得现状文本或图纸资料的重要基础设施进行必要的勘测，现场绘制现状草图。

4）方案的分析与制定

在掌握资料与了解现状和规划要求的基础上，根据调研资料拟定几个方案，绘制给水系统规划方案图，估算工程造价，对方案进行技术经济比较，从中选出最佳方案。

A. 城市用水量预测

经过充分调查与分析，合理确定城市用水量定额，计算城市总用水量，由此确定城市给水设施的工程规模。水量预测可参照规划规范中的多种估算方法，结合现状相互比较。

B. 制定给水工程规划方案。对系统体系结构，水源与取水点选择、给水处理厂厂址选择、给水处理工艺、给水管网布置等进行规划设计，拟定不同方案，进行技术经济比较与分析，最后确定最佳方案。

C. 根据规划期限，提出远期和近期的工程实施计划，并给出分期实施规划的步骤和措施，控制和引导给水工程有序建设，节省资金，有利于城市的持续发展，增强规划工程的可实施性，提高项目投资效益。

D. 提出水资源保护以及开源节流的要求和措施。规划方案要与城市排水系统工程规划相协调。一般需要提出多个可能操作的方案进行技术经济比较，以确定可行的最佳规划方案。

E. 编制给水工程规划文件，包括规划成果文本，工程规划图纸，重要依据文件（附录）等。

7.1.3 城市给水工程规划内容的深度

城市给水工程规划一般分为给水工程总体规划、分区规划和详细规划。不同层次规划的主要内容大致相同，仅在深度上有一定差别。给水工程规划的深度，就是给水工程规划的内容做到什么程度。某一项内容是在总体规划阶段体现，还是在分区规划或详细规划中体现，这就是深度问题。城市给水工程规划中，有些内容与规划阶段无太大的相关性。如居民用水量标准，在总体规划、分区规划或详细规划中任一阶段确定均可，且不会变化。有些内容与规划阶段相关性很强，各阶段深度不一致。《城市规划编制办法》及相关实施细则对给水规划的深度有所规定，但由于理解不同及其他一些原因，各地、各单位的做法不尽相同。

（1）城市给水工程总体规划内容的深度

1）城市给水工程总体规划文件（文本和附件）

A. 确定用水量标准，预测城市总用水量（生产、生活、市政用水总量）；

B. 水资源供需平衡分析；

C. 水源地选择，确定供水规模、取水方式及给水处理方案；

D. 输水管及配水干管布置，加压泵站、高位水池与水塔位置的确定；

E. 确定水源地防护范围与防护措施。

2）城市给水工程系统总体规划图纸

A. 城市给水系统现状图。主要反映城市给水设施的布局和给水管网布局的现状情况。

B. 城市给水系统规划图。主要反映规划期末城市给水工程基本情况，包括：水源及水源井、泵房、给水厂、贮水池位置；给水分区和规划供水量；输配水干管走向及管径；主要加压泵站、高位水池或水塔的规模及位置。

（2）城市给水工程分区规划内容的深度

1）城市给水工程系统分区规划文本

A. 分区规划的特点分析和估算分区用水量；

B. 综合各分区用水量，确定各分区给水规模、主要设施位置和用地范围；

C. 对总体规划中给水管网进行落实、修正或补充，估算主干管控制管径；

D. 对总体规划中所确定的其他内容进行局部调整，使之更合理，并落实给水设施建设时序。

2）城市给水工程系统分区规划图纸

A. 分区给水系统现状图；

B. 分区给水系统规划图；

C. 必要的附图。

(3) 城市给水工程详细规划内容的深度

1) 城市给水工程控制性详细规划文本

A. 确定用水量标准，计算城市用水量，提出水质、水压要求；

B. 选定城市给水水源和取水位置；

C. 确定供水水质目标，选定水厂位置和水处理基本工艺流程；

D. 确定集中供水、分区供水方式，确定加压泵站、高位水池（水塔）位置、标高及容量；

E. 确定输配水管道走向、管径，按照最高流量、事故流量等对配水管网水量及水压进行校核；

F. 提出给水设施、管线布置和敷设方式以及防护规定，选择管材；

G. 对规划涉及内容进行造价估算，预测工程效益；

H. 提出水资源保护以及开源节流的要求和措施；

I. 对总体规划或分区规划作出评价，提出详细规划修改理由。

通过给水工程详细规划，落实城市总体、分区规划，并反馈总体、分区规划未预见的问题，以便完善总体、分区规划。在编制工程系统规划过程中，及时发现与城市详细规划布局的矛盾，提出调整和协调详细规划布局的建议，以便及时完善详细规划布局。

2) 城市给水工程详细规划图纸

A. 给水工程规划图；

图纸比例为 1∶1000～1∶2000，图中标明规划区供水来源、给水厂及加压泵站等供水设施的容量、平面的位置、用地界线、主要控制点标高、供水管线走向和管径。

B. 必要的附图。

7.2 城市用水量预测与计算

7.2.1 城市用水分类

城市总用水量由下列两部分组成：

第一部分为城市规划期内由城市给水工程统一供给的居民生活用水、工业企业用水、公共设施用水及其他用水水量的总和；第二部分为城市给水工程统一供给以外的所有用水量的总和，包括工业和公共设施自备水源供给的用水、城市环境用水和水上运动用水、农业灌溉和养殖及畜牧业用水、农村分散居民和乡镇企业用水等。一般城市给水工程规划中，城市用水量是指第一部分用水量。

在城市给水工程规划中，一般将城市用水分为以下几类：

(1) 综合生活用水

综合生活用水包括居民生活用水和公共建筑及设施用水两部分，但不包括城市浇洒市政道路、广场和绿地用水。

(2) 工业企业用水

工业企业用水包括企业内的生产用水和工作人员的生活用水。

生产用水量指的是工业企业在生产过程中设备和产品所需要的用水量。包括：冷却用水，如高炉、炼钢炉、机器设备、润滑油和空气的冷却用水；生产蒸汽和用于冷凝的用水，如锅炉和冷凝器的用水；生产过程用水，如纺织厂和造纸厂的洗涤、净化、印染等用水；食品工业加工用水；交通运输用水，如机车和船舶用水等，企业内的生产用水量的具体数值和生产工艺密切相关。工作人员的生活用水指的是工作人员在工业企业内工作和生活时的用水量，包括集体宿舍和食堂的用水量，以及与劳动条件有关的洗浴用水量等。

(3) 浇洒市政道路、广场和绿地用水

浇洒道路、广场和绿地用水是指对城镇道路（包括市政立交桥、市政交通隧道、人行道、港湾式公交车站等）、广场和绿地进行保养、清洗、降温和消尘等所需用的水。

(4) 管网漏损水量

管网漏损水量是指供水总量和注册用户用水量之间的差值，由漏失水量、计量损失水量和其他损失水量组成。

(5) 未预见用水

未预见用水是指在给水工程规划中对难以预见的因素而预留的用水，其数量应根据预测考虑中难以预见的程度确定。

(6) 消防用水

建筑的一次灭火用水量应为其室内、室外消防用水量之和。一般是从街道上消火栓和室内消火栓取水。消防给水设备，不经常工作，可与城市生活饮用水给水系统合在一起考虑。对防火要求高的场所（如仓库或工厂），可设立专用的消防给水系统。

7.2.2 用水量指标

(1) 单位人口用水量指标

单位人口用水量指标系指按城市规划所确定的人口规模采用的平均用水量标准，城市综合用水量指标和人均分项指标两种。

1) 城市综合用水量指标

所谓城市综合用水量指标，是指平均单位用水人口所消耗的城市最高日用水量。在城市给水工程总体规划阶段，由于各种基础数据往往比较缺乏，预测计算的不确定因素较多，导致城市用水量预测计算结果的精度一般不高。根据我国现行的《城市给水工程规划规范》GB 50282－2016，在城市给水工程总体规划时，可采用城市综合用水量指标来预测城市用水量。对于不同的城市、社区和企业，由于系统规模、用水量的构成和用水发展水平相差很大，故城市综合用水量指标差别很大，具体取值见表 7-1。

城市综合用水量指标 [万 m^3/(万人·d)] **表 7-1**

区域	城市规模						
	超大城市	特大城市	Ⅰ型大城市	Ⅱ型大城市	中等城市	Ⅰ型小城市	Ⅱ型小城市
一区	0.50～0.80	0.50～0.75	0.45～0.75	0.40～0.70	0.35～0.65	0.30～0.60	0.25～0.55
二区	0.40～0.60	0.40～0.60	0.35～0.55	0.30～0.55	0.25～0.50	0.20～0.45	0.15～0.40

续表

区域	城市规模						
	超大城市	特大城市	Ⅰ型大城市	Ⅱ型大城市	中等城市	Ⅰ型小城市	Ⅱ型小城市
三区	—	—	—	0.30～0.50	0.25～0.45	0.20～0.40	0.15～0.35

注：1. 超大城市指城区常住人口1000万及以上的城市，特大城市指城区常住人口500万以上1000万以下的城市，Ⅰ型大城市指城区常住人口300万以上500万以下的城市，Ⅱ型大城市指城区常住人口100万以上300万以下的城市，中等城市指城区常住人口50万以上100万以下的城市，Ⅰ型小城市指城区常住人口20万以上50万以下的城市，Ⅱ型小城市指城区常住人口20万以下的城市。以上包括本数，以下不包括本数；

2. 一区包括：湖北、湖南、江西、浙江、福建、广东、广西、海南、上海、江苏、安徽；二区包括：重庆、四川、贵州、云南、黑龙江、吉林、辽宁、北京、天津、河北、山西、河南、山东、宁夏、陕西、内蒙古河套以东和甘肃黄河以东的地区；三区包括：新疆、青海、西藏、内蒙古河套以西和甘肃黄河以西的地区；

3. 经济开发区和特区城市，应根据用水实际情况，用水指标可酌情增加；当采用海水或污水再生水等作为冲厕用水时用水定额相应减少；

4. 用水人口为城市总体规划确定的规划人口数；

5. 本表指标为规划期最高日用水量指标；

6. 本表指标已包括管网漏失水量。

2）人均分项指标

在资料比较齐全的总体规划、分区规划及控制性详细规划阶段常采用人均分项指标计算用水量。

A. 居民生活用水量指标

居民生活用水量指标包含了城市中居民的饮用、烹调、洗漱、冲厕等日常生活用水，但是不包括居民在城市的公共建筑及公共设施中的用水。生活用水量指标应根据城市的气候、生活习惯和房屋卫生设备等因素确定，各个城市的生活用水量指标并不相同。进行给水工程规划时，城市给水工程统一供给的居民生活用水量的预测，应根据当地国民经济和社会发展规划、城市特点、水资源充沛程度、居民生活水平等因素综合分析确定。依据《室外给水设计标准》GB 50013－2018，最高日居民生活用水量指标宜采用表7-2的数值。

最高日居民生活用水量指标［L/(人·d)］　　**表7-2**

区域	城市规模						
	超大城市	特大城市	Ⅰ型大城市	Ⅱ型大城市	中等城市	Ⅰ型小城市	Ⅱ型小城市
一区	180～320	160～300	140～280	130～260	120～240	110～220	100～200
二区	110～190	100～180	90～170	80～160	70～150	60～140	50～130
三区	—	—	—	80～150	70～140	60～130	50～120

注：1. 城市规模及区域分类详见表7-1的注1和注2；

2. 经济开发区和特区城市，应根据用水实际情况，用水指标可酌情增加；当采用海水或污水再生水等作为冲厕用水时用水定额相应减少；

3. 当采用海水或污水再生水等作为冲厕用水时用水定额相应减少；

4. 本表指标不包括市政用水和管网漏失水量。

B. 人均综合生活用水量指标

综合生活用水量为城市居民生活用水和公共建筑用水之和，但不包括浇洒道路、绿地、市政用水及管网漏失水量。综合生活用水量指标应根据当地国民经济和社会发展、水资源充沛程度、用水习惯，结合城市总体规划和给水分区规划，本着节约用水的原则，综合分析确定其设计数值。当缺乏实际用水资料的时候，人均综合生活用水量宜采用表 7-3 中的数值。

最高日综合生活用水量指标［L/(人·d)］ **表 7-3**

区域	城市规模						
	超大城市	特大城市	Ⅰ型大城市	Ⅱ型大城市	中等城市	Ⅰ型小城市	Ⅱ型小城市
一区	250～480	240～450	230～420	220～400	200～380	190～350	180～320
二区	200～300	170～280	160～270	150～260	130～240	120～230	110～220
三区	—	—	—	150～250	130～230	120～220	110～210

注：1. 城市规模及区域分类详见表 7-1 的注 1 和注 2；

2. 经济开发区和特区城市，应根据用水实际情况，用水指标可酌情增加；当采用海水或污水再生水等作为冲厕用水时用水定额相应减少；

3. 当采用海水或污水再生水等作为冲厕用水时用水定额相应减少；

4. 综合生活用水为城市居民生活用水与公共设施用水之和，不包括市政用水和管网漏失水量。

C. 公共建筑及公共设施用水量指标

公共建筑及公共设施包括娱乐场所、宾馆、浴室、宿舍、商业建筑、服务、办公和学校等，其用水量指标宜采用表 7-4 中的数值。

公共建筑及公共设施生活用水量标准 **表 7-4**

序号	建筑物名称		单位	最高日生活用水定额(L)	最高日时变化系数 K_h	使用时数(h)
1	宿舍	居室内设卫生间	L/(人·d)	150～200	3.0～2.5	24
		设公用盥洗卫生间	L/(人·d)	100～150	6.0～3.0	24
2	招待所、培训中心、普通旅馆	设公用卫生间、盥洗室	L/(人·d)	50～100	3.0～2.5	24
		设公用卫生间、盥洗室、淋浴室	L/(人·d)	80～130	3.0～2.5	24
		设公用卫生间、盥洗室、淋浴室、洗衣室	L/(人·d)	100～150	3.0～2.5	24
		设单独卫生间、公用洗衣室	L/(人·d)	120～200	3.0～2.5	24
3	酒店式公寓		L/(人·d)	200～300	2.5～2.0	24
4	宾馆客房	旅客	L/(床·d)	250～400	2.5～2.0	24
		员工	L/(人·d)	80～100	2.5～2.0	8～10
5	医院住院部	设公用卫生间、盥洗室	L/(床·d)	100～200	2.5～2.0	24
		设公用卫生间、盥洗室、淋浴室	L/(床·d)	150～250	2.5～2.0	24

续表

序号	建筑物名称		单位	最高日生活用水定额(L)	最高日时变化系数 K_h	使用时数(h)
5	医院住院部	设单独卫生间	L/(床·d)	250～400	2.5～2.0	24
		医务人员	L/(人·班)	150～250	2.0～1.5	8
	门诊部、诊疗所	病人	L/(人·次)	10～15	1.5～1.2	8～12
		医务人员	L/(人·班)	80～100	2.5～2.0	8
	疗养院、休养所住房部		L/(床·d)	200～300	2.0～1.5	24
6	养老院、托老所	全托	L/(人·d)	100～150	2.5～2.0	24
		日托	L/(人·d)	50～80	2	10
7	幼儿园、托儿所	有住宿	L/(人·d)	50～100	3.0～2.5	24
		无住宿	L/(人·d)	30～50	2	10
8	公共浴室	淋浴	L/(顾客·次)	100	2.0～1.5	12
		浴盆、淋浴	L/(顾客·次)	120～150	2.0～1.5	12
		桑拿浴(淋浴、按摩池)	L/(顾客·次)	150～200	2.0～1.5	12
9	理发室、美容院		L/(顾客·次)	40～100	2.0～1.5	12
10	洗衣房		L/(kg 干衣)	40～80	1.5～1.2	8
11	餐饮业	中餐酒楼	L/(顾客·次)	40～60	1.5～1.2	10～12
		快餐店、职工及学生食堂	L/(顾客·次)	20～25	1.5～1.2	12～16
		酒吧、咖啡馆、茶座、卡拉 OK 房	L/(顾客·次)	5～15	1.5～1.2	8～18
12	商场	员工及顾客	L/(m^2·日)	5～8	1.5～1.2	12
13	办公	坐班制办公	L/(人·班)	30～50	1.5～1.2	8～10
		公寓式办公	L/(人·d)	130～300	2.5～1.8	10～24
		酒店式办公	L/(人·d)	250～400	2	24
14	科研楼	化学	L/(工作人员·d)	460	2.0～1.5	8～10
		生物	L/(工作人员·d)	310	2.0～1.5	8～10
		物理	L/(工作人员·d)	125	2.0～1.5	8～10
		药剂调制	L/(工作人员·d)	310	2.0～1.5	8～10
15	图书馆	阅览者	L/(座位·次)	20～30	1.5～1.2	8～10
		员工	L/(人·d)	50	1.5～1.2	8～10
16	书店	顾客	L/(m^2·次)	3～6	1.5～1.2	8～12
		员工	L/(人·班)	30～50	1.5～1.2	8～12
17	教学、实验楼	中小学校	L/(学生·d)	20～40	1.5～1.2	8～9
		高等院校	L/(学生·d)	40～50	1.5～1.2	8～9
18	电影院、剧院	观众	L/(人·场)	3～5	1.5～1.2	3
		演职员	L/(人·场)	40	2.5～2.0	4～6

续表

序号	建筑物名称		单位	最高日生活用水定额(L)	最高日时变化系数 K_h	使用时数(h)
19	健身中心		L/(人·次)	30～50	1.5～1.2	8～12
20	体育场(馆)	运动员淋浴	L/(人·次)	30～40	3.0～2.0	4
		观众	L/(人·场)	3	1.2	4
21	会议厅		L/(座位·次)	6～8	1.5～1.2	4
22	会展中心(展览馆、博物馆)	观众	L/(m^2·日)	3～6	1.5～1.2	8～16
		员工	L/(人·班)	30～50	1.5～1.2	8～16
23	航站楼、客运站旅客		L/(人·次)	3～6	1.5～1.2	8～16
24	菜市场地面冲洗及保鲜用水		L/(m^2·日)	10～20	2.5～2.0	8～10
25	停车库地面冲洗水		L/(m^2·次)	2～3	1	6～8

注：1. 中等院校、兵营等宿舍设置公用卫生间和盥洗室，当用水时段集中时，最高日小时变化系数 K_h 宜取高值 60～40；其他类型宿舍设置公用卫生间和盥洗室时，最高日小时变化系数 K_h 宜取低值 35～30；
2. 除注明外，均不含员工生活用水，员工最高日用水定额为每人每班 40～60L，平均日用水定额为每人每班 30～45L；
3. 大型超市的生鲜食品区按菜市场用水；
4. 医疗建筑用水中已含医疗用水；
5. 空调用水应另计。

D. 工业企业内职工生活用水量和淋浴用水量指标

工业企业内职工生活用水量和淋浴用水量指标应根据车间性质决定，可参照表 7-5 估算。淋浴人数占总人数的比率大致范围如下：轻纺、食品、一般机械加工为 10%～25%，化工、化肥等为 30%～40%，铸造、冶金、水泥等为 50%～60%。

工业企业内职工生活用水量和淋浴用水量指标　　表 7-5

用水种类	车间性质	用水量［L/（人·班）］	时变化系数 K_h
生活用水	一般车间	25	3.0
	热车间	35	2.0
淋浴用水	不太脏污身体的车间	40	1.0（每班淋浴时间以 45min 计）
	非常脏污身体的车间	60	

（2）单位面积用地用水量指标

根据现行的《城市用地分类与规划建设用地标准》GB 50137－2011，城市用地分类分为城乡用地分类和城市建设用地两类。按土地使用的主要性质，城市建设用地可划分为八类，分别为城市内的居住用地、公共管理与公共服务用地、商业服务业设施用地、工业用地、物流仓储用地、道路与交通设施用地、公用设施用地和绿地与广场用地。在城市分区规划、详细规划阶段，常采用不同类别用地性质的用水量分项指标来进行城市用水量计算。

必须指出，不同类别用地用水量指标为通用性指标，应根据城市的地理位置、水资源状况、城市性质和规模、产业结构、国民经济发展和居民生活水平、工业用水重复利用率等因素，在一定时期用水量和现状用水量调查基础上，结合节水要求，综合分析确定。当缺乏资料时，最高日不同类别用地用水量指标可采用表 7-6 中的数值。

不同类别用地用水量指标 [m³/(hm²·d)]　　表 7-6

类别代码	类别名称		用水量指标
R	居住用地		50～130
A	公共管理与公共服务设施用地	行政办公用地	50～100
		文化设施用地	50～100
		教育科研用地	40～100
		体育用地	30～50
		医疗卫生用地	70～130
B	商业服务业设施用地	商业用地	50～200
		商务用地	50～120
M	工业用地		30～150
W	酒店式公寓		20～50
S	道路与交通设施用地	道路用地	20～30
		交通设施用地	50～80
U	公用设施用地		25～50
G	绿地与广场用地		10～30

注：1. 类别代码引自现行国家标准《城市用地分类与规划建设用地标准》GB 50137－2011；
2. 本指标已包括管网漏失水量；
3. 超出本表的其他各类建设用地的用水量指标可根据所在城市具体情况确定。

(3) 单位产品、单位设备、万元产值用水量指标

单位产品、单位设备、万元产值用水量指标主要适用于工业企业生产用水。工业用水指标一般以万元产值用水量表示，也可以工业产品的产量为指标，按单位产品计算用水量，或按单位设备计算用水量，见表 7-7。由于生产门类、生产性质、生产设备、生产工艺、管理水平等的不同，工业生产用水量的差异很大，一般由工业企业生产部门提供单位用水量指标。在缺乏具体资料时，可参照有关同类型工业企业的技术经济指标进行估算。

工业生产单位产品用水量指标（m³/t）　　表 7-7

工业分类	用水性质	单位产品用水量	
		国内资料	国外资料
水力发电	冷却、水力、锅炉	直流 140～470	160～800
		循环 7.6～33	1.7～17
洗煤	工艺、冲洗、水力	0.3～4	0.5～0.8
石油加工	冷却、锅炉、工艺、冲洗	1.6～93	1～120
钢铁	冷却、锅炉、工艺、冲洗	42～386	4.8～765
机械	冷却、锅炉、工艺、冲洗	1.5～107	10～185
硫酸	冷却、锅炉、工艺、冲洗	30～200	2.0～70
制碱	冷却、锅炉、工艺、冲洗	10～300	50～434
氮肥	冷却、锅炉、工艺、冲洗	35～1000	50～1200
塑料	冷却、锅炉、工艺、冲洗	14～4230	50～90

续表

工业分类	用水性质	单位产品用水量	
		国内资料	国外资料
合成纤维	冷却、工艺、锅炉、冲洗、空调	36～7500	375～4000
制药	工艺、冷却、冲洗、空调、锅炉	140～40000	—
水泥	冷却、工艺	0.7～7	2.5～4.2
玻璃	冷却、锅炉、工艺、冲洗	12～320	0.45～68
木材	冷却、锅炉、工艺、水力	0.1～61	—
造纸	工艺、水力、锅炉、冲洗、冷却	1000～1760	11～500
棉纺织	空调、锅炉、工艺、冷却	7～44m³/km 布	28～50m³/km 布

(4) 消防用水量指标

城市给水工程规划中不可忽视消防用水。城市消防用水量不计入城市总用水量中，但规划时需要储备消防用水量，这部分水量只作为消防用，要求不被其他用户动用。建筑的一次灭火用水量应为其室外和室内消防用水量之和。

1) 城市室外消防用水量

城市室外消防用水量，应根据当地火灾统计资料、火灾扑救用水量统计资料、灭火用水量保证率、建筑的组成和市政给水管网运行合理性等因素综合分析计算确定。城市室外消防设计流量，应按同一时间内的火灾起数和一起灭火设计流量经计算确定。同一时间内的火灾起数和一起灭火用水量，不应小于表 7-8 的规定。城市消防给水设计流量，工业园区、商务区、居住区等城市消防给水设计流量，宜根据其规划区域的规模和同一时间的火灾起数，以及规划中的各类建筑室内外同时作用的水灭火系统设计流量之和经计算分析确定。

城市同一时间内的火灾起数和一起火灾灭火设计流量　　表 7-8

人数（万人）	同一时间内的火灾起数（起）	一起火灾灭火设计流量（L/s）
$N \leqslant 1.0$	1	15
$1.0 < N \leqslant 2.5$	1	20
$2.5 < N \leqslant 5.0$	2	30
$5.0 < N \leqslant 10.0$	2	35
$10.0 < N \leqslant 20.0$	2	45
$20.0 < N \leqslant 30.0$	2	60
$30.0 < N \leqslant 40.0$	2	75
$40.0 < N \leqslant 50.0$	3	75
$60.0 < N \leqslant 70.0$	3	90
$N > 70.0$	3	100

注：1. 城镇的室外消防用水量应包括居住区、工厂、仓库（含堆场、储罐）和民用建筑的室外消火栓用水量；
2. 当工厂、仓库和民用建筑的室外消火栓用水量按表 7-10 计算，其值与按本表计算不一致时，应取其较大值。

2) 建筑物室外消防用水量

城市室外消防用水量还包括工厂、仓库、堆场、储罐（区）和民用建筑室外消火栓用水量。建筑物室外消火栓用水量，应根据建筑物的用途功能、体积、耐火等级、火灾危险性等因素综合分析确定。工厂、仓库、堆场、储罐（区）和民用建筑在同一时间内的火灾起数不应小于表 7-9 的规定；建筑物（包括工厂、仓库、堆场、储罐（区）和民用建筑）一次灭火的室外消火栓用水量不应小于表 7-10 的规定。

工厂、仓库、堆场、储罐（区）和民用建筑同一时间内的火灾起数　　表 7-9

名称	占地面积（hm^2）	附有居住区人数（万人）	同一时间内的火灾起数（起）	备注
工厂	≤100	≤1.5	1	按需水量最大的一座建筑物（或堆场、储罐）计算
		＞1.5	2	工厂、居住区各一次
	＞100	不限	2	按需水量最大的两座建筑物（或堆场、储罐）之和计算
	不限	不限	1	按需水量最大的一座建筑物（或堆场、储罐）计算

注：采矿、选矿等工业企业的各分散占地有单独的消防给水系统时，可分别计算。

建筑物室外消火栓设计流量（L/s）　　表 7-10

耐火等级	建筑物名称及类别			建筑体积 V（m^3）					
				$V\leqslant1500$	$1500<V\leqslant3000$	$3000<V\leqslant5000$	$5000<V\leqslant20000$	$20000<V\leqslant50000$	$V>50000$
一、二级	工业建筑	厂房	甲、乙	15	15	20	25	30	35
			丙	15	15	20	25	30	40
			丁、戊	15	15	15	15	15	20
		仓库	甲、乙	15	15	25	25	—	—
			丙	15	15	25	25	35	45
			丁、戊	15	15	15	15	15	20
	民用建筑	住宅		15	15	15	15	15	15
		公共建筑	单层及多层	15	15	15	25	30	40
			高层	—	—	—	25	30	40
	地下建筑（包括地铁）、平战结合的人防工程			15	15	15	20	25	30
三级	工业建筑		乙、丙	15	20	30	40	45	—
			丁、戊	15	15	15	20	25	35
	单层及多层民用建筑			15	15	20	25	30	—
四级	丁、戊类工业建筑			15	15	20	25	—	—
	单层及多层民用建筑			15	15	20	25	—	—

注：1. 成组布置的建筑物应按消火栓设计流量较大的相邻两座建筑物的体积之和确定；
2. 火车站、码头和机场的中转库房，其室外消火栓设计流量应按相应耐火等级的丙类物品库房确定；
3. 国家级文物保护单位的重点砖木、木结构的建筑物的室外消火栓设计流量，按三级耐火等级民用建筑物消火栓设计流量确定；
4. 当单座建筑的总建筑面积大于 500000m^2时，建筑物室外消火栓设计流量应按本表规定的最大值增加一倍。

当建筑物室外消火栓设计流量大于城市室外消防设计流量时，工厂、仓库、堆场、储罐（区）和民用建筑同一时间内的火灾起数应取较大值。小城市人口不大于1.0万人时，室外消防用水量为15L/s，而一座5001～20000 m^3 多层建筑的室外消火栓用水量为25L/s，会出现城市室外消防用水量小于民用建筑室外消火栓用水量的情况。小城市人口不大于2.5万人时，也会出现此情况。在这种情况下，应采用较大值。工厂、仓库（含堆场、储罐）和民用建筑的室外消防用水量，应按同一时间内的火灾次数和一次灭火用水量确定。

（5）管网漏损水量

城市给水管网的漏损水量宜按综合生活用水、工业企业用水、浇洒市政道路、广场和绿地用水量之和的10%来估算。

（6）未预见用水量估算

根据《室外给水设计标准》GB 50013－2018规定，未预见水量应根据水量预测时难以预见因素的程度确定，宜采用综合生活用水、工业企业用水、浇洒市政道路、广场和绿地用水、管网漏损水量之和的8%～12%来估算。

7.2.3　城市用水量的预测与计算

（1）预测方法

城市用水量预测与计算是指采用一定的理论和计算方法，预测城市将来某一阶段的可能用水量。一般以过去的资料为依据，以今后的用水趋势、经济条件、人口变化、水资源情况、政策导向等为条件，预测方法主要有定额指标法和函数法两大类。两种方法的侧重点不同，每种预测方法都是对各种影响用水的条件作出合理的假定，通过一定的方法计算预期水量。城市用水量预测与计算涉及未来发展的诸多因素，在规划期内难以准确确定，所以预测结果常常与城市发展实际存在一定差距，必须采用多种方法互相验算、互相修正和互相补充，才能使预测结果最大限度地符合要求，满足规划的需要。

城市用水量预测的时限一般与规划年限相一致，有近期（5年左右）和远期（15～20年）之分。在可能的情况下，应提出远景规划设想，对未来城市用水量作出预测，以便对城市发展规划、产业结构、水资源利用与开发、城市基础设施建设等提出要求。

1）定额指标法

定额是指单位用水量，是国家相关部门根据不同条件下用水量调查统计结果，考虑各种因素发布的规范指标，具有一定的科学性、规范性、权威性，是规划工作者必须严格执行和认真实施的，对规划工作具有很好的指导作用和约束作用。一般在预测时根据城市规模、工业规模选取不同定额，与相应的规划人口预测数或工业产值相乘即可得到预测用水量。此方法简单明了、通俗易懂、计算快捷方便，数值有一定的准确性，但如果城市发展变化大则容易失准。

常用的定额指标法主要包括人均综合指标法、单位用地指标法和分类估算求和法等。下面介绍这几种常用的定额指标法。

A. 人均综合指标法

$$Q = NqA \tag{7-1}$$

式中　Q——规划期末城市预测用水量，万 m^3/d；

N——规划期末城市总人口，万人；

q——规划期内城市综合用水量指标，万 m^3/（万人·d)，可按表 7-1 选取；

A——规划期内使用城市统一供水的用户普及率,%。

B. 单位面积用地指标法

单位面积用地指标法是根据城市不同类别用地性质的用水量分项指标来求出城市最高日用水量。计算公式如下：

$$Q = \sum q_i f_i \tag{7-2}$$

式中 Q——规划期末城市预测用水量，万 m^3/d；

q_i——不同类别用地的用水量指标，万 m^3/(hm^2·d)，可按表 7-6 选取；

f_i——不同类别用地面积，hm^2。

C. 分类估算求和法

分类估算求和法一般是先按照用水的性质对用水进行分类，然后分析各类用水的特点，确定它们的用水量指标，并按用水量指标来分别求得各类用水量，最后累加得出城市总用水量。计算公式如下：

$$Q = \sum Q_i \tag{7-3}$$

式中 Q——规划期末城市预测用水量，万 m^3/d；

Q_i——城市各类用水的预测用水量，万 m^3/d。

该方法层次清楚、比较详细且简单易行，因而可以求得比较准确的用水量，但也因此增加了分析计算工作量，所以该方法是规划界目前常用的方法。但在规划阶段较少采用，而主要用于详细设计计算。

在具有较为完善的城市总体规划和相应的生活用水量、生产用水量和市政用水量等基础资料的前提下，亦可采用分类估算求和法预测总体规划用水量。具体计算步骤如下：

（A）生活用水量：按城市规划的人口数及拟定的近、远期用水量指标相乘进行计算。近、远期用水量指标要结合国家现行规范，并体现规划城市的气候特点、经济发展水平和卫生习惯；

（B）工业企业生产用水量：根据城市性质、经济结构、产业特点和发展态势，结合现状和规划资料，综合考虑用水量指标。可用单位产品、单位设备或万元产值用水量指标计算，也可采用年递增率法计算；

（C）市政用水量：按（A)、(B）两项总和的百分数估算，一般取 5%～10%；

（D）公共建筑及公共设施用水量：按（A)、（B）两项总和的百分数估算，一般取10%～15%；

（E）未预见水量：按（A）～（D）四项总和的百分数估算，一般取 10%～20%；

（F）自来水厂自用水量：按（A）～（E）五项总和的百分数估算，一般可取 5%～10%；

（G）城市总用水量：为（A）～（F）六项之和。

城市供水规模应根据城市给水工程统一供给的城市最高日用水量确定。

进行城市水资源供需平衡分析时，城市给水工程统一供水部分所要求的水资源供水量应等于城市最高日用水量除以日变化系数（平均日用水量)，再乘以供水天数。各类城市的日变化系数可采用表 7-11 中的数值。

各类城市用水量日变化系数 **表 7-11**

超大、特大城市	Ⅰ型和Ⅱ型大城市	中等城市	Ⅰ型和Ⅱ型小城市
1.1～1.3	1.2～1.4	1.3～1.5	1.4～1.8

自备水源供水的工业企业中公共设施的用水量应纳入城市用水量中，由城市给水工程进行统一安排；城市江河湖泊环境用水和航道用水、农业灌溉和养殖及畜牧业用水、农村居民和乡镇企业用水等水量应根据有关部门的相应规划也纳入城市用水量中以利于全面规划和综合考虑。

当城市给水水源地在城市规划区以外时，水源地和输水管线应纳入城市给水工程的范围内。当输水管线途经的城市需由同一水源供水时，应进行统一的给水工程规划。

2）函数法

函数法是将与用水量有关的各要素作为自变量，建立与用水量之间的关系式，在一定的条件下通过数学计算求得城市用水量。函数法主要有线性回归法、生产函数法、年递增率法和生长曲线法等。下面就这几种常用的函数法进行介绍。

A. 线性回归法

城市用水量亦可通过建立一元线性回归模型进行预测计算，计算公式如下：

$$Q = a + b \cdot t \tag{7-4}$$

式中 Q——规划期末城市预测用水量，m^3/d；

t——供水预测回归年数，年；

a——回归系数；

b——日平均用水量的年平均增量，（m^3/d）/年，根据历史数据回归计算求得。

B. 生产函数法

生产函数法是通过建立一个描述城市逐年供水能力的函数（即柯布——道格拉斯生产函数）来预测计算城市用水量。其计算公式如下：

$$W_t = aP_t^b W_{(t-1)} \tag{7-5}$$

式中 W_t——城市第 t 年的城市用水量，m^3/d；

$W_{(t-1)}$——城市第（$t-1$）年的城市用水量，m^3/d；

P_t——城市第 t 年的经济产值或第 t 年人口数；

a、b——参数。

根据已知的历史数据 W、P，用回归方法先求出参数 a、b，代入函数式，再逐年求出下一年度 W，直至所预测的年份得到相应年份城市用水量预测值。可通过建立多层模型来保证精度。尽管该方法计算工作量极大，但自计算机技术越来越普及以来，在给水规划城市用水量预测中使用得比较广泛。

C. 年递增率法

随着城市发展，历年供水能力一般呈现逐年递增的趋势（增值是非均匀的），考虑经济发展速度和人口增加因素。在过去的若干年内，每年用水量可能保持相近的递增比率，因此先确定一个合理的年平均增长率，用复利公式预测城市规划期用水量，即：

$$Q = Q_0 \cdot (1 + v)^n \tag{7-6}$$

式中 Q——规划期末城市总用水量，m^3/d；

Q_0——规划基准年（起始年）实际城市总用水量，m^3/d；

v——规划时段内城市总用水量的年平均增长率，%；

n——预测年数，年。

根据有关资料，我国城市用水年平均增长率在4%～6%之间，规划人员应根据城市发展规模和经济或人口的变化趋势确定年平均增长率的取舍，保证预测的准确性，另外，注意此预测方法应用的时限不宜过长。在具有规律性的发展过程中，用该式预测计算城市总用水量是可行的。

D. 生长曲线法

从我国各典型城市过去若干年的城市用水量的统计资料来看，城市用水量的变化呈S形曲线，依据此曲线的变化规律可建立生长曲线模型，找出城市用水量与影响因素之间的关系，来预测城市未来的用水量。生长曲线法的函数式有两种：龚泊兹公式和雷孟德·皮尔提出的模型。

龚泊兹公式：

$$Q = L\exp(-be^{-kt}) \tag{7-7}$$

式中 Q——预测年限的城市用水量，m^3/d；

L——预测用水量的上限值，m^3/d；

t——预测时段，年；

b、k——待定参数。

为求出参数b、k，对式（7-7）进行线性变换得：

$$\ln\frac{L}{Q} = \ln b^{-kt} \tag{7-8}$$

根据我国城市历年的用水量数据，采用最小二乘法或线性回归法求出b、k，代入式（7-7）中，则可以依据预测年限求出用水量，得到符合生长曲线变化规律的预测规划年限的城市用水量。

雷孟德·皮尔提出的模型计算公式如下：

$$Q = L(1+ae^{-bt})^{-1} \tag{7-9}$$

式中 Q——预测年限的城市用水量，m^3/d；

L——预测用水量的上限值，m^3/d；

t——预测时段，年；

a、b——待定参数。

与龚泊兹公式相同，应用雷孟德·皮尔提出的模型时，也是将式（7-9）进行线性变换，采用最小二乘法或线性回归法求出a、b，再代入式（7-7）中，从而计算求得规划年限的城市用水量。

（2）用水量变化

城市各类用水量不是稳定不变，而是经常不断变化的，且变化规律有所不同。如生活用水量一般随着气候、生活习惯和人们作息时间的影响而变，所以生活用水量在一天之间和在不同的季节中都有变化，通常表现为冬季比夏季要低、晚上比白天要低、平日用水量比节假日要低。工业企业生产用水量的变化一般比生活用水量的变化小，但有些情况下变化也可能很大。因此，一个城市的用水量在一天之内，每小时的用水量不完全相同；在一年 365 天中，每天的总用水量也是不同的。可见城市用水量是经常变化的。

通常所说的用水量标准只是一个平均值，不能确定城市给水工程规划的设计用水量和各项单项工程的设计水量。在详细规划设计中，为了准确计算取水工程、给水厂和管网系统的设计城市用水量，还须掌握城市用水量逐日、逐时的变化情况。为此，需要采用用水量变化系数（日变化系数、时变化系数）和用水量变化曲线来表示城市用水量的变化规律。

1）日变化系数

日变化系数（K_d）是指在一年之中的最高日用水量和平均日用水量的比值，可反映一年内城市用水量的变化情况。日变化系数（K_d）的计算公式如下：

$$K_d = \frac{365 \cdot Q_d}{Q_y} \tag{7-10}$$

式中 K_d——日变化系数；

Q_d——最高日用水量，m^3/d；

Q_y——全年用水总量，m^3/年。

各类城市用水量的日变化系数可采用表 7-11 中的数值。在城市给水工程规划设计时，应结合给水工程的规模、地理位置、气候、生活习惯和工业生产情况等取值。缺乏资料时，日变化系数 K_d宜取 1.1～1.5，小城市可取上限或适当加大。

2）时变化系数

时变化系数（K_h）是指在一年之中最高日最高时用水量和该日平均时用水量的比值，它是确定供水泵站和配水管网设计流量的重要参数。时变化系数（K_h）的计算公式如下：

$$K_h = \frac{24 \cdot Q_h}{Q_d} \tag{7-11}$$

式中 K_h——时变化系数；

Q_d——最高日用水量，m^3/d；

Q_h——最高日最高时水总量，m^3/h。

城市用水时变化系数应当根据城市性质、城市规模、国民经济、社会发展和供水系统布局，结合现状的供水变化和用水变化分析确定。缺乏资料时，城市最高日用水量时变化系数 K_h宜取 1.2～1.6，大中城市的用水比较均匀，K_h值较小，可取下限，小城市可取上限或适当加大。

3）用水量时变化曲线

当设计城市给水管网、选择水厂二级泵站水泵工作级数以及确定水塔或清水池容积时，不仅要按城市各种用水量求出城市最高日最高时用水量，还需要更详细的逐时用水量变化情况，以便使设计的给水系统能较合理地适应城市用水量变化的需要。要表达逐时用水量变化情况，就要用到用水量时变化曲线。即以时间为横坐标和与该时间对应的用水量为纵坐标所绘制的用水量时变化曲线。如图 7-1 所示，在某城市用水量时变化曲线中，横坐标表示全日小时数，纵坐标表示逐时用水量，按全日用水量的百分数计。

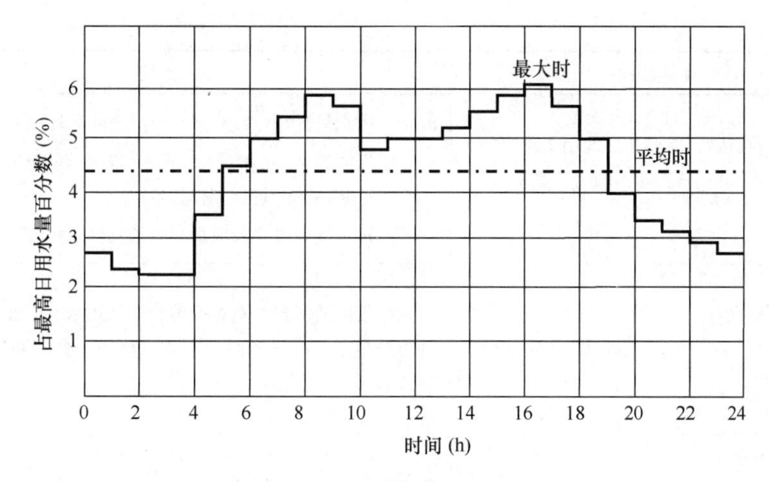

图 7-1　城市用水量时变化曲线

4）工业企业用水量时变化系数

工人在车间内生活用水量的时变化系数，冷车间为 3.0，热车间为 2.5；工人淋浴用水量，假定在每班下班后 1h 计算；工业生产用水量的逐时变化情况，各工业均匀性有所不同，需根据工业企业的生产性质和生产工艺过程而定。

（3）常用用水量计算方法

城市给水工程总体规划用水量常用分类估算求和法估算，详细规划则常采用见表 7-12中所列的方法。

各类城市用水量计算　　**表 7-12**

序号	计算公式	说明
1	居住区最高日生活用水量 $Q_1=\frac{\Sigma(q_iN_i)}{1000}$	q_i——最高日居民生活用水量指标，L/(人·d)，见表 7-2； N_i——设计年限内规划人口数，人
2	公共建筑及设施用水 $Q_2=\Sigma(q_jN_j)$	q_j——各公共建筑及公共设施最高日生活用水量标准，m^3/d，见表 7-4； N_j——各公共建筑及设施的用水单位数，人、床位等
3	工业企业用水量 $Q_3=\Sigma(Q_{\text{I}}+Q_{\text{II}}+Q_{\text{III}})$	Q_{I}——各工业企业生产用水量，m^3/d，由生产工艺要求确定； Q_{II}——各工业企业的职工生活用水量，m^3/d，计算公式如下 $Q_{\text{II}}=\Sigma\frac{nq_{\text{III}}N_{\text{II}}}{1000}$ n——每日班制，班； q_{III}——职工生活用水量指标，L/(人·班)，见表 7-5； N_{II}——每班职工人数，人； Q_{III}——各工业企业的职工淋浴用水量，m^3/d，计算公式如下 $Q_{\text{III}}=\Sigma\frac{nq_{\text{III}}N_{\text{III}}}{1000}$ q_{III}——职工淋浴用水量标准，L/(人·班)，见表 7-5； N_{III}——每班职工淋浴人数，人

续表

序号	计算公式	说明
4	浇洒市政道路、广场和绿地用水量 $Q_4=\frac{\sum(q_L N_L)}{1000}$	q_L——用水量定额，L/(m^2·d)，浇洒市政道路及广场用水量标准为2.0～3.0L/(m^2·d)，浇洒绿地用水量标准为1.0～3.0L/(m^2·d)； N_L——每日浇洒道路及广场和绿地的面积，m^2
5	管网漏损水量 $Q_5=(0.10\sim0.12)\cdot(Q_1+Q_2+Q_3+Q_4)$	城市管网的漏损水量可按综合生活用水、工业企业用水、浇洒市政道路、广场和绿地用水三项用水量之和的10%～12%计算
6	未预见用水量 $Q_6=(0.08\sim0.12)\cdot(Q_1+Q_2+Q_3+Q_4+Q_5)$	未预见用水量可按综合生活用水、工业企业用水、浇洒市政道路、广场和绿地用水四项用水量之和的8%～12%计算
7	消防用水量 $Q_7=\frac{\sum(q_s N_s)}{1000}$	q_s——一起火灾灭火用水量，L/s，见表7-8和表7-10； N_s——城市同一时间内的火灾起数，起，见表7-8和表7-9
8	城市最高日用水量 $Q_d=Q_1+Q_2+Q_3+Q_4+Q_5+Q_6$ 或$Q_d=Q_{ZH}+Q_3+Q_4+Q_5+Q_6$	Q_{ZH}——最高日综合生活用水量，m^3/d，计算公式如下 $Q_{ZH}=\frac{q_X N_X}{1000}$ q_X——最高日综合生活用水量指标，L/(人·d)，见表7-3； N_X——设计年限内规划人口数，人
9	城市最高日最高时用水量 $Q_h=K_h\frac{Q_d}{24}$	Q_d——城市最高日用水量，m^3/d； K_h——时变化系数，见表7-11
10	城市最高日平均时用水量 $\overline{Q_h}=\frac{Q_d}{24}$或$\overline{Q_h}=\frac{Q_h}{K_h}$	$\overline{Q_h}$——城市最高日平均时用水量，m^3/d； Q_d——城市最高日用水量，m^3/d； K_h——时变化系数，见表7-11
11	城市管网最高日最高时设计秒流量 $q_{max}=\frac{Q_h}{3.6}$	q_{max}——城市管网最高日最高时设计秒流量(L/s)； Q_h——城市最高日最高时用水量(m^3/d)

【例7-1】 某经济开发区位于湖北省北部，近期规划人口15万人，开发区内设有一大型工业企业，有职工10000人，两班制，每班5000人，无热车间，该厂车间生产轻度污染身体，每班下班后有2500人淋浴，规划该企业的工业产值为10亿元/年，工业万元产值用水量为90m^3/万元（不包括企业内生活用水量），工业生产用水量的日变化系数为1.10。开发区内市政道路及广场面积为160hm^2，绿地面积为200hm^2。试计算该开发区的近期最高日用水量为多少？给水厂设计供水量及城市管网最高日最高时的设计秒流量分别是多少（设管网为前置水塔，本例暂不计算消防流量）？

【解】

1）综合生活用水量

由题可知，该开发区位于湖北省北部，近期规划人口 15 万人，属于一区Ⅱ型小城市，依据表 7-3 可采用最高日综合生活用水量为 260L/(人・d)，则该开发区最高日综合生活用水量为：$Q_{ZH}=260\times150000\div1000=39000\text{m}^3/\text{d}$。

2）工业企业生产用水量

采用万元产值用水量估算，该企业的年工业用水量为

$$90\times100000=9.0\times10^6\text{m}^3/\text{a}$$

则最高日工业企业生产用水量为 $Q_{\text{I}}=9.0\times10^6\div365\times1.10=27123.3\text{m}^3/\text{d}$。

3）工业企业的职工生活用水量

由题可知，该企业的车间属于一般车间，依据表 7-5，该企业采用一般车间工业企业职工生活用水量标准为 25L/（人・班），则该企业的职工生活用水量为

$$Q_{\text{II}}=2\times25\times5000\div1000=250\text{m}^3/\text{d}$$

4）工业企业的职工淋浴用水量

由题可知，该企业的车间属于一般车间，依据表 7-5，该企业采用一般车间工业企业职工淋浴用水量标准为 40L/（人・班），淋浴时间在下班后 1h 内，则该企业的职工淋浴用水量为 $Q_{\text{III}}=2\times40\times2500\div1000=200\text{m}^3/\text{d}$。

5）浇洒市政道路、广场和绿地用水量

浇洒市政道路及广场用水量标准采用 $2.0\text{L}/(\text{m}^2\cdot\text{d})$，浇洒绿地用水量标准采用 $1.0\text{L}/(\text{m}^2\cdot\text{d})$，故浇洒市政道路、广场和绿地用水量为

$$Q_4=2.0\times1600000\div1000+1.0\times2000000\div1000=5200\text{m}^3/\text{d}$$

6）管网漏损水量

管网的漏损水量按综合生活用水、工业企业用水、浇洒市政道路、广场和绿地用水量之和的 10%来估算，即管网漏水量为

$$\begin{aligned}Q_5&=(Q_{ZH}+Q_3+Q_4)\times10\%=(Q_{ZH}+Q_{\text{I}}+Q_{\text{II}}+Q_{\text{III}}+Q_4)\times10\%\\&=(39000+27123.3+250+200+5200)\times10\%=7177.3\text{m}^3/\text{d}\end{aligned}$$

7）未预见水量

未预见水量按综合生活用水、工业企业用水、浇洒市政道路、广场和绿地用水、管网漏损水量之和的 8%来估算，即未预见水量为

$$\begin{aligned}Q_6&=(Q_{ZH}+Q_3+Q_4+Q_5)\times8\%=(Q_{ZH}+Q_{\text{I}}+Q_{\text{II}}+Q_{\text{III}}+Q_4+Q_5)\times8\%\\&=(39000+27123.3+250+200+5200+7177.3)\times8\%=6316\text{m}^3/\text{d}\end{aligned}$$

8）该开发区的近期最高日用水量为

$$\begin{aligned}Q_d&=Q_{ZH}+Q_3+Q_4+Q_5+Q_6=Q_{ZH}+Q_{\text{I}}+Q_{\text{II}}+Q_{\text{II}}+Q_4+Q_5+Q_6\\&=39000+27123.3+250+200+5200+7177.3+6316=85266.6\text{m}^3/\text{d}\end{aligned}$$

9）给水厂设计供水量

该开发区的最高日平均时用水量为 $\overline{Q_h}=85266.6/24=3552.8\text{m}^3/\text{h}$

设给水厂自身用水量为该开发区最高日平均时用水量的 5%，则给水厂的设计供水量为

$$Q_{\text{水厂}}=3552.8\times(1+5\%)=3730.4\text{m}^3/\text{h}$$

10）管网最高日最高时的设计秒流量

由题可知，该开发区属于一区Ⅱ型小城市，故依据表7-11，该开发区的时变化系数取1.8，则该开发区的最高日最高时用水量为

$$Q_h = 1.8 \times 3730.4 = 6714.7 m^3/h$$

则管网最高日最高时的设计秒流量为

$$q_{max} = 6714.7/3.6 = 1865.2 L/s$$

7.3　城市给水水源工程规划

7.3.1　城市水源选择

水源关系到人体健康，必须选用水质良好、水量充沛、便于保护的水源。城市给水水源分为地下水源和地表水源。地下水源有深层和浅层两种，包括潜水（无压地下水）、承压水（自流水）和泉水等。地表水源包括江河水、湖泊水、水库水以及海水等。

地下水由于经地层过滤且受地面气候及其他因素的影响较小，具有无杂质、无色、水温变化幅度小、不易受到污染等优点。但是，由于受到埋藏与补给条件、地表蒸发及流经地层的岩性等因素的影响，又具有径流量较小（相对于地面径流）、水的矿化度和硬度较高等缺点。开发地下水的投资费用较省，处理费用较低，但要控制开采量，防止过量开采发生地面沉降。

地表水受各种地面因素的影响较大，通常表现出与地下水相反的特点。地表水的浑浊度与水温变化幅度都较大，水易受到污染，但矿化度、硬度较低，含铁量及其他物质较少，径流量一般较大，季节变化性较强。开发地表水的投资大，处理费用较高。

城市给水水源条件是否良好，选择是否合理，往往成为影响城市建设和发展的重要因素之一。因此，在城市给水系统规划中，必须对城市的给水水源进行深入调查研究，全面搜集有关城市给水水源的水文、气象、地形、地质以及水文地质资料，并进行城市水源勘测和水质分析。选择城市给水水源时，应依据城市近远期发展规模，通过技术经济比较后确定。选择城市水源需要遵循如下基本原则：水量要有保证，要能满足城市用水的基本要求；水质优良，满足生活饮用水水源水质标准；供水安全，不受污染，系统完整可靠。

（1）给水水源应有足够的可用水量

1）地表水源

当采用地表水源时，根据城市规模和工业用水所占比例确定供水保证率。一般河流的最枯流量按设计枯水流量保证率为90%～97%考虑。

当河流窄而深，下游有浅滩或潜堰，枯水期形成壅水，或取水河段为深潭时，河流可取水量 Q_k 和设计枯水流量 Q_s 关系满足下式。

$$Q_k < (0.3 \sim 0.5) Q_s \quad (7\text{-}12)$$

为满足城市给水系统（或工业企业给水系统）的需要，从地表水源设计最枯流量中的可取水量应大于取水构筑物的设计取水量。如果河流可取水量小于城市给水系统用水量，则应考虑进行径流调节或者选用其他水源。

2）地下水源

当采用地下水源时，应进行地下水储量计算。

A. 静储量：亦称永久储量，是最低潜水面以下含水层中水的体积。静储量可按下式计算：

$$W_i = Y_i HF \tag{7-13}$$

式中 W_i——静储量，m^3；

F——含水层的分布面积，m^2；

H——含水层的厚度，m；

Y_i——给水度，%，见表 7-13。

给水度 Y_i 表 **表 7-13**

含水岩层	给水度（%）	含水岩层	给水度（%）
黏土	0	中细砂	20～25
黏砂土	12～14	砾石含少量粉砂	20～35

B. 动储量：是指地下水在天然状态下的流量，即单位时间内通过某一过水断面的地下水流量，通常根据达西公式进行计算。

$$Q_D = KiHB \tag{7-14}$$

式中 Q_D——动储量，m^3/d；

K——含水层渗透系数，m/d，见表 7-14；

i——计算断面间地下水的水力坡降；

H——计算断面上含水层平均厚度，m；

B——计算断面的宽度，m。

C. 调节储量：是指地下水最高水位与最低水位间含水层中水的体积，可按下式计算。

$$Q_t = Y_i \Delta HF \tag{7-15}$$

式中 ΔH——最高水位与最低水位之差，m；

F——含水层的分布面积，m^2；

Q_t——调节储量，m^3；

Y_i 同前。

D. 开采储量：是指开采期内，不使地下水位连续下降或水质变坏的条件下，从含水层中所能取得的地下水流量。开采储量包括动储量、调节储量和部分静储量，但静储量一般不动用，只在能很快补给的条件下，才可以动用部分静储量。

城市地下水取水构筑物的取水量不应大于地下水开采储量。

河谷冲积层透水性良好，径流充沛，其潜水主要计算动储量，可按照开采储量等于或小于动储量考虑。

在开采地下水时，地表水如能充分补给地下水，则地下水的取水量可大于或等于动储量。潜水盆地内的地下水基本处于静止状态，地下水储量随降水或开采和蒸发而增加或者减少。因此，可将调节储量视为开采储量，不必计算动储量，即取水量小于或等于调节储量。

含水层渗透系数 *K* 参考值（m/d）　　表 7-14

土的种类	渗透系数 *K*	土的种类	渗透系数 *K*
黏土	<0.005	中砂	5.0～25.0
粉质黏土	0.005～0.1	均质中砂	35～50
粉土	0.1～0.5	粗砂	20～50
黄土	0.25～0.5	圆砾	50～100
粉砂	0.5～5.0	卵石	100～500
细砂	1.0～10.0	无填充物卵石	500～1000

（2）给水水源水质良好

当城市有多种天然水源时，应首先考虑水质较好，处理简易的水源作为给水水源，或者考虑多水源分质供水。

生活饮用水水源水质分为两级，其质量应符合《城市供水水质标准》CJ/T 206－2005的规定。本标准规定了供水水质要求、水源水质要求、水质检验和监测、水质安全等，适用于城市集中式供水、自建设施供水和二次供水。对于城市集中式供水企业、自建设施供水和二次供水单位，其供水和管理范围内的供水水质应达到本标准规定的水质要求。用户受水点的水质也应符合本标准规定的水质要求。

1）一级水源：水质良好，地下水只需消毒处理，地表水经简易给水处理（如过滤、消毒）后即可供生活饮用。

2）二级水源：水质受到轻度污染，经常规给水处理（如絮凝、沉淀、过滤、消毒等）后水质达到现行《生活饮用水卫生标准》的规定，可供生活饮用。

3）超过二级水质标准的水源不宜作为生活饮用水水源。若限于条件需要加以利用时，应采用相应的工艺进行处理。处理后的水质应符合现行《生活饮用水卫生标准》的规定，并取得省、市、自治区卫生厅（局）及主管部门批准。工业企业用水应符合现行《工业企业设计卫生标准》有关要求。

（3）供水安全

为了获取足够的水量，并满足水质要求，确保供水安全，选择水源及其水源地时应遵循以下原则：

1）取水点必须远离污染源。选用地表水作为水源时，水源地应位于水体功能区划规定的取水地段或水质符合相应标准的河段，水源地应选在城市和工业区的上游。选用地下水源时，水源地应设在不易受污染的富水地段；

2）考虑多水源供水。为了保证安全供水，大中城市应考虑多水源分区供水，小城市也应有远期备用水源。无多水源时，结合远期发展，应设两个以上的取水口；

3）当城市有多个水源时，应尽量取用具有良好水质的水源。首先考虑泉水，然后是地下水、河水或湖水；

4）注意在解决当前和近期供水问题的同时，还应考虑如何满足远期对水量、水质的要求；

5）取水构筑物应设在河岸及河床稳定的地段，并避开易于发生滑坡、泥石流、塌陷等不良地质区及洪水淹没和低洼内涝地区。

7.3.2 水源地保护规划

饮用水水源与人民生命安全密切关联，水源保护工作一直备受国家高度重视。划分饮用水水源保护区，是落实《水污染防治法》等相关法规标准要求、建立我国饮用水水源保护区制度、提高水源地管理水平和效率的重要手段。

建立饮用水源保护区制度是我国开展饮用水水源环境保护与监管的重要着力点和重要抓手，《水污染防治法》也明确了这一制度。

（1）水源地保护区

饮用水水源保护区不仅是生态环境保护红线，还是环境管理和执法边界，划定水源保护区对强化水源管理，对保障水质安全具有重要意义。为此，国家环保部于 2018 年发布了适用于集中式饮用水水源保护区（包括备用和规划水源地）划分和调整的《饮用水水源保护区划分技术规范》HJ 338 - 2018。

集中式饮用水水源地是指进入输水管网送到用户和具有一定取水规模（供水人口＞1000 人）的在用、备用和规划水源地。依据取水区域不同可分为地表水饮用水水源地和地下水饮用水水源，其中地表水饮用水水源地依据取水口所在水体类型的不同分为河流型饮用水水源地和湖泊、水库型饮用水水源地。

饮用水水源保护区，是指为防止饮用水水源地污染、保证水源水质而划定，并要求加以特殊保护的一定范围的水域和陆域。它分为地表水饮用水水源保护区和地下水饮用水水源保护区，地表水饮用水源保护区包括一定范围的水域和陆域，地下水饮用水源保护区是指影响地下水饮用水水源地水质的开采井周边及相邻的地表区域。按照不同的水质标准和防护要求，饮用水源保护区可划分为一级保护区和二级保护区，必要时可在保护区外划分准保护区。当饮用水水源存在下列情况之一的，应增设准保护区：

1）因一、二级保护区外的区域点源、面源污染影响导致现状水质超标的，或水质虽未超标，但主要污染物浓度呈上升趋势的水源；

2）湖库型水源；

3）流域上游风险源密集，密度＞0.5 个/km^2的水源；

4）流域上游社会经济发展速度较快、存在潜在风险的水源；

5）地下水型饮用水水源补给区也应划为准保护区。

（2）水源地保护区的水质要求

1）地表水饮用水源

A. 一级保护区的水质基本项目限值不得超过《地表水环境质量标准》GB 3838 - 2002 的相关要求。

B. 二级保护区的水质基本项目限值不得超过《地表水环境质量标准》GB 3838 - 2002 的相关要求，并保证流入一级保护区的水质满足一级保护区水质标准的要求。

C. 准保护区的水质标准应保证流入二级保护区的水质满足二级保护区水质标准的要求。

2）地下水饮用水源

地下水饮用水源保护区，包括一级保护区、二级保护区和准保护区水质各项指标不得低于《地下水质量标准》GB/T 14848 - 2017 的相关要求。

（3）水源地保护区划分的原则

1）饮用水水源保护区划分的技术指标，应考虑以下因素：水源地的地理位置、水文、气象、地质特征、水动力特性、水域污染类型、污染特征、污染源分布、排水区分布、水源地规模、水量需求、航运资源和需求、社会经济发展规模和环境管理水平等。

A. 地表水饮用水水源保护区范围，应按照不同水域特点进行水质定量预测，并考虑当地具体条件，保证在规划设计的水文条件、污染负荷以及供水量时，保护区的水质能满足相应的标准。

B. 地下水饮用水水源保护区范围，应根据当地的水文地质条件、供水量、开采方式和污染源分布确定，并保证开采规划水量时能达到所要求的水质标准。

2）划定的饮用水水源一级保护区，应防止水源地附近人类活动对水源的直接污染；划定的饮用水水源二级保护区，应足以使所选定的主要污染物在向取水点（或开采井、井群）输移（或运移）过程中，衰减到所期望的浓度水平；在正常情况下可保证取水水质达到规定要求；一旦出现污染水源的突发事件，有采取紧急补救措施的时间和缓冲地带。

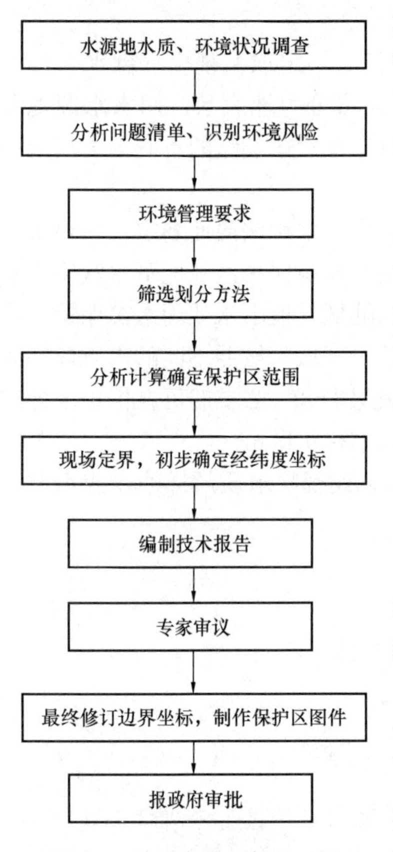

图 7-2　饮用水源地保护区划分技术步骤

3）划定的水源保护区范围，应以确保饮用水水源水质不受污染为前提，以便于实施环境管理为原则。

（4）水源地保护区划分的步骤

根据《饮用水水源保护区划分技术规范》HJ 338－2018，饮用水源地保护区划分或调整的技术步骤如图 7-2所示。

（5）水源地保护区划分的技术方法

1）地表水饮用水源地保护区划分方法

A. 保护区水域划分方法

根据《饮用水水源保护区划分技术规范》HJ 338－2018，地表水饮用水源地保护区水域的划分方法有 3 种：类比经验法、应急响应时间法和数值模型计算法。当几种方法得到不完全相同的划分结果时，可以结合水源地区域开发、自然环境条件确定合理范围。

地表水水源的一级保护区以卫生防护为主，可采用类比经验法划分；而二级保护区，则既要考虑稀释降解需要的距离，又要考虑应急响应时间内污染物迁移的距离来综合确定。因此，除采用类比经验法、数值模型计算方法外，还可采用应急响应时间法，以一定响应时间内污染物的迁移距离作为二级保护区水域。该方法适用于水源保护区上游污染源分布较为密集和风险较高的水源。

（A）类比经验法

按照相关法规、文件规定、依据统计结果和管理者的实践经验，确定保护区范围的一种方法。采用该方法划分保护区，水源地必须满足以下条件：水源地现状水质达标、主要污染类型为面源污染，且上游 24h 流程时间内无重大风险源。

采用类比经验法划分保护区后，应定期开展跟踪监测。若发现划分结果不合理，应及时予以调整。

(B) 应急响应时间法

以应急响应时间内，污染物到取水口的流程距离作为保护区的长度的一种计算方法。适用于河流型水源及湖泊、水库型水源入湖（库）支流的水域保护区划分。保护区上边界的水域距离计算公式为

$$S = \sum_{i=1}^{k} T_i \times V_i \tag{7-16}$$

式中 S——保护区水域长度，m；

T_i——从取水口向上游推算第 i 河段污染物迁移的时间，s；

V_i——第 i 河段平水期多年平均径流量下的流速，m/s。

当饮用水水源上游点源分布较为密集或主要污染物为难降解的重金属或有毒有机物时，应采用应急响应时间法。采用应急响应时间法时，应急响应时间的长短，应依据当地应对突发环境事件的能力确定，应急响应时间一般不小于 2h。其计算公式为

$$T = T_0 + \sum_{i=1}^{k} T_i \tag{7-17}$$

式中 T——应急响应时间，s；

T_0——污染物流入最近河段的时间，s。

(C) 数值模型计算法

以主要污染物浓度衰减到目标水质所需要的距离确定保护区范围的一种方法。小型、边界条件简单的水域可采用解析解进行计算。大型、边界条件复杂的水域采用数值解，需采用二维水质模型计算确定。

当上游污染源以城镇生活、面源为主，且主要污染物属于可降解物质时，应采用数值模型计算法。采用数值模型计算法时，其水域范围应大于污染物从现状水质浓度水平，衰减到《地表水环境质量标准》GB 3838－2002 相关水质标准浓度所需的距离。

B. 保护区陆域划分方法

根据《饮用水水源保护区划分技术规范》HJ 338－2018，地表水饮用水源地保护区陆域的划分有 3 种：类比经验法、地形边界法和缓冲区法。

采用地形边界法是为了从流域范围控制突发环境事件产生的污染物和非点源汇入水体；采用缓冲区法，则是为了有一定的区域可以阻止污染物进入水体。两种方法的主要区别在于地形边界法确定的区域较大，缓冲区法确定的区域较小。方法的具体选用，要充分考虑当地的地形和地貌特征，对于坡度较大的山区，可采用地形边界法，对于坡度较缓的平原地区，可采用缓冲区法。当几种方法得到不完全相同的划分结果时，可以结合水源地区域开发、自然环境条件确定合理范围。

(A) 类比经验法

与保护区水域划分方法中类比经验法相同。

(B) 地形边界法

以饮用水水源周边的山脊线或分水岭作为各级保护区边界的方法。其中，山脊线是水源周边地域的海拔最高点，分水岭是集水区域的边界。其中，第一重山脊线可以作为一级保护区范围，第二重山脊线或分水岭可作为二级或准保护区边界，该方法强调对流域整体

的保护，适用于周边土地开发利用程度较低的地表水水源地。

(C) 缓冲区法

划定一定范围的陆域，通过土壤渗透作用拦截地表径流携带的污染物，降低地表径流污染对饮用水水源的不利影响，从而确定保护区边界的方法。缓冲地区宽度确定考虑的因素有：地形地貌、土地利用、受保护水体大小以及设置缓冲区的合法性等。

2) 地下水饮用水源地保护区划分方法

根据《饮用水水源保护区划分技术规范》HJ 338－2018，地下水饮用水源地保护区陆域划分的方法主要有3种：经验值法、经验公式法和数值模型计算法，可根据不同水源的水文地质特征和水源规模选择不同的保护区划分方法。

地下水饮用水水源保护区的划分，具备计算条件的水源地采用数值模型计算法，中小型水源可采用经验公式法，资料严重缺乏的，采用经验值法确定保护区范围。

应在收集相关的水文地质勘察、长期动态观测、水源地开采现状、规划及周边污染源等资料的基础上，用多种方法得到的结果合理确定。同时，应开展跟踪验证监测。若发现划分结果不合理，应及时予以调整。

A. 单井保护区经验值法

依据含水层介质类型，以单井井口为中心，依据经验值确定保护区半径的划分方法。不同含水层介质的各级保护区半径见表7-15。

中小型潜水型水源保护区范围的经验值（m） **表 7-15**

介质类型	一级保护区半径	二级保护区半径
细砂	30	300
中砂	50	500
粗砂	100	1000
砾石	200	2000
卵石	500	5000

该方法适用于地质条件单一的中小型潜水型水源地，水文地质资料缺乏地区，应通过开展水文地质资料调查和收集获取介质类型。

B. 单井保护区经验公式法

依据水文地质条件，选择合理的水文地质参数，采用经验公式计算确定单井各级保护区半径的方法。该方法适用于中小型孔隙水潜水型或孔隙水承压型水源地。

保护区半径计算的经验公式：

$$R = \alpha \cdot K \cdot I \cdot T/n \tag{7-18}$$

式中 R——保护区半径，m；

a——安全系数，一般取150%（为了安全起见，在理论计算的基础上加上一定量，以防未来用水量的增加以及干旱期影响造成半径的扩大）；

K——含水层渗透系数，m/d；

I——水力坡度（为漏斗范围内的水力平均坡度），无量纲；

T——污染物水平迁移时间，d；

n——有效孔隙度，无量纲，采用水井所在区域代表性的n值。

C. 井群水源保护区划分法

根据单个水源保护范围计算结果，群井内单井之间的间距大于一级保护区半径的 2 倍时，可以分别对每口井进行一级保护区划分；井群内的井间距小于等于一级保护区半径的 2 倍时，则以外围井的外接多边形为边界，向外径向距离为一级保护区半径的多边形区域作为一级保护区。

群井内单井之间的间距大于二级保护区半径的 2 倍时，可以分别对每口井进行二级保护区划分；群井内的井间距小于等于二级保护区半径的 2 倍时，则以外围井的外接多边形为边界，向外径向距离为二级保护区半径的多边形区域作为二级保护区。

D. 数值模型计算法

利用数值模型，确定污染物相应时间的捕获区，划分单井或群井水源各级保护区范围的方法。水文地质条件比较复杂的水源地应采用数值模型计算法划分地下水源保护区。

该方法需要模拟含水层介质的参数，如孔隙度、渗透系数、饱和岩层厚度、流速等。如果参数不足，则需通过对含水层进行各种实验获取。

(6) 河流型饮用水水源保护区的划分

1) 一级保护区

河流型饮用水水源一级保护区的划分方法与要求见表 7-16。

河流型饮用水水源保护区一级保护区的划分方法 **表 7-16**

<table>
<tr><th>一级保护区</th><th>划分方法</th><th colspan="2">具体要求</th></tr>
<tr><td rowspan="2">水域范围</td><td rowspan="2">类比经验法</td><td>长度</td><td>1. 一般河流水源地，取水口上游不小于 1000m，下游不小于 100m 范围内的河道水域；
2. 潮汐河段水源地，上、下游两侧范围相当，其单侧范围不小于 1000m</td></tr>
<tr><td>宽度</td><td>1. 水域宽度为多年平均水位对应的高程线下的水域；
2. 枯水期水面宽度不小于 500m 的通航河道，为取水口侧的航道边界线到岸边的范围；
3. 枯水期水面宽度小于 500m 的通航河道，为除航道外的整个河道范围；
4. 非通航河道为整个河道范围</td></tr>
<tr><td rowspan="2">陆域范围</td><td rowspan="2">类比经验法</td><td>沿岸长度</td><td>不小于相应的一级保护区水域长度</td></tr>
<tr><td>沿岸纵深</td><td>1. 与一级保护区水域边界的距离一般不小于 50m，但不超过流域分水岭范围；
2. 对于有防洪堤坝的，可以防洪堤坝为边界；
3. 要采取措施，防止污染物进入保护区内</td></tr>
</table>

2) 二级保护区

河流型饮用水水源二级保护区的划分方法与要求见表 7-17。

河流型饮用水水源保护区二级保护区的划分方法 **表 7-17**

二级保护区	划分方法	具体要求
水域长度	类比经验法	1. 满足条件的水源地，可采用类比经验法确定二级保护区水域范围； 2. 二级保护区长度从一级保护区的上游边界向上游（包括汇入的上游支流）延伸不小于 2000m，下游侧的外边界距一级保护区边界不小于 200m； 3. 潮汐河段水源地，不宜采用类比经验方法确定二级保护区

续表

二级保护区	划分方法	具体要求
水域长度	数值模型计算法	1. 依据水源地周边污染源的分布和排放特征，可采用数值模型计算法确定二级保护区水域范围； 2. 二级保护区的水域长度，应大于主要污染物从现状水质浓度水平，衰减到《地表水环境质量标准》GB 3838－2002 要求的浓度水平所需的距离； 3. 采用二维水质模型法时，大型、边界条件复杂的水域采用数值解方法，对小型、边界条件简单的水域可采用解析解计算； 4. 所得到的二级保护区范围不得小于类比经验法确定的二级保护区范围，且二级保护区边界控制断面水质不得发生退化； 5. 潮汐河段水源地，按照下游的污水团对取水口影响的频率设计要求，用数值模型计算法计算确定二级保护区下游侧的外边界
	应急响应时间法	1. 依据水源地周边污染源的分布和排放特征，可采用应急响应时间法确定二级保护区水域范围； 2. 二级保护区的水域长度，应大于一定响应时间内的水流流程的距离； 3. 应急响应时间可根据水源地所在地应急能力状况确定，一般不小于 2h，所得到的二级保护区范围不得小于类比经验法确定的二级保护区范围
水域宽度	类比经验法	1. 水域宽度为多年平均水位对应的高程线下的水域； 2. 对于有防洪堤坝的河段，水域宽度为防洪堤内的水域； 3. 枯水期水面宽度不小于 500m 的通航河道，水域宽度为取水口侧航道边界线到岸边的水域范围； 4. 枯水期水面宽度小于 500m 的通航河道，二级保护区水域为除航道外的整个河道范围； 5. 非通航河道为整个河道范围
陆域范围	缓冲区法、地形边界法或类比经验法	1. 二级保护区陆域沿岸长度不小于二级保护区水域长度； 2. 二级保护区陆域沿岸纵深范围一般不小于 1000m，但不超过流域分水岭范围； 3. 对于流域面积小于 $100km^2$ 的小型流域，可以是整个集水范围。具体可依据自然地理、环境特征和环境管理需要确定。 4. 对于有防洪堤坝的，可以防洪堤坝为边界；并要采取措施，防止污染物进入保护区内。 5. 当面污染源为主要污染源时，陆域沿岸纵深范围，主要依据自然地理、环境特征和环境管理的需要，通过分析地形、植被、土地利用、森林开发、流域汇流特性、集水域范围等确定

3）准保护区

参照二级保护区的划分方法确定准保护区范围。

（7）湖泊、水库型饮用水水源保护区的划分

1）一级保护区

湖泊、水库型饮用水水源一级保护区的划分方法与要求见表 7-18。

湖泊、水库型饮用水水源保护区一级保护区的划分方法　　表 7-18

一级保护区	划分方法	具体要求
水域范围	类比经验法	1. 小型水库和单一供水功能的湖泊、水库，多年平均水位对应的高程线以下的全部水域； 2. 小型湖泊、中型水库，取水口半径不小于 300m 范围内的区域； 3. 大中型湖泊、大型水库，取水口半径不小于 500m 范围内的区域
陆域范围	地形边界法、缓冲区法或类比经验法	1. 对于有防洪堤坝的，可以防洪堤坝为边界； 2. 要采取措施，防止污染物进入保护区内； 3. 小型和单一供水功能的湖泊、水库以及中小型水库，一级保护区水域外不小于 200m 范围内的陆域，或一定高程线以下的陆域，但不超过流域分水岭范围； 4. 大中型湖泊、大型水库，一级保护区水域外不小于 200m 范围内的陆域，但不超过流域分水岭范围

2）二级保护区

湖泊、水库型饮用水水源二级保护区的划分方法与要求见表 7-19。

湖泊、水库型饮用水水源保护区二级保护区的划分方法　　表 7-19

二级保护区	划分方法	具体要求
水域范围	类比经验法	1. 满足条件的水源地，可采用类比经验法确定二级保护区水域范围； 2. 小型湖泊、中型水库，一级保护区边界外的水域面积； 3. 大中型湖泊、大型水库，一级保护区外径向距离不小于 2000m 区域，但不超过水域范围； 4. 上游侧边界现状水质浓度满足《地表水环境质量标准》GB 3838－2002 规定的一级保护区水质标准要求的水源，其二级保护区水域长度不小于 2000m，但不超过水域范围
	数值模型计算法	1. 依据水源地周边污染源的分布和排放特征，可采用数值模型计算法确定二级保护区水域范围； 2. 二级保护区的水域范围，应大于主要污染物从现状水质浓度水平衰减到《地表水环境质量标准》GB 3838－2002 要求的浓度水平所需的距离； 3. 所得到的二级保护区范围不得小于类比经验法确定的二级保护区范围，且二级保护区边界控制断面水质不得发生退化
	应急响应时间法	1. 依据水源地周边污染源的分布和排放特征，可采用应急响应时间法确定二级保护区水域范围； 2. 二级保护区的水域范围，应大于一定响应时间内流程的径向距离； 3. 应急响应时间可根据水源地所在地应急能力状况确定，一般不小于 2h，所得到的二级保护区范围不得小于类比经验法确定的二级保护区范围

续表

二级保护区	划分方法	具体要求
陆域范围	缓冲区法	1. 对于有防洪堤坝的，可以防洪堤坝为边界； 2. 要采取措施，防止污染物进入保护区内； 3. 当面污染源为主要污染源时，陆域沿岸纵深范围，主要依据自然地理、环境特征和环境管理的需要，通过分析地形、植被、土地利用、森林开发、流域汇流特性、集水域范围等确定
	地形边界法或类比经验法	1. 对于有防洪堤坝的，可以防洪堤坝为边界； 2. 要采取措施，防止污染物进入保护区内； 3. 小型水库，上游整个流域（一级保护区陆域外区域）； 4. 单一功能的湖泊、水库、小型湖泊和平原型中型水库，一级保护区以外水平距离不小于 2000m 区域； 5. 山区型中型水库，水库周边山脊线以内（一级保护区以外）及入库河流上溯不小于 3000m 的汇水区域，一级保护区陆域边界不超过相应的流域分水岭； 6. 大中型湖泊、大型水库，一级保护区外径向距离不小于 3000m 的区域，二级保护区陆域边界不超过相应的流域分水岭

3）准保护区

参照二级保护区的划分方法确定准保护区范围。

（8）地下水型饮用水水源保护区的划分

1）一级保护区

不同类型地下水饮用水水源一级保护区的划分方法与要求见表 7-20。

不同类型地下水饮用水水源一级保护区的划分方法　　表 7-20

地下水类型		开采规模	具体要求
孔隙水	孔隙水潜水型	中小型	1. 以开采井为中心，按式（7-18）计算的结果为半径的圆形区域，一级保护区 T 取 100d； 2. 资料不足情况下，以开采井为中心，按表 7-15 所列的经验值 R 为半径的圆形区域
		大型	以取水井为中心，溶质质点迁移 100d 的距离所圈定的范围
	孔隙水承压水型	中小型	将上部潜水的一级保护区作为承压水型水源地的一级保护区，划分方法同孔隙水潜水中小型水源地
		大型	将上部潜水的一级保护区作为承压水的一级保护区，划分方法同孔隙水潜水大型水源地
裂隙水	风化、成岩裂隙潜水型	中小型	以开采井为中心，按式（7-18）计算的距离为半径的圆形区域，一级保护区 T 取 100d
		大型	以地下水开采井为中心，溶质质点迁移 100d 的距离为半径所圈定的范围

续表

地下水类型		开采规模	具体要求
裂隙水	风化、成岩裂隙承压水型		将上部潜水的一级保护区作为风化裂隙承压型水源地的一级保护区，划分方法根据上部潜水的含水层介质类型，参考对应介质类型的中小型水源地一级保护区的划分方法
裂隙水	构造裂隙潜水型	中小型	应充分考虑裂隙介质的各向异性。以水源地为中心，利用式（7-18），n 分别取主径流方向和垂直于主径流方向上的有效裂隙率，计算保护区的长度和宽度。T 取 100d
裂隙水	构造裂隙潜水型	大型	以地下水取水井为中心，溶质质点迁移 100d 的距离为半径所圈定的范围
裂隙水	构造裂隙承压水型		同风化裂隙承压水型
岩溶水	岩溶裂隙网络型		同风化裂隙
岩溶水	峰林平原强径流带型		同构造裂隙水
岩溶水	溶丘山地网络型、峰从洼地管道型、断陷盆地构造型		1. 参照地表河流型水源地一级保护区的划分方法，即以岩溶管道为轴线，水源地上游不小 1000m，下游不小于 100m； 2. 两侧宽度按式（7-18）计算（若有支流，则支流也要参加计算）。同时，在此类型岩溶水的一级保护区范围内的落水洞处也宜划分为一级保护区，划分方法是以落水洞为圆心，半径 100m 所圈定的区域，通过落水洞的地表河流按河流型水源一级保护区划分方法划分

2）二级保护区

不同类型地下水饮用水水源二级保护区的划分方法与要求见表 7-21。

不同类型地下水饮用水水源保护区二级保护区的划分方法　　表 7-21

地下水类型		开采规模	具体要求
孔隙水	孔隙水潜水型	中小型	1. 以开采井为中心，按式（7-18）计算的结果为半径的圆形区域，二级保护区 T 取 1000d； 2. 资料不足情况下，以开采井为中心，按表 7-15 所列的经验值 R 为半径的圆形区域
孔隙水	孔隙水潜水型	大型	一级保护区以外，溶质质点迁移 1000d 的距离所圈定的范围
孔隙水	孔隙水承压水型	中小型	一般不设二级保护区
孔隙水	孔隙水承压水型	大型	一般不设二级保护区
裂隙水	风化、成岩裂隙潜水型	中小型	以开采井为中心，按式（7-18）计算的距离为半径的圆形区域，二级保护区 T 取 1000d
裂隙水	风化、成岩裂隙潜水型	大型	一级保护区以外，溶质质点迁移 1000d 的距离为半径所圈定的范围
裂隙水	风化、成岩裂隙承压水型		一般不设二级保护区
裂隙水	构造裂隙潜水型	中小型	计算方法同一级保护区，T 取 1000d
裂隙水	构造裂隙潜水型	大型	以地下水取水井为中心，溶质质点迁移 1000d 的距离为半径所圈定的范围
裂隙水	构造裂隙承压水型		一般不设二级保护区

续表

地下水类型	开采规模	具体要求
岩溶水	岩溶裂隙网络型	同风化裂隙水
岩溶水	峰林平原强径流带型	同构造裂隙水
岩溶水	溶丘山地网络型、 峰从洼地管道型、 断陷盆地构造型	1. 一般不设二级保护区； 2. 但一级保护区内有落水洞的水源，应划分落水洞周边汇水区域为二级保护区

3）准保护区

准保护区按水文地质条件的补给区和径流区来划分边界范围。其中，岩溶水可不划定准保护区，必要时，将水源的补给区和径流区划为准保护区。孔隙水根据地下水的补给区和径流区范围确定准保护区；裂隙水一般多为承压水，只划定补给区划为准保护区。

（9）给水水源卫生防护的规定

1）地表水源

A. 取水点周围半径 100m 的水域内，严禁捕捞、网箱养殖、停靠船只、游泳和从事可能污染水源的任何活动，并由供水单位设置明显的范围标志和严禁事项的告示牌。

B. 取水点上游 1000m 至下游 100m 的水域，不得排入工业废水和生活污水，其沿岸防护范围内不得堆放废渣，不得设立有毒有害化学物品仓库、堆栈或装卸垃圾、粪便和有毒有害化学物品的码头，不得使用工业废水或生活污水灌溉及施用难降解或剧毒的农药，不得排放有毒气体、放射性物质，不得从事放牧等有可能污染该段水域水质的活动。

C. 以河流为给水水源的集中式给水，由供水单位及其主管部门会同卫生、环保、水利等部门，根据实际需要，可把取水点上游 1000m 以外的一定范围河段划为水源保护区，严格控制上游污染物排放量。

D. 受潮汐影响的河流，其生活饮用水取水点上下游及其沿岸的水源保护区范围应相应扩大，其范围由供水单位及其主管部门会同卫生、环保、水利等部门研究确定。

E. 作为生活饮用水水源的水库和湖泊，应根据不同情况，将取水点周围部分水域或整个水域及其沿岸划为水源保护区，并按上述 A、B 项的规定执行。

F. 对生活饮用水水源的输水明渠、暗渠，应重点保护，严防污染和水量流失。

G. 给水厂生产区的范围应明确划定并设立明显标志，在生产区外围 30m 范围内及单独设立的泵站、沉淀池和清水池的外围 30m 范围内，不得设置生活居住区和修建禽畜饲养场、渗水厕所、渗水坑，不得堆放垃圾、粪便、废渣或铺设污水渠道，应保持良好的卫生状况和绿化。

2）地下水源

A. 取水构筑物的防护范围，应根据水文地质条件、取水构筑物的形式和附近地区的卫生状况确定，其防护措施应与地面给水厂生产区要求相同。

B. 在单井或井群的影响半径范围内，不得使用工业废水或生活污水灌溉和施用有持久性或剧毒性的农药，不得修建渗水厕所、渗水坑、堆放废渣或铺设污水渠道，并不得从事破坏深层土层的活动。

C. 为保护地下水源，人工回灌的水质应符合生活饮用水水质要求，工业废水和生活污水严禁排入渗坑或渗井。

D. 在地下水给水厂生产区的范围内，应按地表水给水厂生产区的要求执行。

3）分散式给水水源

分散式给水水源的卫生防护地带，以地表水为水源时参照上述地表水源 A. B. 的规定；以地下水为水源时，水井周围 30m 的范围内，不得设置渗水厕所、渗水坑、粪坑、垃圾堆和废渣堆等污染源，并建立卫生检查制度。

4）集中式给水水源

集中式给水水源卫生防护地带的范围和具体规定，由供水单位提出，并与卫生、环境保护、公安等部门商议后，报当地人民政府批准公布，书面通知有关单位遵守执行，并在防护地带设置固定的告示牌。

确定水源防护地带应征得主管卫生部门的同意。一般在水源周围设立的卫生防护地带分为两个区域：警戒区和限制区，如图 7-3 所示。

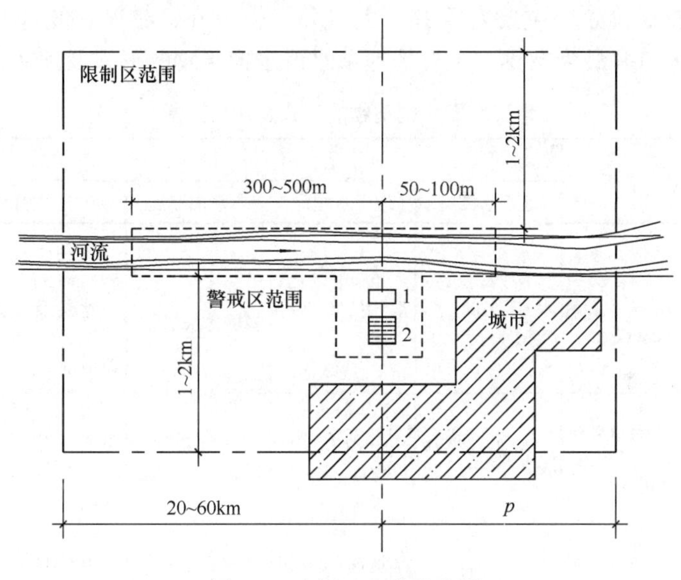

图 7-3　水源卫生防护范围

1—取水构筑物；2—净水构筑物

图 7-3 中 P 为从取水构筑物到城市下游的距离，根据风向、潮水和航行可能带来的污染程度决定取值。

7.4　城市给水工程设施规划

7.4.1　取水工程设施规划

取水工程是给水工程系统的重要组成部分。取水构筑物的作用是从水源经过取水口取到所需要的水量。在城市规划中，要根据水源条件确定取水构筑物的位置和取水量，并考虑取水构筑物可能采用的形式等。

（1）地下水取水构筑物

1）一般规定

地下水取水构筑物的位置选择与水文地质条件、用水需求、规划期限、城市布局等都有关系。在选择时应考虑以下情况：

A. 取水点要求水量充沛、水质良好，应设于补给条件好、渗透性强、卫生环境良好的地段。

B. 取水点的布置与给水系统的总体布局相统一，力求降低取、输水电耗和取水井及输水管的造价。

C. 取水点有良好的水文、工程地质、卫生防护条件，以便于开发、施工和管理。

D. 取水点应设在城镇和工矿企业的地下径流上游，取水井尽可能垂直于地下水流向布置。

E. 尽可能靠近主要的用水地区。

2）地下水取水构筑物形式

地下水取水构筑物的形式应根据含水层的埋藏深度、厚度、水文地质特征和施工条件通过技术经济比较后确定，主要有管井、大口井、辐射井、渗渠、复合井、引泉构筑物等，其中管井和大口井最为常见。主要的地下水取水构筑物的形式及适用范围见表 7-22。

地下水取水构筑物的形式及适用范围 **表 7-22**

形式	尺寸	深度	适用范围				出水量
			地下水类型	地下水埋深	含水层厚度	水文地质特征	
管井	井径 50～1000mm，常用 150～600mm	井深 20～1000m，常用 300m 以内	潜水，承压水，裂隙水，溶洞水	200m 以内，常用在 70m 以内	＞5m 或有多层含水层	适用于任何砂、卵石、砾石地层及构造裂隙、岩溶裂隙地带	单井出水量 500～6000m³/d，最大可达 2 万～3 万 m³/d
大口井	井径 2～10m，常用 4～8m	井深在 20m 以内，常用 6～15m	潜水，承压水	一般在 10m 以内	一般为 5～15m	砂、卵石、砾石地层，渗透系数最好在 20m/d 以上	单井出水量 500～1 万 m³/d，最大为 2 万～3 万 m³/d
辐射井	集水井直径 4～6m，辐射管直径 50～300mm，常用 75～150mm	集水井井深 3～12m	潜水，承压水	埋深 12m 以内，辐射管距降水层应大于 1m	一般＞2m	补给良好的中粗砂、砾石层，但不可含有飘砾	单井为 5000～5 万 m³/d，最大为 8 万～10 万 m³/d
渗渠	直径为 450～1500mm，常用为 600～1000mm	埋深 10m 以内，常用 4～6m	潜水，河床渗透水	一般埋深 8m 以内	一般为 4～6m	补给良好的中粗砂、砾石、卵石层	一般为 10～30m³/(d·m)，最大为 50～100m³/d(d·m)

A. 管井

管井是广泛应用的一种地下水取水构筑物，一般由井室、井壁管、过滤器及沉淀管所构成。它适用于含水层厚度大于 4m，底板埋藏深度大于 8m 的地域，可用于任何岩性与地层结构，在深井泵性能允许的状况下，可不受地下水埋深限制。管井取水时应设备用井，备用井的数量一般可按 10%～20%的设计水量所需井数确定，但不得少于一口井。

B. 大口井

大口井是由井室、井筒及进水部分所组成，主要特征为其井径较大，适合用于中小城镇、铁路及农村的浅层地下水的开采。它具有构造简单、使用年限长、容积大、调蓄水量等优点，缺点是施工困难和基建费用高。大口井适用于含水层厚度5m左右，底板埋藏深度小于15m的地域，可用于砂、卵石、砾石层，地下水补给丰富，含水层透水性良好的地段。在水量丰富、含水层较深时，宜增加穿孔辐射管建成辐射井。大口井大多采用非完整井形式，虽然施工条件较困难，但可以从井筒和井底同时进水，以扩大进水面积，而且当井筒进水孔被堵后，仍可保证一定的进水量。

C. 渗渠

渗渠是水平铺设在含水层中，又称水平式取水构筑物，通常由水平集水管、集水井、检查井和泵站组成。它分集水管和集水廊道两种形式，同时也有完整式和非完整式之分。渗渠适用于含水层厚度小于5m，渠底埋藏深度小于6m的地域，可用于中砂、粗砂、砾石或卵石层，最适宜于开采河床渗透水。渗渠既可截取浅层地下水，也可集取河床地下水或地表渗水。但其施工条件复杂、造价高易淤塞，常有早期报废的现象，应用受到极大限制。

D. 泉室

泉室适用于有泉水露头、流量稳定，且覆盖层厚度小于5m的地域。

E. 复合井

复合井是一个由管井和大口井组成的分层或分段取水系统。它适用于地下水位较高、含水层厚度较大或含水层透水性较差的场合。复合井结构应根据具体的水文地质条件确定。为减少管井与大口井间的干扰，充分发挥复合井的效率，管井直径不宜大于300mm。

（2）地表水取水构筑物

1）一般规定

选择地表水取水构筑物位置时，应根据地表水源的水文、地质、地形、卫生、水力等条件综合考虑，并符合以下基本要求：

A. 位于水质较好的地带，供生活饮用水的地表水取水构筑物的位置，应位于城镇和工业企业上游的清洁河段，避开河流中的回流区和死水区；

B. 靠近主流，有足够的水深，有稳定的河床及岸边，有良好的工程地质条件。弯曲河段上，宜设在河流的凹岸，避开凹岸主流的顶冲点；顺直的河段上，宜设在河床稳定、水深流急、主流靠岸的窄河段处。取水口不宜放在入海的河口地段和支流与主流的汇入口处；

C. 尽可能不受泥沙、漂浮物、冰凌、冰絮等影响，不妨碍航运和排洪，并符合河道、湖泊、水库整治规划的要求；

D. 尽量靠近主要用水地区；

E. 在沿海地区的内河水系取水，应避免咸潮影响。当在咸潮河段取水时，应根据咸潮特点，对采用避咸蓄淡水库取水或在咸潮影响范围以外的上游河段取水，经技术经济比较后确定。避咸蓄淡水库可利用现有河道容积蓄淡，亦可利用沿河滩地筑堤修库蓄淡等，应根据当地具体条件确定；

F. 水库的取水口应在水库淤积范围以外，靠近大坝；

G. 湖泊取水口应选在近湖泊出口处，离开支流汇入口，且须避开藻类集中滋生区；

H. 海水取水口应设在海湾内风浪较小的地区，注意防止风浪和泥沙淤积；

I. 江河取水构筑物的防洪标准不应低于城市防洪标准，其设计洪水重现期不得低于100年。水库取水构筑物的防洪标准应与水库大坝等主要建筑物的防洪标准相同，并应采用设计和校核两级标准。设计枯水位的保证率，应采用 90%～99%。

2）地表水取水构筑物形式

地表水取水构筑物，按构造形式可分为固定式、活动式和山区浅水河流取水构筑物三大类，每一类又有多种形式，各自具有不同的特点和适用条件。地表水取水构筑物的分类如图 7-4 所示。

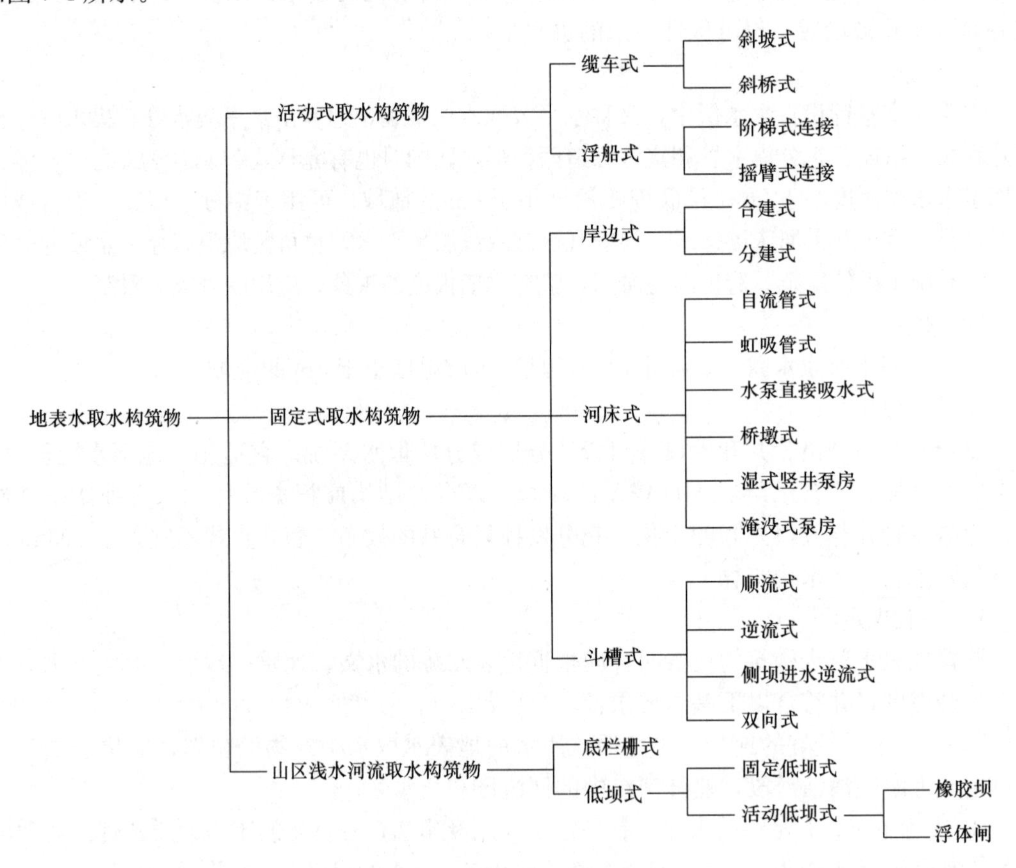

图 7-4　地表取水构筑物分类

选择地表水取水构筑物形式时，应在保证取水安全可靠的前提下，根据取水量和水质要求，结合河床地形及地质、河床冲淤、水流情况、冰情、航运和施工条件等，通过技术经济比较确定。

（3）取水构筑物用地指标

取水构筑物用地按《室外给水排水工程技术经济指标》选取，见表 7-23。

取水构筑物用地指标　　　　**表 7-23**

设计规模（万 m³/d）	每 m³/d 水量取水构筑物用地指标（m²）			
	地表水		地下水	
	简单取水工程	复杂取水工程	深层取水工程	浅层取水工程
Ⅰ类：＞10	0.02～0.04	0.03～0.05	0.10～0.12	0.35～0.40
Ⅱ类：2～10	0.04～0.06	0.05～0.07	0.11～0.14	0.40～0.45
Ⅲ类：1～2	0.06～0.09	0.06～0.10	0.11～0.14	0.42～0.55
Ⅳ类：＜1	0.09～0.12	0.10～0.14	0.14～0.17	0.71～1.95

7.4.2 城市给水处理设施规划

(1) 给水处理方法和工艺流程的选择

由于水源不同，水质各异，水处理系统的组成和工艺流程多种多样。给水处理方法和工艺流程的选择，应根据原水水质及设计生产能力等因素，通过调查研究、必要的试验并参考相似条件下处理构筑物的运行经验，经技术经济比较后确定。以下介绍几种较典型的给水处理工艺流程。

以地表水作为水源时，处理工艺流程中通常包括混合、絮凝、沉淀或澄清、过滤及消毒，如图 7-5 所示。

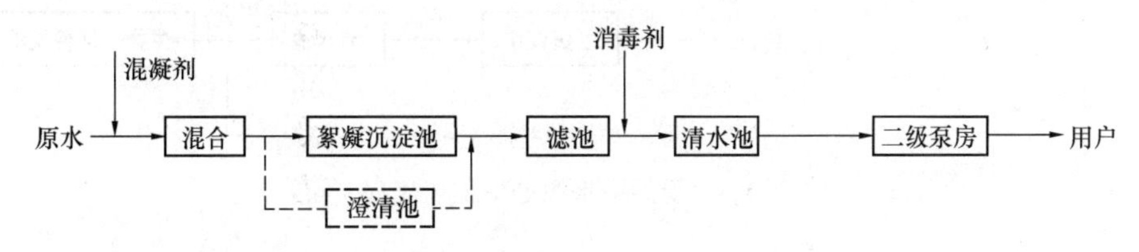

图 7-5 典型地表水处理工艺流程

原水浊度较低（一般在 50NTU 以下）、不受工业废水污染且水质变化不大者，可省略混凝沉淀（或澄清）构筑物，原水采用双层滤料或多层滤料滤池直接过滤，也可在过滤前设一微絮凝池，称微絮凝过滤，如图 7-6 所示。

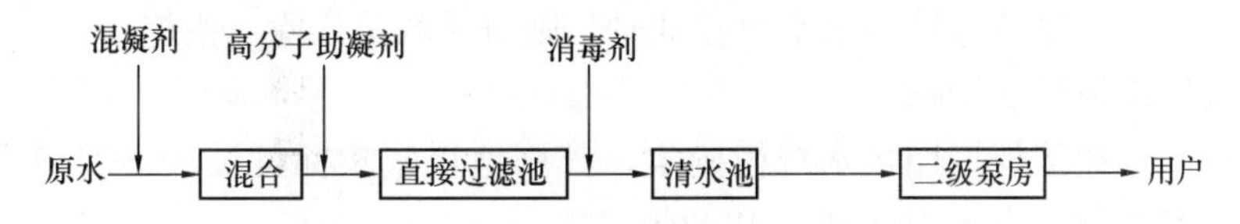

图 7-6 以直接过滤为主的水处理工艺流程

当原水浊度高，含沙量大时，为了达到预期的混凝沉淀（或澄清）效果，减少混凝剂用量，应增设预沉池或沉砂池，如图 7-7 所示。

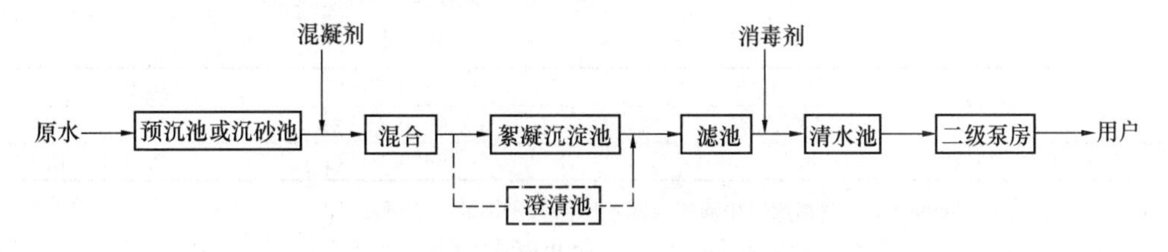

图 7-7 高浊度水处理工艺流程

若水源受到较严重的污染，按目前行之有效的方法，可增加预臭氧接触池，在砂滤池后再加设臭氧-生物活性炭处理，如图 7-8 所示。若对水质要求很高，该工艺流程最后还可增加超滤膜水质保障工艺（置于生物-活性炭池之后）。

受污染严重的水源（如高氨氮、高藻和高有机物水源），往往在常规处理的基础上增加预处理和深度处理，工艺流程如图 7-9 所示。预处理除了单独采用预臭氧氧化以外，当水源水中氨氮浓度高时，可单独采用或增设生物预处理；对于高藻、高氨氮和高有机物严重污染的湖、库水源，可采用预臭氧加生物预处理，藻类暴发的季节可同时在取水口加氯 0.5mg/L 左右，以便有效杀藻控嗅；当特别需要控制嗅味物质或突发污染物时，可投加粉末活性炭进行吸附应急处理。深度处理工艺除了单独采用臭氧——生物活性炭工艺，必要时再增设超滤膜水质保障工艺。近年来有水厂采用纳滤膜工艺处理部分水与同一水厂其他工艺流程出水在清水池混合后出厂。

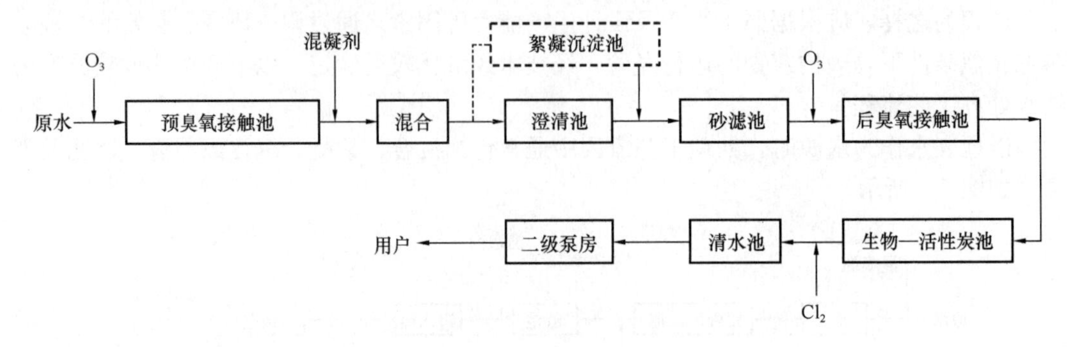

图 7-8　受污染水源处理工艺流程

图 7-9　高氨氮、高藻和高有机物水源水的处理工艺

以地下水作为水源时，由于水质较好，通常不需任何处理，仅经消毒即可，工艺简单。当地下水含铁锰量超过饮用水水质标准时，则应采取除铁除锰措施。

（2）给水厂用地控制指标

城市给水厂用地按规划期供水规模确定，其用地控制指标可按表 7-24 采用。给水厂厂区周围应设置宽度不小于 10m 的绿化地带。

给水厂用地指标　　**表 7-24**

给水规模（万 m^3/d）	地表水水厂		地下水水厂 $[m^2/(m^3 \cdot d^{-1})]$
	常规处理工艺 $[m^2/(m^3 \cdot d^{-1})]$	预处理＋常规处理＋深度处理工艺 $[m^2/(m^3 \cdot d^{-1})]$	
5～10	0.50～0.40	0.70～0.60	0.40～0.30
10～30	0.40～0.30	0.60～0.45	0.30～0.20
30～50	0.30～0.20	0.45～0.30	0.20～0.12

注：1. 给水规模大的取下限，给水规模小的取上限，中间值采用插入法确定；
2. 给水规模大于 50 万 m^3/d 的指标可按 50 万 m^3/d 指标适当下调，小于 5 万 m^3/d 的指标可按 5 万 m^3/d 指标适当上调；地表水水厂建设用地按常规处理工艺进行，厂内设置预处理或深度处理构筑物以及污泥处理设施时，可根据需要增加用地；
3. 地下水给水厂建设用地按消毒工艺控制，厂内若需设置除铁、除锰、除氟等设置特殊水质处理工艺时，可根据需要增加用地；
4. 本表指标未包括厂区周围绿化地带用地。

（3）给水厂位置选择

给水厂厂址的选择应符合城市总体规划和相关专项规划，应在整个给水工程专项规划中全面规划，综合考虑，通过技术经济比较综合确定，并应满足下列条件：

1）合理布局给水系统；

2）不受洪涝灾害威胁；

3）有较好的排水和污泥处置条件；

4）有良好的工程地质条件；

5）有便于远期发展控制用地的条件；

6）有良好的卫生环境，并便于设立防护地带；

7）少拆迁，不占或少占农田；

8）有方便的交通、运输和供电条件；

9）尽量靠近主要用水区域；

10）有沉沙特殊处理要求的水厂，有条件时设在水源附近。

（4）给水厂平面布置

在城市总体规划和详细规划阶段不需要确定给水厂的平面和高程布置，但有时在给水厂专项规划中需要考虑。给水厂的基本组成分为两部分：1）生产构筑物和建筑物。包括处理构筑物、清水池、二级泵站、药剂间等；2）辅助建筑物，可分为生产辅助建筑物和生活辅助建筑物两种。前者包括化验室、修理间、仓库、车库及值班宿舍等；后者包括办公楼、食堂、浴室、职工宿舍等。

生产构筑物及建筑物平面尺寸由设计计算确定。生活辅助建筑物面积按水厂管理体制、人员编制和当地建筑标准确定。生产辅助建筑物面积根据水厂规模、工艺流程和当地具体情况确定。

当各构筑物和建筑物的个数和面积确定之后，根据工艺流程和构筑物及建筑物的功能要求，结合地形和地质条件，进行平面布置。

处理构筑物一般分散露天布置。北方寒冷地区需有采暖设备的，可采用室内集中布置。集中布置比较紧凑、占地少，便于管理和实现自动化操作，但结构复杂，管道立体交叉多，造价较高。

给水厂平面布置主要有：各种构筑物和建筑物的平面定位；各种管道、阀门及管道配件的布置；排水管（渠）及检查井布置；道路、围墙、绿化及供电线路的布置等。

给水厂平面布置应考虑下述几点要求。

1）布置紧凑，以减少给水厂占地面积和连接管（渠）的长度，并便于操作管理。沉淀池或澄清池尽量紧靠滤池，二级泵房尽量靠近清水池。各构筑物之间应留出必要的施工和检修间距和管（渠）道地位。

2）充分利用地形，力求挖、填土方平衡以减少填、挖土方量和施工费用。沉淀池或澄清池尽量布置在地势较高处，清水池尽量布置在地势较低处。

3）各构筑物之间连接管（渠）应简单、短捷，尽量避免立体交叉，并考虑施工、检修方便。有时还需设置必要的超越管道，以便保证某一构筑物停产检修时采取应急措施。

4）建筑物布置应注意朝向和风向。加氯间和氯库应尽量设置在给水厂主导风向的下风向，泵房及其他建筑物尽量布置成南北向。

5）有条件时（尤其大水厂）最好把生产区和生活区分开，尽量避免非生产人员在生产区通行和逗留，以确保生产安全。

6）对分期建造的工程，既要考虑近期的完整性，又要考虑远期工程建成后整体布局的合理性，还应考虑分期施工方便。

7）关于给水厂内道路、绿化、堆场等的设计要求详见《室外给水设计标准》GB

50013－2018。

给水厂平面布置一般均需提出几个方案进行比较，以便确定技术经济较为合理的方案。图 7-10 为给水厂平面布置示例。该厂设计水量为 10 万 m^3/d，分两期建造。第一期和第二期工程各 5 万 m^3/d。第一期工程建一座隔板絮凝加平流沉淀池和一座普通快滤池（双排布置，共 6 个池），冲洗水箱置于滤池操作室屋顶上。第二期工程同第一期工程。主体构筑物分期建造，给水厂其余部分一次建成。全厂占地面积约 25333m^2。生产区和生活区分开。给水处理构筑物按工艺流程呈直线布置，整齐、紧凑。

(5) 给水厂高程布置

1) 高程布置的基本原则

给水厂高程布置主要根据给水厂地形、地质条件及各构筑物进出水标高来确定。各构筑物的水面高程，一般遵守下列原则：

A. 从给水厂絮凝池到二级泵房吸水井，应充分利用原有地形条件，力求流程顺畅。

B. 各构筑物之间以重力流为宜，对于已有处理系统改造或增加新的处理工艺时，可采用水泵提升，尽量减少能耗。

C. 各构筑物连接管道，尽量减少连接长度。使水流顺直，避免迂回。

D. 除清水池外，其他沉淀、过滤构筑物一般不埋入地下，埋入地下的清水池，吸水井等应考虑放空溢流设施，避免雨水灌入。

E. 设有无阀滤池的给水厂清水池应尽量放置在地面之上，可充分利用无阀滤池滤后水头。

F. 在地形平坦地区建造的给水厂，絮凝、沉淀、过滤构筑物，大部分高出地面，清水池部分埋地的高架式布置方法，挖土填土最少。在地形起伏的地方建造的给水厂，力求清水池放在最低处，挖出土方填补在絮凝池之下，即需注意土方平衡。

2) 工艺流程标高确定

在处理工艺流程中，各构筑物之间水流应为重力流。两构筑物之间水面标高差值即为流程中的水头损失，包括构筑物、连接管道、计量设备等水头损失在内。工艺流程中水头损失包括两部分，一是构筑物中的水头损失，二是连接管（渠）水头损失。水头损失应通过计算确定，并留有余地。

处理构筑物中的水头损失与其形式和构造有关。从构筑物进水渠水面到出水渠水面之间的高差记为构筑物水头损失，一般需通过计算确定，也可按表 7-25 数据估算。表中水头损失包括构筑物内集水槽（渠）等水头损失在内。

处理构筑物中的水头损失 **表 7-25**

构筑物名称	水头损失（m）	构筑物名称	水头损失（m）
进水井格栅、格网	0.15～0.30	普通快滤池	2.0～2.5
生物接触氧化池	0.2～0.4	无阀滤池	1.5～2.0
生物滤池	0.5～1.0	翻板滤池	2.0～2.5
水力絮凝池	0.4～0.6	V 型滤池	2.0～2.5
机械絮凝池	0.05～0.10	接触滤池	2.5～3.0
沉淀池	0.15～0.30	臭氧接触池	0.7～1.0
清水池	0.20～0.30	活性炭滤池	0.60～1.5
澄清池	0.6～0.8	活性炭池	1.5～2.0

各构筑物之间连接管（渠）的断面尺寸由流速决定，可按表 7-26 选取流速。当地形有适当坡度可以利用时，应选用较大流速以减小管道直径及相应配件和阀门尺寸；当地形平坦时，为避免增加填、挖土方量和构筑物造价，宜采用较小流速。在选取管（渠）流速时，应适当留有水量发展的余地。连接管（渠）的水头损失（包括沿程和局部）和连接管（渠）设计流速有关，应按照水力计算确定，估算值参见表 7-26。

各构筑物之间连接管（渠）的允许流速与水头损失　　表 7-26

接连管段	允许流速（m/s）	水头损失（m）	附注
一级泵站至混合池	1.0～1.2	—	按照水力计算确定
混合池至絮凝池	1.0～1.5	0.3～0.5	—
絮凝池至沉淀池	0.10～0.15	0.1	应防止絮凝体破碎
混合池至澄清池	1.0～1.5	0.3～0.5	—
沉淀池或澄清池至滤池	0.6～1.0	0.3～0.5	流速宜取下限以留有余地
滤池至清水池	0.8～1.2	0.3～0.5	流速宜取下限以留有余地
清水池至吸水井	0.8～1.0	0.2～0.3	—
快滤池冲洗水管	2.0～2.5	—	按短管水力计算，因间歇运用，流速可大些
快滤池冲洗水排水管	1.0～1.2	—	按满管流短管水力计算

当所设计的构筑物和连接管（渠）的各项水头损失确定后，便可根据厂区地形、地质条件及所采用的构筑物形式进行高程布置。地形有自然坡度时利于高程布置；地形平坦时，高程布置中既要避免清水池埋入地下过深，又应避免絮凝沉淀池或澄清池在地面上抬高而增加造价，尤其当地质条件差、地下水位高时。通常采用普通快滤池时，应考虑清水池地下埋深；采用无阀滤池时，应考虑絮凝、沉淀池或澄清池是否会抬高。

高程布置图中的构筑物纵向按比例，横向可不按比例绘制，主要注明连接管中心标高、构筑物水面标高和池底标高。图 7-11 为图 7-10 中各构筑物高程布置图。各构筑物之

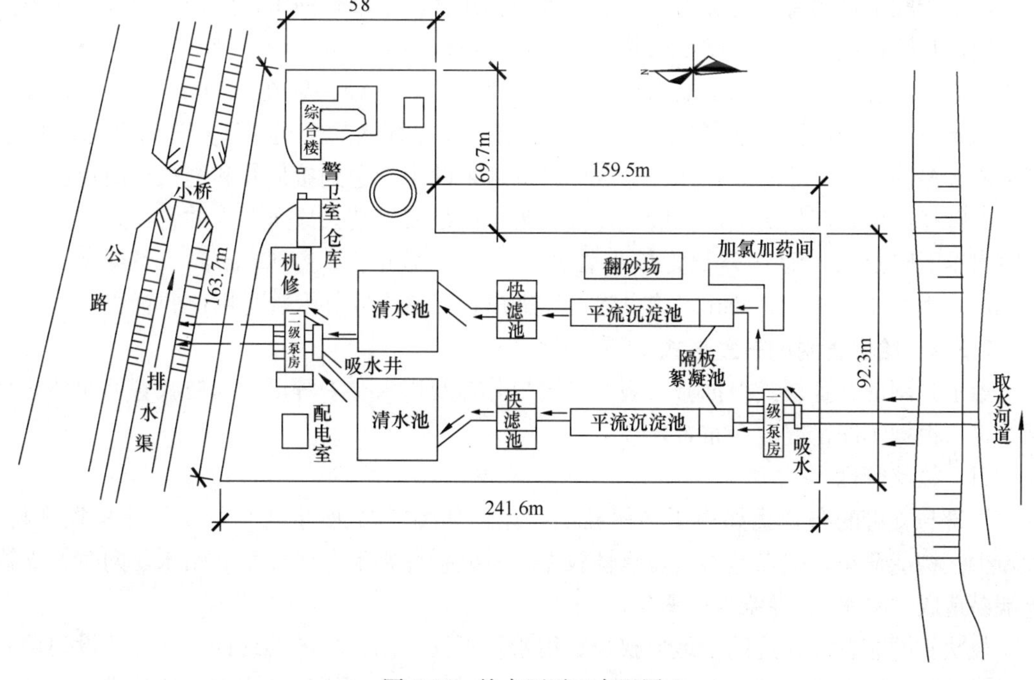

图 7-10　给水厂平面布置图

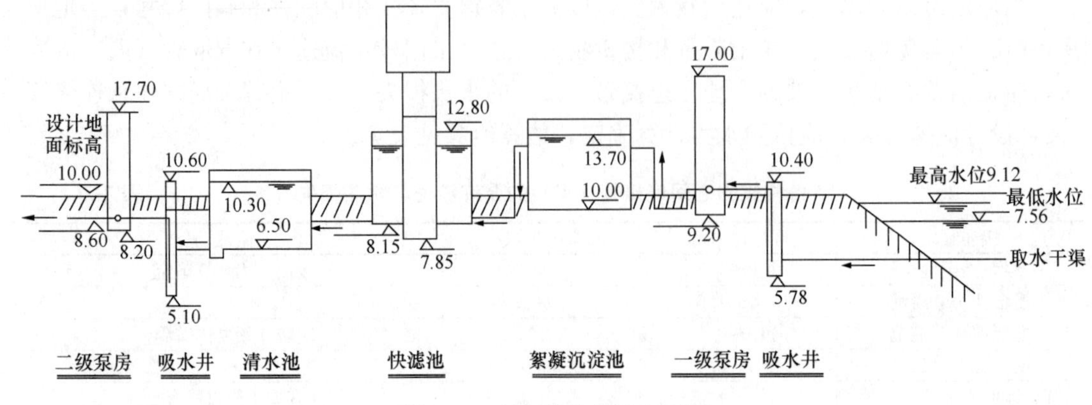

图 7-11　各构筑物高程布置图

间水面高差通过计算确定。

7.5　城市给水管网工程规划

7.5.1　给水管网系统的组成

给水管网是由敷设在城市供水区的若干条管线及附件组成的。根据作用不同分为输水管网和配水管网两部分。

输水管网是指从水源到给水厂及从给水厂到配水管网的管线，沿线一般不接用户，主要起转输水量作用，故称为输水管网。由输水管网送来的水量进入配水管网才能服务于城市。城区的配水管网有时也称为城市给水管网。在城市给水管网中，由于各管线所起的作用不同，其管径也不相等。城市给水管网按管线作用的不同可分为干管、支管、分配管和接户管等。干管的主要作用是输水至城市各用水地区，直径一般在 200mm 以上，大城市为 400mm 以上。支管是把干管输送来的水量送到分配管网的管道，适应于面积大、供水管网层次多的城市。分配管是把干管或支管输送来的水量送到接户管和消火栓的管道，分配管的管径由消防流量决定，一般不计算。为了满足安装消火栓所要求的管径，不致在消防时水压下降过大，通常分配管最小管径应满足小城市 75～100mm，中等城市 100～150mm，大城市 150～200mm。接户管又称进户管，是连接分配管与用户的管道。

7.5.2　给水管网的布置形式

给水管网的布置形式根据城市规划、用户分布及用水要求等可分为枝状管网和环状管网，也可根据不同情况混合布置。

(1) 枝状管网

干管与支管的布置犹如树干与树枝的关系，如图 7-12 所示。其主要优点是省管材、投资少、构造简单；缺点是供水可靠性较差，一处损坏则下游各段全部断水，同时各支管末端易造成“死水”，导致水质恶化。

枝状管网布置形式适用于地形狭长、用水量不大、用户分散的地区，或在建设初期先用枝状管网，再按发展规划形成环状。一般情况下，居住小区详细规划不单独进行水源选

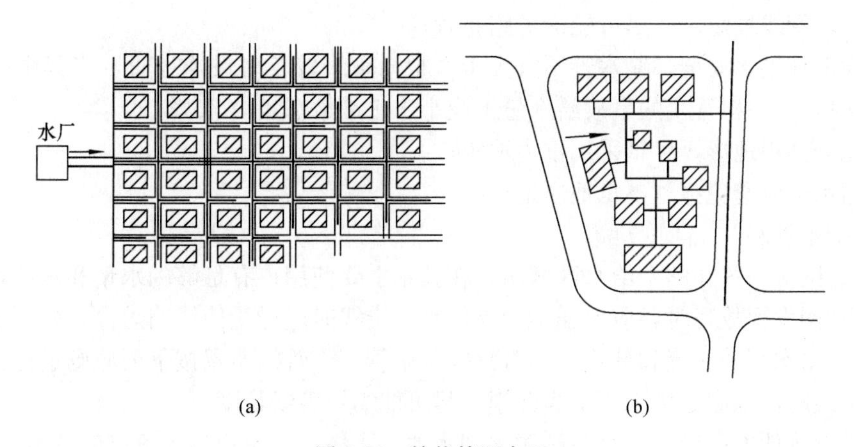

图 7-12　枝状管网布置

（a）城市枝状管网；（b）小区枝状管网

择，而是由邻近道路下面敷设的城市给水管网供水，小区只考虑其最经济的接入口。小区内部的管网布置，通常根据建筑群的布置组成枝状。

（2）环状管网

供水干管间用联络管互相连通起来，形成许多闭合的环，如图 7-13 所示。环状管网中每条管都有两个方向来水，因此供水安全可靠。一般在大中城市给水系统或供水要求较高、不能停水的管网中采用环状管网。环状管网可降低管网中的水头损失，节省动力，管径可稍减小。环状管网还能减轻管内水锤的威胁，有利管网的安全。但环状管网的管线较长，投资较大。

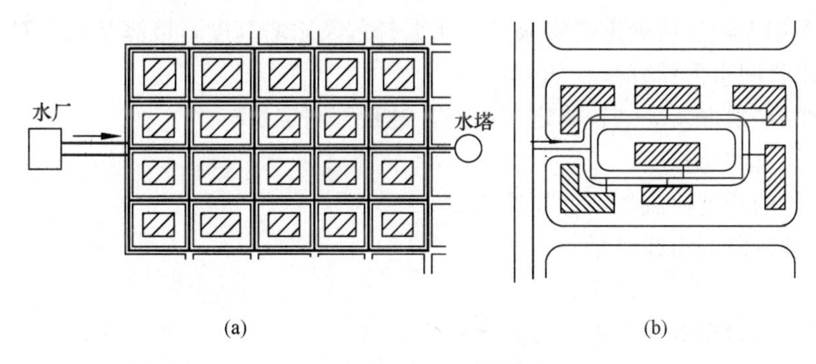

图 7-13　环状管网布置

（a）城市环状管网；（b）小区环状管网

（3）环枝状结合管网

实际工作中，为了发挥给水管网的输配水能力，达到既安全可靠又经济，规划设计中较多采用枝状与环状相结合的管网。如在主要供水区采用环状管网，在边远区或要求不高而距离水源又较远的地区采用枝状管网。

7.5.3　给水管网的布置原则

（1）输水管网

布置输水管线时应注意以下几点：

1）力求管线最短，并尽可能沿道路布置；

2）为保证供水安全，输水管不宜少于2根，管线较长时设连通管，当其中一根管线发生事故时，另一根管线的事故给水量不应小于正常给水量的70％；

3）充分利用地形，尽量采用重力输水；

4）输水管应避免穿越不良地质地段。

（2）配水管网

配水管网应布置在整个给水区域内，在技术上要使用户有足够的水量和水压，正常工作或局部管网发生故障时，应保证不中断供水。定线时应尽量使线路短捷，并便于施工与管理。城市给水网的布置和计算，通常只限于干管。干管的布置按下列原则进行：

1）定线时，以满足供水要求为前提，尽可能缩短管线长度；

2）干管延伸方向应和二级泵站输水到水池、水塔、大用户的水流方向基本一致；

3）干管应从两侧用水量大的街道下经过（双侧配水），减少单侧配水的管线长度；干管之间的间距根据街区情况，宜控制在500～800m左右，连接管间距宜控制在800～1000m左右；

4）沿规划道路布置，尽量避免在重要道路下敷设。管线在道路下的平面位置和高程，应符合管网综合设计的要求；

5）应尽可能布置在高地，以保证用户附近配水管中有足够的压力；

6）干管的布置应考虑发展和分期建设的要求，留有余地。

7.5.4 给水管网的水力计算

（1）水力计算步骤

给水管网水力计算的目的，就是根据最高日最大时的设计用水量，求出管网中各管段的管径和水头损失，然后确定二级泵站的水泵扬程及水塔高度，以满足用户对水量和水压的要求。给水管网水力计算步骤如下：

1）根据城市地形及规划，确定控制点，进行管网定线；

2）计算干管的总长度；

3）求干管的长度比流量或面积比流量；

4）计算各管段的沿线流量；

5）计算各节点的节点流量；

6）将集中流量布置在附近的节点上；

7）拟定各管段水流方向，进行流量分配，使各节点流量满足$\sum Q=0$；

8）根据各管段的计算流量，按经济流速查水力计算表，确定各管段的管径及水力坡度，并计算各管段的水头损失；

9）对于枝状管网，可由控制点所要求的自由水头，逆水流方向推算各节点的水压标高和自由水头，并推算出二级泵站的扬程和水塔高度；

10）对于环状管网，如果各环的水头损失代数和$\sum h_{ij}\neq 0$，且超过允许值，即产生闭合差，则调整流量进行管网平差计算。当各环闭合差达到允许的计算精度后，逆水流方向，选择一条最不利线路推算管网中各节点的水压标高和自由水头，并推算二级泵站的扬程和水塔高度。

（2）管道设计流量的确定

1）沿线流量

干管（或配水管）沿线配送的水量，可分为两部分，一部分是用水量较大的集中流量，如干管上的配水管流量或工厂、机关及学校等大用户的流量；另一部分是用水量比较小的分散配水，如干管上的小用户流量。

如图 7-14 所示管段的沿线输出流量，有分布较多的小用水量 q'_1、q'_2……，也有少数集中流量 Q_1、Q_2……。对于这样复杂的情况，管网计算很麻烦，通常采用简化方法。

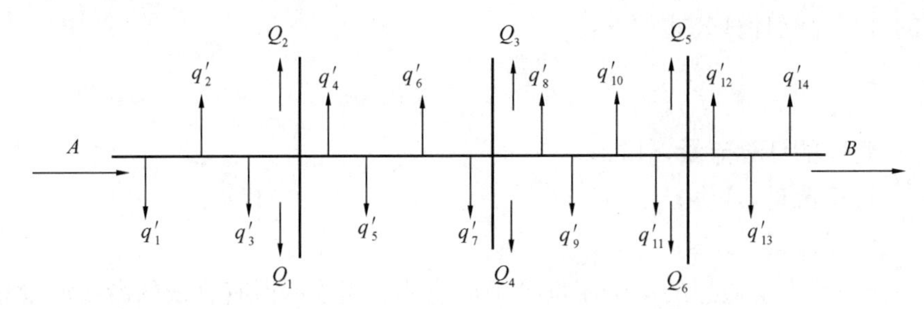

图 7-14　干管配水情况示例

在计算城市给水管网时，通常采用的简化方法为比流量法。比流量分为长度比流量和面积比流量。长度比流量是假定 q'_1、q'_2……均匀分布在整个管线上的单位长度流量。长度比流量（q_{cb}）可按下式计算：

$$q_{cb} = \frac{Q - \Sigma Q_i}{\Sigma L} \tag{7-19}$$

式中　q_{cb}——长度比流量，L/（s·m）；

Q——管网供水的总流量，L/s；

ΣQ_i——工业企业及其他大用户的集中流量之和，L/s；

ΣL——干管的总计算长度，m（不配水的管段不计，只有一侧配水的管段折半计）。

面积比流量是假定 q'_1、q'_2……均匀分布在整个供水面积上的单位面积流量。因为供水面积大，用水量多，所以用面积比流量进行管网计算更接近实际。面积比流量（q_{mb}）可按下式计算：

$$q_{mb} = \frac{Q - \Sigma Q_i}{\Sigma A} \tag{7-20}$$

式中　q_{mb}——面积比流量，L/（s·m^2）；

ΣA——供水面积的总和，m^2；

其余符号同前。

求出比流量 q_{cb} 或 q_{mb} 后，就可以计算某一管段的沿线流量 q_L。

$$q_L = q_{cb} \cdot L_i \tag{7-21}$$

或

$$q_L = q_{mb} \cdot A_i \tag{7-22}$$

式中　q_L——沿线流量，L/s；

L_i——管段的计算长度，m；

A_i——管段所负担的供水面积，m^2。

2）节点流量

任意管段的流量包括配出的沿线流量 q_L 和转输流量 q_t 两部分。转输流量沿整个管段不变，而沿线流量由于管段沿线配水，故管段中的流量沿水流方向逐渐减少，到管段末端只剩下转输流量。

将管段的沿线流量简化为两个相等的集中流量，分别从管段的起端和末端流出，其所产生的水头损失与沿线变化的流量所产生的水头损失相同。这种简化的集中流量称为节点流量 q_n。

管段的计算流量计算公式如下：

$$q = q_t + \frac{1}{2}q_L \tag{7-23}$$

式中 q——管段的计算流量，L/s；

q_t——转输流量，L/s；

q_L——沿线流量，L/s。

管网中任一节点上假想的集中流量等于与该节点相连的所有管线的沿线流量总和的一半，即为该点的节点流量。节点流量计算公式如下：

$$q_i = \frac{1}{2}\Sigma q_L \tag{7-24}$$

式中 q_i——节点流量，L/s；

q_L——沿线流量，L/s。

求得各节点流量后，管网计算图上便只有集中于节点的流量，包括由沿线流量折算的节点流量和大用户的集中流量。

3）管段计算流量

管网各节点流量求出后，可进行管网流量分配，确定各管段的计算流量。流量分配前，将大用户的集中流量布置在附近的节点上。则管网各节点输出流量总和等于二级泵站及水塔的总供水量。

按照质量守恒原理，流向某节点的流量等于该节点流出的流量，即流进等于流出。若以流向节点的流量为正值，以流出节点的流量为负值，则两者代数和等于零，即 $\Sigma Q=0$。依此条件，用二级泵站、水塔输送至管网的总流量，沿各节点进行流量分配，所得出的每条管段所通过的初步流量，即为各管段的计算流量。

对于树状管网，其每一管段的水流方向只有一个，所以各管段的计算流量比较容易确定。而环状管网则比较复杂，每一节点的流量，可以从不同方向供给。所以，在进行流量分配时，必须先定出各管段的水流方向。

流量分配时，应按以下原则进行：

A. 确定供水主要流向，拟定各管段的水流方向，并力求使水流沿最短线路到达大用水户及调节构筑物；

B. 在平行的干管中，分配给每条管线的流量应基本相同，以免一条干管损坏时其余干管负荷过重；

C. 分配流量时，各节点必须满足 $\Sigma Q=0$ 的条件。

（3）管段管径的确定

通过流量分配，求出各管段计算流量后，按下式确定管径：

$$D = \sqrt{\frac{4q}{\pi v}} \tag{7-25}$$

式中 D——管段直径，m；

q——管段计算流量，m^3/s；

v——管段水流流速，m/s。

由上式可以看出，管径不但和管段计算流量有关，还与管段水流流速有关。因此必须选取适宜的流速。一般最大流速限定为2.5～3.0m/s，最小流速限定为0.6m/s。通常可根据经济条件和经营管理费用等因素选择经济流速。

(4) 管网水头损失计算

1) 管（渠）道总水头损失

管（渠）道总水头损失的计算公式如下：

$$h_z = h_y + h_j \tag{7-26}$$

式中 h_z——管（渠）道总水头损失，m；

h_y——管（渠）道沿程水头损失，m；

h_j——管（渠）道局部水头损失，m，宜按下式计算：

$$h_j = \sum \zeta \frac{v^2}{2g} \tag{7-27}$$

式中 ζ——管（渠）道局部水头阻力系数，依据水流边界形状、大小、方向的变化等选用；

v——过水断面平均流速，m/s；

g——重力加速度，m/s^2。

根据管道敷设情况，在没有过多拐弯的顺直地段，管道局部水头损失可按沿程水头损失的5%～10%计算，如对于长距离输水管道，其局部水头损失按其沿程水头损失的5%～10%考虑。在拐弯较多的弯曲地段，管道局部水头损失可按实际配件的局部水头损失之和计算。

2) 管（渠）道沿程水头损失

不同类型管（渠）道，其沿程水头损失计算公式有所不同，各种类型的管（渠）道沿程水头损失计算方法按表7-27选取。

不同类型管道（渠）的沿程水头损失计算 表7-27

管道类型	沿程水头损失计算公式	说明
塑料管及采用塑料内衬的管道	$h_y = \lambda \cdot \frac{l}{d_j} \cdot \frac{v^2}{2g}$	h_y——管（渠）道沿程水头损失，m； l——管道长度，m； v——过水断面平均流速，m/s； g——重力加速度，m/s^2； λ——沿程阻力系数 $\frac{1}{\sqrt{\lambda}} = -2\lg\left(\frac{\Delta}{3.7d_j} + \frac{2.51}{Re\sqrt{\lambda}}\right)$； Re——雷诺数； d_j——管道计算内径，m； Δ——当量粗糙度

续表

管道类型	沿程水头损失计算公式	说明
混凝土管（渠）及采用水泥砂浆内衬管道	$h_y=\frac{v^2}{C^2R}\cdot l$	h_y——管（渠）道沿程水头损失，m； v——过水断面平均流速，m/s； C——流速系数，$C=\frac{1}{n}R^y$； y——指数，$y=2.5\sqrt{n}-0.13-0.75\sqrt{R}(\sqrt{n}-0.1)$； n——粗糙系数； R——水力半径，m
输配水管道	$h_y=\frac{10.67q^{1.852}}{C_h^{1.852}d_j^{4.87}}\cdot l$	h_y——管（渠）道沿程水头损失，m； q——设计流量，m/s； C_h——海曾-威廉系数； d_j——管道计算内径，m； l——管道长度，m

也可按水力坡度计算管道（渠）的沿程水头损失，计算公式如下：

$$h_y=i\cdot L \tag{7-28}$$

式中 h_y——管（渠）道沿程水头损失，m；

i——单位管段长度的水头损失，称水力坡度；

L——管段长度，m。

给水管网的水力计算目前已经完全实现计算机电算，甚至有许多软件能同时具有水力计算和工程制图功能。规划设计人员了解了给水管网的水力计算步骤与方法，即可根据自己的习惯自由选择使用。

思考题

1. 城市给水工程规划主要包括哪些内容？应遵循的一般原则是什么？

2. 城市给水工程规划包括哪几个层次的内容？各自对规划文本和规划图纸的具体要求分别是什么？

3. 城市用水量一般包括哪些部分？请分别举例说明。

4. 目前常用的城市用水量预测方法包括哪几种？请列出每种方法的计算公式。

5. 日变化系数 K_d 和时变化系数 K_h 分别是什么？它们的大小反映了什么意义？

6. 水源地保护规划中对水源地保护区划分的原则有哪些？水源地保护规划中对水源地保护区的饮用水水质要求包括哪些？

7. 饮用水水源保护区是什么？包括哪几种类型，各自的具体含义是什么？当饮用水水源存在哪些情况时应增设准保护区？

8. 选择地表水取水构筑物位置时，应考虑的基本要求包括哪些？

9. 给水工程设施规划中，给水厂厂址的选择应遵循哪些原则？

10. 城市给水管网的布置形式有哪几种类型？各自的优缺点及适用条件分别是什么？

11. 城市给水管网工程规划时，布置给水管网应遵循哪些原则？

第8章　城市排水工程规划

在人们的日常生活和生产活动中都要使用水，水在使用过程中受到了污染，成为污水时就需进行处理。此外，城市内降水（雨水和冰雪融化水）径流流量较大，亦应及时排放。将城市污水、降水有组织地排除与处理的工程设施称为排水系统。城市排水系统同城市给水系统一样，也是城市最基本的市政工程设施。在城市规划建设中，对排水系统进行全面统一安排和布局称为城市排水工程规划。城市排水工程规划是在城市总体规划的指导下进行的排水系统的专项规划设计。

排水工程规划的主要任务包括划分城市排水区域，确定排水体制、排水定额、设计期限及设计规模，制定排水系统方案，明确污水和污泥的出路及其处理方法等。

8.1　排水系统的组成

城市排水工程系统通常由排水管道（管网）系统、污水处理系统和出水口组成。排水管道系统是收集和输送污废水的设施，包括排水设备、检查井、管渠、泵站等。污水处理系统是改善水质和回收利用污水的工程设施，包括城市及工业企业污水处理厂（站）中的各种处理构筑物和设施。出水口是使废水排入水体并与水体很好混合的工程设施。下面对城市污水排水系统、工业废水排水系统和雨水排水系统的主要组成分别介绍。

（1）城市污水排水系统组成

城市污水排水系统通常是以收集和排除生活污水为主的排水系统。住宅和公共建筑内部面盆、浴缸、便器、盥洗池等各种卫生设备（起端设备）排出的污水顺次通过竖管收集而流至庭院、小区污水管中，然后通过连接支管将污水排入城市污水排水管道。

城市污水排水管道由支管、干管、主干管及管道系统上的附属构筑物等组成。支管承接庭院、小区管道的污水，通常管径不大；支管污水汇集至干管，然后排入城市主干管，最终将污水输送至污水处理厂或排放地点。图8-1为典型城市污水排水系统组成示意图。

详细规划阶段有时需要标示出重要的附属构筑物。管道系统上的附属构筑物包括检查井、跌水井、倒洪管及其闸槽井、出水口和事故排除口等。污水排入水体的渠道和出口称出水口，它是整个城市污水排水系统的终点设备。事故排出口是指在污水排水系统某些易于发生故障的部分（例如在污水提升泵站的前面），所设置的辅助性出水渠，一旦发生故障，污水就通过事故排出口直接排入水体。在管道系统中，常因地形需要设置泵站把低处的污水向上提升。设在管道系统中途的泵站称中途泵站，设在管道系统终点的泵站，称为终点泵站。泵站后污水采用压力输送，应设置压力管道。

（2）工业废水排水系统组成

有些工业企业用管道将厂内各车间及其他排水对象所排出的不同性质的废水收集起

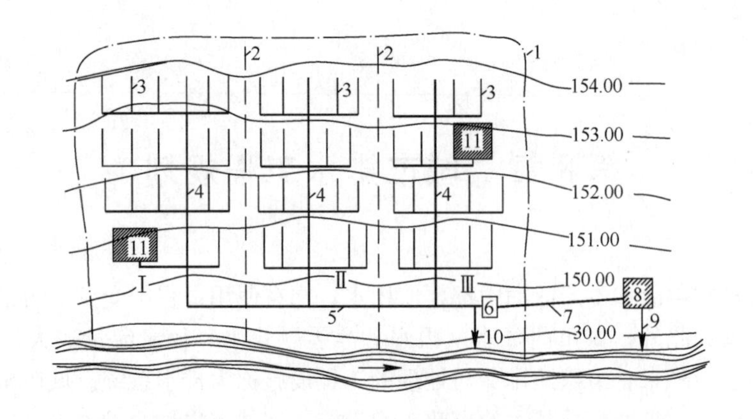

图 8-1　典型城市污水排水系统组成示意图

1—城市规划边界；2—排水区域分界线；3—污水支管；4—污水干管；
5—污水主干管；6—污水提升泵站；7—压力管；8—污水处理厂；
9—出水口；10—事故排出口；11—工业企业；Ⅰ、Ⅱ、Ⅲ—排水区域

来，送至废水回收利用和处理的构筑物，经回收处理后的水可再利用或排入水体，或排入城市排水系统。某些工业废水允许不经处理直接排入城市排水管道时，就不需设置废水处理构筑物，可将废水直接排入厂外的城市污水管道或雨水管道，不单独形成系统。工业废水排水系统由下列几个主要部分组成：

1）车间内部管道系统和设备。车间内部管道系统和设备主要用于收集各生产设备排出的工业废水，并将其排送至车间外部的厂区管道系统中去；

2）厂区工业废水管道系统。厂区工业废水管道系统是敷设在工厂内，用以收集并输送各车间排出的工业废水的管道系统。可根据水质、水量等具体情况设置若干个独立的管道系统；

3）污水泵站及压力管道。用于提升和输送废水至厂区废水处理站、回用系统、城市排水系统或水体；

4）废水处理站。废水处理站是回收和处理废水与污泥的场所。在管道系统中，同样也设置检查井等附属构筑物，在接入城市排水管道前宜设置检测设施。

（3）城市雨水排水系统组成

雨水来自两个方面：一部分来自屋面；一部分来自地面。屋面上的雨水通过天沟收集，然后通过竖管流至地面，随地面雨水一起排除。地面上的雨水经雨水口流入居住小区、厂区或街道的雨水管渠系统。雨水排水系统主要包括如下几个部分：

1）建筑物的雨水管道系统和设备。建筑物的雨水管道系统和设备主要是用来收集工业、公共或大型建筑物的屋面雨水，并将其排入室外的雨水管渠系统中去；

2）居住小区或工厂雨水管渠系统；

3）街道雨水管渠系统；

4）排洪沟；

5）出水口。

雨水一般不需处理就可就近排入水体，随着水资源的短缺，有些地方已经开始规划雨水的收集利用。在地势平坦、区域较大的城市或河流洪水位较高，雨水自流排放有困难的

情况下，应设置雨水泵站排水。

雨水排水系统的室外管渠系统基本上和污水排水系统相同，也设有检查井等附属构筑物。合流制排水系统只有一套管渠系统，并具有雨水口、溢流井、溢流口等辅助设施，在合流制排水管道系统中通常设置有截流干管。

8.2 城市排水工程规划原则

城市排水工程规划是城市规划中的单项规划，是城市建设的一个组成部分。为保障城市水安全，提高水资源利用效率，促进水生态环境改善，城市排水工程规划应遵循以下几个原则：

（1）统筹协调。排水工程规划必须符合城市总体规划（或国土空间规划）所确定的原则，从全局观点出发，并和其他单项工程建设互相协调，做到全面规划、合理布局、统筹安排，使城市排水设施布局既科学又符合城市总体布局规划。

（2）上下游结合。把城市集中饮用水源地的保护放在首要位置，以利于水环境的保护和水质的保障，改善自然水体水环境状况，维持自然水体的景观价值，在规划时应考虑上下游的相互影响。

（3）与其他相关规划密切配合。城市排水工程规划与城市道路规划、地下设施规划、防震减灾规划等专业规划密切配合，处理好与其他地下管线的矛盾，以利于管线综合利用。

（4）安全卫生。力求城市排水系统完善、技术先进、设计合理，使污水、废水、雨水能迅速排除，避免积水。应尽量发挥原有排水设施的功能，满足使用要求。对城市污（废）水应妥善的处理与存放，以保护水体和环境卫生。

（5）经济合理。应尽可能做到降低工程的总造价和经常性运行管理费用，节省投资。尽量使各种排水管网系统简单、直接、埋深浅，减少或避免污水、雨水输送过程的中途提升。

（6）考虑远近期结合。处理好远近期关系，应以近期为主，考虑远期发展可能，做好分期建设安排。实践证明，如果规划年限太短，不利于发展；如果规划中过多地考虑尚未落实的城市远景需要，则可能使工程完成后若干年内不能被充分利用，设备利用率低，造成浪费。因此，规划中必须认真处理好远近期关系。

（7）考虑污水再生利用。城市污水是宝贵的淡水资源，具有水量稳定可靠的特点，污水再生和循环使用既节水又环保。规划中要为污水和废水的处理与利用创造有利的条件。

除了考虑以上一般原则外，在实际工程中，应针对具体情况作出一些补充规定与要求。如山区、丘陵地区城市的山洪防治应与城市排水体系一并规划。

8.3 城市排水工程规划的内容及深度

8.3.1 城市排水工程总体规划内容及深度

城市排水工程总体规划是根据城市总体规划、环境保护要求、污水利用情况、原有设施情况及地形气象等条件，通过技术经济比较，制定全市性排水方案，使城市具有合理的排水条件。规划的内容及深度有下列几方面。

（1）文件内容深度

1）确定排水体制。结合当地的降雨条件、水环境保护目标和城市建设现状确定排水体制。

2）估算城市各种排水量。要求分别估算生活污水量、工业废水量和雨水径流量。一般将生活污水量和工业废水量之和称为城市总污水量，雨水径流量单独估算。

3）划分排水区域，估算区域雨水、污水总量，制定不同地区污水排放标准，拟订城市污水、雨水的排除方案。包括：确定排水区界和排水方向；确定生活污水、工业废水和雨水的排除方式；对旧城区原有排水设施的利用与改造方案以及确定规划期限内排水系统的建设要求，近远期结合、分期建设等问题。

4）研究城市污水处理与利用的方法，选择污水处理厂及出水口的位置。根据国家环境保护规定与城市的具体条件，确定污水处理程度、处理方案及污水、污泥综合利用的途径。

5）进行排水管渠系统规划布局。在确定排水区界、划分排水区域的基础上，进行污水管网、雨水管网及防洪沟布置，确定主干管、干管的走向、位置、管径以及提升泵站的位置等。

6）估算城市排水工程的造价。一般按扩大经济指标法粗略估算。

（2）图纸内容深度

1）排水系统现状图：表示现状城市排水系统的布置和主要设施情况。

2）排水系统规划图：表示规划期末城市排水设施的位置、用地，排水干管渠的布置、走向、出口位置。

8.3.2　城市排水工程分区规划内容及深度

城市排水工程分区规划是以城市总体规划为依据，对分区排水设施等作进一步规划安排，为详细规划和规划管理提供依据。必要时，可以根据实际情况对总体规划进行适当的调整。规划内容及深度包括下列几个方面。

（1）文件内容深度

1）估算分区的雨、污水排放量。

2）按照确定的排水体制划分排水系统。

3）确定排水干管的位置、走向、服务范围、管径以及主要工程设施的位置和用地范围。

（2）图纸内容深度

1）排水系统现状图：表示分区范围内现状排水系统位置；雨污水管渠的平面位置、管径，泵站、水闸等排水设施的位置、规模。

2）排水系统规划图：表示规划期末分区范围内的主要排水设施的位置、规模、用地范围，雨污水干管、渠的平面位置、走向，控制管径，排水口的位置。

8.3.3　城市排水工程详细规划内容及深度

城市排水工程详细规划是以城市排水总体规划和分区规划为依据，对排水系统和设施的规划指标、规模及建设管理等作出详细规定，为专项排水规划提供设计依据。规划内容深度有下列几方面。

（1）文件内容深度

1）对污水排放量和雨水量进行具体的统计计算。

2）评价排水设施现状，落实上层次规划确定的控制要求。

3）对排水系统的布局、管线走向、管径进行计算复核，确定管线平面位置、主要控制点标高，复核排水设施的位置与规模。

4）对污水处理工艺提出初步方案。

5）提出基建投资估算。

（2）图纸内容深度

1）污水系统规划图：一般需标明污水干管的走向、排水方向、管径、管长、坡度和控制点标高；标明与上层次规划确定的污水管网连接点的位置并标注污水流量；标明污水设施的位置、规模和用地范围。

2）雨水系统规划图：一般需标明雨水管（渠）及排洪管（渠）的走向、排水方向、规格、管长、坡度、控制点标高和出水口位置；标明与上层次规划确定的雨水管网连接点的位置并标注汇水面积；标明雨水、防洪排涝设施的位置、规模和用地范围。

8.4 排 水 体 制

城市排水根据其来源和性质可分为生活污水、工业废水和雨水。这些污水可采用一个管渠系统收集排除，也可采用两个或两个以上各自独立的管渠系统收集排除，污水的这种不同收集排除方式所形成的排水系统，称作排水系统的体制（简称排水体制）。排水体制一般分为分流制和合流制两种类型。

8.4.1 排水体制的演变过程

从排水工程发展史看，由于工业化初期尚未出现严重的环境污染问题，采用合流制就地排放比较经济，当时建立排水工程的目的在于不直接影响居民区的卫生或不被水淹，这是许多老城市合流制系统的历史背景。随着环境保护工作的深入，采用分流制的倾向日益明显。分流制可以减少污水处理费用，但无法对初期雨水进行净化。鉴于历史原因，许多城市雨污分流改造困难，部分完全合流制改造成截流式合流制。截流式合流制大多采用截流井和溢流堰来实现，既能使污染重的初期雨水进入污水处理厂，又能使水量大、污染轻的中期雨水溢流排放，避免了污水处理厂超负荷运行。由于雨水溢流会加重水体污染，新建城区一般不宜采用合流制。

相对于合流制排水体制，分流制适合于新建城区和某些有条件的旧城区的改造。开展新建城区的排水体制规划时，优先采用完全分流制。对于老旧城区排水体制的改造，近期先考虑将完全合流制改造成截流式合流制，在条件允许的情况下，可以全部或者部分改造为分流制排水体制。因此，从城市化的发展历程来看，传统的合流制在早期占有绝对优势，而后逐渐被分流制排水体制和截流式合流制所取代，在雨污水资源化利用时代背景下，分流制是极具发展潜力的城市排水体制。

随着工程实践经验的不断积累，排水管网系统在保障城市环境卫生方面起到了重要的作用，而在环境污染控制方面还需要开展更多工作，例如分流制的初期雨水污染控制、合流制的溢流污染控制和海绵城市建设等均是目前广泛关注的热点。

8.4.2 分流制排水系统

分流制排水系统是将生活污水、工业废水和雨水分别用两个或两个以上各自独立的管渠系统来排除。其中汇集生活污水和工业废水中生产污水的系统称为污水排水系统；汇集城市径流的系统称为雨水排水系统；汇集和排泄不需要处理的工业废水（指生产废水）的系统称为工业废水排水系统。由于排除雨水方式的不同，分流制排水系统又分为完全分流制和不完全分流制两种。

（1）完全分流制

完全分流制排水系统具有独立污水排水系统和雨水排水系统，如图 8-2所示。生活污水、工业废水通过污水排水系统送至污水处理厂，经处理后排入水体。雨水通过雨水排水系统直接排入水体。这种排水系统比较符合环境保护的要求，但城市排水管渠的一次性投资较大，管线布置困难。

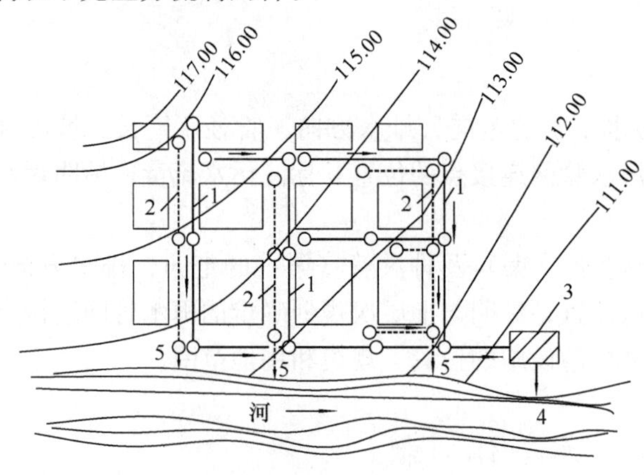

图 8-2 完全分流制排水系统

1—污水管道；2—雨水管道；3—污水处理厂；4—污水出水口；5—雨水出水口

（2）不完全分流制

不完全分流制只有污水排水系统，未建雨水排水系统，雨水沿天然地面、街道边沟、防洪渠等原有渠道系统排泄，或者为了补充原有渠道系统输水能力的不足而修建部分雨水渠道，待城市进一步发展再修建雨水排水系统。

8.4.3 合流制排水系统

将生活污水、工业废水和雨水用一个管渠系统汇集输送的排水系统称为合流制排水系统。根据汇集后污水的处置方式不同，可分为下列三种情况。

（1）直排式合流制

管渠系统的布置就近坡向水体，分若干排除口，混合的污水未经处理直接排入自然水体，这种形式的排水系统称为直排式合流制排水系统。作为最早出现的合流制排水系统，被国内外很多老城市采用，但由于污水未经无害化处理就排放，使受纳水体遭受严重污染。随着现代工业与城市的发展，污水量不断增加，水质日趋复杂，所造成的污染危害也日趋严重，直排式合流制排水系统目前在我国已经禁止采用。

（2）截流式合流制

如图 8-3 所示，合流的生活污水、工业废水和雨水一起排向截流干管。晴天时，截流管以非满流将生活污水和工业废水送往污水处理厂；雨天时，随着雨水量的增加，截流管将会以满流将生活污水、工业废水和雨水的混合污水送往污水处理厂。当雨水径流量继续增加到混合污水量超过截流管的设计输水能力时，溢流井开始溢流，其超出部分将通过溢流井直接排入水体。由于受到城市用地紧张和经济发展水平等的限制，截流式合流制在旧城区改造和中小城市仍有应用。

（3）完全合流制

这种体制是将污水和雨水合流在一条管渠，全部送往污水处理厂进行处理，一般在污水处理厂前设置调节设施。在干旱少雨，降雨量变化幅度较小的地方可以考虑，这种体制的卫生条件较好，能处理初期雨水，在街道下进行管道综合布置也比较方便，但调节设施工程量较大，污水处理厂的运行管理也不便。目前，很少采用这种排水体制。

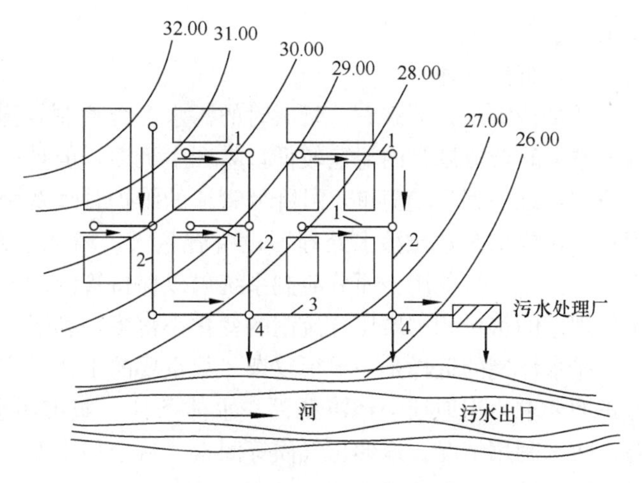

图 8-3 截流式合流制排水系统

1—合流支管；2—合流干管；3—截流干管；4—溢流井

8.4.4 排水体制的选择

合理选择排水体制，是城市排水工程规划中十分重要的问题，不仅关系整个排水系统后期设计、施工及维护管理能否满足环境保护的要求，同时也影响排水工程的总投资、初期投资和经营费用，而且对于城市工业企业的规划和环境保护具有深远的影响。目前主要从环境保护、工程造价、建设施工与维护管理等方面进行分析比较。

（1）环境保护

完全合流制将城市生活污水、工业废水和雨水全部截留输送至污水处理厂处理，然后排放，从控制和防止水体污染的角度看是最好的。这种体制实施起来很困难，目前很少在规划中采用。截流式合流制排水系统同时汇集了全部污水和部分雨水输送到污水处理厂处理，特别是污染程度较高的初期雨水得到了有效处理，这对保护水环境有利。但暴雨时通过溢流井将部分生活污水、工业废水泄入水体，特别是雨水进入排水管道后原来沉积在管道中的大量污染物被冲起，经溢流井进入水体，将周期性的给水体带来一定程度的污染。分流制排水系统是将城市污水全部送到污水厂处理，但初期雨水径流却未经处理直接排入水体。一般情况下，截流式合流制排水系统对保护环境卫生、防治水体污染而言不如分流制排水系统。分流制排水系统比较灵活，较易适应发展需要，通常能符合城市卫生要求，是当前城市排水系统规划中优先采用的一种形式。

（2）工程造价

合流制排水体制只有一套管渠系统，按照国外经验，其管渠的造价比完全分流制一般低 20%～40%。虽然合流制泵站和污水处理厂的造价通常比分流制高，但由于管渠造价在排水系统总造价中占比达 70%～80%，所以分流制的总造价比合流制高。从初期投资来看，不完全分流制因初期只建污水排水系统，因而可节省初期投资费用，还可缩短施工工期，发挥工程效益也快。而合流制和完全分流制的初期投资均比不完全分流制要大，过去很多新建的工业园区和居住区均采用不完全分流制排水体制。随着社会经济和城市建设的发展，城市规划中不完全分流制已逐渐被完全分流制所代替。

（3）建设施工

合流制管线单一，与其他地下管线、构筑物的交叉少，施工较简单，对于人口稠密、街道狭窄、地下设施较多的市区，有一定的优越性。分流制管线工程规模相对较大，对交通和周围建筑的影响范围更广，与其他市政管线的协调要求更高，容易产生混接和错接现象。

(4) 维护管理

从维护管理方面来看，晴天时的污水在合流制管道中是非满流，雨天时才接近满流，因而晴天时合流制管内流速较低，易产生沉淀，但是可利用雨天剧增的径流量冲刷管中的沉积物，维护管理较简单，可降低管道的维护管理费用。但晴天和雨天水量、水质变化幅度较大，要求泵站与污水处理厂设备容量大，增加了泵站与污水处理厂的运行管理复杂性，增大了运行费用。而分流制系统可以保持管内的流速，不易发生沉淀，同时，流入污水处理厂的水量和水质比合流制的变化小得多，利于污水处理、利用和运行管理。

排水体制的选择是一项很复杂、很重要的工作。应根据城镇及工业企业的规划、环境保护的要求、当地社会经济条件、水体条件、城市污水量和水质情况、城市原有排水设施、污水利用情况、地形、气候等因素，从全局出发，在满足环境保护的前提下，通过技术经济比较，综合考虑确定。一般城市新建地区和旧城改造地区的排水系统应采用分流制，不具备改造条件的合流制地区近期可采用截流式合流制，远期可逐步改造过渡为分流制。同一城市的不同地区，可视具体条件，采用不同的排水体制。

8.5 排水区域的划分

排水区界指污水排水系统设置的界限，在排水区界内，一般根据地形划分为若干个排水区域。通常根据城市的地形和总体规划，按分水线和建筑边界线、天然和人为的障碍物，并结合竖向规划、道路布局、坡向及城市污水受纳水体和污水处理厂的位置划分排水区域。具体的划分原则如下：(1) 一般在丘陵和地形起伏的地区，排水区域的分界线与地形的分水线基本一致；(2) 在地形平坦无明显分水线的地区，可按面积的大小划分排水区域；(3) 当必须设置泵站提升时，按照不同的自然排水流域，紧密结合现状和规划用地状况，并考虑经济性因素，充分利用地势的高差和坡降，使水流依靠自身的重力作用从高处流向低处，减少污水的提升次数和污水泵站的数量，降低工程费用和运行费用。

如果每个区域的排水系统自成体系，可单独设污水处理厂和出水口，称为分散式布置。如果将各区域组合成为一个排水系统，所有污水汇集到一个污水处理厂处理排放，称为集中式布置。集中式布置的基本特征是：统一收集、统一输送、统一处理。集中式布置的干管较长，需穿越较多天然或人为障碍物，但污水处理厂集中，出水口少，易于管理。分散式布置的基本特征是：强调就近处理，低成本、便于污水再生利用。分散式布置的干管较短，污水回收利用便于接近用户，有利于分期实施，但需建几个污水处理厂。对于较大城市而言，用地布局分散，地形变化较大，宜采用分散式布置；对中小城市而言，用地布局集中，当地形起伏不大，无天然或人为障碍物阻隔时，宜采用集中式布置。实际规划中，需要对不同方案进行社会、经济技术比较后确定布置形式。

8.6 城市规划污水量

城市污水量包括城市生活污水量和部分工业废水量，与城市规划年限、发展规模、用水结构等有关，是城市排水工程规划设计的重要基础数据。

8.6.1 总体规划污水量

(1) 污水量

国家标准《城市排水工程规划规范》GB 50318－2017 中关于城市污水量指出：城市污水量由城市给水工程统一供水的用户和自备水源供水的用户排出的城市综合生活污水量和工业废水量组成，其大小取决于城市用水量和排水管网的完善程度等多种因素。综合生活污水量由居民生活污水量和公共设施污水量组成。居民生活污水量指居民日常生活中洗涤、冲厕、洗浴等产生的污水量。公共设施污水量是指娱乐场所、宾馆、浴室、商业网点、学校和办公楼等产生的污水量。工业废水量包括生产废水和生产污水，指工业生产过程中产生的废水和废液。城市污水量可根据城市用水量和城市污水排放系数确定。

1) 给水日变化系数。由最大日给水量折算成平均日给水量，其数值应根据当地实测数或给水规范提供的数据确定。

2) 产污率。指用户产生的污水量与用户的用水量比值，产污率与工业性质、城镇卫生设施等因素有关，一般取 0.85～0.90。

3) 截污率。指进入城市污水系统的污水量与产生的污水量之比值。截污率与污水收集系统的完善程度等因素有关，要求规划期末在规划范围内都达到 100％是不可能的。在规划污水管道时，截污率最高值可取 0.9。

4) 不产生污水的耗水。某些用水如工业冷却水、漏失水量、绿化及浇洒道路用水、消防用水等不产生污水量，不进入污水系统，一般占供水量的 12％～20％。

5) 自备水源产生的污水量。在规划建设用地范围内，有自备水源的工业，若其污水水质符合排入排水管道的标准，一般均应纳入城市污水系统。

6) 地下水渗入与污水渗出。目前城市的污水管道、检查井等都不可避免存在缺陷，北方地区地下水位低，污水向外渗出；南方地区地下水水位较高，易于渗入污水管道。渗入及渗出量很难测算。

在城市生活中，如果排水管网较完善，绝大多数用过的水都会作为污水流入污水管道。城市污水量宜根据城市综合用水量（平均日）乘以城市污水排放系数确定。污水排放系数是指在一定计量时间（年）内的污水排放量与用水量（平均日）的比值，应根据城市综合生活用水量与工业用水量之和占城市总用水量的比例确定。按城市污水性质的不同，污水排放系数可分为城市污水排放系数、城市综合生活污水排放系数和城市工业废水排放系数。由于城市综合用水量包括城市综合生活用水量和城市工业用水量，因此，城市污水量可由城市综合生活污水量和城市工业废水量求和而得。城市综合生活污水量由城市综合生活用水量（平均日）乘以城市综合生活污水排放系数确定，城市综合生活污水排放系数应根据规划城市的居住水平、给水排水设施完善程度与城市排水设施规划普及率，结合第三产业产值在国内生产总值中的比例确定。城市工业废水量由城市工业用水量（平均日）乘以城市工业废水排放系数确定，城市工业废水排放系数应根据城市的工业结构和生产设备、工艺先进程度及城市排水设施普及率确定。

根据某些城市的实测资料统计，污水量约占用水量的 80％～100％。当规划城市供水量、排水量统计分析资料缺乏时，城市分类污水排放系数可根据城市居住、公建设施和分类工业用地布局等当地具体条件，按表 8-1 的规定确定。需要指出的是，在当前工业节水的背景下，城市工业废水排放的计算一定要考虑工业企业水的循环利用情况，工业企业是否循环利用对城市排水系统的规划方案具有重大的影响。

在城市总体规划阶段，城市不同性质用地污水量也可按照《城市给水工程规划规范》GB 50282－2016中不同性质用地用水量乘以相应的分类污水排放系数确定。

城市分类污水排放系数　　表8-1

城市污水分类	污水排放系数	城市污水分类	污水排放系数
城市污水	0.70～0.85	城市工业废水	0.60～0.80
城市综合生活污水	0.80～0.90		

注：工业废水排放系数不含石油、天然气开采业和煤炭与其他矿采选业以及电力、蒸汽热水产供业废水排放系数，其数据应按厂、矿区的气候、水文地质条件和废水利用、排放方式确定。

（2）污水量变化系数

城市生活污水量具有逐年、逐月、逐日、逐时变化的特征。在一年之内，冬季和夏季不同；一天内，白天和夜晚不同；每个小时内也有变化，污水量都是不均匀的。为了计算方便，通常假定一小时内污水流量是均匀的。污水量的变化情况通常用变化系数表示。变化系数有日变化系数、时变化系数和总变化系数。在数值上，总变化系数等于日变化系数与时变化系数的乘积。变化系数随污水量的大小而不同。污水量越大，其变化幅度越小，变化系数亦较小；反之则变化系数较大。生活污水总变化系数可按表8-2选取。当污水平均日流量为表中所列污水平均日流量中间数值时，其总变化系数可用内插法求得。此外，《室外排水设计标准》GB 50014－2021给出了城市综合生活污水量变化系数，可以用来估算城市综合生活污水量，见表8-3。

生活污水总变化系数　　表8-2

污水平均日流量（L/s）	5	15	40	70	100	200	500	≥1000
总变化系数	2.3	2.0	1.8	1.7	1.6	1.5	1.4	1.3

综合生活污水量变化系数　　表8-3

污水平均日流量（L/s）	5	15	40	70	100	200	500	≥1000
总变化系数	2.7	2.4	2.1	2.0	1.9	1.8	1.6	1.5

对于城市工业废水总变化系数，由于工业企业的工业废水量及总变化系数随各行业类型、采用的原料、生产工艺特点和管理水平等有很大的差异，我国一直没有统一规定。一般工业废水日变化系数为1.0，时变化系数分六个行业有不同取值，见表8-4。

城市工业废水时变化系数　　表8-4

行业名称	时变化系数	行业名称	时变化系数
冶金工业	1.0～1.1	纺织工业	1.5～2.0
制革工业	1.5～2.0	化学工业	1.3～1.5
食品工业	1.5～2.0	造纸工业	1.3～1.8

如果有两个及两个以上工厂的生产废水排入同一个干管时，各厂最大污水量集中在同一个时间排出的可能性不大，且各工厂距离干管的长度不一（系指对总干管而言），故在计算中如无各厂详细变化资料，应将各厂的污水量相加后再乘折减系数。折减系数取值见表 8-5。

工厂污水排放折减系数 **表 8-5**

工厂数目	折减系数 C	工厂数目	折减系数 C
2～3	0.95～1.00	4～5	0.80～0.85
3～4	0.85～0.95	5 以上	0.70～0.80

8.6.2 详细规划污水量

详细规划中可以根据城市规模、生活污水量标准和变化情况计算生活污水量。工业废水量则与工业企业的性质、工艺流程、技术设备等有关。

（1）居住区生活污水量的计算

城市污水管道规划设计中需要确定居住区生活污水的最高时污水流量，常由平均日污水量与总变化系数求得。规划中常常按规划设计人口计算。

1）居住区平均日污水量

$$Q_p = \frac{q_0 N}{24 \times 3600} \tag{8-1}$$

式中 Q_p——居住区平均日污水量，L/s；

q_0——居住区生活污水量标准，L/(人·d)；

N——居住区规划设计人口数，人。

2）居住区最高日最高时污水量

$$Q_h = K_z Q_p \tag{8-2}$$

式中 Q_h——居住区最高日最高时污水量，L/s；

K_z——总变化系数，按表 8-2 采用。

由于上述两个式子中未包括全市性的独立公共建筑的污水量，因此这部分污水量应单独计算，故有时需要增加这部分污水量。

$$Q_1 = Q_p K_z + \Sigma \frac{N_g q_g K_h}{24 \times 3600} \tag{8-3}$$

式中 Q_1——居住区最高日最高时污水量，L/s；

K_z——总变化系数，按表 8-2 采用；

N_g——公共建筑生活污水量单位的数量；

q_g——某类公共建筑生活污水量标准，L/d；

K_h——小时变化系数，参照用水量时变化系数采用。

为了便于计算，有些城市的设计部门根据人口密度、卫生设备、生活习惯与生活水平等条件制定相应的综合性指标。这项指标也称为污水的面积比流量，是指城市单位面积（包括公共建筑及小型工厂）每日排出的污水量。如北京市在规划中按面积比流量 1L/(hm^2·s) 计算污水流量。居住区面积比流量也可以按下式计算。

$$q_f = q_0 d_p / 24 \times 3600 \tag{8-4}$$

式中　q_f——面积比流量，L/(hm^2·s)；

d_p——平均人口密度，人/hm^2；

平均日污水量按下式计算。

$$Q_0 = q_f F_i \tag{8-5}$$

式中　F_i——排水区域面积，hm^2。

（2）工业企业生活污水量的计算

工业企业的生活污水主要来自生产区的食堂、浴室、厕所等。其污水量与工业企业的性质、脏污程度、卫生要求等因素有关。工业企业职工的生活污水量标准根据车间性质确定，一般采用25～35L/(人·班)，时变化系数为2.5～3.0。淋浴污水量标准按表8-6确定。淋浴污水在每班下班后一小时均匀排出。以每班工作时间8h为例，工业企业生活污水量用下式计算。

$$Q_2 = \frac{25 \times 3.0A_1 + 35 \times 2.5A_2}{8 \times 3600} + \frac{40A_3 + 60A_4}{3600} \tag{8-6}$$

式中　Q_2——工业企业职工的生活污水量，L/s；

A_1——一般车间最大班的职工总人数，人；

A_2——热车间最大班的职工总人数，人；

A_3——三、四级车间最大班使用淋浴的人数，人；

A_4——一、二级车间最大班使用淋浴的人数，人。

工业企业淋浴用水量（L/S）　　**表8-6**

分级	车间卫生特征	用水量［L/(人·每班)］
一级、二级	非常脏污，对身体有严重污染	60
三级、四级	不太脏的车间，有粉尘	40

注：淋浴用水延续时间为1h。

（3）工业废水量的计算

工业废水量与工业企业的性质、工艺流程、技术设备和给水、排水系统的形式有关，并随所在地区气候条件等的不同而不同。工业企业废水量通常按工厂或车间的日产量和单位产品的废水量计算，其计算公式如下：

$$Q_3 = \frac{wPK_z}{3600T} \tag{8-7}$$

式中　Q_3——工业废水量，L/s；

w——生产单位产品排出的平均废水量，L/单位产品；

P——每日生产的产品数量，单位产品；

T——每日生产的小时数，h；

K_z——总变化系数。

工业废水量计算所需的资料通常由工业企业提供，规划设计人员应调查核实。若无工业企业提供的资料，可参考条件相似的工业企业的废水量确定，必要时可参考表8-7工业废水量参考指标中的数值估算。

工业废水量参考指标（m^3） **表 8-7**

工业分类	废水来源	单位产品废水量	
		国内资料	国外资料
钢铁	冷却、锅炉、工艺、冲洗	43～347	4.3～688
石油加工	冷却、锅炉、工艺、冲洗	1.2～71	0.8～91
印染	冷却、锅炉、工艺、冲洗、空调	13～36	17～44
棉纺织	空调、锅炉、工艺、冲洗	6.3～40	25～45
造纸	水力、锅炉、工艺、冲洗、冷却	910～1610	10～450
皮革	冷却、锅炉、工艺、冲洗	95～190	28～164
罐头	原料、冷却、锅炉、工艺、冲洗	5.8～42	0.3～45
饮料、酒	原料、冷却、锅炉、工艺、冲洗	2.1～96	2.8～24
制药	冷却、锅炉、工艺、冲洗、空调	133～38000	180～4800
水力发电	水力、锅炉、冷却	133～444	152～760
机械	冷却、锅炉、工艺、冲洗	1.3～96	9～167

（4）城市污水量的计算

城市污水量可采用累计流量法和综合流量法计算。累计流量法通常是将上述几项污水量累加进行计算，其计算公式如下：

$$Q = Q_1 + Q_2 + Q_3 \tag{8-8}$$

式中　Q——城市污水设计流量，L/s。

工业废水量 Q_3 中，凡不排入城市污水管道的工业废水量不予计算。此外，在地下水位较高地区，应考虑地下水入流水量。

累计流量法假定各种污水都在同一时间出现最高流量，计算所得的流量数值与实际情况相比偏高。由于方法简单，所需资料容易获得，在城市规划设计的管道规划中经常采用。

综合流量法是根据各种污水流量的变化规律，考虑各种污水最高时流量出现的时刻，根据一日中各种污水逐时变化，将同一时刻的各种污水流量相加得到各小时的流量。通常按最大时流量规划设计城市污水处理厂和污水提升泵站等。

8.7　城市排水管道系统规划

8.7.1　排水管道系统的布置

（1）平面布置内容与原则

规划设计城市排水管道系统，首先要在城市总平面图上进行管道系统平面布置，也称为排水管道系统的定线，其主要工作是确定管道的平面布置和水流方向。

排水管道系统平面布置是在估算出各种排水量、确定排水体制以及基本确定污水处理与利用方案的基础上进行的。根据城市所采用的排水体制不同，平面布置的内容亦略有差别。对于合流制只需布置一套管渠系统，而分流制则要分别进行污水、雨水和工业废水排除系统的布置。

污水排除系统布置要确定污水处理厂、出水口、泵站及主要管道的位置。当利用污水灌溉农田时，还需确定灌溉田的位置、范围、灌溉干渠的布置。雨水排除系统布置要确定雨水管渠、排洪沟和出水口的位置。工业废水排除系统布置要根据工业类别，按具体情况决定。一般厂内管渠系统由各工厂自行布置厂内排水，仅需确定厂内污水出流管的位置。各厂之间管渠系统及出水口位置由城市管网统一考虑。最后绘出城市排水系统总平面图。

平面布置对整个排水系统起决定性作用。为了使城市排水系统达到技术上先进，经济上合理；既能很好发挥其功能，满足实用要求，又能处理好排水系统与城市其他部分的相互关系，平面布置应遵循下列基本原则：

1）符合城市总体规划的要求，并和其他单项工程密切配合，相互协调；

2）满足低碳节能、环境保护和经济高效的要求；

3）合理使用土地，不占或少占农田；

4）充分发挥城市原有排水设施的作用；

5）要考虑管道系统的施工和管理维护方便；

6）远近期结合，安排好分期建设。

（2）平面布置形式

城市排水管道系统的平面布置，根据地形、竖向规划、污水处理厂位置、土壤条件、周围水体情况、污水种类和污染情况及污水处理利用的方式、城市水源规划、区域水污染控制规划等因素综合考虑来确定。污水管道平面布置，一般按先确定主干管、再定干管、最后定支管的顺序进行。在城市排水总体规划中，只确定污水主干管、干管的走向与平面位置。在详细规划中，还要确定污水支管的走向及位置。在污水管道系统的布置中，要尽可能用最短的管线，在顺坡的情况下使埋深较小，把最大服务面积上的污水送往污水处理厂或水体。

排水管网一般布置成树状网，以地形为主要考虑因素的布置形式有以下几种形式。

1）正交式布置

A. 正交直排式布置

在地势向水体适当倾斜的地区，各排水区域的干管可以最短距离与水体垂直相交的方向设置，称为正交式，如图 8-4（a）所示。这种形式干管长度短，管径小，污水排出速度大，污水排出也迅速、造价经济。由于污水未经处理就直接排放，会使水体遭受严重污

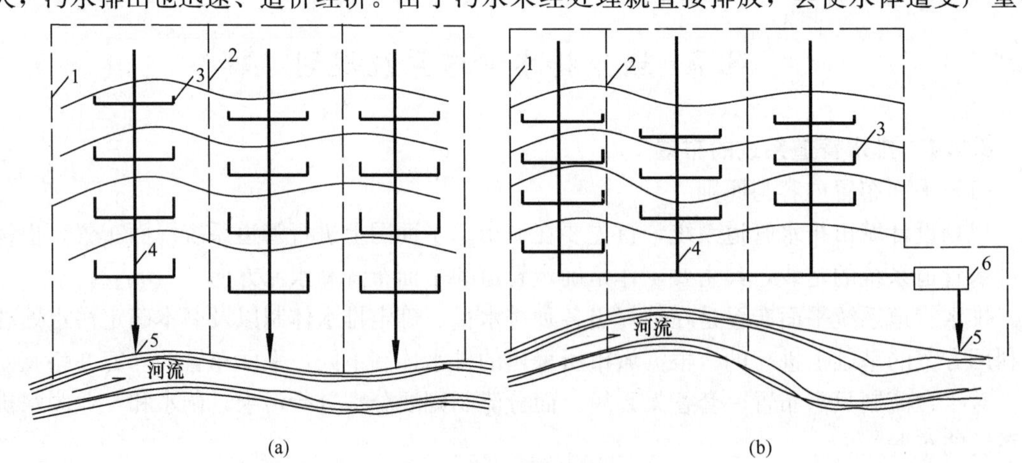

图 8-4　排水系统正交布置形式

（a）正交直排式；（b）正交截流式

1—城市边界；2—排水区域分区边界线；3—支管；4—干管；5—出水口；6—污水处理设施

染，影响环境。这种方式在现代城市中仅用于排除雨水。

B. 正交截流式布置

在正交式布置中，沿河岸侧再敷设总干管，将各干管的污水截流收集统一送至污水处理厂，处理后的生活污水及工业废水排入天然水体，这种布置称为截流式，如图 8-4（b）所示。该方式可以减轻水体污染，改善和保护环境，适用于分流制污水排水系统，对于合流制污水排放系统需要在截流主干管上增设截流井。

2）平行式布置

在地势向河流方向有较大倾斜的地区，为了避免因干管坡度及管内流速过大，使干管受到严重冲刷或跌水井过多，可使干管与等高线及河道基本上平行，主干管与等高线及河道成一定交角敷设，称为平行布置，如图 8-5（a）所示。

3）分区式布置

在地势高低相差很大的地区，当污水不能靠重力流流至污水处理厂时，可采用分区布置形式，分别在高、低区敷设独立的管道系统。高区污水以重力流直接流入污水处理厂，低区污水则利用污水泵抽送至高区干管或污水处理厂。这种方式只能用于阶梯地形或起伏很大的地区，其优点是能充分利用地形排水、节省电力。若将高区污水排至低区，然后再用污水泵一起抽送至污水处理厂则不经济，如图 8-5（b）所示。

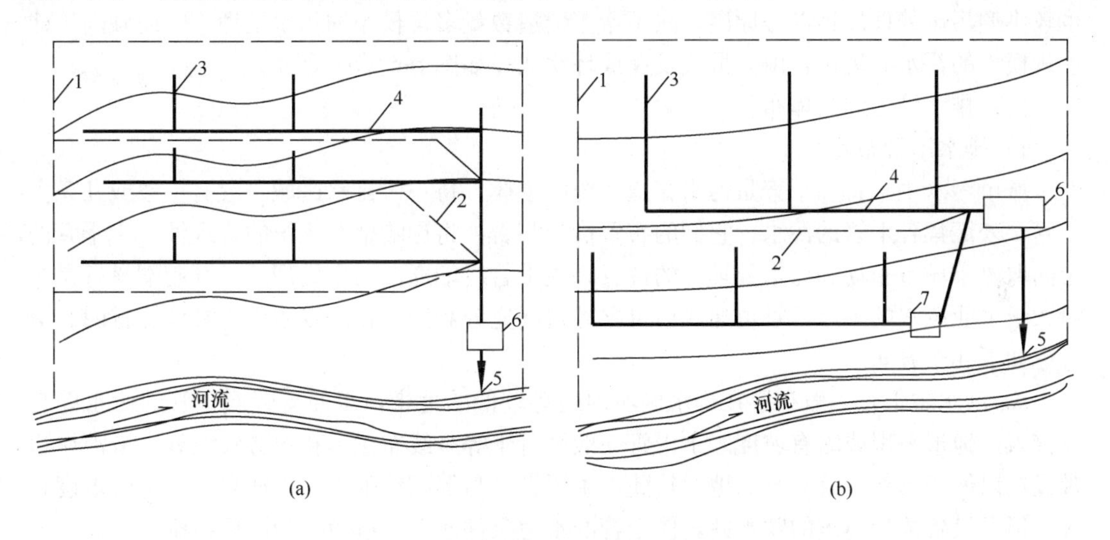

图 8-5 排水系统平行与分区布置形式

（a）平行式；（b）分区式

1—城市边界；2—排水区域分区界线；3—支管；4—干管；5—出水口；6—污水处理设施；7—提升泵站

4）分散式布置

当城市周围有河流，或城市中央部分地势高，地势向周围倾斜的地区，各排水流域的干管经常采用辐射状分散式布置，各排水流域具有独立排水系统。这种布置形式具有干管长度短、管径小、管道埋深浅、便于污水灌溉等优点，但污水处理厂和泵站的数量将增多。在地势平坦的大城市，采用辐射状分散式布置比较有利，如图 8-6（a）所示。

5）环绕式布置

由于建造污水处理厂用地不足，以及建造大型污水处理厂的基建投资和运行管理费用

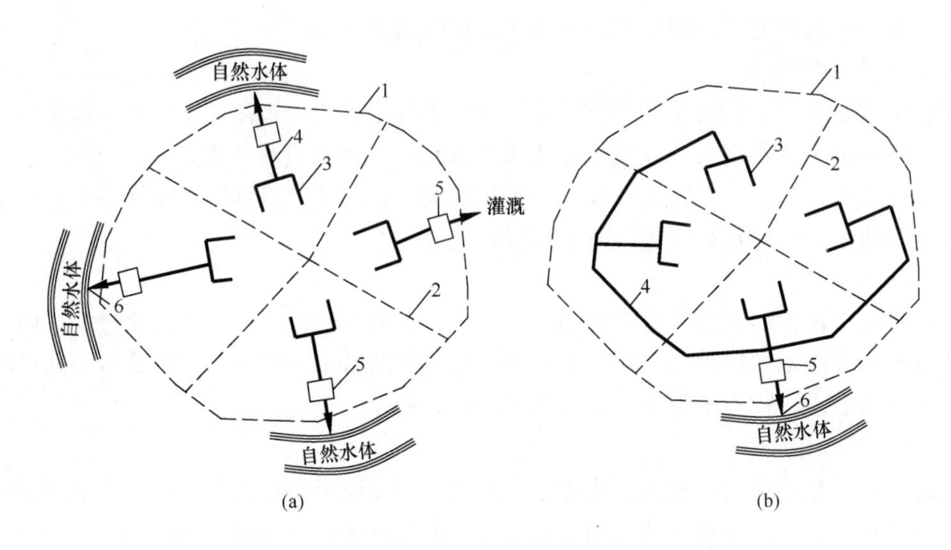

图 8-6 排水系统分散与环绕式布置

（a）分散式；（b）环绕式

1—城市边界；2—排水区域分区界线；3—支管；4—干管；5—污水处理设施；6—出水口

也较小型污水处理厂经济等原因，故不希望建造数量多规模小的污水处理厂，而倾向于建造规模大的污水处理厂，由分散式发展成环绕式，如图 8-6（b）所示。

（3）排水管道的具体布置

1）排水干管布置

城市污水主干管和干管是污水管道系统的主体。每一个排水区域一般有一条或几条主干管，来汇集各干管的污水。它们的布置恰当与否，将影响整个系统的合理性。主干管的走向取决于城市布局和污水处理厂的位置，主干管终端通向污水处理厂，其起端最好是排泄大量工业废水的工厂，管道建成后可立即得到充分利用。在决定主干管具体位置时，应考虑如下几个方面。

A. 污水主干管一般布置在排水区域内地势较低的地带，以便支管或干管的污水能自流接入。地形平坦或略有坡度，主干管一般平行于等高线布置，在地势较低处，沿河岸边敷设，以便于收集干管来水。地形较陡，主干管可与等高线垂直，这样布置主干管坡度较大，但可设置数量不多的跌水井，使干管的水力条件改善，避免受到严重冲刷。

B. 污水干管一般沿城市道路布置。通常设置在污水量较大的或地下管线较少一侧的人行道、绿化带或慢车道下，并与街道平行。当道路红线宽度大于 40m 时，可以在道路两侧各设一条污水干管，以减少过街管道长度和数量，利于施工、检修和维护管理。地形平坦或略有坡度，干管与等高线垂直（减小埋深）；地形较陡，干管与等高线平行（减少跌水井数量）。

C. 污水管道应尽可能避免穿越河道、铁路、地下建筑或其他障碍物，避开地质条件差的地区。同时，也要注意减少与其他地下管线交叉。

D. 尽可能使污水管道的坡度与地面坡度一致，以减少管道的埋深。为节省工程造价及经营管理费用，要尽可能不设或少设中途泵站。

E. 管线布置应简捷，要特别注意节约大管道的长度。要避免在平坦地段布置流量小而长度大的管道。因为流量小，保证自净流速所需要的坡度大，而使埋深增加。

2）污水支管的平面布置

污水支管的平面布置取决于地形和街坊建筑特征，并应便于用户接管排水，分为低边式、围坊式（周边式）和穿坊式。

低边式布置将污水支管布置在街坊地势较低的一边，如图 8-7（a）所示。适用于街坊面积较小而街坊内污水又采用集中出水方式的情形。这种布置形式的特点是管线较短，在城市规划中普遍采用。

围坊式布置将污水支管布置在街坊四周，如图 8-7（b)所示。这种布置形式适用于地势平坦并采用集中出水的大型街坊。

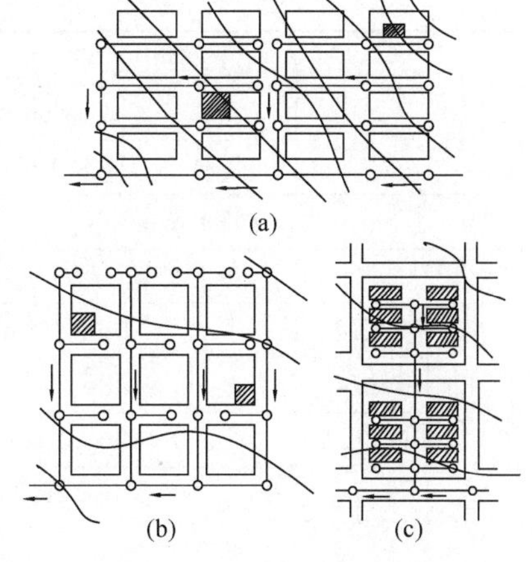

图 8-7　污水支管的布置形式

（a）低边式；（b）围坊式；（c）穿坊式

穿坊式的污水支管穿过街坊，而街坊四周不设污水支管，如图 8-7（c）所示。当街坊或小区已按规划确定，其内部的污水管网已按建筑物需要设计，组成一个系统时，可将该系统穿过其他街坊，并与所穿街坊的污水管网相连。这种布置管线较短，工程造价较低。

8.7.2　污水管道在街道上的位置

污水管道一般沿道路敷设并与道路中心线平行，在交通频繁的道路上应尽量避免污水管道横穿道路。当道路红线宽度大于 40m，且两侧街坊都需要向支管排水时，常在道路两侧各设一条污水管道。在城市街道下常有各种管线，如给水管、污水管、雨水管、燃气管、热力管、电力电缆、通信电缆等。此外，街道下还可能有地铁、地下人行通道、工业隧道等地下设施。这就需要在各单项管道工程规划的基础上，综合规划、统筹考虑，合理安排各种管线在空间的位置，以利于施工和维护管理，由于污水管道为重力流管道，其埋深大、连接支管多，使用过程中难免渗漏损坏。所有这些都增加了污水管道的施工和维修难度，还可能会对附近建筑物和构筑物的基础造成危害，甚至污染生活饮用水。因此，污水管道与建筑物应有一定间距，与生活给水管道交叉时，应敷设在生活给水管的下面。管线综合规划时，所有地下管线都应尽量设置在人行道、非机动车道和绿化带下，只有在不得已时，才考虑将埋深大，维修次数较少的污水管道、雨水管道布置在机动车道下。各种管线在平面上布置的次序一般是，从建筑规划线向道路中心线方向依次为：电力电缆——通信电缆——燃气管道——热力管道——给水管道——雨水管道——污水管道。若各种管线布置时发生冲突，处理的原则是：未建避让已建的，临时避让永久的，小管避让大管，压力管避让无压管，可弯管避让不可弯管。在地下设施较多的地区或交通极为繁忙的街道下，应把污水管道与其他管线集中设置在管廊（隧道）中，但雨水管道一般设在管廊外，并与管廊平行敷设。污水管与其他地下管线或建筑设施的水平和垂直最小净距，应根据两者的类型、标高、施工顺序和管道损坏的后果等因素，按管线综合设计确定。一般排水管道与其他管线（构筑物）的最小净距按表 8-8 采用。

8.7.3　污水管道的埋深

污水管道的埋设深度是指管道的内底离开地面的垂直距离，简称为管道埋深。管道的顶部离开地面的垂直距离称为覆土厚度。

排水管道与其他管线和构筑物的最小净距　　表 8-8

名　称			水平净距（m）	垂直净距（m）
建筑物			见注③	
给水管	d≤200mm		1.0	0.4
	d＞200mm		1.5	
排水管≥				0.15
再生水管			0.5	0.4
燃气管	低压	P≤0.05MPa	1.0	0.15
	中压	0.05MPa＜P≤0.4MPa	1.2	0.15
	高压	0.4MPa＜P≤0.8MPa	1.5	0.15
		0.8MPa＜P≤1.6MPa	2.0	0.15
热力管线			1.5	0.15
电力管线			0.5	0.5
电信管线			1.0	直埋 0.5
				管块 0.15
乔木			1.5	—
地上柱杆	通信照明＜10kV		0.5	—
	高压铁塔基础边		1.5	—
道路侧石边缘			1.5	—
铁路钢轨（或坡脚）			5.0	轨底 1.2
电车（轨底）			2.0	1.0
架空管架基础			2.0	—
油管			1.5	0.25
压缩空气管			1.5	0.15
氧气管			1.5	0.25
乙炔管			1.5	0.25
电车电缆			—	0.5
明渠渠底			—	0.5
涵洞基础底			—	0.15

注：①表中列出的数字除注明者外，水平净距均指外壁净距，垂直净距系指下面管道的外顶与上面管道基础底间净距；

②采取充分措施（如结构措施）后，表列数字可以减小；

③与建筑物水平净距，管道埋深浅于建筑物基础时，一般不小于 2.5m，管道埋深深于建筑物基础时，按计算确定，但不小于 3.0m。

污水管道的埋深对于工程造价和施工影响很大。管道埋深越大，施工越困难，工程造价越高。显然，在满足技术要求的条件下，管道埋深越小越好。但是，管道的覆土厚度有一个最小限值，称为最小覆土厚度。《室外排水设计标准》GB 50014－2021 中规定了管道最小覆土厚度值，并从如下几个因素考虑埋设深度。

（1）应考虑污水冰冻的可能性与土壤的冰冻深度以及污水管道保温情况

生活污水的水温一般较高，而且污水中有机物分解还会放出一定的热量。在寒冷地区，即使冬季，生活污水的水温一般也在10℃左右，污水管道内的流水和周围的土壤一般不会冰冻，因而无需将管道埋设在冰冻线以下。没有保温措施的生活污水管道及温度接近10℃的工业废水管道，其内底可埋设在冰冻线以上0.15m。有保温措施或水温较高的污水管道，其内底在冰冻线以上的标高还可以适当提高。

（2）须防止车辆等动荷载压坏管道

为了防止车辆等动荷载损坏管壁，管顶应有足够的覆土厚度。管道的最小覆土厚度与管道的强度、荷载大小及覆土密实程度有关。污水管道在车行道下的最小覆土厚度应不小于0.7m；在没有车辆等动荷载的地段，其最小覆土厚度可以适当减小，人行道下宜为0.6m。

（3）必须考虑管道交叉的情形

城市街道下设有多种管道，需要考虑管道的交叉情况，特别是不能避让的重力管道（如雨水管），要考虑其他管道的埋深对污水管道埋深的影响，便于支管接入。

（4）必须满足管道与管道之间的衔接要求

城市污水管道多为重力流，管道有一定的坡度，确定下游管段埋深时应该考虑上游管段的要求。干管的埋深应满足支管接入的要求，支管的埋深应满足住宅或工厂排水管的接入要求。在气候温暖、地势平坦的城市，污水管道最小埋深往往取决于管道衔接所需要的深度。

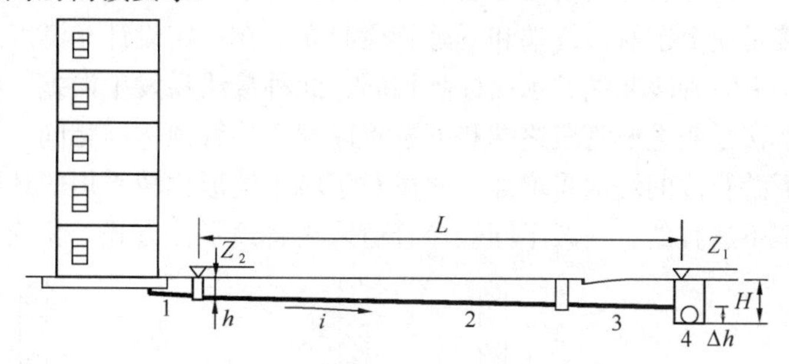

图8-8　街道污水管起端埋深
1—出户管；2—街坊污水支管；3—连接管；4—街道污水管

在排水区域内，对管道系统的埋深起控制作用的点称为控制点。各条管道的起端大都是这条管道的控制点，如图8-8中点4为城市街道污水管的控制点。离污水处理厂或出水口最远最低的点是整个排水管道系统的控制点。在规划设计中，应设法减小控制点的埋深，通常采用的措施有：1）增加管道的强度；2）如果为防止冰冻，可以加强管道的保温措施；3）如果为保证最小覆土厚度，可以填土提高地面高程；4）必要时设置提升泵站，减小管道的埋深。

管道的覆土厚度，往往取决于房屋排出管在衔接上的要求。街坊内的污水管道承接房屋排出管，其起端受房屋排出管埋深的控制。街道下的污水管道承接街坊内的污水管道，其最小覆土厚度受街坊污水管道的控制。房屋排出管的最小埋深通常采用0.55～0.65m，因而街坊污水支管起端的埋深一般不小于0.6～0.7m。街道污水管起点的埋深可按下式计算。

$$H = h + iL + Z_1 - Z_2 + \Delta h \tag{8-9}$$

式中　H——街道污水管起点的最小埋深，m；

h——街坊污水支管起端的埋深，m；

i——街坊污水支管和连接管的坡度；

L——街坊污水支管的长度，m；

Z_1——街道污水检查井的地面标高，m；

Z_2——街坊污水支管起端检查井的地面标高，m；

Δh——街道污水管底与接入的污水支管的管底高差，m。

对于一个具体的管段，上述四个条件得出的限制数值中最大值为该管段的最小埋深。

在确定污水管道埋设深度时，除考虑最小埋深外，还应考虑最大埋深。污水管的最大埋深决定于土壤性质、地下水位及施工方法等。干燥土壤中一般不超过7～8m；地下水位较高、流沙严重、挖掘困难的地层中通常不超过5m。当管道埋深超过最大埋深时，应考虑设置污水泵站等措施，以减少管道的埋深。

8.7.4 污水管道的衔接

为了满足衔接与维护的要求，在污水管段，通常要设置检查井。在检查井中，上下游管道的衔接必须满足两方面的要求：一是要避免在上游管道中形成回水；二是要尽量减少下游管道的埋设深度。

污水管道的衔接方法通常采用的有水面平接法和管顶平接法，如图8-9所示。水面平接是使上游管段终端和下游管段起端，在一定设计充满度下的水面相平，即上游管段终端与下游管段起端的水面标高相同。此种接法易发生误差，在上游管段内易形成回水。管顶平接是使上游管段终端和下游管段起端的管顶标高相同，不会在上游管段中产生回水，但下游管段的埋深将增加。此法对于城市地形比较平坦的地区或埋深较大的管道，有时可能是不适宜的。一般不同管径管道采用管顶平接方式，相同管径管道采用水面平接方式。

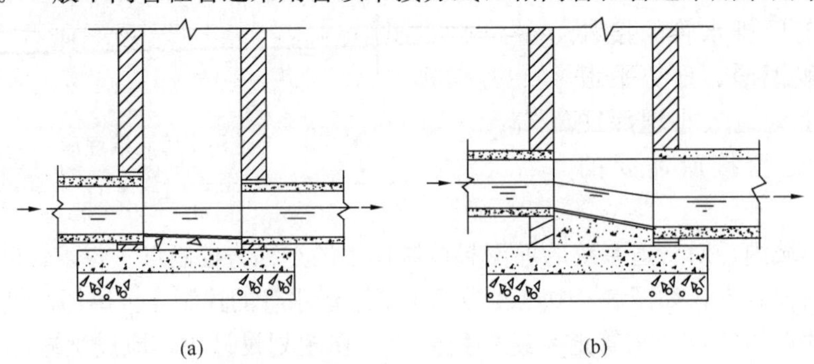

图8-9 污水管道的衔接方法

（a）水面平接；（b）管顶平接

水面平接一般很难实现，所以城市污水管道一般都采用管顶平接。在坡度较大的地段可采用跌水。无论采用何种方法衔接，下游管段的水面和管底都不应高于上游管段的水面和管底。污水支管与干管交汇处，当支管管底高程与干管管底高程相差较大时，需在支管上设置跌水井，经跌落后再接入干管，以保证干管的水力条件。

8.7.5 排水管材及附属构筑物

（1）排水管材

1）对管材的要求

A. 具有足够的强度；

B. 具有较好的抗渗性能；

C. 具有良好的抗腐蚀和抵抗污水冲刷与磨损性能；

D. 具有良好的水力条件；

E. 应就地取材、降低造价，并考虑预制管件及快速施工的可能性。

2）常用的排水管材

常见排水管材有：混凝土、钢筋混凝土、塑料、铸铁、钢管、石棉水泥和陶土等，应根据污水性质、管道承受的内外压力、埋设地点的土质条件等因素确定。

混凝土管及钢筋混凝土管，制作方便，造价较低，耗费钢材较少，在排水工程中应用极为广泛。但容易被碱性污水侵蚀，管径大时质量大、搬运不便、管段较短、接口较多。混凝土管的直径一般不超过600mm。为了增加管子的强度，直径大于400mm时，一般做成钢筋混凝土管。目前平口、企口混凝土排水管（$DN\leqslant500$）禁止用于城镇市政排水管道系统。

陶土管是用塑性黏土焙烧而成，按使用要求可以做成无釉、单面釉及双面釉的陶土管。带釉的陶土管表面光滑，水流阻力小，不透水性好，并且具有良好的耐磨、抗腐蚀性能，适用于排除腐蚀性工业废水或铺设在地下水侵蚀性较强的地方。管径一般不超过500～600mm。陶土管的缺点是：质脆易碎、抗弯抗拉强度低，因此不宜敷设在松土层或埋深很大的地方。随着各种塑料和复合管材的出现，目前陶土管已很少使用。

常用的金属管有铸铁管、钢管等。其优点是强度高、抗渗性好、内壁光滑、阻力小、抗压、抗振性好，而且每节管较长，接口少。但价格较贵、抗酸碱腐蚀性较差。金属管适用于压力管道及对抗渗漏要求特别高的管段，如排水泵站的进出水管、穿越其他管道的架空管、穿越铁路、河流的管段等。使用金属管时，必须做好防腐保护层，以防污水和地下水侵蚀损坏。

为了节约钢材，降低排水工程成本，应尽量少用金属管；同时，从环保角度考虑推荐使用环保型排水管材。目前市场上使用较多的有PVC塑料管、PE管和PP管等。

聚乙烯双壁波纹管是由HDPE（高密度聚乙烯）经过热熔挤出真空成型的新型排水管材，其内壁圆滑，外壁附有同心环状中空棱纹，材质强度高，抗压抗弯及耐冲击性能好；耐腐蚀，内壁不结垢；胶圈接口密封性能好，抗拉拔能力强，不易渗漏。目前，HDPE波纹管在国内不少城镇排水工程中广泛应用。

夹砂玻璃钢管采用玻璃纤维及合成树脂作为增强材料，交叉及环向缠绕，固化成型（含夹砂）。其内壁光滑，过水能力大；耐腐蚀，内壁不结垢；胶圈接口，柔性及密封性能好，目前，夹砂玻璃钢管作为排水管材已在国内市政工程中得以较广泛使用。

增强聚丙烯（FRPP）排水管由玻璃纤维改性聚丙烯，经模压成型工艺加工而成，具有强度高、柔性好、质量轻、糙率小、耐腐蚀、施工简便、综合造价较低等优点，是排水管的一种新产品。

（2）附属构筑物

排水管网的附属构筑物主要包括检查井、跌水井、溢流井、超越井、潮门井、水封井以及倒洪管等。

1）检查井

A. 设置条件及设计规定

a. 设在管道交汇处、转弯处、管道断面（尺寸、形状、材质）及基础接口变更处、跌水处及直线管段上隔一定距离处；

b. 检查井内一般采用管顶平接；

c. 在管道转弯和交接处，水流转弯应大于 90°，但当管径 d 不大于 300mm 且跌水大于 0.3m 时，不受此限；

d. 接入检查井的支管（出户管或连接管）数不宜超过 3 条；

e. 检查井井底应设流槽。污水检查井的流槽顶与大管管径的 85%处相平，雨水检查井的流槽与上游管道的 1/2 内径（管中心）齐平。

B. 检查井间距

现行《室外排水设计标准》GB 50014－2021 规定了检查井在直线管渠上的最大间距。规划设计时可按表 8-9 选取。无法实施机械养护的区域，检查井的间距不宜大于 40m。

检查井在直线段最大间距 **表 8-9**

管径（mm）	最大间距（m）
300～600	75
700～1000	100
1100～1500	150
1600～2000	200

2）跌水井

A. 设置要求

a. 管道跌水高差大于 1.0m；

b. 管内流速太大，需调节处；

c. 管道垂直于陡峭地形的等高线布置，按照原定坡度将要露出地面处；

d. 接入较低的管道处；

e. 当淹没排放时，在出口前的一个井；

f. 管道转弯处不宜设跌水井；

g. 跌水井的进水管 d 小于 200mm 时，一次跌水高差 H 小于 6.0m；

h. 跌水井不得接入支管。

B. 跌水井形式

跌水井分竖管式、竖槽式及阶梯式三种形式，详见《给水排水标准图集》S234。

3）溢流井

溢流井适用于截流式合流制排水系统，其设置有以下要求。

A. 尽可能靠近水体的下游；

B. 最好在高浓度工业污水进水点的上游；

C. 宜在倒虹管前、排水泵站前及处理构筑物前；

D. 宜在水体最高洪水位以上，低于最高洪水位时需设闸门；

E. 根据不同的河流及不同的处理方法，截流倍数选用 $n_0=1～5$。

4）超越井

超越井设在截流管道与雨水管道交接处。

5）潮门井

受潮汐和水体水位影响，为防止潮水或河水倒灌，潮门井应设在排水管道出水口上游适当位置处。

6）出水口

A. 设置要求

a. 在江河岸边设置出水口时，应保持与取水构筑物、游泳区及家畜饮水区有一定距离，同时也应不影响下游居民点的卫生和饮用；

b. 在城市河渠的桥涵闸附近设置雨水出水口时，应选在构筑物下游并应保持结构条件和水力条件所需要的距离；

c. 在海岸设置污水出口时，应考虑潮汐波浪和设施等情况，注意环境卫生；

d. 出水口的形式应取得当地卫生监督、水体管理和交通管理等部门同意；

e. 雨水出水口内顶最好不低于多年平均洪水位；

f. 污水出水口应尽可能淹没在水体水面以下。

B. 防冲措施

岸边式出水口与岸边的连接部分要建挡土墙和护坡，底板要铺砌。

7）水封井

① 当工业废水能产生引起爆炸或火灾的气体时，其管道系统中必须设置水封井。水封井应设在上述废水排出口处及其干管上适当间隔距离处。

② 水封井设置要求：水封高度 0.25m。水封井底设沉泥槽，深度 0.5～0.6m。井上设通风管，其管径不得小于 100mm。

8）倒虹管

A. 位置设置

a. 污水管道穿过河道、旱沟、洼地或地下构筑物等障碍物不能按原高程直接通过；

b. 尽可能与障碍物轴线垂直，以求缩短长度。穿越处应地质条件良好，河岸、河床不受冲刷。

B. 数目

a. 穿过小河、旱沟和洼地时可敷设一条；

b. 穿过河道时一般敷设两条，一条工作，一条备用；

c. 穿过特殊重要构筑物时应敷设三条，两条工作，一条备用；

C. 长度、角度、深度

a. 水平管长度根据穿越物的现状和远景发展规划确定；

b. 水平管与斜管的夹角一般不大于 30°；

c. 水平管外顶距规划河底不小于 0.5m。

D. 流速

a. 设计流速一般不小于 0.9m/s，同时不小于进水管内流速；

b. 冲洗流速不小于 1.2m/s；

c. 合流管道设倒虹管时，应按旱流污水量校核流速。

E. 进水井

a. 应布置在不受洪水淹没处，必要时可考虑排气设施，井内应设闸槽或闸门；

b. 在倒虹管进水井的前一检查井，应设沉泥槽；

c. 考虑检修，进水井宜设事故排出口。

8.8 污水泵站规划

排水管道为保证重力流，都有一定的坡度，一定距离后，有时管道将埋置很深，造成工程量大和施工困难，所以在有些情况下需要考虑在管道中途设置提升泵站，来减少管道埋深。污水泵站的设置应考虑选址、附属设施、用地和防洪标准等因素，应符合下列要求：(1) 根据城市排水规划，结合城市的地形、污水管渠系统，经技术经济比较后确定；(2) 当排水系统中需设置污水泵站时，污水泵站结合周围环境条件，应与居住、公共设施建筑保持必要的防护距离，泵站前应设置事故排出口，其位置应根据水域环境规划和水体的功能区要求合理确定；(3) 泵站建设用地按建设规模、泵站性质确定，其用地指标宜按表 8-10 确定。(4) 泵站室外地坪标高应按城镇防洪标准确定，并符合规划部门要求。

污水泵站规模和污水泵的选择，应符合下列要求：(1) 污水泵站的设计流量，应按泵站进水总管的最高日最高时流量计算确定；(2) 污水泵和合流污水泵的设计扬程，应根据设计流量时的集水池水位与出水管渠水位差、水泵管路系统的水头损失以及安全水头确定。

集水池的容积，应根据设计流量、水泵能力和水泵工作情况等因素确定，一般应符合下列要求：(1) 污水泵站集水池的容积，不应小于最大一台水泵 5min 的出水量，当水泵机组为自动控制时，每小时开动水泵不得超过 6 次；(2) 大型合流污水输送泵站集水池的面积，应按管网系统中调压塔原理复核。

污水泵站规划用地指标（m^2） **表 8-10**

建设规模	污水流量（万 m^3/d）		
	＞20	10～20	1～10
用地指标	3500～7500	2500～3500	800～2500

注：1. 用地指标是指生产必需的土地面积，不包括有污水调蓄池及特殊用地要求的面积。
2. 本指标未包括站区周围防护绿地。

8.9 城市污水管网的水力计算

污水管道系统的平面布置完成后，即可进行污水管道的水力计算。污水管道水力计算的目的，在于合理地、经济地选择管道断面尺寸、坡度和埋深。

8.9.1 污水管道水力特性及计算公式

(1) 污水在管道中是依靠重力从高处流向低处。污水中虽然含有一定量的有机物和无机物，但 99%以上是水分，所以认为城市管道中污水流动是遵循一般水流规律的，可以按水力学公式计算。

(2) 城市污水管道中的水流是不均匀的，主要是由于污水量的变化、管道交汇形成回水、管道中的沉积物及管道接口的不光滑等使管道中水流发生变化，但在一个较短的管段内，流量变化不会太大，且管道坡度不变，可以认为管段内流速不变，所以通常把这种管段内污水的流动视为均匀流，设计中对每一个管段可直接按均匀流公式计算。

(3) 由于城市污水量难以准确计算，变化较大，所以设计时要留出部分管道断面，避免污水溢出管道，污染环境。同时，管道中的淤泥会分解析出有毒害的气体，有的污水内还含有易燃液体（如汽油、苯、石油等）可能挥发成爆炸性气体，需让污水管道保留适当的空间，以保证通风排气，故我国现行《室外排水设计标准》GB 50014－2021 规定，城市污水管道按非满流进行设计计算。

(4) 污水中含有杂质，流速过小会产生淤泥，降低输水能力，因此，流速不能过低。而流速过大会对管壁冲刷造成损害。为了保证污水管道正常使用，必须对其管道流速给予限定，即满足不冲不淤的水流条件。

(5) 根据相关标准，排水管渠的流量应按下式计算。

$$Q = A \cdot v \tag{8-10}$$

式中 Q——设计流量，m^3/s；

A——水流有效断面面积，m^2；

v——流速，m/s。

排水管渠的流速按下式计算。

$$v = \frac{1}{n} R^{\frac{2}{3}} I^{\frac{1}{2}} \tag{8-11}$$

式中 v——过水断面的平均流速，m/s；

R——水力半径（过水断面面积与湿周的比值），m；

I——水力坡度（即水面坡度，等于管底坡度）；

n——粗糙系数。反映管渠内表面的粗糙程度对水流阻力的影响，由管渠材料决定，见表 8-11。

排水管渠粗糙系数 **表 8-11**

管渠类别	粗糙系数 n	管渠类别	粗糙系数 n
混凝土管、钢筋混凝土管、水泥砂浆抹面渠道	0.013～0.014	UPVC 管、玻璃钢管、PE 管	0.009～0.01
土明渠（包括带草皮）	0.025～0.030	浆砌砖渠道	0.015
石棉水泥管、钢管	0.012	浆砌块石渠道	0.017
水泥砂浆内衬球墨铸铁管	0.011～0.012	干砌块石渠道	0.020～0.025

8.9.2 管渠的断面形式及其选择

排水管渠的横断面形式必须满足静力学、水力学以及经济与维修管理方面的要求。在静力学方面，要求管道具有足够的稳定性和坚固性；在水力学方面，要求有良好的输水性能，不但要有较大的排水能力，而且当流量变化时，不易在管道产生沉淀；在经济方面，要求管道用材省，造价低；在维修管理上要求便于疏通。

常用管渠断面形式有圆形、矩形、马蹄形、半椭圆形、梯形及蛋形等。其中，圆形管道有较大的输水能力，底部呈弧形，水流较好，也比较能适应流量变化，不易产生沉淀。同时，圆管受力条件好、省料，便于预制和运输。因此，在城市排水工程中，圆管应用最为广泛。

在排水管渠设计中，确定管渠断面的形式，还要综合考虑其他各种因素，进行技术经济比较。对于中小型排水管渠，由于圆管具有很多优点，被广泛采用。对于大型管渠，由于过水断面过大，预制、运输十分不便，开槽埋管施工也比较困难，所以圆形断面很少采用。设计中常采用砖石砌筑、预制组装以及现场浇筑的方法施工，渠道断面多为较宽浅的形式。在地形平坦地区、埋设深度或出水口深度受限制的地区，可采用渠道（明渠或盖板渠）排除雨水。盖板渠宜就地取材，构造宜方便维护，渠壁可与道路侧石联合砌筑。

8.9.3 污水管道水力计算的设计参数

为保证排水管道设计的经济合理，《室外排水设计标准》GB 50014－2021 对设计充满度、设计流速、最小管径与最小坡度作了规定，作为设计时的控制参数。

（1）设计流量

排水管渠断面尺寸应按远期规划的最高日最高时设计流量设计，按现状水量复核，并考虑城镇远景发展的需要。

（2）设计充满度

污水管道是按非满流的情况进行设计的。污水管道的设计充满度是指管道排泄设计污水量时的充满度，数值上等于管道中的水深和管径的比值。设计充满度有一个最大的限值，即规范中规定的最大设计充满度。《室外排水设计标准》GB 50014－2021 规定的污水管道的最大设计充满度见表 8-12。明渠超高（渠中最高设计水面至渠顶的高度）不得小于 0.2m。

最大设计充满度 **表 8-12**

管径或渠高（mm）	最大设计充满度	管径或渠高（mm）	最大设计充满度
200～300	0.55	500～900	0.70
350～450	0.65	≥1000	0.75

注：在计算污水管道充满度时，不包括短时突然增加的污水量，但当管径小于或等于 300mm 时，应按满流复核。

（3）设计流速

设计流速是指管渠在设计充满度情况下，排泄设计流量时的平均流速。当城市排水管渠中的流速太小时，水中的固体杂质会沉积于管渠底部，产生淤积；当流速较大时，水流可能冲走淤积物，若流速过大，则会对管道及其附属构筑物产生冲刷，降低管道的适用寿命。现行《室外排水设计标准》GB 50014－2021 对管道的设计流速做了规定。

最大设计流速规定为：金属排水管道宜为 10.0m/s；非金属管道宜为 5.0m/s，经试验验证可适当提高。排水明渠的最大设计流速见表 8-13。

排水管渠的最小设计流速规定：污水管道在设计充满度下为 0.6m/s；雨水管道和合流管道在满流时为 0.75m/s；明渠为 0.4m/s。排水管渠采用压力流时，压力管渠的设计流速宜采用 0.7～2.0m/s。

（4）最小设计坡度

在均匀流的条件下，水力坡度等于水面坡度，也等于管渠底坡度。坡度和流速之间存在着一定关系，同最小设计流速相对应的坡度是最小设计坡度。相同管径的管道，如果充满度不同，可以有不同的最小设计坡度。常用管径的最小设计坡度，可按设计充满度下不淤流速控制，当管道坡度不能满足不淤流速要求时，应有防淤、清淤措施。当设计流量很小而采用最小管径的设计管段称为不计算管段。由于这种管段不进行水力计算，没有设计流速，因此直接规定管道的最小坡度。通常管径的最小设计坡度按表 8-14 选用。

明渠最大设计流速 **表 8-13**

明渠类别	最大设计流速（m/s）			
	$h<0.4$	$h=4\sim1.0$	$1.0<h<2.0$	$h\geqslant2.0$
粗砂或低塑性粉质黏土	0.68	0.8	1	1.12
粉质黏土	0.85	1.0	1.25	1.4
黏土	1.02	1.2	1.5	1.68
草皮护面	1.36	1.6	2	2.24
干砌块石	1.7	2.0	2.5	2.8
浆砌块石或浆砌砖	2.55	3.0	3.75	4.2
石灰岩和中砂岩	3.4	4.0	5	5.6
混凝土	3.4	4.0	5	5.6

注：h 为水流深度，m。

常用管径的最小设计坡度（钢筋混凝土管非满流） **表 8-14**

管径（mm）	最小设计坡度	管径（mm）	最小设计坡度
400	0.0015	1000	0.0006
500	0.0012	1200	0.0006
600	0.0010	1400	0.0005
800	0.0008	1500	0.0005

（5）最小管径

城市污水管道系统中，一般上游管段流量很小，若根据流量计算，其管径必然很小，管径过小极易堵塞，而且不便于疏通，会给维护管理带来困难。因此室外排水设计规范规定了污水管道的最小管径，见表 8-15。若按计算所得的管径小于最小管径，则采用最小管径。

最小管径与相应最小设计坡度 **表 8-15**

管道类别	最小管径（mm）	相应最小设计坡度
污水管和合流管	300	0.003
雨水管	300	塑料管 0.002，其他管 0.003
雨水口连接管	200	0.01
压力输泥管	150	—
重力输泥管	200	0.01

8.9.4 污水管道水力计算方法

污水管道系统平面布置完成后，即可划分设计管段，计算每个管段的设计流量，以便进行水力计算。水力计算的任务是计算各设计管道的管径、坡度、流速、充满度和管内底标高。

污水管道设计管段长度的划分与规划的阶段有关，规划设计与施工图阶段的设计管段的划分存在一定的差异，规划阶段设计管段不可能按检查井来划分，而当前的各种规范中并没有对此问题进行专门规定。普遍的做法是据管道平面布置图，以街坊污水支管及工厂污水出水管等接入干管的位置作为起讫点，划分设计管段。

每一设计管段的污水设计流量可以由三部分组成。

(1) 本段流量：从管段沿线街坊流来的污水量。

(2) 转输流量：从上游管段和旁侧管段流来的污水量。

(3) 集中流量：从工厂或公共建筑流来的污水量。

为简化计算，假定本段流量集中在起点进入设计管段，且流量不变，即从上游管段和旁侧管段流来的转输流量以及集中流量在此管段内是不变的。

本段流量可用下式计算。

$$q = Fq_0K_z \tag{8-12}$$

式中 q——设计管段的本段流量，L/s；

F——设计管段服务的街坊面积，hm^2；

K_z——生活污水总变化系数；

q_0——单位面积的本段平均流量，即比流量，$L/(s \cdot hm^2)$。

比流量可用下式计算。

$$q_0 = \frac{AN}{86400} \tag{8-13}$$

式中 A——污水量标准，L/(人·d)；

N——人口密度，人/hm^2。

总体规划时，只估算干管和主干管的流量。详细规划时，还需计算支管的流量。在确定设计流量后，即可从上游管段开始，进行各设计管段的水力计算。

随着计算机技术的快速发展，污水管道水力计算变得越来越容易。目前，已经有大量关于污水管道水力计算的软件可以使用。其中，最为简单的方法就是利用 Excel 软件进行污水管道水力计算，设计人员可以自己编写。此外，也可以利用其他各种计算机语言编写污水管道水力计算程序。

8.10 城市雨水工程规划

8.10.1 城市雨水工程规划的内容与步骤

降落至地面上的雨水，除植物截留、渗入土壤和填充洼地部分外，其余部分则沿地面流动进入雨水沟道和水体，这部分雨水称为地面径流。暴雨径流因常集中在极短的时间内，来势猛烈，若不能及时排除，便会造成洪涝灾害。为了防止暴雨径流的危害，保证城市居住区和工业企业不被洪水淹没，保障城市生活、生产和人民生命财产的安全，需要修建城市雨水排除系统。城市雨水工程规划的任务就是有组织地及时排除地面径流。由于短时雨水径流多，所需雨水管渠尺寸大，造价高，因此在进行城市排水工程规划时，除了建立完善的雨水管渠系统外，还应对城市的整个水系进行统筹规划，保留一定的水塘、洼地、截洪沟，考虑防洪的“拦、蓄、分、泄”功能。在城市建设中，不应把有自然防洪能力的水库、河塘、冲沟都填掉。

（1）规划内容

城市雨水管渠系统是由雨水口、雨水管渠、检查井、出水口等构筑物的一整套工程设施组成。城市雨水管渠系统规划主要有以下内容。

1）确定当地暴雨强度公式；

2）确定排水区域与排水方式，进行雨水管渠的定线；

3）确定雨水泵房、雨水调节池、雨水排放口的位置；

4）确定设计流量的计算方法与有关参数；

5）进行雨水管渠的水力计算，确定管渠尺寸、坡度、标高及埋深等。

（2）规划设计步骤

1）前期工作（明确工程范围和任务、资料收集整理等）；

2）利用降雨资料编制当地暴雨强度公式或选用已经确定的暴雨强度公式；

3）根据城市规划和排水区域的地形，在规划图上布置管渠系统，划分各段管渠的汇水面积，确定水流方向；

4）依据地形等高线，标出设计管段起讫点的地面标高，准备进行水力计算；

5）按排水区域的地面性质确定各类地面径流系数；

6）根据街坊面积大小、地面种类、坡度、覆盖情况以及街坊内部雨水管渠的完善情况确定起点地面集水时间；

7）根据区域性质、汇水面积、地形及管渠溢流后的损失大小等因素，确定设计重现期；

8）进行水力计算，确定管渠断面尺寸、纵向坡度及标高等；

9）绘制规划平面图及纵剖面图，编写设计说明书。

8.10.2 城市雨水排水分区与系统布局

雨水的排水分区应根据城市水脉格局、地形地势、用地布局，结合道路交通、竖向规划及城市雨水受纳水体位置，遵循高水高排、低水低排、就近排放的原则确定。城市总体规划应充分考虑防涝系统蓄排能力的平衡关系，统筹规划，防涝系统应以河、湖、沟、渠、洼地、集雨型绿地和生态用地等地表空间为基础，结合城市规划用地布局和生态安全格局进行系统构建。控制性详细规划、专项规划应落实具有防涝功能的防涝系统用地需求。

城市雨水排水分区与系统布局应考虑以下内容：

（1）天然流域汇水分区的较大改变可能会导致下游因峰值流量的显著增加而产生洪涝灾害，也可能会导致下游因雨水流量长期减少而影响生态系统的平衡。因此，为减轻对各流域自然水文条件的影响，降低工程造价，规划雨水分区宜与河流、湖泊、沟塘、洼地等天然流域汇水分区保持一致。

（2）立体交叉下穿道路的低洼段和路堑式路段应设独立的雨水排水分区，严禁分区之外的雨水汇入，并应保证出水口安全可靠。立体交叉下穿道路低洼段和路堑式路段的雨水一般难以重力流就近排放，往往需要设置泵站、调蓄设施等应对强降雨。为减少泵站等设施的规模，降低建设、运行及维护成本，应遵循高水高排、低水低排的原则合理进行竖向设计及排水分区划分，并采取有效措施防止分区之外的雨水径流进入这些低洼地区。在此基础上，为提高排水的安全保障能力，立体交叉下穿道路低洼段和路堑式路段均应构建独立的排水系统。出水口应设置于适宜的受纳水体，防止排水不畅。

（3）城市新建区排入已建雨水系统的设计雨水量，不应超出下游已建雨水系统的排水能力。随着城市规模的扩大和雨水径流量的增加，须对城市新建区排入已建雨水系统的雨水量进行合理控制，削减已建雨水系统的排水压力，降低城市内涝风险。按照新建区域增加的设计雨水量不会导致已建雨水系统排水能力不足为限制条件，考虑新建雨水系统与已建雨水系统的衔接，确定新建区中可接入已建系统的最大规模，超出部分应另行考虑排水出路；对于防涝系统，应据此确定新建区中可排入已建系统的最大设计流量，超出部分应合理布置。

（4）源头减排系统应遵循源头分散的原则构建，措施宜按自然、近自然和模拟自然的优先序进行选择。

8.10.3 城市雨水管渠系统的布置

雨水管渠布置的主要任务是使雨水能顺利地从建筑物、车间、工厂区或居住区内排除出去，既不影响生产，又不影响居民的生活，达到合理经济的要求。布置中应遵循下列原则。

（1）充分利用地形，就近排入水体

规划雨水管线时，首先按地形划分排水区域，再进行管线布置。根据分散、就近排放原则，雨水管渠应尽量利用自然地形坡度布置，以最短的距离靠重力流将雨水排入附近的沟塘洼地、河流、湖泊等水体中。一般采用正交式布置，保证以最短路线、较小管径把雨水就近排入水体。由于就近排放，管线短、管径小，会增加出水口的数量。当地形坡度较大时，雨水干管布置在地形低处或溪谷线上；当地形平坦时，雨水干管布置在排水区域的中间，以便于支管接入，尽量扩大重力流排除雨水的范围。

（2）尽量避免设置雨水泵站

由于暴雨径流量大，雨水泵站的投资也很大，而且雨水泵站一年中运行时间短，利用率低。因此，尽可能利用地形，使雨水靠重力流排入水体，不设置泵站。但在某些地形平坦、地面平均标高低于河流的洪水位标高或受潮汐影响的城市，雨水无法通过重力流方式排除时，应设置雨水泵站，尽可能使通过雨水泵站的流量减到最小，以节省泵站的工程造价和经常运行费用。雨水泵站规划用地指标可按表 8-16 选取。

雨水泵站规划用地指标（$m^2 \cdot s/L$） **表 8-16**

建设规模	雨水流量（L/s）			
	20000 以上	10000～20000	5000～10000	1000～5000
用地指标	0.28～0.35	0.35～0.42	0.42～0.56	0.56～0.77

注：1. 用地指标是按生产必须的土地面积；

2. 本指标未包括站区周围绿化带用地，有调蓄功能的泵站，用地宜适当扩大；

3. 雨水泵站规模按最大秒流量计；

4. 合流泵站可参考雨水泵站指标。

(3) 结合街区及道路规划布置

通常根据建筑物的分布、道路布置及街坊或小区内部的地形、出水口的位置等布置雨水管道，使街坊或小区内大部分雨水以最短距离排入街道低侧的雨水管道。应尽量利用道路两侧边沟排除地面径流，在每一集水区域的起端100～200m可以不设置雨水管渠。

雨水管渠应平行于道路敷设，雨水干管应设在排水区的低处道路下，但是干管不宜设在交通量大的干道下，以免积水时影响交通，一般设置在规划道路的慢车道下，最好设在人行道下，以便检修。从排除地面雨水的角度考虑，道路纵坡宜为0.3%～6%。当道路红线宽度大于40m时，应考虑在道路两侧分别设置雨水管道。

(4) 结合城市竖向规划布置

进行城市竖向规划时，应充分考虑排水的要求，以便能合理利用自然地形就近排除雨水。另外，对竖向规划中确定的填方或挖方地区，雨水管渠布置必须考虑今后地形变化，作出相应处理。

(5) 结合城市水体利用

市区内如有可利用的沟塘、洼地等，可考虑雨水的调蓄。有时还可以有计划地开挖一些池塘、人工湖，为在暴雨强度很大、雨水管道来不及排泄时调蓄利用，还可以将这部分雨水用于城市景观生态和市政杂用。

(6) 采用明渠或暗管应结合具体条件确定

在城市市区或厂区内，由于建筑密度高，交通量大，一般采用暗管。暗管造价高，但卫生情况好，养护方便，不影响交通。在城市郊区，由于建筑密度较低，交通量较小，可考虑采用明渠，以节省工程费用，降低造价。但明渠容易淤积，孳生蚊蝇，影响环境卫生，且明渠占地大，使道路的竖向规划和横断面设计受限，桥涵费用也增加。在地形平坦、埋设深度或出水口深度受限制的地区，可采用暗渠（盖板渠）。

(7) 雨水排出口的布置

雨水排出口的布置有分散和集中两种形式。水体离排水区域较近，水体的水位变化不大，洪水位低于地面标高，出水口的建筑费用不大时，宜采用分散出口，以便雨水就近排放，使管线较短，减少管径；反之，则可采用集中出口。

8.10.4 城市防涝调蓄空间确定

(1) 防涝调蓄设施形式的确定

地面式防涝调蓄设施和地下式防涝调蓄设施相比，在公共安全、排水安全保障和综合效益等方面都有优势。因此，要求在城市新建区，首先采用地面的形式，保证调蓄空间的用地需求。对于城市的既有建成区，在径流汇集的低洼地带不一定能有足够的地面调蓄空间，需要因地制宜地确定调蓄空间的设施形式，可采取地下或地下地上相结合的方式解决防涝设计重现期内的积水。防涝调蓄空间的布局应根据城市的用地条件以优先地面的原则确定。

(2) 城市防涝空间综合利用

保证城市防涝空间功能的正常发挥，是提高城市排水防涝能力的根本保证。城市防涝用地的大部分空间，是为了应对出现频率较小的强降雨而预留的，其空间使用具有偶然性和临时性的特点。因此，可以充分利用城市防涝空间用地建设临时性绿地、运动场地等（行洪通道除外），也可以利用低洼地带的绿地、开放式运动场地、学校操场等临时存放雨水，错峰排放，形成多用途综合利用效果。城市防涝用地的首要功能是防涝，因此任何建设行为都不能妨碍其防涝功能的正常发挥。

(3) 城市防涝空间规模计算

1) 城市防涝空间蓄排能力协调确定

防涝调蓄设施的设置目的，主要是为了避免向下游排放的峰值流量过大而导致洪涝灾害风险的提高。按照开发建设前后外排设计流量不增加的原则确定调蓄设施的规模，基本可以将流域内因上游的城市化发展而对下游排水系统产生的影响控制在可接受的水平。

在确定防涝用地空间的规模时，应首先考虑下游地区行泄通道的承受能力，确定外排雨水设计流量，再确定超标雨水行泄通道的通行量，同时确定防涝调蓄设施的规模，二者相互协调，共同达到相应设计重现期的防御能力。由于防涝调蓄空间的使用具有偶然性和临时性，其有效调蓄容积的设计排空时间，可依据不同季节不同城市的降雨特征、水资源条件和排涝具体要求等确定，一般可采用 24～72h 的区间值。

2) 城市防涝空间用地计算的边界条件

城市道路路面水流最大允许深度是城市防涝空间布局的量化推算依据。在发生防涝系统设计标准所对应的降雨时，城市道路路面水流最大深度超出相应限值的地点，应布置城市防涝用地空间或设施。

在降雨强度超出雨水管渠应对能力时，雨水径流不能及时排除，剩余水流会沿着路面或低地向下游不断汇集，对道路通行的影响及公众安全的威胁增加。为将上述影响和威胁控制在可接受的程度，在发生防涝系统设计标准所对应的降雨时，应对道路路面水流的最大水深加以控制。依据美国科罗拉多州丹佛城市排水和洪水控制区的《城市雨水排水标准手册》(2008 年 4 月修订)，考虑我国城市开发建设强度一般都比美国丹佛等城市的开发强度高，道路两侧的场地标高暂时没有相应规范限定，出于安全考虑，也是为了协调与《室外排水设计标准》GB 50014－2021 相关规定的关系，增加了机动车道的路面积水深度不超过 15cm 的要求。

8.10.5 初期雨水污染控制

初期雨水通俗讲就是降雨初期时的雨水。由于降雨初期，雨水溶解了空气中大量酸性气体、汽车尾气、工厂废气等污染性气态物质，降落地面后，又冲刷屋面、道路等，使得前期雨水中携带大量的有机物、病原体、重金属、油脂、悬浮固体等污染物，这些污染物使得初期雨水的污染程度较高，甚至有时超过了城市污水的污染负荷。

初期雨水可按降雨历时来确定，通过计时器等装置能实现和后期雨水的分离，通常在工程上可以定义降雨前 5min、10min、15min、20min 或 30min 的雨水为初期雨水。在工程上也可按降雨径流累积深度定义初期雨水，通过流量计、计量槽等手段可以准确计量出降雨量，《建筑与小区雨水控制及利用工程技术规范》GB 50400－2016 中对初雨弃流量的建议值地面雨水为 3～5mm，屋面雨水为 2～3mm。此外，初期雨水可以定义为从开始降雨到雨水水质优于区域污水允许的排放标准这段时间内的雨水。按降雨携带污染负荷定义初期雨水，以携带 50%污染物负荷定义初期雨水，明确携带 50%污染物负荷所需的时间和累积径流深度，通过区域内多次降雨试验，拟合污染负荷变化对应降雨强度、降雨历时、累积径流深度多维关系，建立初期雨水计算公式，这样既能考虑初期雨水的污染负荷问题，又能综合考虑雨强冲刷和环境因素。把握雨污排水量与质的确定性和不确定性原理及其规律，是城市排水系统科学设计的基础。

《海绵城市建设技术指南——低影响开发雨水系统构建（试行）》指出在新型城镇化建设过程中推广和应用低影响开发建设模式，加大城市径流雨水源头减排的刚性约束，优先利用自然排水系统，建设生态排水设施，充分发挥城市绿地、道路、水系等对雨水的吸纳、蓄渗和缓释作用，使城市开发建设后的水文特征接近开发前，有效缓解城市内涝、削减城市径流污染负荷、节约水资源、保护和改善城市生态环境，为建设具有自然积存、自然渗透、自然净化功能的海绵城市提供重要保障。初期雨水污染控制推荐采用海绵城市建设的理念，典型的技术措施包括以下几类：

（1）雨水渗透技术

1）多孔材料透水铺装。应用工程措施，改变城区部分区域的路面铺装，用多孔材料替换完全硬化的地面（如停车场、公园广场和路面），减少不透水面积，降低雨水径流量，增加入渗量。这些透水铺装材料包括透水砖铺装、碎石铺装、透水混凝土等。应用透水铺装，通过入渗的方式去除径流中 SS、TP、TN 及重金属等污染物。

2）绿色屋顶。绿色屋顶可分为简单式和花园式，在城市可利用的屋顶空间，通过种植花草树木等植被，利用土壤和植物，可达到改善雨水水质、调节径流量、降低城市热岛效应和美化城市生态环境的作用。

3）生物滞留设施。生物滞留设施指在地势较低的区域，通过植物、土壤和微生物系统蓄渗、净化径流雨水的设施。按照填料内部构造，可分为简易型生物滞留设施和复杂型生物滞留设施；按应用位置不同又称作雨水花园、生物滞留带、高位花坛、生态树池等。主要适用于建筑与小区内建筑、道路及停车场的周边绿地，以及城市道路绿化带等城市绿地内。

（2）雨水转输技术

1）植草排水沟。植草排水沟是指种植植被的景观性地表沟渠排水系统，可以收集、输送和排放径流雨水。通过植草排水沟的持留、过滤和渗透作用，可以去除初期雨水中的颗粒和部分溶解态污染物。植草排水沟适用于道路、广场、停车场等不透水面的周边，城市道路及城市绿地等区域，也可作为生物滞留池、湿塘等低影响开发设施的预处理设施。

2）渗管/渠。渗管/渠指具有渗透功能的雨水管/渠，可采用穿孔塑料管、无砂混凝土管/渠和砾（碎）石等材料组合而成。渗管/渠应设置植草沟、沉淀（砂）池等预处理设施，适用于建筑与小区及公共绿地内转出流量较小的区域，不适用于地下水位较高、径流污染严重及易出现结构塌陷的区域。

（3）雨水储存调节技术

1）湿塘。湿塘是指具有雨水调蓄和净化功能的景观水体，雨水同时作为其主要的补水水源。湿塘有时可结合绿地，开放空间等场地条件设计为多功能调蓄水体，即平时发挥正常的景观及休闲、娱乐功能，暴雨发生时发挥调蓄功能，实现土地资源的多功能利用。湿塘适用于建筑与小区、城市绿地、广场等具有空间条件的场地。

2）雨水湿地。雨水湿地利用物理、化学、水生植物及微生物等作用净化雨水，是一种高效的径流污染控制设施，雨水湿地分为表流湿地和潜流湿地，雨水湿地常与湿塘合建并设计一定的调蓄容积，具有雨水调蓄功能。雨水湿地适用于具有一定空间条件的建筑与小区、城市道路、城市绿地、滨水带等区域。

3）蓄水池。蓄水池是指具有雨水储存功能的集蓄利用设施，同时也具有削减峰值流量的作用，主要包括钢筋混凝土蓄水池，砖、石砌筑蓄水池及塑料蓄水模块拼装式蓄水池，用地紧张的城市大多采用地下封闭式蓄水池。蓄水池适用于有雨水回用需求的建筑与小区、城市绿地等，根据雨水回用用途（绿化、道路喷洒及冲厕等）不同，需建设相应的雨水净化设施。

（4）截污净化技术

1）植被缓冲带。植被缓冲带为坡度较缓（一般为2%～6%）的植被区，利用植被拦截及土壤下渗作用减缓地表径流流速，并去除径流中的部分污染物。植被缓冲带适用于居民区、公共区域和湖滨带，也可以设于城市道路两侧等不透水面周边，可作为生物滞留池等低影响开发设施的预处理设施，也可作为城市水系的滨水绿化带。

2）初期雨水弃流设施。初期雨水弃流是指通过一定方法或装置，将存在初期冲刷效应、污染物浓度较高的降雨初期径流弃除，以降低雨水的后续处理难度，弃流雨水应进行处理，如排入市政污水管网，由污水处理厂进行集中处理等。常见的初期弃流方法包括容积法弃流和小管弃流等。

（5）智慧运维技术

随着信息技术和人工智能技术的快速发展，在新型城市规划建设中，应将智能化维护管理纳入到城市规划建设中。依托物联网、传感器感知、无线通信等技术，构造智慧运维平台，服务于海绵城市建设。主要包括以下内容：

1）系统监控：以GIS地图实现对环境、监测点、河流流量、水质情况、监测设备运行情况进行远程可视化管理。

2）系统监测：监测系统包含雨量监测、海绵体监测、排水设施监测、地下水、气温监测、河道水渠监测、地下排水监测等。

3）监测点管理：对各个监测点进行独立管理，可查询对应监测点的站点信息、设备运行状态、远程闸门控制、水泵控制、监测数据查询。

4）大数据分析系统：整合分析监测点回传的实时数据进行分析，生成各类相关性分析图表，展现各项数据指标。

5）预警管理：主要是为管理员提供监测点报警信息，实现功能包括监测管理、预警管理、预警设置管理、实时监控等。

6）调度决策：将监测现场数据以图片、视频方式回传至管理中心，方便管理者实时关注现场情况，作为调度的决策依据。

8.10.6 雨水管渠设计流量的确定

（1）设计参数的选择

1）暴雨强度公式

降雨量是降雨的绝对量，用深度 h 表示。降雨强度指某一连续降雨时段内单位时间的平均降雨量，用 i 表示。

$$i = \frac{h}{t} \tag{8-14}$$

式中 i——降雨强度，mm/min；

t——降雨历时，即连续降雨的时段，min；

h——相应于降雨历时的降雨量，mm。

降雨强度也可以用单位时间内单位面积上的降雨体积 q_0 表示。

$$q_0 = \frac{1 \times 1000 \times 10000}{1000 \times 60} i = 166.7i \tag{8-15}$$

式中 q_0——降雨强度，L/(s·hm²)；

i——降雨强度，mm/min。

在设计雨水管渠时，为了确定雨水管渠的断面尺寸，必须求出管渠的设计流量。应假定降雨在汇水面积上均匀分布，选择降雨强度最大的雨作为设计依据。因此，需要对降雨资料进行统计分析，找出表示暴雨特征的降雨强度、降雨历时与降雨重现期之间的关系，作为雨水管渠设计的依据。

暴雨强度公式一般采用下式表示。

$$q = \frac{167A_1(1 + C\lg P)}{(t + b)^n} \tag{8-16}$$

式中 q——暴雨强度，L/(s·hm²)；

P——重现期，a；

t——降雨历时，min；

A_1、C、b、n——地方参数，根据统计方法进行计算确定。

设计暴雨强度，应按照当地设计暴雨强度公式计算，计算方法按照国家标准《室外排水设计标准》GB 50014—2021 中的规定执行。对于无暴雨强度公式又无资料可以用来推算的城镇，可借用附近气象条件相似城市的暴雨强度公式。

通过当地有多年（至少 10 年）的雨量记录，也可以推算出暴雨强度的公式，具体方法如下。

A. 计算降雨历时采用 5min、10min、15min、20min、30min、45min、60min、90min、120min，计算降雨重现期一般按 0.25a、0.33a、0.5a、1a、2a、3a、5a、10a。当有需要或资料条件较好时（资料年数不小于 20a、子样点的排列比较规律），也可采用高于 10a 的重现期。

B. 取样方法宜采用年多个样法，每年每个历时选择 6～8 个最大值，然后不论年次，将每个历时子样按大小次序排列，再从中选择资料年数的 3～4 倍的最大值作为统计的基础资料。

C. 选取的各历时降雨资料，一般应用频率曲线加以调整。当精度要求不太高时，可采用经验频率曲线；当精度要求较高时，可采用皮尔逊Ⅲ型分布曲线或指数分布曲线等理论频率曲线。根据确定的频率曲线，得出重现期、降雨强度和降雨历时三者的关系，即 P、i、t 关系值。

D. 根据 P、i、t 关系值求得 b、n、A_1、C 各个参数，可用解析法、图解法或图解与计算结合法等方法进行。将求得的各参数代入，即得当地的暴雨强度公式。

E. 计算抽样误差和暴雨公式均方差。一般按绝对均方差计算，也可辅以相对均方差计算。计算重现期在 0.25～10a 时，在一般强度的地方，平均绝对方差不宜大于 0.05mm/min。在较大强度的地方，平均相对方差不宜大于 5%。

2）设计重现期

设计重现期是指设计暴雨强度出现的周期，是城市雨水设计的标准。暴雨强度的频率是指等于或大于该暴雨强度发生的机会，在水文计算中往往用重现期来替代频率。暴雨强度的重现期指在一定长的统计期内，等于或大于某暴雨强度的降雨出现一次的平均间隔时间。强度大的暴雨，其重现期长；强度小的暴雨，其重现期短。暴雨强度的重现期具有统计平均概念，不能机械地把它看成多少年一定出现一次；如“百年一遇”的雨量并不是指某地雨量大于等于这个雨量正好一百年出现一次，事实上也许一百年中这样的值出现好多次，也许一次也不会出现，只有在大量的过程中或对长时期而论是正确的。

雨水管渠设计重现期，应根据地形特点、气候条件、汇水面积、汇水分区的用地性质（重要交通干道及立交桥、广场、居住区）等因素综合确定。重现期过大，会使管渠断面尺寸很大，工程造价会很高；取值过小，一些重要地区如中心区、干道则会经常遭受暴雨积水损害。进行雨水管渠规划时，不同重要程度地区的雨水管渠，应采取不同的重现期来设计。相关标准规定重要地区重现期为 5～10a，一般地区重现期为2～3a。具体规划中可按表 8-17 选用。

雨水管渠设计重现期（a） **表 8-17**

城镇类型	城区类型			
	中心城区	非中心城区	中心城区的重要地区	中心城区地下通道和下沉式广场等
超大城市和特大城市	3～5	2～3	5～10	30～50
大城市	2～5	2～3	5～10	20～30
中等城市和小城市	2～3	2～3	3～5	10～20

注：1. 表中所列设计重现期适用于采用年最大值法确定的暴雨强度公式。

2. 雨水管渠按重力流、满管流计算。

3. 城镇的类型参考最新《室外排水设计标准》GB 50014－2021 的规定。

3）设计降雨历时

连续降雨的时段称为降雨历时，降雨历时可以指全部降雨的时间，也可以指其中任一时段。设计中通常用汇水面积最远点雨水流到设计断面时的集水时间作为设计降雨历时。

对管道的某一设计断面，集水时间 t 由两部分组成：从汇水面积最远点流到第一个雨水口的地面集水时间 t_1 和从雨水口流到设计断面的管内雨水流行时间 t_2。

$$t = t_1 + t_2 \tag{8-17}$$

t_1 为地面集水时间，受地形坡度、地面铺砌、地面植被情况、水流距离等因素影响。应结合当地具体条件，合理地选定 t_1 值。t_1 选用过大，将会造成排水不畅，致使管道上游地面经常积水；t_1 选用过小，又将加大雨水管渠尺寸，从而增加工程造价。规范建议地面集水时间采用 5～15min。一般在建筑密度较大、地形较陡、雨水口布置较密的地区，宜采用较小值，取 t_1＝5～8min。在建筑密度较小、地形较平坦、雨水口布置较疏的地区，宜采用较大值，取 t_1＝10～15min。同时，起点检查井上游地面雨水流行距离以不超过 120～150m 为宜。

t_2 可按下式计算。

$$t_2 = \Sigma \frac{L}{60v} \tag{8-18}$$

式中　L——上游各管段的长度，m；

v——上游各管段满流时的流速，m/s。

4）径流系数

降落在地面上的雨水，只有一部分径流流入雨水管道，其径流量与降雨量之比就是径流系数 ψ。影响径流系数的因素很多，最主要的影响因素是排水区域的地面性质。地面上的植被生长和分布情况、地面上的建筑物面积或道路路面的性质等对径流系数有很大的影响。此外，地面坡度越陡、雨水量越大，径流系数越大。相关标准中主要根据地面种类对径流系数作了规定，见表 8-18。

单一覆盖的地面径流系数　　**表 8-18**

地面种类	径流系数 ψ	地面种类	径流系数 ψ
各种屋面、混凝土和沥青路面	0.85～0.95	干砌砖石和碎石路面	0.35～0.40
大块石铺砌路面和沥青表面处理的碎石路面	0.55～0.65	非铺砌土地面	0.25～0.35
级配碎石路面	0.40～0.50	公园或绿地	0.10～0.20

由不同种类地面组成的排水面积的径流系数采用加权平均法计算。

$$\psi = \frac{\Sigma f_i \psi_i}{\Sigma f_i} \tag{8-19}$$

式中　f_i——汇水面积上各类地面的面积，hm^2；

ψ_i——相应于各类地面的径流系数。

城市综合径流系数也可参考表 8-19 选用。

城市综合径流系数　　**表 8-19**

区域情况	ψ
城镇建筑密集区	0.60～0.85
城镇建筑较密集区	0.45～0.6
城镇建筑稀疏区	0.20～0.45

（2）雨水管渠设计流量的确定

在确定了降雨强度、径流系数后，根据设计管段的汇水面积，就可以计算管段的设计流量。汇水面积是指雨水管渠汇集雨水的面积，用 F 表示（hm^2）。任一场暴雨在降雨面积（降雨所覆盖的面积，即降雨的范围）上各点的暴雨强度是不相等的。在城镇雨水管渠系统设计中，设计管渠的汇水面积较小，一般小于 $100km^2$，其汇水面积上最远点的集水时间不超过 60～120min，这种较小的汇水面积，在工程上称为小汇水面积。在小汇水面积上可忽略降雨的非均匀分布，认为各点的暴雨强度都相等。管段的设计流量按下式计算。

$$Q = \psi q F \tag{8-20}$$

式中　Q——雨水设计流量，L/s；

ψ——设计径流系数；

q——按设计降雨重现期 p 与历时 t 所算出的设计降雨强度，$L/(s \cdot hm^2)$；

F——设计汇水面积，hm^2。

(3) 雨水管渠水力计算

1) 一般规定

雨水管道一般采用圆形断面，但当直径超过 2m 时，也可用矩形、半椭圆形或马蹄形。明渠一般采用矩形或梯形。为保证雨水管渠正常工作，避免发生淤积、冲刷等情况，规范对有关设计数据作了规定，见表 8-20。

雨水管渠设计数据 表 8-20

项目	一般规定	
	雨水管道	雨水明渠
充满度	充满度一般按满流计算	超高，一般不宜小于 0.3m，≥0.2m
流速	最小设计流速一般≥0.75m/s，起始管段地形平坦，最小设计流速≥0.60m/s。最大允许流速同污水管道	最小设计流速≥0.4m/s；最大允许流速同污水明渠
最小管径、断面、坡度	雨水支管最小管径 300mm，最小设计坡度 0.002，雨水口连接最小管径 200mm，设计坡度≥0.01	底宽，梯形明渠最小 0.3；边坡，铺砌明渠一般采用 1∶0.75～1∶1，土明渠一般采用 1∶1.5～1∶2
覆土厚度或挖深	最小覆土厚度在车行道下一般≥0.7m，局部条件不许可时，必须时对管道进行包封加固。在冷冰深度＜0.6m 的地区也可采用无覆土的地面式暗沟，最大覆土厚度与理想覆土厚度同污水管道	明渠应避免穿过高地，当不得已需局部穿过时，应通过技术经济比较，然后再确定该段采用明渠还是暗渠
管渠连接与构筑物的连接	管道在检查井内连接，一般采用管顶平接不同断面管道，必要时也可采用局部管段管底平接，在任何情况下，进水管底不得低于出水管底	明渠接入暗管，一般有跌差，其护砌及端墙、格栅等做法均按进水口处理，并在断面上设渐变段暗管接入明渠，也宜安排适当跌差，其端墙及护砌做法按出水口处理

2) 汇水面积的划分

根据管道的具体位置，在管道转弯处、管径或坡度改变处、有支管接入或两条以上管道交汇处以及超过一定距离的直线管段上应设置计算节点，计算节点之间流量、管径、坡度不变的管段为设计管段。设计管段的汇水面积应结合地形坡度、街坊或小区布置、汇水面积大小及雨水管道布置情况进行划分。地形较平坦时，可按就近排入附近雨水管道的原则划分；地形坡度较大时，应按地面雨水径流的水流方向划分。将每块汇水面积进行编号，计算其面积并将数值标注在图上。汇水面积除包括街坊外，还应包括街道、绿地等。汇水面积不宜过大，应基本上保证均匀增加，这样才能保证管径是均匀增加的，另外在管径发生较大变化的地方应对汇水面积作适当调整。一般而言，管径变化的管段上游应适当减少汇水面积而在下游增加汇水面积，可以使管道的坡度相应都减小。

3) 水力计算

雨水干管的水力计算可通过列表或计算机进行，求得各设计管段的设计流量，并确定各设计管段的管径、坡度、流速、管内底标高及管道埋深等。具体计算过程可参见相关教材。

8.11 合流制排水系统规划

8.11.1 合流制排水系统布置

截流式合流制排水系统除应满足管渠、泵站、污水处理厂、出水口等布置的一般要求外，尚应考虑以下的要求。

(1) 管渠的布置应使所有服务面积上的生活污水、工业废水和雨水都能合理地排入管渠，并以最短距离坡向水体。

(2) 在合流制管渠系统的上游排水区域内，如有雨水可沿地面的街道边沟排泄，则可只设污水管道。只有当雨水不宜沿地面排出时，才布置合流管渠。

(3) 截流干管一般沿水体岸边布置，其高程应使连接的支、干管的水能顺利流入，并使其高程在最大月平均高水位以上。在城市旧排水系统改造中，如原有管渠出口高程较低，截流干管高程达不到上述要求时，只有降低高程，设防潮闸门及排涝泵站。为减少泵站造价、减少对水体的污染并便于管理，溢流井应适当集中，不宜过多。

(4) 沿水体岸边布置与水体平行的截流干管，在截流干管的适当位置设置溢流井，使超过截流干管截流能力的那部分混合污水能顺利地通过溢流井就近排入水体，并尽量减少截流干管的断面尺寸并缩短排放管道的长度。

(5) 合理地确定溢流井的数目和位置

从对水体的污染情况看，合流制管渠系统中的初期雨水虽被截流，但溢流的混合污水总比一般雨水脏，为保护受纳水体，溢流井的数目宜少，其位置应尽可能设置在水体的下游。从经济上讲，溢流井过多，会提高溢流井和排放管渠的造价，特别是在溢流井离水体远，施工条件困难时更是如此。

8.11.2 合流制溢流污染控制

在暴雨条件下，大量的雨水径流快速流入排水系统，造成合流制排水系统内的流量超过截污流量时，超过排水系统负荷的雨水混合污水便会直接排入受纳水体，称为合流制管道溢流（CSO）。合流制管道溢流包括生活污水、工业废水和雨水，还包含雨水冲刷而重新悬浮的管道沉积底泥，溢流污染的污染程度要高于单一的降雨径流，会严重影响水生态环境，导致水体富营养化乃至水体黑臭。

德国、美国、日本等国家自 20 世纪 60 年代起就开始了对合流制溢流污染的研究，并制定了有关于 CSO 污染控制技术的设计规定和标准。例如，日本主要通过截流和调蓄措施控制合流制系统溢流，应用格栅、高效过滤、沉淀和分离、雨水储存管、雨水隧道、蓄水池等设施进行溢流污染控制。美国的环境保护机构（USEPA）制定出长期的 CSO 控制计划，并提出了九项基本控制措施，包括设施的运行维护、使收集系统的储存能力最大化、加强对预处理设施的调整、污水处理厂处理的最大流量、削减旱季污水溢流、CSO 中的固体和悬浮物质的控制、污染预防、公共宣传、监测溢流污染影响和控制措施成效等。德国在 20 世纪 80 年代后期就将城市雨水污染控制列为水污染控制的三大目标之一，修建大量的雨水池截流处理 CSO，通过全面、系统的规划，较快地控制了 CSO 污染。2018 年住房和城乡建设部发布的《海绵城市建设评价标准》GB/T 51345－2018 中，首次在国家标准层面提出将年溢流体积控制率及处理设施的污染物排放浓度限值作为 CSO 控制效果的评价标准，并给出了相应的评价方法。

合流制污染控制措施通常分为源头减排措施、过程控制措施、末端控制措施和非工程措施。

（1）源头减排措施

源头减排措施主要是从源头减少雨水和污染物进入排水管网系统，从而达到减少合流制溢流污染的目的，采取的设施主要包括透水铺装、绿色屋顶和生物滞留设施等。

（2）过程控制措施

合流制溢流污染过程控制主要对合流制管网进行整治，其中包括增大截流倍数（n_0），定期疏通排水管道，减少管网内部污染和增强排水管道的检修与维护等。

（3）末端控制措施

可以采用调蓄池、生物塘、人工湿地等单项或组合工程措施进行溢流污染末端控制。调蓄池可增大截流倍数，削减径流洪峰，储存溢流污水，在降雨洪峰过后，再输送至污水处理厂处理。生物塘、人工湿地等可调蓄并净化溢流污水。

（4）非工程措施

非工程措施是通过法律法规、规划、管理和政策等手段来减少合流制溢流污染。可将合流制溢流污染纳入相关的法律法规和政策中，根据不同地区的经济水平、基础设施和水质特点制定不同的标准。还应完善规划和管理措施，涉及源头减排、过程控制和末端控制等设施的运营管理，制定CSO控制长期规划。

8.11.3 合流制排水系统改造

旧合流制排水管渠系统的改造是一项非常复杂的工程，改造措施应根据城市的具体情况，因地制宜，综合考虑污水水质、水量、水文、气象条件、水体卫生条件、资金条件、现场施工条件等因素，结合城市排水规划，在尽可能减少对水体的污染的同时，充分利用原有管渠，实现保护环境和节约投资的双重目标。对旧合流制排水管渠系统改造的方式主要有四种：

（1）改旧合流制为分流制

这是一种彻底的改造方法。实施雨、污分流将污水全部引至污水处理厂，杜绝了污水直接排放对水体的污染。同时雨水不进入污水处理厂使得处理水的水质水量变化小，保证出水水质的相对稳定，容易实现达标外排。

实施分流制对现状条件的要求较高，无论是住宅区还是工业企业，其内部的管道系统必须健全，要求有独立的污水管道系统和雨水管道系统，便于接入相应的城市污水、雨水管网；同时要求城市街道的横断面有足够的空间，允许新增管道的敷设。一般城市由于建设年代久远，地下管线基本成型，地面建筑拥挤，路面狭窄，如若将合流制改为分流制，存在投资大、施工困难等诸多现实问题，很难短期内实现。

（2）截流式合流制改造

采取截流式合流制排水系统，保留老城区部分合流管，沿城区周围水体敷设截流干管，对合流污水实施截流，并视城市的发展状况，逐步完善管网，改为分流制。这种过渡方式，由于工程量相对较小、节约投资、易于施工、见效快，已得到广泛应用，并取得良好效果。旱季时，截流式合流制排水系统可将污水全部送入污水处理厂；雨季时，通过截流设施，只能将部分合流污水输送至污水处理厂处理，超出截流水量的污水排入附近水体，不可避免会对水体造成局部和短期污染，而进入污水处理厂的污水，由于混有大量雨水，使原水水质、水量波动较大，会对污水处理厂各处理单元产生冲击。目前具有良好水环境容量的城市在老城区合流制的改造中常采用这种方式。

（3）截流式合流制中增设溢流混合污水调蓄构筑物

周围水体环境容量有限、自净能力较差的城市，可在截流干管适当位置设置合流污水调蓄构筑物，将超过截流干管转输能力及污水处理厂处理能力的合流污水引入调蓄构筑物暂时储存，待暴雨过后再通过污水泵提升至截流干管，最终入污水处理厂进行处理，基本上保证水体不受或少受污染。这种调蓄构筑物往往占地面积很大，合理确定合流污水调蓄构筑物容积有较大难度；而且，调蓄合流污水量一般需要再通过污水泵提升至截流干管，造成日常运行、维护、管理的不便，这种方式目前使用较少。

（4）截流式合流制中增设溢流混合污水处理措施

与上一种情况类似，如果城市周围水体自净能力有限，水体环境脆弱，采用截流式合流制排水管渠系统，在溢流合流污水排入水体前，必须进行处理。针对合流污水水量大、浓度低的特点，可采用一级处理，选择筛滤、混凝沉淀、投氯消毒的处理工艺。同样，该措施由于考虑雨水的处理，与前种情况存在类似的不足：日常运行费用高，且分散处理设施远离城市集中污水处理厂，在运行、维护、管理方面均存在诸多不便。

8.11.4 合流制排水系统水力计算

（1）设计流量的确定

合流管渠的设计流量由生活污水量、工业废水量和雨水量三部分组成。一般情况下合流管渠生活污水量按平均流量计算，工业废水量用最大班内的平均流量计算。要求高的场合可取最大时生活污水量和最大生产班内的最大时工业废水量。雨水量参照雨量公式计算，选用重现期参数可适当高于通常雨水管渠的设计选用的重现期值。截流式合流制排水设计流量，在溢流井上游和下游是不同的。

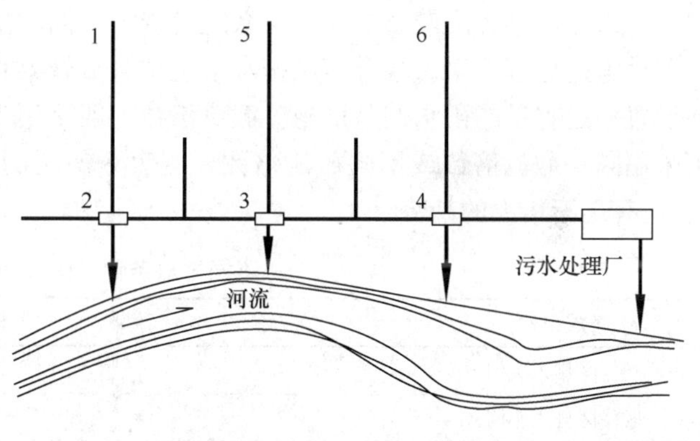

图 8-10 设有溢流井的合流管渠

1）第一个溢流井上游管渠的设计流量

如图 8-10 所示，1～2 管段设计流量按下式计算。

$$Q = Q_s + Q_g + Q_y = Q_h + Q_y \tag{8-21}$$

式中 Q_s——平均生活污水量，L/s；

Q_g——最大班工业废水量的平均流量，L/s；

Q_y——雨水设计流量，L/s；

Q_h——溢流井以前的旱流污水量，L/s。

2）溢流井下游管渠的设计流量

合流管渠溢流井下游管渠的设计流量，对旱流污水量 Q_h 仍按上述方法计算，对未溢流的设计雨水量则按上游旱流污水量的倍数（n_0）计，此外，还需计入溢流井后的旱流污水量 Q'_h 和溢流井以后汇水面积的雨水流量 Q'_y。

$$Q' = (n_0 + 1)Q_h + Q'_h + Q'_y \tag{8-22}$$

式中　n_0——截流倍数，即开始溢流时所截流的雨水量与旱流污水量比。

上游来的混合污水量超过 $(n_0+1)Q_h$ 的部分从溢流井溢入水体。当截流干管上设几个溢流井时，上述确定设计流量的方法不变。

（2）设计参数的确定

1）设计流量

设计流量按满流计算。

2）设计最小流速

合流管渠设计最小流速为 0.75m/s。考虑合流管渠在晴天时管内充满度很低，流速很小，易淤积，为改善旱流的水力条件，需校核旱流时管内流速，一般不宜小于 0.2～0.5m/s。

3）设计重现期

合流管渠的雨水设计重现期一般应比同一情况下雨水管渠的设计重现期适当提高（可比雨水管渠的设计大 20％～30％），以防止混合污水的溢流。

4）截流倍数

截流倍数应根据旱流污水的水质、水量、排放水体的卫生要求、水文、气候、经济和排水区域大小等因素经计算确定，截流倍数过小会造成受纳水体污染加重；截流倍数过大，虽水体污染程度较小，但管渠系统投资大，同时把大量雨水输送至污水处理厂，影响处理设施的处理效果。当合流制排水系统中合流管渠管径较大时，可采用较小的截流倍数并设置一定容量的雨水调蓄设施。截流倍数一般采用 1～5，较多用 3。在同一排水系统中可采用同一截流倍数或不同截流倍数，见表 8-21。随着对水环境保护要求的提高，采用的 n_0 有逐渐增大的趋势。

不同排放条件下的 n_0 值　　**表 8-21**

排放条件	n_0	排放条件	n_0
居住区排入大河	1～2	工厂区	1～3
居住区排入小河	3～5		
在区域泵站前及排水总管端部，根据居住区内水体的不同特性	0.5～2	在处理构筑物前根据不同的处理方法与不同构筑物的组成	0.5～1

8.12 城市污水处理系统规划

城市污水中常含有大量的有害、有毒物质，如不经处理任意排放，必然会恶化环境、污染水体、传播疾病，不仅严重危害人民的生活和健康，也影响工农业生产。因此污水在排放前必须进行处理。同时，城市污水中的有害、有毒物质，往往还具有资源属性，回收利用这些物质，不仅可以消除污染，而且可节约资源，实现废物除了污染属性外的资源化利用。

8.12.1 规划内容

污水处理系统规划包括污水处理方案的选择、污水处理厂选址及平面布置、污水利用方式等。在城市规划阶段中需要提出城市污水处理与利用的方法及其选择污水处理厂、出水口位置，根据国家环境保护规定与城市的具体条件，确定污水处理程度、处理方案及污水、污泥综合利用的途径。

(1) 污水处理方案选择

污水处理方案选择的目的是以最经济合理的方法解决城镇污水处理、管理和利用的问题。在考虑污水处理方案时，要确定污水处理应达到的程度。污水处理流程的选择一般根据实际情况，进行经济技术综合比较后确定，主要考虑因素有原污水水质、排水体制、污水出路、受纳水体的功能、城镇建设发展情况、经济投资、自然条件、建设分期等。

(2) 污水处理厂选址

城市污水处理厂是处理和利用城市污水和污泥的一系列构筑物及附属构筑物的综合体，它是城市排水工程的重要组成部分，恰当地选择污水处理厂位置对于城市规划的总体布局、城镇环境保护、污水的利用和出路、污水管网系统的布局、污水处理厂的投资和运行管理等都有重要影响。

(3) 污水利用方式

进行城市污水处理系统规划时，首先应选择污水的出路，即污水处理利用方式，然后才能进行污水管网和污水处理设施的规划。污水的最终出路通常有三种：直接排入水体或土壤；处理后排放；处理后回用作水源。第一种方式在我国当前几乎无法接受；第二种方式是目前规划中最常采用的；第三种方式对于缺水地区是最有价值和应用前景的一条出路，这种将城市污水或生活污水经过处理后用作城市杂用或工业生产的污水回用系统对节约用水、减少水环境污染具有明显效益。

8.12.2 规划原则

城市排水及其污水处理设施已经成为社会经济可持续发展必不可缺的基础设施，城市排水及其污水处理系统的规划建设应纳入国民经济和社会发展规划。城市污水处理系统的规划建设具有明确的目标，主要包括水源保护目标、水环境质量控制目标和污水综合利用目标 3 个方面。城市污水处理系统的规划应遵循如下原则。

(1) 必须根据城市水文、地理、社会、经济和污水汇集状况及发展趋势，在流域（子流域或区域）总体发展规划的指导下，统一考虑水在工业、农业、城镇、地表地下的输送和分配以及污水的综合利用；全面规划分区内的水资源开发利用、水系保护和污水的综合治理，合理确定各项水资源和水污染治理设施的位置、数量和功能要求，为城市污水处理设施的建设提供规划设计依据。根据《城市建设总体规划》《城市社会经济发展总体规划》《城市环境保护总体规划》和《城市供水专项规划》等，制定出《城市排水专项规划》（污水处理设施建设规划）。

(2) 城市排水及其污水处理的统一规划，应根据城市水域及接纳水体功能区的要求和水环境容量，体现排渍、减污、分流、净化、再用功能的协调发展，综合考虑经济发展、水质目标、污水治理目标、污水产生量、水量平衡等因素，合理确定污水净化和综合利用设施的设置，并根据分汇水区、按系统分期配套建设。

(3) 应依据城市总体规划和水环境规划、水资源综合利用规划以及城市排水专业规划的要求，合理确定污水处理设施的布局和设计规模。

（4）城市污水处理厂的规划设计，要根据污染物排放总量控制目标，城市地理地质环境、受纳水体功能与交换能力、污水排放量和污水利用等因素，选择厂址、确定建设规模、处理程度和工艺流程，力求布点合理、位置适当、规模适度。

（5）城市污水的处理方式应根据本地区的经济发展水平和自然环境条件及地理位置等因素合理选择。城市污水处理应考虑与污水资源化目标相结合，积极发展污水再生利用和污泥综合利用技术。规划和设计方案的制定必须有环境影响评价和技术经济评价作为依据。

（6）必须充分重视防治二次污染，妥善采用各种有效防治措施。在污水处理设施的前期建设阶段的环境影响评价工作中，应进行充分论证。为保证公共卫生安全，防止传染性疾病传播，城市污水处理设施应设置消毒设施。在环境卫生条件有特殊要求的地区，应防止恶臭污染。城市污水处理设施的机械设备应采用有效的噪声防治措施，并符合有关噪声控制要求。城市污水处理厂设计要充分考虑安全防护设施的设置，确保运行管理人员的健康与安全。城市污水处理厂经过稳定化处理后的污泥，用于农田时不得含有超标的重金属和其他有毒有害物质，卫生填埋处置时要严格防止污染地下水。

8.12.3 城市污水处理程度

（1）城市污水污染指标

污水的污染指标用来衡量水在使用过程中被污染的程度，也称污水的水质指标。各种污水的水质很复杂，肉眼观察只能对它的某些物理性质得到一些感性认识，如颜色、浊度等。比较确切和全面的认识只有通过水质检测才能得到。污水分析的一些主要指标如下。

1）有毒物质

有毒物质指城市污水中含有各种毒物的成分和数量，用“mg/L”表示。有毒物质对人类、鱼类、农作物有毒害作用，如汞、镉、砷、酚、氰化物等。这些有毒物质也是有用的工业原料，有条件时应尽量加以回收利用。

2）生物化学需氧量（BOD）

城市污水中含有大量有机物质，其中一部分在水体中因微生物的作用而进行好氧分解，使水中溶解氧降低，至完全缺氧；在无氧时，进行厌氧分解，放出恶臭气体，水体变黑，使生物灭绝。由于有机物种类繁多，难以直接测定，所以采用间接指标进行表示。生化需氧量就是一个反映水中可生物降解的含碳有机物的含量及排到水体后所产生的耗氧影响的指标。污水中可降解有机物的转化与温度、时间有关。为便于比较，一般以 20℃时，经过 5 天时间，有机物分解前后水中溶解氧的差值称为五日生化需氧量，即 BOD_5，单位通常采用“mg/L”。BOD_5 越高，表示污水中可生物降解的有机物越多。

3）化学需氧量（COD）

生物化学需氧量只能表示水中可生物降解的有机物，并易受水质的影响，所以，为表示一定条件下化学方法所能氧化有机物的量，采用化学需氧量（COD）。即高温、有催化剂及强酸环境下，强氧化剂氧化有机物所消耗的氧量，单位为“mg/L”。化学需氧量一般高于生化需氧量。

4）悬浮固体（SS）

悬浮固体是水中未溶解的非胶态的固体物质，在条件适宜时可以沉淀。悬浮固体可分为有机性和无机性两类，反映污水汇入水体后将发生的淤积情况，单位为“mg/L”。因悬浮固体在污水中肉眼可见，能使水浑浊，属于感官性指标。

5）pH

pH 表示污水呈酸性或碱性的标志。pH 是氢离子浓度的负对数，其值从 1～14，pH 等于 7 为中性，小于 7 为酸性，大于 7 为碱性。生活污水一般呈弱碱性，而工业废水则是多种多样，其中不少呈强酸、强碱性。酸、碱污水会危害鱼类和农作物，腐蚀管道。因此 pH 是污水化学性质的重要指标。

6）感官性指标

城市污水呈现颜色、气味，影响水体的物理状况，降低水体的使用价值。此外，高温工业废水排入水体，对水体造成热污染，破坏鱼类的正常生存环境。

7）氮和磷

氮和磷是植物性营养物质，会导致湖泊、海湾、水库等缓流水体富营养化。生活污水中含有丰富的氮、磷，某些工业废水中也含大量氮、磷。

8）粪大肠菌群数

粪大肠菌群数是每升水样中所含有的大肠菌群的数目，以“个/L”计。

9）病毒

目前，检出粪大肠菌群，可以表明肠道病原菌的存在，但不能表明是否存在病毒及其他病原菌（如炭疽杆菌），因此还需要检验病毒指标。病毒的检验方法目前主要有数量测定法与蚀斑测定法两种。污水中已被检出的病毒有 100 多种。

10）细菌总数

细菌总数是大肠菌群数、病原菌、病毒及其他细菌数的总和，以每毫升水样中的细菌菌落数表示。细菌总数越多，表示病原菌与病毒存在的可能性越大。因此，用粪大肠菌群数、病毒及细菌总数等 3 个卫生指标来评价污水受生物污染的严重程度就比较全面。

11）其他污染物

生活污水的成分主要为碳水化合物、蛋白质、脂肪等，一般不含有毒物质，但含有大量细菌和寄生虫卵。工业废水的成分复杂多变，主要取决于生产过程所用的原料和工艺，多半具有危害性。主要有害物质及其来源见表 8-22。

工业废水中有害物质的来源　　表 8-22

废水种类	废水来源
重金属废水	采矿、冶炼、金属处理、电镀、电池、特种玻璃及化工等工业
放射性废水	铀、钍、镭矿的开采加工、核动力站运转、医院同位素试验室等
含铬废水	采矿冶炼、电镀、制革、颜料、催化剂等
含氰废水	工业电镀、提取金银、选矿、煤气洗涤、焦化、金属清洗、有机玻璃等
含油废水	炼油、机械厂、选矿厂及食品厂等
含酚废水	焦化、炼油、化工、煤气、染料、木材防腐、塑料、合成树脂等
硝基苯类废水	染料工业、炸药生产等

续表

废水种类	废水来源
有机废水	化工、酿造、食品、造纸等
含砷废水	制药、农药、化工、化肥、采矿、冶炼、涂料、玻璃等
酸性废水	化工、矿山、金属酸洗、电镀、钢铁等
碱性废水	制碱、造纸、印染、化纤、制革、化工、炼油等

(2) 污水排放标准

城市废水受纳体即接纳城市雨水和达标排放污水的地域，包括水体和土地。受纳水体指天然江、河、湖、海和人工水库、运河等地表水体。污水受纳水体应符合经批准的水域功能类别的环境保护要求，现有水体或引水增容后水体应具有足够的环境容量。雨水受纳水体应有足够的容量或排泄能力。受纳土地则是指荒地、废地、劣质地、湿地以及坑、塘、低洼等。受纳土地应具有足够的容量，同时不应污染环境、影响城市发展和农业生产。城市废水受纳体宜在城市规划区范围内或跨区选择，应根据城市性质、规模和城市的地理位置、当地自然条件，结合城市的具体情况，经综合分析比较确定。

为了保护废水受纳体，必须严格控制排入受纳体的污水水质。通常污水在泄入受纳体前，须经处理，以减少或消除污水对受纳体的污染。为此，我国根据生态、社会、经济三方面的情况综合平衡、全面规划，制订了一系列规程标准，作为向受纳体排放污水时确定处理程度的依据。处理后的废水排入地面水系，水质应满足国家《地表水环境质量标准》GB 3838－2002 和《城镇污水处理厂污染物排放标准》GB 18918－2002 中的有关规定。处理后的废水排入海洋，水质应满足《海水水质标准》GB 3097－1997。处理后的废水用于农田灌溉，水质应达到《农田灌溉水质标准》GB 5084－2021。工业废水中的生产废水一般由工厂直接排入水体或排入城市雨水管渠。当工厂独立进行无害化处理时可直接排放；如果是一般性的生产污水，则可排入城市污水管道。而有毒害的生产污水经过无害化处理后即可直接排放，也可先经预处理后再排往城市污水处理厂合并处理。城市综合生活污水与工业废水排入城市污水系统的水质均应符合《污水排入城镇下水道水质标准》GB/T 31962-2015 的要求。除了这些一般标准外，各地方和部门根据水体用途不同，制定行业和地方标准，如《医疗机构水污染物排放标准》GB 18466－2005、《制浆造纸工业水污染物排放标准》GB 3544－2008、《石油炼制工业污染物排放标准》GB 31570－2015、《石油化学工业污染物排放标准》GB 31571－2015、《纺织染整工业水污染物排放标准》GB 4287－2012、《污水综合排放标准》GB 8978－1996 等，这些标准详细说明了各类水体中污染物的最高允许含量，以便保证水环境质量。近年来，为了更有效地保护水体，控制污染物质的排放，有些国家推行除规定有害物质最高容许排放浓度外，同时还规定在一定时间内有害物质最高允许排放总量的办法。

城市污水和污泥经过有效处理之后，其排放、利用和处置的去向往往因地而异，因此必须根据当地的具体情况，依据国家和地方的有关水质标准和接纳水体的等级划分（水质目标），合理确定城市污水处理厂的污水处理程度和水质指标。

(3) 污水处理的对象及方法

按污水处理的水质净化对象分类，城市污水（生物）处理技术经历了三个发展阶段。

在发展的早期，人们认识到有机污染物对环境生态的危害，从而把有机物（BOD_5）和悬浮固体（SS）的去除作为污水处理的主要目标。到20世纪六七十年代，随着二级生物处理技术在工业化国家的普及，实践表明仅仅去除BOD_5和SS还是不够的，氨氮的存在依然导致水体的黑臭或溶解氧浓度过低，该问题的出现使二级生物处理技术从单纯的有机物去除发展到有机物和氨氮的同步去除，即污水的硝化处理。到20世纪七八十年代，由于水体富营养化问题的日益严重，污水氮磷去除的实际需求驱动二级处理技术进入了具有脱氮除磷功能的深度二级处理阶段。而采用物理、化学方法对二级生物处理出水进行脱氮除磷及去除有毒有害有机物的处理过程通常被称作三级处理或深度处理。

可以认为城市污水处理厂的主要处理对象包括COD、BOD_5、SS、氮、磷营养物质。根据这些污染物的无机或有机属性，溶解态和非溶解态，按去除对象和设备归类，城市污水处理方法一般分为三级，见表8-23。

一级处理是指去除水中的漂浮物、悬浮物、胶体、浮油，经常采用格栅、中和、沉淀、强化混凝、浮选等物化方法，污水经一级处理后通常达不到排放标准；二级处理主要除去可生物降解的有机物及部分悬浮固体，目前主要采用生物处理，从微生物生长与聚集状态上看，可以分为活性污泥法和生物膜法，例如常用的厌氧-缺氧（AO）工艺、厌氧-缺氧-好氧（AAO）工艺、氧化沟、序批式反应器（SBR）、膜生物反应器（MBR）和生物转盘等；深度处理是去除难降解有机物和溶解性无机物，处理方法有混凝-沉淀-过滤-消毒、吸附、离子交换、膜分离、臭氧氧化、曝气生物滤池、反硝化滤池、生态处理等，可以深度脱氮除磷，去除残留有机物、SS和病原微生物，实现污水处理厂尾水的稳定达标排放和再生回用。面向未来城市污水资源化与能源化的发展趋势，新型可持续的污水处理技术，包括高效厌氧消化、厌氧膜生物反应器（AnMBR）、厌氧氨氧化（Anammox）和化学结晶磷回收等不断涌现。

污水处理的分级 **表8-23**

处理级别	污染物质	处理方式
一级处理	悬浮或胶态固体、悬浮油类、酸、碱	格栅、沉淀、强化混凝、浮选、中和等
二级处理	溶解性可降解有机物	活性污泥法和生物膜法
深度处理	难降解有机物、溶解性无机物	混凝-沉淀-过滤-消毒、吸附、离子交换、膜分离、臭氧氧化、曝气生物滤池、反硝化滤池、生态处理

（4）污水处理程度

在考虑污水处理方案中，首先需确定污水应当达到的处理程度，以此作为选择污水处理方法、流程的依据。在不同地区和不同环境条件下，水体环境的功能划分及确定的水体水质标准往往差异很大，因而污水处理的目标及相应的处理程度也就不同。污水处理级别应根据污水水质、受纳水体的污染物总量控制标准以及水体的类别和使用功能等因素，在环境影响评价的基础上，通过技术经济比较后确定。

污水处理程度取决于下列因素。

1）环境保护的要求：包括受纳水体的用途，卫生、航运、渔业、体育等部门的意见，提出对污水排放标准的要求；

2）经污水处理厂处理后的出水供灌溉农田或养殖的可能性，以及所能接受的污水量；

3）当地的具体条件：包括污水管网现状，自然条件，城市性质及工业发展规模、速度，污水量、水质情况等；

4）近期污水处理投资额，根据当地的经济条件一次建成，如经济条件不具备，可分期建设，分期投产。

根据我国城市污水处理技术政策，设市城市和重点流域及水资源保护区的建制镇，必须建设二级污水处理设施，可分期分批实施。受纳水体为封闭或半封闭水体时，为防治富营养化，城市污水应进行二级强化处理，增强脱氮除磷的效果。非重点流域和非水源保护区的建制镇，根据当地经济条件和水污染控制要求，选择技术经济可行的工艺，出水应达到国家标准和地方标准的要求。对除磷要求较高，生物除磷不能满足要求时，可辅以化学除磷；污水处理厂出水进行再利用时，应根据使用的目的进行适当的深度处理。

8.12.4 污水处理方案的选择

（1）污水处理方案选择的主要原则

在处理程度或允许的出水排放总量确定以后，就可以据此列出所有能够满足要求的工艺方案，选择可行的几种处理工艺方案。根据污水水质与水量、受纳水体的环境功能要求与类别，并结合当地的实际情况，通过全面技术经济比较后确定处理工艺流程和设计参数。城市污水处理工艺方案的选择一般应体现以下总体要求：满足要求、因地制宜、技术可行、经济合理、节能节地。也就是说，在保证处理效果、运行稳定，满足处理要求（排入水体或回用）的前提下，使基建造价和运行费用最为经济节省，运行管理简单，控制调节方便，占地和能耗最小，污泥量少、操作管理方便的成熟处理工艺。同时要求具有良好的安全、卫生、景观和其他环境条件。

1）满足处理功能与效率要求

城市污水处理厂工艺方案应确保高效稳定的处理效果，城市污水处理出水应达到国家或地方规定的水污染物排放控制的要求。对城市污水处理出水水质有特殊要求的，须进行深度处理。排放标准的确定主要取决于处理出水的最终处置方式，如果排入水体，则取决于受纳水体的功能质量要求和水体的环境容量，如果回用，则取决于回用水用户对水质的要求。

2）规模与工艺标准因地制宜

污水处理厂工艺方案的确定必须充分考虑当地的社会经济和资源环境条件。要实事求是地确定城市污水处理工程的规模、水质标准、技术标准、工艺流程以及管网系统布局等问题。处理规模大小对处理工艺的影响很大，城市污水处理设施建设应按照远期规划确定最终规模，以现状水量为主要依据确定近期规模。污水处理厂的实际设计规模应根据污水收集量和分期建设、水质目标确定，污水收集量取决于管网完善程度和汇水区内的生活、工业污水产生与允许纳入量以及管网入渗或渗漏水量等因素。

在决定处理工艺方案时，要因地制宜，结合当地条件和特点，有所侧重，尤其是排放与利用相结合，不同处理工艺的组合。例如在一个处理厂内，一部分采用强化一级处理加排海（江）工程，一部分采用二级处理后用于农田灌溉，还有一部分采用深度处理后回用于工业。要根据当地财力情况，充分考虑处理工艺的分期、分级实施。污泥处理应根据处理规模和污泥的出路（土地利用、建筑材料利用和填埋等），确定是否需要进行消化处理。

3）技术成熟可靠切实可行

根据城市污水处理技术政策，城市污水处理设施建设，应采用成熟可靠的技术。根据污水处理设施的建设规模和对污染物排放控制的特殊要求，可积极稳妥地选用污水处理新技术。因此，必须合理把握工艺先进性和成熟性（可靠性）的辨证关系。一方面，应当重视技术经济指标的先进性，同时必须充分考虑适合中国国情和工程的性质。城市污水处理工程作为城市基础设施工程，具有规模大、投资高的特点，且是百年大计，应该确保成功。工艺的选择必须注重成熟性和可靠性。因此，强调技术的合理性，而不是简单地提倡技术先进性，必须把技术的风险降到最低程度。

4）经济合理效益显著

节省工程投资与运行费用是城市污水处理厂建设与运行的重要前提。合理确定处理标准，选择简捷紧凑的处理工艺，尽可能地减少占地，力求降低地基处理和土建造价。同时，必须充分考虑节省电耗和药耗，把运行费用减至最低。因此，城市污水处理工艺应根据处理规模、水质特性、受纳水体的环境功能及当地的实际情况和要求，经全面技术经济比较后优选确定。工艺选择的主要技术经济指标包括：处理单位水量投资、削减单位污染物投资、处理单位水量的电耗和成本、削减单位污染物的电耗和成本、占地面积、运行性能可靠性、管理维护难易程度、总体环境效益等。

（2）影响城市污水处理工艺选择的主要因素

1）水质因素

进水水质水量特性和出水水质标准的确定是污水处理工艺选择的关键环节，污水处理技术政策中要求，应切合实际地确定污水进水水质，优化工艺设计参数。必须对污水的现状水质特性、污染物构成进行详细调查或测定，作出合理的分析预测。

一般城市污水主要污染物是易降解有机物，所以目前绝大多数城市污水处理厂都采用好氧生物处理法。如果污水中工业废水比例很大，难降解有机物含量高，污水可处理性差，就应考虑增加厌氧处理改善可处理性，或采用物化法处理。要求除磷脱氮的需选用稳定可靠的生物除磷脱氮工艺。

污水的有机物浓度对工艺选择有很大影响。当进水有机物浓度高时，AB法、厌氧酸化/好氧法比较有利。AB法中的A段只需较小的池容和电耗就可去除较多的有机物，节省了基建费和电耗，污水有机物浓度越高，节省的费用就越多。水解酸化预处理是指将厌氧消化控制在水解和酸化阶段，利用厌氧或兼性菌的代谢作用将复杂有机物转化为小分子有机物和挥发性脂肪酸的处理过程，在低能耗状态下实现有机物的快速转化，为后续生物处理工艺提供优质碳源。当有机物浓度低时，氧化沟、SBR等延时曝气工艺具有明显的优势。

2）城市工业废水的处理问题

在现代城市中，除了生活污水外，还有城市各处的工业企业产生的各种性质的工业废水（包括生产污水和生产废水）。因此，在城市污水处理时，必须考虑工业废水问题。

通常，除了大型的、集中的工业或工业区采用独立的污水处理系统外，对于多数的、分散的、中小型工业企业的废水，大多采用与生活污水一并处理、排放。这种方案建设费用和运行费用较低，处理效果一般比分散处理好，总占地面积少，不影响环境卫生且易于管理，节省维护费用。

但有些工业废水含有特殊的污染物质，或所含污染物质的浓度很高。为了保证污水处理厂的正常运行，必须限制某些工业企业废水的排放，要求在厂内经过预处理，达到规定标准后才能排入城市污水管网，输入城市污水处理厂。各工业企业排放废水时必须取得当地市政部门的同意。

3）其他因素

为了降低污水处理厂的负担，减少污水处理的费用，在确定城市污水处理与利用方案时，要全面规划、统一安排、综合治理。应对城市中产生废水的工业企业、单位部门（医院、大型公建、对外交通、仓库等）逐一分析，并就哪些废水可直接排入城市污水管网，哪些废水应先预处理后再排入城市污水管网，哪些应单独处理，哪些可不经处理直接排入水体进行分类、统计，以便采取相应对策。分析工厂与工厂之间共同处理废水的可能性。城市污水处理中还要考虑其用于灌溉农田或养殖的可能性，以便降低污水处理厂出水的处理程度，节省处理费用。规划中要求各工业企业尽量压缩废水量和降低水中污染物质的浓度。通过生产工艺的革新，回收利用废水中有用物质以及进行废水循环使用、循序利用等措施，减少废水及污染物的排放量。

（3）城市污水处理厂污泥的处置

污水在处理的过程中会产生一定数量的有机污泥和垃圾，这些废弃物含水率高，有机物含量高，容易腐烂发臭，若不经处理，任意堆放或排泄，会对周围环境造成二次污染。为满足环境卫生要求和资源化利用的需要，必须对污泥进行处理处置。

在我国的城市水污染治理中，污水处理厂污泥处理处置费用约占工程投资和运行费的24%～45%（发达国家如美国及欧洲国家已占污水处理厂总投资的50%～70%）。污水处理厂污泥处理处置高昂的投资及其运行费用是城市污水处理厂面临的实际问题，随着我国城市污水处理设施的普及，处理率的提高和处理程度的提高，污泥的产生量将有较大的增长，对污泥的处理处置必须给予足够的重视，避免处置不当造成二次污染。

目前，国内外污泥最终处置方式主要有：土地利用、综合利用、焚烧、填埋等。污泥消化后经脱水再进行填埋是目前国内许多大型污水处理厂中常采取的方式，经过消化后的污泥有机物含量减小，性能稳定，总体积减小，脱水后作填埋处置是一种比较经济的处理方式。由于消化装置工艺复杂、一次性投资大、运行操作难度大，实际运行经验表明往往难以达到预期的效果。因此要求经深度脱水（出厂污泥含水率小于60%）才能送至生活垃圾填埋场或者专用的污泥填埋场，根据污泥的含水率及力学特性等因素进行专门填埋，但此法占地较大、选址受限及存在二次污染隐患等问题。污泥土地利用是指将处理后的污泥或者污泥产品作为肥料、基质土的辅助原料或土壤改良材料，应满足《土地利用现状分类》GB/T 21010－2017的要求。污泥综合利用指将经处理后的污泥作为制作建筑材料（砖、陶粒、水泥、混凝土）、活性炭、生化纤维板等部分原料的处置方式，实现了污泥中有附加值资源的回收利用。污泥焚烧是指利用焚烧炉高温氧化污泥中的有机物，使污泥完全矿化为少量灰烬的过程，该技术的成本高、物质循环利用率低，还需要考虑烟气的污染控制和公众的接受度。

根据我国污水处理技术政策，必须妥善处置污泥。

1）城市污水处理产生的污泥，应采用厌氧、好氧和堆肥等方法进行稳定化处理。也可采用卫生填埋方法予以妥善处置；

2）处理能力在 10 万 m^3/d 以上的污水二级处理设施产生的污泥，宜采取厌氧消化工艺进行处理，产生的沼气应综合利用；

3）处理能力在 10 万 m^3/d 以下的污水处理设施产生的污泥，可进行堆肥处理和综合利用。

4）采用延时曝气技术的污水处理设施，污泥需达到稳定化。

5）经过处理后的污泥，达到稳定化和无害化要求的，可农田利用；不能农田利用的污泥，应按有关标准和要求进行卫生填埋处置。

6）在土地资源紧张且经济较为发达的地区，可选用干化、焚烧技术，污泥焚烧灰渣应优先考虑综合利用。

（4）城市污水处理厂出水的再生利用

在我国的城市污水处理技术政策中，提倡各类规模的污水处理设施按照经济合理和卫生安全的原则，实行污水再生利用。

城市污水经过二级处理和一定程度的深度处理后，水质能够达到回用的标准，可以作为水资源加以利用。污水再生利用的途径以不直接与人体接触为准，主要回用于工业补给水、城市杂用（绿化、道路浇洒、水体景观），也可以用于冲厕。此外，城市污水处理厂出水也可看作是水文循环的组成部分，将合乎质量要求的出水排放到河流水体中，使河流水体能维持或变成供下游使用的水源，不仅经济可行，而且可减少风险并发挥河流水体自净能力。

城市污水再生利用应根据用户需求和用途，合理确定用水的水量和水质。

污水再生利用，可选用混凝—沉淀—过滤—消毒或自然净化等深度处理技术。为了维护人体健康，要绝对避免再生水的误饮、误用，以切实保证居民的用水安全。回用的城市污水必须满足下列各项要求。

1）必须经过完整的二级处理和一定的深度处理；

2）达到回用水水质标准的要求；

3）在安全卫生方面不出现危害人体健康的问题；

4）在使用上不使人们产生不快感；

5）对设备和器皿不会造成不良的影响；

6）处理成本、经济核算合理。

（5）污水处理方案的选择

1）城市污水处理的工艺流程

A. 一级处理流程

污水处理采用物理处理法中的筛滤、沉淀为基本方法，污泥处置采用厌氧消化法。一级处理流程的各种方案造价低，运行管理费用低，但对水体存在一定程度污染，应慎重选用。一级处理方案主要有如下几种。

a. 方案一

如图 8-11 所示，采用沉淀池为基本处理构筑物。沉淀池排出的污泥先贮存于污泥池，定期运走。

b. 方案二

如图 8-12 所示，利用天然洼地或池塘作为生物塘，在生物塘中养鱼、繁殖藻类或养

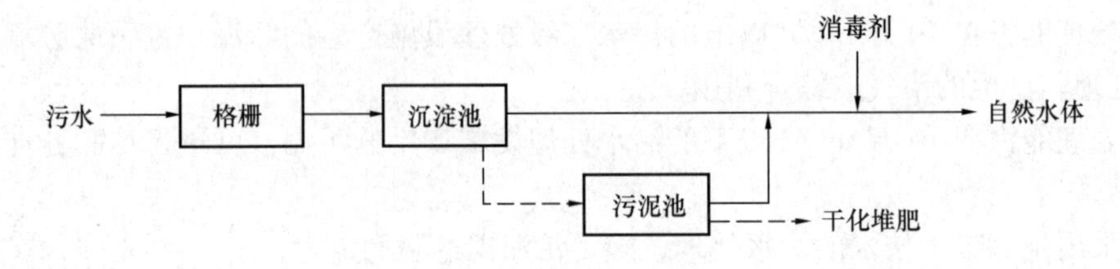

图 8-11　污水处理方案一

殖其他水生物。

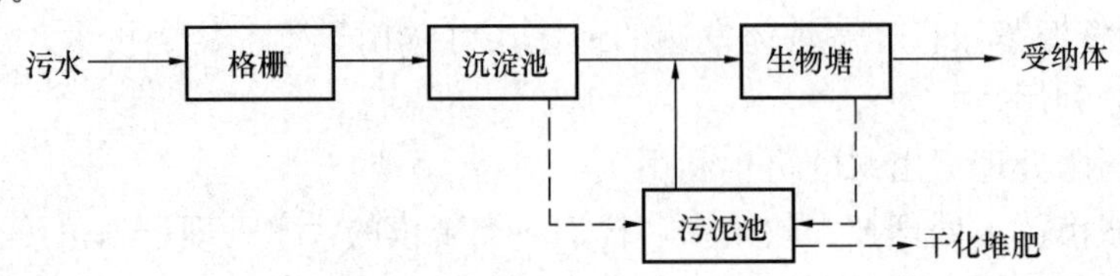

图 8-12　污水处理方案二

c. 方案三

如图 8-13 所示，采用沉砂池、双层沉淀池为基本处理构筑物，适用于污水量少的中小城镇。

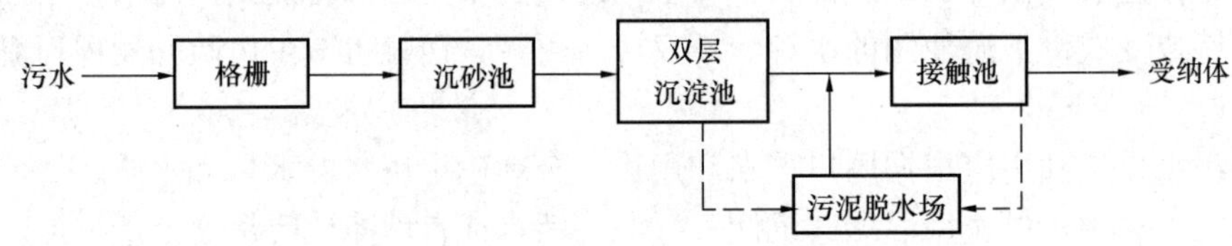

图 8-13　污水处理方案三

d. 方案四

如图 8-14 所示，沉砂池、沉淀池、消化池为基本处理构筑物，所产生的沼气可以利用。

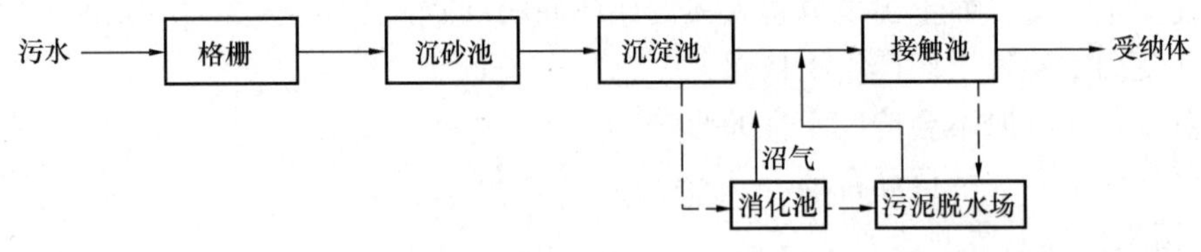

图 8-14　污水处理方案四

B. 二级处理流程

二级生物处理的处理程度较高，处理后出水优于一级处理。但占地面积较大，造价较高。

a. 方案五

如图 8-15 所示，以生物滤池为生物处理构筑物，污水经过预处理（沉砂、沉淀）后进入生物滤池处理，污泥进入消化池处理。

b. 方案六

如图 8-16 所示，这种方案主要是以活性污泥法为基础，目前已经有多种改良型工艺（如 AO、AAO、氧化沟等），主要生物处理构筑物为生化池，污泥处理同方案五。其特点

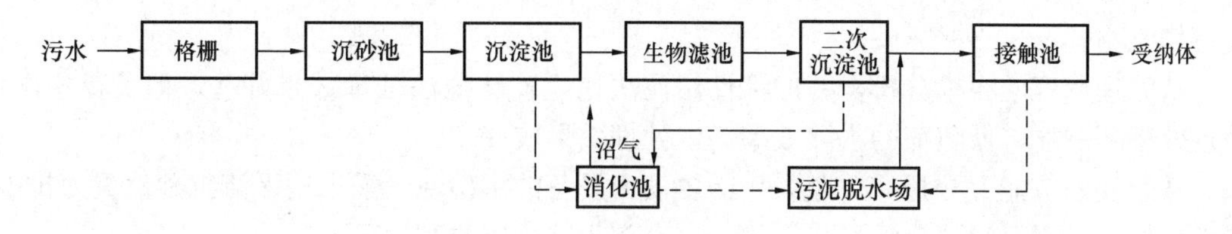

图 8-15　污水处理方案五

是占地面积较生物滤池小，处理效率较高，适应性广。

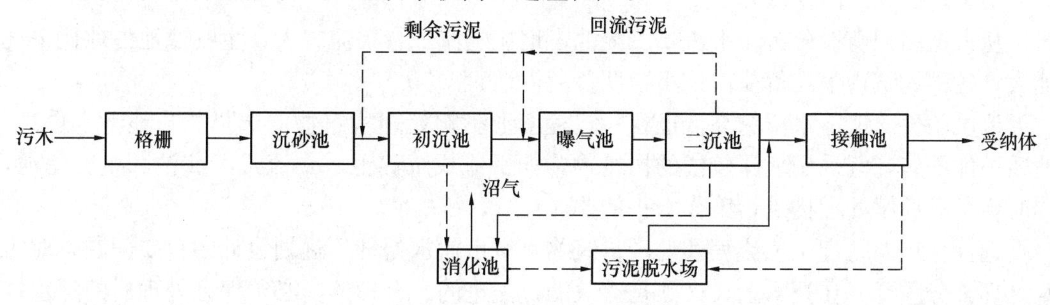

图 8-16　污水处理方案六

c. 方案七

如图 8-17 所示，以好氧膜生物反应器（MBR）为基础，与 AO、AAO 等生物处理工艺有机组合，形成组合式 MBR 工艺系统，污泥处理同方案五。其特点是污泥浓度高，出水水质好且有利于再生水回用，工艺占地省，自动化控制程度高，适应性强。

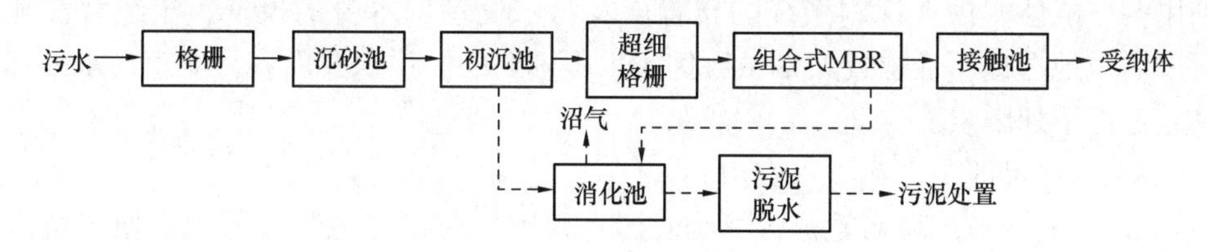

图 8-17　污水处理方案七

2）污水处理方案的选择

污水处理方案包括处理工艺流程和处理构筑物形式的选择。

A. 城市污水处理流程的选择。

污水处理流程的确定，主要根据污水所需的处理程度。首先，根据当地经济、环境等各方面的分析确定处理程度，然后可按几种处理方法的不同处理效率，选定处理流程。目前我国广泛采用的是二级处理。

B. 处理构筑物形式的选择。

处理构筑物形式的选用，应根据城市的具体条件，如污水量的大小、水质情况、处理程度的要求、能耗要求、污水处理厂位置、周围环境以及可能提供的厂区面积大小、地下水位高低、施工力量、建筑材料条件等。

从污水量大小分析，平流式或辐流式沉淀池适合于大污水量情况，而竖流式沉淀池宜用于中小污水量情况。生物处理构筑物中生物滤池一般适用于中小污水量，而曝气池适用性较广。当污水量大于 8000～10000t/d 时，采用曝气池与沉淀池宜分建或采用其他形式处理构筑物。

从处理程度的要求分析，一般活性污泥法比生物滤池法处理效果好些，但负荷不同，处理效率不一样，低负荷的去除效率高，处理效果较好。

从能耗与节能上分析，避免采用需要动力设备的沉砂池，如采用平流沉砂池重力排砂能耗较低。采用污泥消化池可生产沼气，有利于综合回收利用。

从污水处理厂对环境的影响上分析，一般认为生物滤池对周围环境卫生影响比曝气池大，卫生防护要求高些。

从占地面积衡量分析，平流式沉淀池占地比竖流式、辐流式大，生物滤池占地比曝气池大，各种构筑物中高负荷占地小，低负荷占地大。

地质条件、地下水位的高低也在一定程度上影响处理构筑物的选择。当地下水位高，地质条件不好，宜采用埋深较浅的构筑物，如平流式沉淀池、辐流式沉淀池、生物滤池，同时要考虑后续处理构筑物工作水头的要求。

选择合理的处理工艺流程及处理构筑物是城市污水处理厂规划设计的首要问题，对污水处理十分重要。在技术上，必须是有效的、先进的、合理的，必须保证处理后的污水排入水体后不造成污染危害，并应尽可能采用高效的设施。在经济上，尽量节约基建投资，节省运行中的能量消耗与处理费用，并节约用地。

8.12.5 污水处理厂厂址选择及布置

(1) 考虑因素

恰当地选择污水处理厂的位置，进行合理的总平面布局，关系城市环境保护的要求、污水利用的可能性、污水管网系统的布置以及污水处理厂本身的投资、年经营管理费用等，所以慎重地选择厂址位置，是城市排水工程规划的一项重要内容。城市污水处理厂厂址选择应考虑下列因素。

1) 节地。尽可能少占或不占农田。

2) 节能。充分考虑城市地形的影响。污水处理厂应设在地势较低处，便于城市污水自流入厂内。厂址选择应与排水管道系统布置统一考虑。污水处理厂宜设在水体附近，便于处理后的污水就近排入水体。充分利用地形，选择有适当坡度的地段，以满足污水在处理流程上的自流要求，尽量不提升。

3) 卫生。为保证卫生要求，厂址应设在集中给水水源和城镇的下游，位于城市夏季最小风频的上风向，与城市居住区及公共服务设施用地保持必要的卫生防护距离，依据污水处理厂规模的不同，卫生防护距离为 150 ~ 300m。但也不宜太远，以免增加管道长度，提高造价。

4) 结合污水的出路，考虑污水回用于工业、城市和农业的可能，厂址应尽可能与回用水的主要用户靠近，同时考虑污水处理后便于灌溉农田以及污泥作农肥利用，最好靠近灌溉区域，以缩短输送距离。

5) 考虑洪涝灾害的影响。厂址不宜设在雨季易被水淹的低洼处。靠近水体的污水处理厂要考虑不受洪水的威胁，设计防洪标准不低于所在城市和居住区。

6) 基础设施条件优越。应有方便的交通、运输和水电条件。污水处理厂选址应考虑污泥的运输和处置，宜靠近公路和河流，厂址处要有良好的水电供应，最好是双电源。

7) 应考虑近远期结合与分期建设问题。选址应考虑城镇近、远期发展规划。近期合适位置与远期合适位置往往不一致，应结合城镇总体规划一并考虑，厂址用地应有扩建的可能，解决好远近期结合与分期建设等问题。

8）受纳体的环境容量。受纳体的环境容量决定了污水处理厂的出路，厂址的选择必须建立在充分分析受纳体的环境容量的基础上。

9）还应考虑污水处理厂本身对用地各方面的要求，以利于污水处理厂建设的技术上的合理性与投资上的经济性。如污水处理厂用地宜在地质条件较好、无滑坡、坍方等特殊地质现象，土壤承载力较好（一般要求在150kPa以上）的地方。要求地下水位低，方便施工。此外，要求厂址用地基建清理简便，不拆迁或少拆迁旧房及其他障碍物。

城市污水处理厂位置选择是一个十分复杂的问题，通常不可能各方面要求都得到满足，选择中要进行深入调查研究、分析比较，找出影响厂址选择的关键因素。当有多种选择时，要进行方案技术经济比较，确定最佳方案。

（2）城市污水处理厂的用地指标

污水处理厂所需面积与污水量及处理方法有关，表8-24列出了各种污水量、不同处理程度的污水处理厂所需的面积指标，规划时可根据此表进行确定，同时，还要考虑污水处理厂的发展用地。

城市污水处理厂规划用地指标（$m^2 \cdot d/m^3$）　　**表8-24**

建设规模	污水量（m^3/d）				
	50万以上	20万～50万	10万～20万	5万～10万	1万～5万
用地指标	二级处理				
	0.30～0.65	0.65～0.80	0.80～1.00	1.00～1.20	1.20～1.50
	深度处理				
	0.10～0.20	0.16～0.30	0.25～0.30	0.30～0.50	0.50～0.65

注：1. 规划用地面积为污水处理厂围墙内所有处理设施、附属设施、绿化、道路及配套设施的用地面积。
2. 污水深度处理设施的占地面积是在二级处理污水处理厂规划用地面积基础上新增的面积指标。
3. 表中规划用地面积不含卫生防护距离面积。

（3）平面布置

在城市规划的总体规划阶段和详细规划阶段不需要确定城市污水处理厂的总平面布置，而在污水处理厂专项规划布置中需要考虑。污水处理厂总平面布置包括：处理构筑物布置，各种管渠布置，辅助建筑物布置，道路、绿化、电力、照明线路布置等。总平面布置图根据厂规模可用1∶100～1∶1000比例尺的地形图绘制，如图8-18所示。设计应考虑下列要求。

1）体现节能。根据污水处理的工艺流程，决定各处理构筑物的相对位置，相互有关的构筑物应尽量靠近，以减少连接管渠长度及水头损失。厂内污水与污泥的流程应尽量缩短，避免迂回曲折，并尽可能采用重力流。

2）体现节约用地。处理构筑物布置应尽量紧凑，但必须同时考虑管渠的敷设要求、维护、检修方便及施工时地基的相互影响等。一般构筑物的间距为5～8m，如有困难达不到时至少应不小于3m。对于消化池，从安全考虑，与其他构筑物之间的距离应不小于20m。

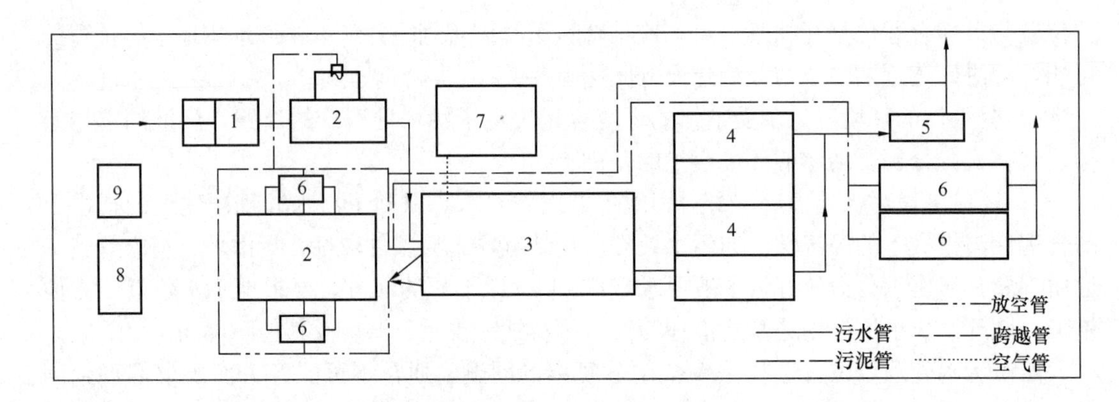

图 8-18　某污水处理厂总平面布置

1—泵房；2—初次沉淀池；3—曝气池；4—二次沉淀池；5—计量槽；
6—污泥池；7—空气压缩机房；8—办公楼；9—宿舍

3）构筑物布置结合地形、地质条件，尽量减少土石方工程量及避开劣质地基。厂内各种管路较多，布置中要全面安排避免互相干扰。

4）系统布置要使各处理单元或设备能独立运转，运行时不会因某一处理单元或设备出现故障而迫使其他处理单元或设备停止运转。

5）道路布置应考虑施工及建成后运输要求，厂内加强绿化以改善卫生条件。

6）附属构筑物的位置应根据方便、安全等原则确定。

7）考虑扩建的可能性，为扩建留有余地，作好分期建设安排，同时考虑分期施工的要求。

思　考　题

1. 城市排水系统的组成包括哪些？它们分别具有什么功能？
2. 城市排水工程规划包括哪几个层次的内容？它们之间的区别与联系是什么？
3. 什么是排水体制？排水体制的分类及选择依据是什么？
4. 排水管道的平面布置形式有哪些？它们各自的适用条件分别是什么？
5. 简述城市雨水工程规划中暴雨强度公式的一般表达形式。
6. 依据城市污水处理系统规划方法如何确定城市污水的处理程度？

第 9 章　城市再生水系统工程规划

9.1　城市再生水系统概述

随着工业发展和城市规模不断扩大，以及居民生活水平的提高，城市用水量不断增加，导致污水排放量也不断增加，造成水资源缺乏和水质不断恶化的局面。若充分考虑再生水利用，不但可以减少城市对外部水资源的需求量，同时也可以减少城市排出的污染物，降低对外部水环境的污染。在城市规划中纳入城市污水再生利用规划的内容，建立城市用水的综合规划观念，对于城市建设与经济的协调发展、减少重复建设、节约投资和保护水环境具有重要意义。

《中国 21 世纪议程》《水污染防治行动计划》《中华人民共和国国民经济和社会发展第十四个五年规划和 2035 年远景目标纲要（草案）》等对污水的再生利用、提高资源利用效率和构建资源循环利用体系等都作了明确要求。2021 年初，国家发展改革委等十部委联合印发了《关于推进污水资源化利用的指导意见》，其指导思想是践行“绿水青山就是金山银山”的理念，坚持“节水优先、空间均衡、系统治理、两手发力”的治水思路，在城镇、工业和农业农村等领域系统开展污水资源化利用，以缺水地区和水环境敏感区域为重点，以城镇生活污水资源化利用为突破口，以工业利用和生态补水为主要途径，做好顶层设计，加强统筹协调，完善政策措施，强化监督管理，开展试点示范，推动我国污水资源化利用实现高质量发展。污水再生利用相关的政策要求如下：

（1）将污水资源化利用作为节水开源的重要内容，再生水纳入水资源统一配置，全面系统推进污水资源化利用工作，全国地级及以上缺水城市再生水利用率达到 25%以上，京津冀地区达到 35%以上，到 2035 年，形成系统、安全、环保、经济的污水资源化利用格局。

（2）缺水地区特别是水质型缺水地区，在确保污水稳定达标排放前提下，优先将达标排放水转化为可利用的水资源，就近回补自然水体，推进区域污水资源化循环利用。

（3）资源型缺水地区实施以需定供、分质用水，合理安排污水处理厂网布局和建设，在推广再生水用于工业生产和市政杂用的同时，严格执行国家规定水质标准，通过逐段补水的方式将再生水作为河湖湿地生态补水。

（4）具备条件的缺水地区可以采用分散式、小型化的处理回用设施，对市政管网未覆盖的住宅小区、学校、企事业单位的生活污水进行达标处理后实现就近回用。

（5）火电、石化、钢铁、有色、造纸、印染等高耗水行业项目具备使用再生水条件但未有效利用的，要严格控制新增取水许可。推进园区内企业间用水系统集成优化，实现串联用水、分质用水、一水多用和梯级利用，开展工业废水再生利用水质监测评价和用水管理，推动地方和重点用水企业搭建工业废水循环利用智慧管理平台。

《城市排水工程规划规范》GB 50318－2017 也明确指出城市污水应进行再生利用，再生水应作为资源参与城市水资源平衡计算。近年来，城市规划中大多增加了再生水系统（建筑上有时称中水系统）规划的内容，编制城市规划时往往将再生水系统纳入城市给水系统规划中。随着我国城市再生水技术的日趋成熟，许多城市相继建设了一批再生水工程并取得了一定的成果。

9.1.1 城市自来水、污水和再生水的关联性

（1）城市自来水、污水和再生水的关系

城市再生水系统是指城市污水经处理后达到一定的水质标准，可在一定范围内重复使用的非饮用杂用水工程系统。城市自来水、污水、再生水之间是相互影响相互制约的，从水源地取得的原水，经给水厂按照用户对饮用水水质的要求进行处理后，通过输配水管道供给用户，经用户使用后形成的污水则通过排水管道进入污水处理厂，经过处理后，一部分排入受纳体，另一部分经深度处理后转换为再生水，返回再生水用户被再次利用，如图9-1所示。深入地分析了解城市自来水、污水、再生水之间的内在联系，确定其水量水质的供需及转化情况，将有利于对水的开发、供给、使用、处理和排放等各环节作出统筹安排和决策。

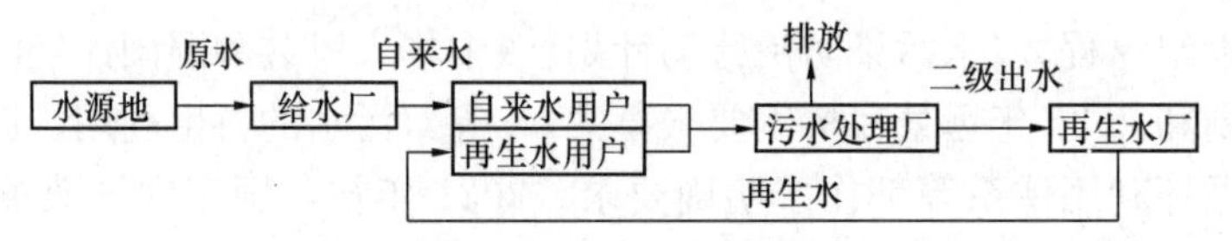

图 9-1 城市自来水、污水、再生水之间的关系

（2）城市自来水、污水、再生水之间的水量平衡

自来水、污水、再生水在一段时间内的水量保持平衡，如图9-2所示。图中是以城市用水为核心，其中，消耗水量是指在输水、用水过程中，通过蒸腾、蒸发、土壤吸收、产品带走、饮用等各种形式消耗掉，而不能回归天然水体的水量；漏损水量指由于跑、冒、滴、漏而损失的水量；外排水量是回归天然水体的水量。

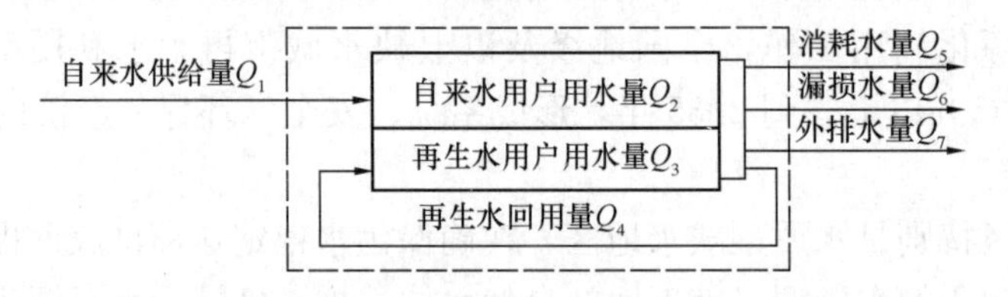

图 9-2 城市自来水、污水、再生水之间的水量平衡

图中各水量之间有如下的水量平衡关系。

$$\begin{cases} Q_1 + Q_4 = Q_2 + Q_3 \\ Q_2 + Q_3 = Q_4 + Q_5 + Q_6 + Q_7 \\ Q_7 = \alpha(Q_2 + Q_3) \end{cases} \tag{9-1}$$

上式中，α为城市污水排水系数。城市污水排水系数（即城市污水排放量与城市用水量之比）视用水构成不同，通常在0.75～0.9之间波动。若α取值为0.8，即城市用水量的80％变为污水排入排水管道，如果不加以利用则必然是很大的水资源浪费，因为至少有70％的污水（相当于城市供水量的一半以上）可以再生处理后安全回用；若城市用水

量不变，增加再生水利用水量，可以使城市水资源需求量降低的同时降低城市排放量，不但可以缓解供水紧张的状况，还可以降低对受纳水体所造成的不利影响。

9.1.2 再生水利用对给水排水工程的影响

给水工程规划中，水量规划是一个十分重要的内容，污水再生利用对于给水量的规划是一个十分棘手的问题。如图 9-3 所示，在考虑回用水的情况下$\sum Q_i = Q_{给} + Q_{回} = Q_{排} + Q_{损}$，而传统的城市给水工程$\sum Q_i = Q_{给}$。很显然，由于 $Q_{回}$ 的存在，城市给水工程规划从自然水体获取的水量应该减少。如果不考虑这种变化，易形成自来水供过于求的局面，出现鼓励用水、降低自来水价格现象，助长浪费。另一方面，由于规划给水量大于实际需水量，在规划建设时，会造成给水管径过大、给水处理设施规模增大，从而造成水处理和输配水管网的投资费用增加。因此，在规划中，给水工程规划与污水再生利用规划应有机地结合起来，在给水量规划中适当减少水量的计入，减少的这部分水量主要包括工业用水、绿化、道路广场浇洒、消防等用水。

进行排水工程规划时，应考虑污水再生利用规划对排水工程的影响，这一点在规划工作中常常被忽视。对于有再生水系统的大型公共建筑、住宅小区而言，由于建筑内部实现了再生水利用，会大大减少排入城市污水处理厂的污水流量，造成管道流量比设计流量小、流速降低，从而导致管道的淤塞。如图 9-4 所示，不考虑再生水系统时排水量为 Q_1，考虑再生水利用量为 Q_2时，排入市政管道的流量为 Q_3，显然 $Q_3 < Q_1$。此外，排入城市污水处理厂的污水量的减少会造成可处理水量的减少、影响污水处理厂的运行负荷，也应引起重视。

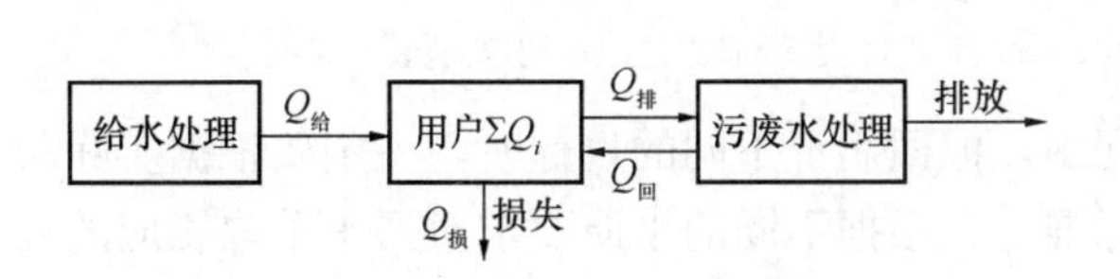

图 9-3 再生水利用对给水量的影响

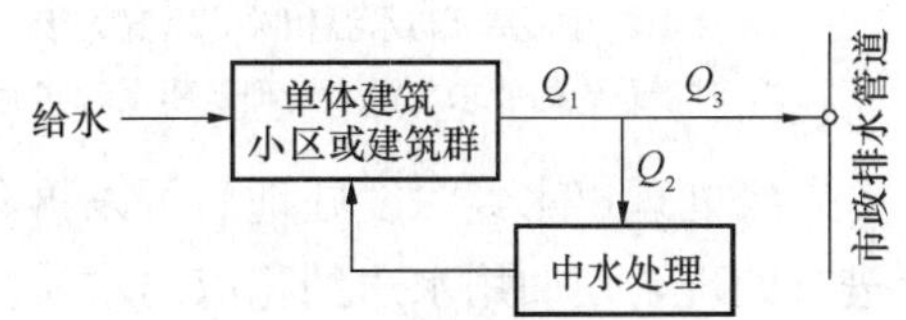

图 9-4 再生水利用对排水量的影响

9.1.3 再生水水源及其水质

城市污水一般包括生活污水与工业废水，不但水量大，水质也较复杂，随各种污水的混合比例和工业废水中污染物质的特征不同而异。

生活污水是人们在日常生活中产生的各种污水的混合液，包括厨房、盥洗室、浴室和厕所排出的污水。一般来说，生活污水的成分比较固定，只是浓度随生活习惯、生活水平而有所不同。生活污水中有机污染物约占 60%，如蛋白质、脂肪和糖类等；无机污染物约占 40%，如泥砂和杂物等；此外还含有洗涤剂、病原微生物和寄生虫卵等。城市典型生活污水的成分及浓度见表 9-1。

工业废水是人们从事工业生产活动中所产生的废水。由于工厂的生产类别、工艺过程、使用的原材料以及用水成分不尽相同，工业废水在性质方面有着显著的不同，要具体分析。有的工业废水比较清洁，如在使用过程中受到轻度污染或水温增高的水，通常不需要处理或只需要进行简单处理，这类废水称为生产废水；而在生产过程中所形成，并被生产原料、半成品或成品等废料严重污染的工业废水称为生产污水，这类污水多数具有危害性，需经适当处理后才能排放或循环使用。我国对工业废水达标排放有严格规定，要求排放企业对排入城市污水收集系统的工业废水进行合理的厂内预处理，使其达到国家和行业规定的排放标准。

城市典型生活污水成分和浓度 **表 9-1**

成 分	pH	生化需氧量 BOD_5 (mg/L)	化学需氧量 COD_{cr} (mg/L)	悬浮物 SS (mg/L)	总 氮 (mg/L)	总 磷 (mg/L)	总有机碳 TOC (mg/L)
数量浓度	7.5～8.5	100～400	250～1000	100～350	20～85	4～15	290～890

当采用分散处理，即建筑物和小区再生水利用时，其再生水的原水水源可以选用建筑物和小区内杂排水和生活污水、附近的市政污水、雨水、海水等。当建筑物和小区内生活污水作为原水水源进行处理，达到用户的用水水质要求后回用时，可以省去一套单独的再生水水源收集系统，从而降低管网投资和管网系统的复杂程度。当采用集中处理，即城市污水再生回用时，主要是将城市污水处理厂的二级出水经深度处理后回用。根据常规二级处理技术所能达到的处理程度，城市污水经二级处理后，水质应达到表 9-2 所示的要求。

城市污水处理厂出水达标排放出水水质（mg/L） **表 9-2**

生化需氧量（BOD_5）	化学需氧量（COD_{cr}）	悬浮物（SS）	氨氮	总磷
10	50	10	5（8）	1（0.5）

注：1. 参考《城镇污水处理厂污染物排放标准》GB 18918－2002 的一级 A 标准；
2. 对于氨氮的要求与水温相关，水温大于 12℃时取低值；
3. 对于总磷的要求与污水处理厂建设时间有关，2005 年 12 月 31 日之前建设的取高值。

二级处理出水经深度处理后可以再利用，但回用于不同的目标时，一定要根据实际需要进行处理，使回用水达到相应的水质标准，并根据不同的水质要求对污水采取相应的处理流程。当回用于农田灌溉时，一般采用生物处理工艺就能满足水质要求，但有时也需采用生物稳定塘进一步净化处理。当回用于工业冷却水时，需对二级处理出水进行混凝沉淀或过滤处理（常称为三级处理），进一步去除水中残留的有机物和悬浮物，甚至需要进行软化及水质稳定处理，以防止管道及设备的结垢或腐蚀。当回用于景观环境用水时，需要特别考虑脱氮除磷处理，避免引起生态环境与健康风险。当回用于地下水补充水源时，对有机物和氮磷等都有苛刻的要求，需要考虑完善的深度处理技术。

随着污染控制手段的不断加强，目前已经有了足够坚实的物质、技术、实践基础对城市污水进行再生处理，使再生水水质达到各种回用水要求。

9.1.4 再生水水质标准

目前，我国的污水相关标准总体上可分为排放标准和处理后回用标准。近年来，国家陆续颁布了多个城市污水再生利用的国家标准及规范，指导并应用于全国城镇污水处理再生利用的建设、设计、运营管理中，对解决我国水资源短缺，促进水资源循环利用和可持续发展起到了重要作用。

（1）针对再生水厂原水，《城市污水再生利用　分类》GB/T 18919－2002 规定污水再生水厂的水源宜优先选用生活污水或不包含重污染工业废水在内的城市污水。

（2）《城市污水再生利用　景观环境用水水质》GB/T 18921－2019 规定了城市污水

再生利用景观环境用水的水质指标、利用要求、安全要求、取样与监测。

(3)《城市污水再生利用　工业用水水质》GB/T 19923－2005要求对于以城市污水为水源的再生水，除应满足该标准各项指标外，其化学毒理学指标还应符合《城镇污水处理厂污染物排放标准》GB 18918－2002中一类污染物和选择控制项目的各项指标限值规定。

(4)《城市污水再生利用　地下水回灌水质》GB/T 19772－2005规定了利用城市再生水进行地下水回灌时应控制的项目与限值，以及取样与监测方法。

(5)《城市污水再生利用　农田灌溉用水水质》GB 20922－2007规定了城市污水再生利用于灌溉农田的规范性引用文件、术语和定义、水质控制项目、水质要求、其他规定及监测分析方法。

(6)《城市污水再生利用　城市杂用水水质》GB/T 18920－2020规定了城市杂用水水质标准、采样及分析方法。

(7)《循环冷却水用再生水水质标准》HG/T 3923－2007规定了作为循环冷却水的再生水水质指标，本标准适用于以再生水为循环冷却水的补充水。

(8)《再生水水质标准》SL 368－2006适用于地下水回灌、工业、农业、林业、牧业、城市非饮用水、景观环境用水中使用的再生水，主要是关于再生水水质标准分类、水质标准和水质监测等内容。

9.2　城市再生水系统分类与组成

9.2.1　系统分类

城市再生水系统按服务范围可分为以下三类。

(1) 建筑再生水（中水）系统

在一栋或几栋建筑物内建立的再生水系统，处理站一般设在裙房或地下室，再生水作为冲厕、洗车、道路保洁、绿化等使用。

(2) 小区再生水（中水）系统

在小区内建立的再生水系统。小区再生水系统可采用的原水类型较多，如附近的污水处理厂出水、工业洁净废水、小区内杂排水、生活污水、雨水等。系统可采取覆盖全区的完全系统、部分系统和简易系统。

(3) 城市再生水系统

城市再生水系统又称城市污水再生利用系统，是在城市规划区内建立的城市污水回用系统。系统以城市污水、工业洁净废水为原水，经过城市污水处理厂处理及必要的深度处理后，回用于工业用水、农业用水、城市杂用水、环境用水和补充水源水等。

每种系统都有各自的特点，处理厂（站）的规模、管线长短、实施难易程度、投资规模和收益大小等各不相同。一般而言，建筑或小区再生水系统可就地回收、处理、利用，管线短、投资小、容易实施，作为建筑配套设施建设，不需要政府集中投资，但水量平衡调节要求高，规模效益较低。从水资源的利用和经济角度出发，城市再生水回用系统较为有利，无论从运行管理、污泥处理和经济效益上都有较显著的优势，但需要单独铺设回用水输送管道，整体规划要求高。同时，系统设置应遵循一定的原则综合考虑，包括用户的要求、水源的选用、管路的配置、主体工艺的选定等。此外，一些非技术问题也应予以充分考虑，有时需要重点考虑，如当地的价格成本比、外部环境条件和管理水平等。

9.2.2　系统组成

城市再生水系统一般由三部分组成：再生水原水系统、再生水处理系统（包括二级处理、深度处理）、再生水供水系统等。

（1）再生水原水系统

再生水原水系统主要是原水收集系统，即把污水从产生地输送至城市再生水厂或小区再生水站，包括室内排水管道、室外排水管道及相应的收集、输送配套设施。

城市污水收集系统和排水管道系统是收集、输送污水的工程设施。回用水水源收集系统又包括生活污水排水管道系统、工业废水排水管道系统和雨水排水管道系统。

（2）再生水处理系统

再生水处理系统是指污水处理以及再生水处理所需的水处理设施，将污水处理到再生水所要求的水质标准。如能利用已有的城市污水处理厂二级出水，则仅需再生水处理设施的建设。

1）污水处理厂深度处理系统

污水处理厂内建设深度处理系统，将部分或全部经处理达标的二级出水送到厂内深度处理工艺系统进行处理，达到要求的回用水水质指标后，用专用管道输送到各类工业用水、城市杂用水、景观用水、农业用水或地下水的回灌等用户。

2）用户独立建设深度处理系统

一种情况是污水处理厂将达标的二级出水或达到合同要求的出水由专用管道输送到用户，由用户就地建设深度处理工艺系统，将上述水源经再生处理到回用要求。另一种情况是用户直接收集污水（较多使用杂排水、雨水或工业洁净废水等）并就地处理回用。

（3）再生水供给系统

再生水供给系统是将经再生处理后的再生水送至各个再生水用户，包括建筑物室内外和小区的再生水配水管道系统、泵站及其他相关设施。

9.3　城市再生水利用系统规划

9.3.1　指导思想和原则

（1）充分体现可持续发展。城市污水再生利用是水资源可持续开发利用的重要组成部分，应该成为可持续发展理念的应用范例。

（2）污水再生回用规划纳入城市水资源系统综合利用规划。将污水再生回用规划与城市总体规划有机结合起来，协调与城市给水工程、排水工程、雨水工程、环境保护以及城市用地等各专项工程规划之间的相互联系。

（3）以保证人体健康不受威胁，促进环境质量的提高为前提。必须充分考虑污水再生回用可能造成的风险，确保人体健康，确保不会造成城市环境质量的降低。

（4）优质优用、重复利用、合理调配再生水资源。合理布局再生水处理设施，集中与分散相结合，兼顾规模效益，力求经济合理。

9.3.2 再生水回用对象的选择

在城市生活、生产用水中，约有40%的水是与人们生活紧密接触的，如饮用水、洗浴及食品加工用水等，这些用水对水质要求很高，一般不应该用再生水替代。另外，多达60%的水是用在工业、城市杂用水、城市生态景观以及农田灌溉用水等方面，这些用水要求不高，可考虑优先采用城市再生水。

(1) 工业用水

工业企业一般用水量较大，用水水质较低，如果工业用户紧靠再生水处理设施，是较理想的回用对象。工业冷却用水量大又相对稳定，规划中可优先考虑。

(2) 城市杂用水

城市杂用水包括道路浇洒、绿化、消防、建筑施工及其他市政用水，其水质要求不高。长期依靠城市水厂提供这些用水，消耗了大量的优质水，因此，完全可以考虑采用城市再生水。

(3) 城市景观生态用水

再生水可用于补给城市河湖水体及景观湿地等城市景观环境用水。再生水水质完全可以满足城市公园湖面、人工河道等水质要求，而且这些用水不受季节影响，能确保全年再生水的利用率，避免设施闲置。同时，再生水还可用于地下水回灌，改善地下水环境，防止因地下水过度开采产生相关的环境问题。

(4) 农田灌溉用水

在优先考虑再生水用于城市的同时，如果城市再生水量充足，可由近及远地用于农田灌溉。

9.3.3 再生水利用系统模式选择

城市再生水回用系统的模式一般是以集中式污水处理回用为主，分散式污水处理回用为辅。

集中式污水处理回用是建立集中式管网收集体系和大型污水处理厂，在此基础上再进行深度处理，然后回用于城市生活、生产的各个方面，如图9-5所示。集中式污水处理回用最主要的特征是统一收集、统一输送、统一处理，是一种“资源－产品－废物”的物质流动，代表了对水资源的线性利用。集中污水处理技术在20世纪得到了很大发展，污水处理厂的规模也越来越大，其缺点也逐渐显露出来：大规模的污水处理厂需要建设相应庞大的管网系统，造价高且运行维护费用昂贵；污水处理过程中产生大量非稳定的、具有污染性的污泥，必须进行无害化处理；许多城市的排水管道系统为合流制，在暴雨期间，大量未经处理的污水随着雨水溢流而排入受纳水体中造成污染；再生处理后的污水如果回用需要重新建设城市回用水管网系统，浪费大量的基建费用和运行维护费用；由于回用水的水质一般低于自来水的水质，回用水在管道中长途运输，管内壁易形成生物膜，老化脱落的生物膜会造成回用水水质下降，达不到所要求的标准；长途输送回用水时，由于渗漏会造成水量损失。集中处理回用的优点是处理水量大，回用面广，特别适合于回用

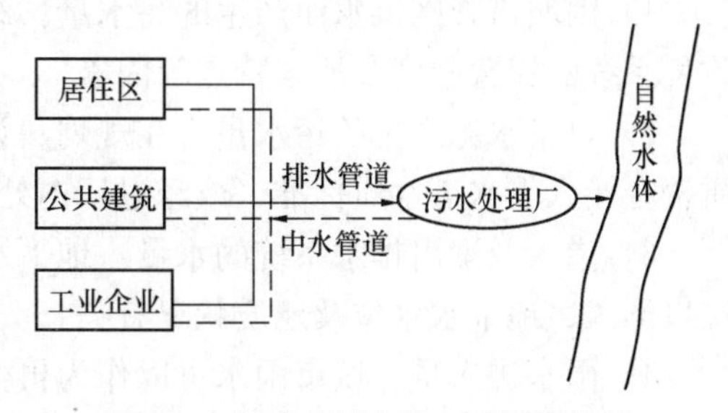

图9-5 集中式污水处理回用概念图

水量大的工业用水，如发电厂、冶金企业、纺织企业等的冷却用水，可明显地减少城市自来水供水量。在我国当前城市排水系统的格局下，集中污水处理回用仍然占主导地位。

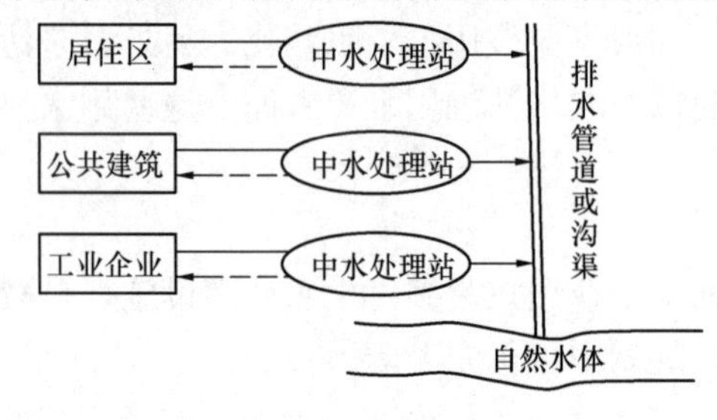

图 9-6　分散式污水处理回用概念图

分散式污水处理回用指将小规模地区排出的污水分别收集、分别处理，如图 9-6 所示。这种方式强调就近处理，运用低成本、可持续的处理系统进行污水处理和回用。分散式污水处理回用能满足小规模地区污水管理及资源化的要求，它允许以单独小型污水处理和就地土壤处理系统作为长期的解决方案。分散式污水处理的污水来自单独的住户、组团以及独立的社区、风景区，是一种“资源—产品—多种出路”的物质流动，是一种对水资源的树状利用。将污水按不同成分收集后，根据不同的成分和物质回收利用的特定要求进行再生处理，之后用来回用或补充地下水。分散式污水处理回用系统具有以下优点：不依赖于复杂的基础设施（如大规模供电、供水系统），受外界影响小；系统自主建设，运行和维护管理比较方便；不易受到不可预知的人为破坏；可应用于各种场合和规模；处理后污水易于进行回用。尤其在我国，经济不发达、城市排水设施不完善的地区，运用分散式污水处理回用系统能以较低成本达到资源的节省和回收利用、保护环境的目的。分散式污水处理回用系统主要有以下两类：一是指建筑再生水。城市大型建筑（办公大楼、高层建筑、宾馆、大型游乐场所等）的生活污水自成系统，分散独立处理后回用于原建筑的杂用水；二是指小区再生水。在一个范围较小的地区（居住小区、机关大楼、宾馆、学校等）的建筑群内建立分散式污水处理设施，收集建筑排放的污水，再生处理后回用于各建筑的杂用水。随着科学技术的发展，尤其是近年来微滤、纳滤和反渗透等膜技术的不断发展，污水处理设施实现了装置化、小型化，使污水分散处理回用得以很好地实现。与集中处理回用相比，分散处理回用可节省大量输送管道建设费用，但再生水量小、回用范围小、管理分散、运行操作难于规范化，而且也增加了污水处理设施和回用设施的投入。因此，现阶段分散式污水处理回用将是城市集中式污水处理回用的较好补充。

9.3.4　再生水水量计算

（1）可处理水量的计算

可处理水量与总排放量、排水管道的布置、工业性质、城市卫生设施等因素密切相关。可处理水量的测算必须结合给水排水工程规划同步进行，需综合考虑以下几方面的水量确定。

1）因城市管网供水而产生的污水量。结合城市总体规划重点分析给水普及率、污水收集系统的完善程度及地区特点等因素。

2）自备水源产生的污水量。在规划建设用地范围内，有自备水源的工业，若污水水质符合接入下水道水质标准（或经过厂内处理后达到标准），可纳入城市污水系统。

3）渗入及渗出排水系统的水量。地下水渗入及污水渗出量与城市的污水管道材质及接口形式、地下水水位及地质状况有关。

4）雨水进入量。城市雨水可以作为再生水水源的有效补充，在规划时可考虑将部分城市雨水纳入污水再生利用规划，同时考虑城市局部合流排水管及暴雨时路面积水导致雨水大量进入污水管道等雨水量。

（2）再生水用水量的计算

1）工业用水量。工业用水水质虽然多有差异，但城市污水经三级处理后大多可达到要求，特殊需要者可再深度处理。工业企业的生产用水量可通过调查分析、经营部门提供或者参考类比企业的技术经济指标、用水指标等方式来确定。对于工业冷却而言，回用技术比较成熟，用水量大，且不受季节影响，在规划阶段应考虑这部分用水量。

2）道路广场浇洒、绿化用水量。道路、广场浇洒及绿化等市政用水随城市建设和发展程度会发生变化，而且，城市内道路、广场、绿化用地在不同的规划期也不尽相同，加之各城市性质和自然条件存在差异，这部分用水量与路面的种类、绿化措施、气候、土壤以及当地条件等实际情况都有关。其中，绿化措施对用水量的影响非常大。

绿化用水量可按下式计算：

$$Q_{绿化} = \sum_{i=1}^{n} A_i q_i / \eta_i \tag{9-2}$$

式中 $Q_{绿化}$——绿化用水量，m^3/d；

A_i——第 i 种绿地面积，m^2；

q_i——第 i 种绿地的净用水定额，$m^3/(m^2 \cdot d)$；

η_i——第 i 种绿地的水利用系数，70%～80%。

通常，园林、绿化部门规定绿化用水定额为 0.001～0.002$m^3/(m^2 \cdot d)$，在夏季用水高峰时取上限，在冬天取下限或不浇水（视具体情况而定）。道路广场浇洒用水一般采用 0.001～0.0015m^3/(d·次)，洒水次数按地区环境及气候条件以每天 2～3 次计。

3）城市河湖补水量。城市河湖水补水量可按下式计算：

$$Q_{补} = \sum_{i} \frac{k_i \cdot A_i \cdot h_i}{T_i} \tag{9-3}$$

式中 $Q_{补}$——第 i 种河湖在其换水周期的补水量，m^3/d；

A_i——第 i 种河湖面积，m^2；

h_i——第 i 种河湖平均水深，m；

k_i——第 i 种河湖水利用系数，考虑河湖蒸发损失、渗漏损失等，一般取 80%～90%；

T_i——第 i 种河湖换水周期，d。

城市人工河流（特别是人工沟渠）的特点是缺水时水位低、流速小，为了保持河流最基本的生态功能，河道里必须保留一定的水量，即河道基流用水量。这部分水量应按相应的水文资料进行水文分析后确定。数据缺乏时可假定城市人工河道的横断面平均宽度为 8m，断面平均深度为 2m，断流控制天数按 0d 考虑。

（3）水量平衡分析

在进行城市污水再生利用规划时，根据各用水对象对水量和水质的基本要求，结合可处理污水的水量和水质的分析做好水量平衡分析，是顺利实现城市水资源可持续利用的基本要求。水量平衡分析的好坏直接影响污水再生回用工程的顺利实现，这一点在我国一些试点项目中已经得到了很好的验证。水量平衡的关键是绘制水量平衡分析图（图 9-7），水量平衡计算见式（9-4）。

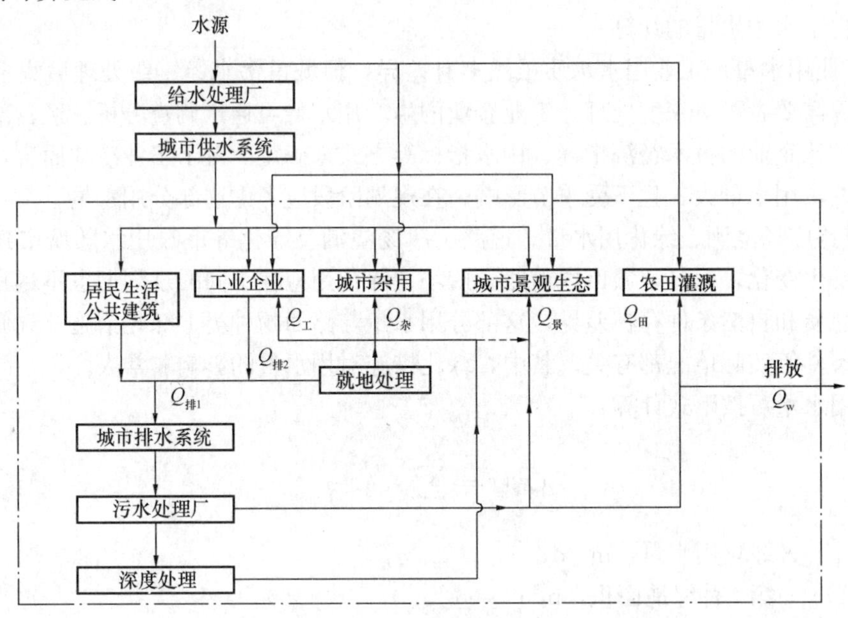

图 9-7　城市污水再生回用系统水量平衡分析

$$\eta(Q_{排1}+Q_{排2})=Q_{工}+Q_{杂}+Q_{景}+Q_{田}+Q_{w} \tag{9-4}$$

式中　η——污水处理损耗系数，一般可取 75%～85%；

$Q_{排1}$——排入集中城市污水处理厂的流量，m^3/d；

$Q_{排2}$——排入局部再生水设施的流量，m^3/d；

$Q_{工}$——用于工业的再生水量，m^3/d；

$Q_{杂}$——用于城市杂用的再生水量，m^3/d；

$Q_{景}$——用于城市景观生态的再生水量，m^3/d；

$Q_{田}$——用于农田灌溉的再生水量，m^3/d；

Q_{w}——排入自然水体的污水量（包括污水处理厂损耗等），m^3/d。

9.3.5　再生水管网及处理设施规划

（1）回用管网规划

1）新建居住区和集中公共建筑区在编制各项市政专业规划时，必须同时编制污水再生回用管网规划，并作为市政管网综合设计的组成部分。

2）回用管网布置应以枝状为主。对于工业用户可考虑采用双管供水方式或建蓄水池来提高可靠性，城市杂用水、景观生态用水以及农田灌溉用水的供水可靠性稍差，没有必要采用环状管网。

3）对于回用水而言，在考虑再生水利用时，给水管网中的自由水头的数值取决于建筑物的层数，在不考虑建筑再生水时，可根据室外低压消防水压 $10mH_2O$ 考虑，同时综合考虑工业用水、市政用水、景观生态用水和农田灌溉用水的要求。

4）规划城市道路与管线时，必须预留再生水管道的位置，有条件的路段应预埋再生水管，力求使城市各项用水中能够使用再生水的（如绿化、道路浇洒）尽量使用再生水。

5）经济上要使管网修建费用最低，定线时应选用短捷的线路，并要使施工方便。为了便于维修与改造，回用水管道避免布置在重要道路下，尽可能布置在人行道或绿化带下。

6）再生水配水输送系统应为独立系统，输配水管道宜采用非金属管道。采用金属管道时，应进行防腐蚀处理。再生水用户的配水系统宜由用户自行设置，当水压不足时，用户可自行增建泵站。

7）城市再生水系统管道的布置，可遵循城市管线综合规划设计的原则，但由于再生水的增设，使管道系统增多，在管理上应予重视。

8）确保再生水在卫生学方面安全外，对于再生水系统可能产生供水中断、管道腐蚀以及自来水误接、误用等关系供水的安全性问题，还应采取以下必要的安全措施。

A. 再生水管道布置应简洁，严禁与饮用水管道有任何形式的直接连接；

B. 再生水管道应有防渗、防漏措施，埋地时应设置带状标志，明装时应涂上标志颜色和“再生水”字样，闸门井井盖应铸上“再生水”字样，再生水管道上严禁安装饮水器和饮水龙头；

C. 再生水管道与给水管道、排水管道平行埋设时，其水平净距不得小于0.5m；交叉埋设时，再生水管道应位于给水管道的下面、排水管道的上面，其净距均不得小于0.5m；

D. 不在室内设置可供直接使用的水龙头，以防误用；

E. 为保证不间断地供水，应设有应急供应自来水的技术措施，以确保再生水处理装置发生故障或检修时不中断向用户供水。

（2）回用水处理设施规划

1）再生水（中水）处理工艺流程的选择

中水处理工艺流程的确定取决于要求的处理程度（再生水的用途及相应的再生水水质标准）、原污水的性质、水质和水量的变化幅度、建设单位的自然地理条件（气候、地形等）、可资利用的厂（站）区面积、工程投资和运行费用等因素。选择的工艺流程应尽量做到技术先进、经济合理、处理过程和处理后不产生二次污染，尽可能采用高效、低耗的回收与处理设备，基本建设投资和运行维修费用较低，并结合当地条件，通过技术经济比较确定。

如果中水处理工艺标准选择过高会增加中水处理设施的初期投资、运行费用和日常维护费用，导致中水处理成本和中水用户的负担费用增加；如果中水处理工艺标准选择过低，会使中水水质不能达到相关标准的规定，影响中水的正常使用。

依据不同的再生水水源及回用水水质要求，集中式再生水（中水）处理基本工艺主要有：

A. 二级处理出水——砂过滤——消毒；

B. 二级处理出水——微絮凝——砂过滤——消毒；

C. 二级处理出水——混凝——沉淀（澄清、气浮）——砂过滤——消毒；

D. 二级处理出水——混凝——沉淀（澄清、气浮）——微孔过滤——消毒；

E. 二级处理（或一级处理）出水——曝气生物滤池——消毒；

F. 一级处理出水——膜生物反应器——消毒；

G. 二级处理出水——人工湿地——消毒；

H. 二级处理出水——超滤——反渗透——消毒。

国内分散式建筑中水处理工艺有：

A. 水源为优质杂排水可采用如图 9-8 所示处理工艺。

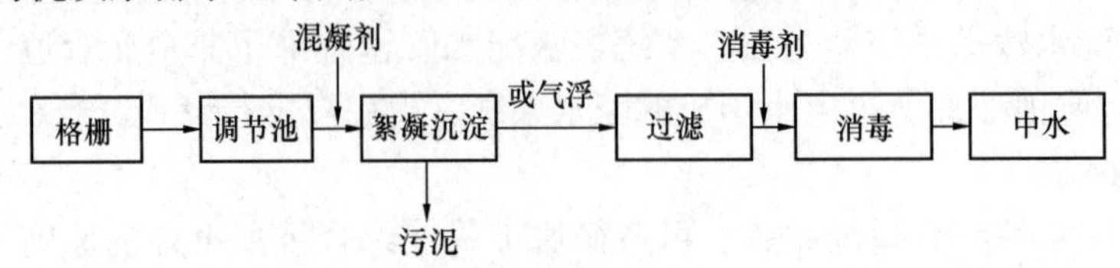

图 9-8　中水处理工艺一

B. 水源为一般杂排水或优质杂排水可考虑采用如图 9-9 所示处理工艺。

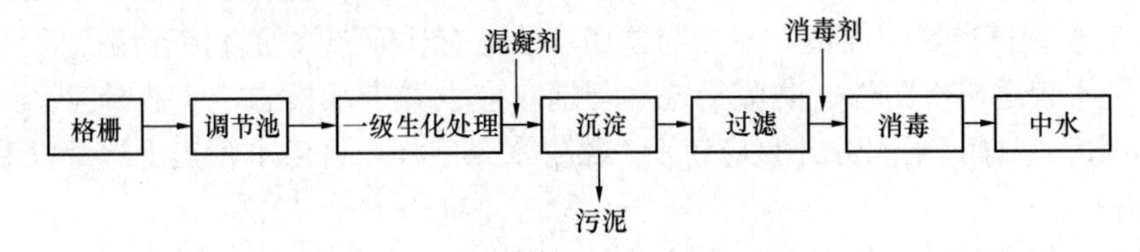

图 9-9　中水处理工艺二

C. 水源为生活污水可采用如图 9-10～图 9-13 所示处理工艺。

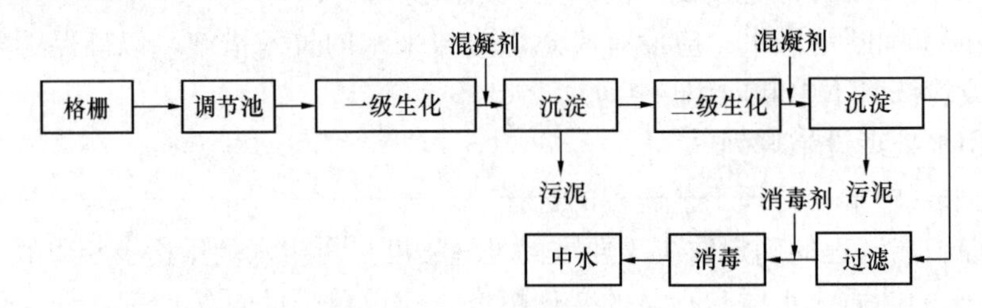

图 9-10　中水处理工艺三

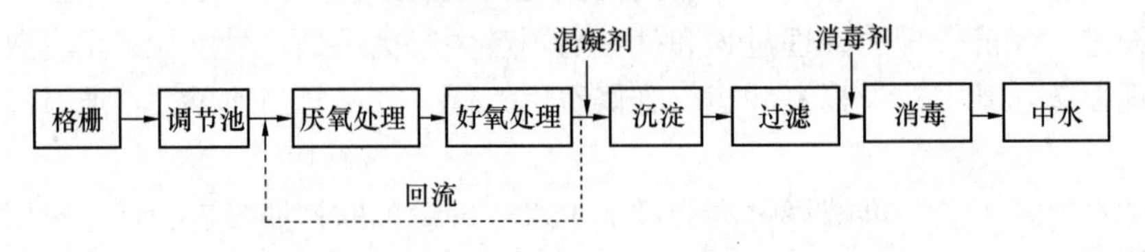

图 9-11　中水处理工艺四

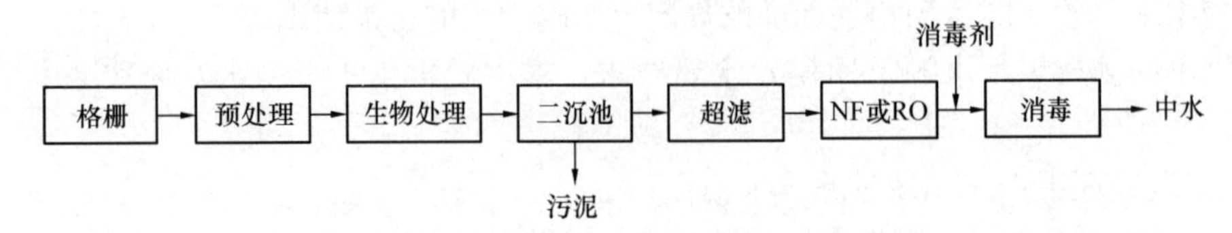

图 9-12　中水处理工艺五

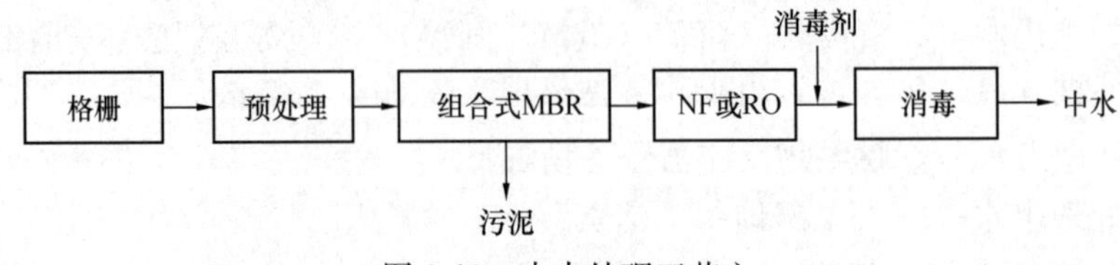

图 9-13　中水处理工艺六

2）再生水处理厂安全要求

再生水处理厂与污水处理厂的处理目的有所不同，再生水处理厂的安全问题应加以重视，必须采取有效措施保证供水水质安全、水量稳定，确保用户用水安全。《污水再生利用工程设计规范》GB 50335—2016 对再生水处理厂（再生水厂）提出了以下的安全措施。

A. 再生水处理厂设计规模宜为二级处理规模的80％以下，工业用水采用再生水时应以新鲜水系统作备用；

B. 不得间断运行的再生水处理厂，其供电应按一级负荷设计；

C. 再生水处理厂主要设施应设故障报警装置；

D. 在再生水水源收集系统中的工业废水接入口应设置水质监测点和控制闸门，防止水质不符合接入标准的工业污水排入；

E. 再生水处理厂和用户应设置水质和用水设备监测设施，监测供水质量和用户使用效果，避免事故发生；

F. 再生水处理厂主要水处理构筑物和用户用水设施宜设置取样装置，在再生水处理厂出厂管道和各用户进户管道上应设计量装置，再生水处理厂宜采用仪表监测和自动控制；

G. 再生水处理厂与各用户应持有畅通的信息传输系统，便于相互及时通报情况；

H. 处理设施充分考虑对周围环境的影响，设施力求隐蔽，并尽量建在居住区的下风向，避免对城市建筑环境的损坏。

思 考 题

1. 城市再生水系统、自来水系统和污水系统的关联性体现在哪些方面？

2. 城市污水再生利用途径可以分为哪几种类型？分别要达到什么水质标准？再生水多目标回用时如何规划设计？

3. 城市再生水利用的系统模式有哪些？有何特点和适用条件？

4. 城市再生水水量平衡计算应该考虑哪些影响因素？

5. 常见的再生水处理工艺流程有哪些？分别具有什么特点和适用性？

第 10 章　城市防洪排涝规划

10.1　概　　述

城市防洪排涝就是利用工程措施或通过法令、政策、经济手段等非工程措施，防治或减少洪涝造成的灾害。洪水是一种峰高量大、水位急剧上涨的自然现象，是河流、湖泊、海洋等一些地方，在较短的时间内水体突然增大，造成水位暴涨且超过某一有影响水位的特大径流。洪灾则指由于江、河、湖、库水位猛涨，超过人们防洪能力或未采取有效预防措施导致堤坝漫溢或溃决，使客水入境对人民生命财产所造成的损害与祸患的自然灾害。相较于洪灾，洪水则不一定会造成灾害。内涝泛指一定范围内的强降雨或连续性降雨超过其雨水设施消纳能力，导致地面产生积水的现象。洪灾与内涝的共同点是地表积水（或径流）过多，区别表现为洪灾是因客水入境而造成，涝灾则是因本地降水过多而诱发。洪水泛滥是一种危害很大的自然灾害，往往会淹没城市、村庄和大片良田，造成交通中断，破坏生产、生活和各种工程设施，带来疾病和瘟疫，给人民生命财产造成巨大损失。因此，开展城市防洪排涝规划，减少洪水和内涝损失是国家的一项重要任务。

水是人类赖以生存和发展的重要资源之一，也是不可缺少和代替的宝贵资源。人类自身和人类文明的进步，都与水紧密相连。作为四大文明古国，中国的文明孕育和发展也离不开水，我国最早的文明就是孕育于黄河和长江等流域。伴随人类漫长的文明发展史，洪水和内涝灾害几乎年年都发生，全世界各国几乎都面临不同程度的洪水和内涝灾害问题。

洪水灾害的形成受气候、下垫面等自然因素与人类活动因素的影响。按洪水发生的不同区域，洪水可分为河流洪水、湖泊洪水、海岸洪水和风暴潮洪水等。其中河流洪水依照其成因不同又可分为以下五种类型。

（1）暴雨洪水

暴雨洪水是指由暴雨形成的洪水，是最常见、威胁最大的洪水，由较大强度的降雨形成，简称雨洪。我国大部分地区都可能发生暴雨洪水，这类洪水的范围最广，造成的灾害最为严重。我国受暴雨洪水威胁的主要地区有 73.8 万 km^2，耕地面积 3333 万余 hm^2，分布在长江、黄河、淮河、海河、珠江、松花江、辽河七大江河下游和东南沿海地区。暴雨洪水的主要特点是峰高量大、持续时间长、灾害波及范围广。我国近代的几次特大水灾，如长江 1931 年、1954 年、1998 年大水、珠江 1915 年大水、海河 1963 年大水、淮河 1975 年大水等，都是这种类型的洪水。

（2）山洪

山洪是山区溪沟中发生的暴涨暴落的洪水。由于山区地面和河床坡降都较陡，降雨后产流和汇流都较快，形成急剧涨落的洪峰，使得山洪具有突发性、水量集中、破坏力强等特点，一般灾害波及范围较小。这种洪水若形成固体径流，则称作泥石流。

（3）融雪洪水

融雪洪水是指由冰雪融化形成的洪水，主要发生在高纬度积雪地区或高山积雪地区。我国的西部、北部以及中、南部的高山地区，融雪洪水也会造成一定的灾害。

（4）冰凌洪水

冰凌洪水主要发生在黄河、松花江等北方江河上。由于某些河段由低纬度流向高纬度，在气温上升，河流解冻时，低纬度的上游河段先行解冻，而高纬度的下游段仍封冻，上游河水和冰块堆积在下游河床，形成冰坝，也容易造成灾害。在河流封冻时也有可能产生冰凌洪水。

（5）溃坝洪水

溃坝洪水是大坝或其他挡水建筑物发生瞬时溃决，水体突然涌出，造成下游地区灾害。这种洪水虽然范围不太大，但破坏力很强。此外，在山区河流上，发生地震时，有时山体崩滑，阻塞河流，形成堰塞湖。一旦堰塞湖溃决，也会形成类似的洪水。堰塞湖溃决形成的地震次生水灾的损失，往往比地震本身所造成的损失还要大。

我国幅员辽阔，除沙漠、戈壁和极端干旱区及高寒山区外，大约2/3的国土面积存在着不同类型和不同危害程度的洪水灾害。如果沿着400mm降雨等值线从东北向西南划一条斜线，将国土分作东西两部分，那么东部地区是我国防洪的重点地区。

10.2 洪水和水灾的成因

洪水和水灾是在一系列自然因素和人为因素特定的条件下形成的。暴雨是洪水形成的根本原因，作为城市水患还应包括水土流失、泥石流海潮等灾害。事实上，城市水患不仅仅是洪水的侵害，遭暴雨洪水后适应和保护能力的严重缺失，才是城市更普遍的水患困扰。随着城市的快速发展，城市洪涝灾害发生频率越来越高，危害也越来越大，城市规划中必须重视防洪工程规划。

影响洪水和水灾形成的因素主要包括流域的地形条件、气候条件、地质条件、植物覆盖、水文因素和人为因素等。

（1）地形条件

流域的地形特点对洪水的形成起着重要作用。流域内地面坡度陡峻，则汇流速度快，洪水涨落快，洪峰流量大，水位高。

我国的大江大河，如长江、黄河、淮河、海河、辽河、松花江、珠江七大河流，流域面积的60%～80%为山区和丘陵区，这些地区暴雨引发的山洪来势凶猛，河水陡涨陡落，常常造成洪水灾害，给社会经济造成极大损失。这些河流由于山区及丘陵区面积较大，因此汇集的水量较大，流速较高，形成峰高量大的洪水。洪水进入平原地区后，由于平原地区河道的坡度缓、流速小，致使河槽容纳不下，造成洪水灾害。例如1761年黄河花园口站发生的特大洪水，洪峰流量达32000m^3/s，而河槽的过水能力仅为22000m^3/s；又如1870年长江出三峡后的荆江河段发生的特大洪水，洪峰流量达110000m^3/s，而河槽只能容纳60000m^3/s。

（2）气候条件

气候条件是形成洪水和造成洪灾的另一重要因素。我国大部分河流的径流补给主要来自降雨，因此流域内发生暴雨时，就会引起河道洪水，洪水的大小与暴雨强度、历时和覆盖面积有直接关系。例如1935年7月上旬湖北西南部和四川东部发生特大暴雨，暴雨中心5天内降雨1200mm，降雨量在200mm以上面积达12万km^2，造成长江上游的澧水和汉江形成特大洪水。又如1963年8月海河流域南部的暴雨洪水和1975年8月淮河上游暴雨洪水等。

我国的降雨受太平洋副热带高压的影响，一般年份4月初至6月初，副热带高压脊线在北纬15°～20°，珠江流域和沿海地带发生暴雨洪水；6月中旬至7月初，副热带高压脊线移至北纬20°～25°，江淮一带产生梅雨，引起河道水位上涨；7月下旬至8月中旬，副热带高压脊线移至北纬30°，降雨带也移至海河流域、河套地区和东北一带，成为这一带河道的主汛期，而且热带风暴和台风不断登陆，使华南一带产生暴雨洪水；8月下旬副热带高压脊线南移，华北、华中地区雨季结束。由此可见，我国江河洪水与气候条件的关系十分紧密。

(3) 地质条件

我国西北、华北和东北的西部地区，为一望无际的黄土区，土质均匀，缺乏团粒结构，土粒主要靠极易溶解于水的碳酸钙聚在一起，抗冲击能力极差。如遇暴雨，地表的冲刷很大，表土的侵蚀模数很高，而暴雨时大量泥沙的冲蚀和山坡的坍塌和崩塌，极易产生泥石流。黄河中游流经黄土高原，水土流失面积达43万km^2，大量泥沙随地表径流进入河道，河水的含沙量很高，居世界首位，以致河流的中下游河床淤积严重。由于河床淤积使得河底高出两岸地面，河床冲淤变化剧烈，极不稳定，如遇特大洪水，河堤极易漫溢和溃决，泛滥成灾。

(4) 植物覆盖

植物覆盖可以保护地表土壤免受雨滴的冲击和减少雨水的冲刷，截流大量水分，减少地表径流，同时植物根系还能增加土壤的有机质，提高土壤的肥力，改善土壤结构，增强土壤的抗冲击能力。根据永定河流域的实测资料，当地面植物覆盖率为20%时，每年每公顷土地的土壤流失量为111m^3；覆盖率为40%时，流失量为54m^3；覆盖率为60%时，流失量为19.5m^3。植物覆盖少，降雨后坡面雨水的流速大、入渗少、汇流速度快，导致暴雨后河道的洪峰高、洪量大。根据1971年～1974年陕北地区的观测资料，植物覆盖可以减少地表径流60%～80%，减少土壤冲刷70%。

(5) 人为因素

人类活动对流域内洪水的形成和洪水灾害的产生影响也很大。人类活动的不利影响主要包括以下几方面：

1) 林木的滥伐，不合理的耕作和放牧，使植被减少；

2) 在河湖内围垦或筑围养殖，致使湖泊面积减少，调蓄洪水的能力下降，河道的行洪发生障碍；

3) 在河滩擅自围堤，占地建房，修建建筑物，甚至发展城镇；

4) 在河滩上修建阻水道路、桥梁、码头、抽水站、灌溉渠道，影响河道正常行洪；

5) 擅自向河道排渣，倾倒垃圾，修筑梯田，种植高秆作物，使河道过水断面减小。

人类的上述不合理活动，将使流域内的洪水增大，河道的行洪能力降低，增加发生洪水灾害的概率。例如松花江哈尔滨段的行洪能力原为12000m^3/s，而1986年汛期通过

8500m^3/s时，哈尔滨市就出现了险情。

10.3 城市防洪工程规划的主要内容和步骤

城市防洪工程规划是为防治流域、河段或者区域的洪涝灾害而制定的总体部署，包括国家确定的重要江河、湖泊的流域防洪规划，其他江河、河段、湖泊的防洪规划以及区域防洪规划。防洪规划是江河、湖泊治理和防洪工程设施建设的基本依据，城市防洪问题关系城市的安全，影响城市的经济发展、用地布局和环境建设，是大多数城市防灾面临的首要问题，城市防洪规划属城市总体规划的法定内容。

(1) 城市防洪类型

按照城市与江河的相对位置，城市防洪有以下几种类型：

1) 位于海滨或河口的城市，有风暴潮、河口洪水等产生的增水问题，如上海、广州，福州等城市；

2) 平原地区河流沿岸城市，主要受江河洪水的影响，如武汉、南京、哈尔滨、开封等城市；

3) 位于河网地区的城市，由于地势低洼，市区内河道纵横交错，又因航运等原因主要河道不能建闸控制，往往要分许多片进行圈圩防护，如苏州、无锡等城市；

4) 山地丘陵地区又依山傍水的城市，除河流洪水外，还受山洪、山体塌滑等威胁，如银川、太原、延安等城市。

(2) 城市防洪工程规划基本内容

依据《城市规划编制办法实施细则》和《城市防洪规划规范》GB 51079－2016的要求，并结合城市总体规划阶段的技术特点，综合考虑各城市防洪规划编制的实践经验，提出城市防洪规划的主要内容和基本编制要求如下：

1) 判明城市防洪类型（江河洪、山洪、海潮和泥石流），明确城市需设防地区范围，确定城市防洪标准和设防等级；

2) 计算防洪区段安全泄洪量；

3) 确定中心城区综合防灾与公共安全保障体系，提出防洪规划原则和建设方针；

4) 确定市域防洪设施的布局原则，根据城市用地布局、设施布点方面的差异性，进行城市用地防洪安全布局，确定城市防洪工程措施与非工程措施，明确确定防洪方案和防洪设施的位置与规模；

5) 解决防洪设施与城市道路、公路、桥梁的交叉方式；

6) 制定城市防洪排涝防渍的措施。

(3) 城市防洪工程规划一般步骤

1) 基础资料的搜集、整理和分析。主要搜集、分析流域与防洪保护区的自然地理、工程地质条件和水文、气象、洪水资料，并对取得的资料进行整理分析，对其可靠性和精度进行评价。分析被保护对象在城市总体规划与国民经济中的地位以及洪灾可能影响的程度；了解历史洪水灾害的成因与损失，了解城市社会、经济现状与未来发展状况及城市现有防洪设施与防洪标准，广泛收集各方面对城市防洪的要求。

2) 确定城市防洪区域范围（即可能对城市造成洪水威胁的水体或附近山区的汇水流

域范围)；确定规划年限内城市防洪工程的设计规模。

3）确定城市防洪标准。城市防洪标准的选定，应根据城市洪灾和涝灾情况及其政治、经济上的影响，结合防洪工程建设条件，依据城市规模及重要性划分等级，依据我国现行标准《防洪标准》GB 50201－2014、《城市防洪工程设计规范》GB/T 50805－2012 和《城市排水工程规划规范》GB 50318－2017 有关规定选取。

4）总体设计方案的拟订、比较与选定。在拟订总体设计方案时，首先，应明确城市在流域中的政治、经济地位，城市总体规划对防洪的具体要求；其次，根据城市洪灾类型、防洪设施现状、流域防洪规划，结合水资源的综合开发，因地制宜地制定城市防洪体系规划，包括堤防、河道整治工程、蓄滞洪区、防洪（潮）闸、排洪渠等防洪工程措施的功能组织及空间安排，以及对非工程措施的总体要求等；最后，进行城市防洪工程规划总体布局方案论证，拟定几个综合性的可行性防洪方案，分别计算其工程量、投资额、淹没程度、占地多少、效益大小等指标，并进行政治、经济、技术分析比较，选定最优方案。

10.4 城市防洪工程规划的设计原则

根据《城市防洪规划规范》GB 51079－2016 和《城市防洪工程设计规范》GB/T 50805－2012，城市防洪工程规划应遵循的基本原则如下：

(1) 城市防洪工程规划应根据国家和地方的法律、法规文件进行编制，还应同时执行国家现行与城市防洪有关标准的规定，包括《防洪标准》GB 50201－2014、《城市排水工程规划规范》GB 50318－2017、《室外排水设计标准》GB 50014－2021、《城市水系规划规范》GB 50513－2009（2016 年版)、《堤防工程设计规范》GB 50286－2013 和《泵站设计标准》GB 50265－2022 等。

(2) 城市防洪规划方案、防洪构筑物选型应遵循因地制宜、统筹兼顾、防治结合和预防为主的原则。城市防洪工程规划，应以所在江河流域的防洪规划、区域防洪规划、城市总体规划和城市防洪规划为依据，全面规划、统筹兼顾，在加强工程措施建设的同时，重视发挥非工程措施功能，构建工程措施与非工程措施相结合的城市防洪安全保障体系。

(3) 城市防洪工程应在国家城市建设方针和技术经济政策指导下，注重城市防洪工程措施综合效能，以获得最大的社会、经济和环境效益，并充分协调好城市防洪工程与城市市政建设、涉水交通建设（如港口、堤路、码头桥梁、道路闸口等）以及滨水景观（如栈道、观景平台等）建设的关系。

(4) 城市防洪规划应除害与兴利相结合，转变对雨洪的传统认识，注重雨洪利用，通过因地制宜地采用入渗、调蓄、收集回用等雨洪利用手段，削减或控制城市暴雨所产生的径流和污染。

(5) 城市防洪规划是城市总体规划的主要内容之一，城市防洪规划期限应与城市总体规划期限相一致，重大防洪设施（如堤防、排洪渠、区域性蓄滞洪工程、泄排洪通道等）应考虑更长远的城市发展要求，为城市未来发展预留一定的空间或为防洪设施自身的升级预留一定的余地。

(6) 城市防洪设施是城市公用设施的重要组成部分，故城市防洪规划范围应与城市总体规划范围相一致，有利于城市防洪工程措施与非工程措施的布局与综合协调，有利于建立城市综合防灾与公共安全保障体系。

（7）城市防洪规划是流域防洪规划在城市规划范围内的深化和细化，城市防洪规划应在流域防洪规划指导下进行；城市防洪规划范围内的防洪工程措施应与流域防洪规划相统一，城市防洪规划范围内行洪河道的宽度等应满足流域防洪规划要求，与城市防洪有关的上、下游治理方案应与流域防洪规划相协调。

（8）编制防洪规划，应当遵循确保重点、兼顾一般，以及防汛和抗旱相结合、工程措施和非工程措施相结合的原则，充分考虑洪涝规律和上下游、左右岸的关系以及国民经济对防洪的要求，并与国土规划和土地利用总体规划相协调。

（9）城市防洪应在防治江河洪水的同时治理涝水，洪、涝兼治；位于山区的城市，还应防山洪、泥石流，防与治并重；位于海滨的城市，除防洪、治涝外，还应防风暴潮，洪、涝、潮兼治。

（10）城市防洪工程规划中的防洪工程设计，应结合城市的具体情况，总结已有防洪工程的实践经验，积极慎重地采用国内外先进的新理论、新技术、新工艺、新材料。

10.5 城市防洪标准

城市防洪工程并不像城市给水、排水、供电、燃气、集中供热等市政公用设施，直接参与工业生产和经常为居民生活服务，而是通过为城市提供安全保障，间接体现其经济效益、社会效益和环境效益。特别是经济效益，只有在发生洪水时才集中突出地反映出来，通常由避免或减少洪灾损失来体现。洪水的发生具有偶然性，其发生的概率较少，且历时较短，城市防洪建设的投资较多。城市防洪工程规划的首要任务是确定城市防护对象和城市防洪标准。

10.5.1 防护对象

确定城市防洪标准需要先明确防护对象。防护对象是指受到洪（潮）水威胁需要进行防洪保护的对象。根据其安全要求和防洪性质可分为以下三类：

一是自身无防洪能力需要采取防洪措施保护其安全的对象，主要指防洪保护区（包括城市和乡村防护区）、工矿企业、民用机场、文物古迹和旅游设施以及位于洪泛区的各类经济设施等；

二是受洪水威胁需要保护自身防洪安全的对象，主要指修建在河流、湖泊上的水利水电工程、桥梁以及跨越河流、湖泊的线路、管道等，自身需要具有一定的防洪安全标准，影响河流行洪或失事后对上下游会造成人为灾害的，还应满足行洪和影响对象的安全要求；

三是保障自身和其他防护对象防洪安全的对象，主要是指堤防和有防洪任务的水库等，应具有不低于其保护对象防洪安全要求的标准。

10.5.2 城市防洪设计标准

城市防洪标准是指防洪工程抗御洪水能力的规定限度，是城市应具有的防洪能力，即整个城市防洪体系的综合抗洪能力。城市防洪工程的规划设计标准并不是所有城市采取同一个标准，城市防洪标准应符合现行国家标准《防洪标准》GB 50201－2014 的规定。确定城市防洪标准应考虑以下几个因素：

1）城市总体规划确定的中心城区集中防洪保护区或独立防洪保护区内的常住人口规模；

2）城市的社会经济地位；

3）洪水类型及其对城市安全的影响；

4）城市历史洪灾成因、自然及技术经济条件；

5）流域防洪规划对城市防洪的安排。

设防标准的采用应依据当地经济技术等条件，因地制宜，不同期限及不同对象可采用不同的设防标准。一般情况下，当发生不大于防洪标准的洪水时，通过防洪体系的正确运用，能够保证城市的防洪安全。具体表现为防洪控制点的最高水位不高于设计洪水位，或者河道流量不大于该河道的安全泄洪量。防洪标准与城市的重要性、洪水灾害的严重性及其影响直接有关，并与国民经济发展水平相适应。设计防洪水工建筑物时，选用过大的洪水作为设计依据虽然安全，但不经济；若选择的洪水偏小，投资虽然减少，但不安全或达不到预期的防洪要求。因此，需权衡安全和经济各个方面，为工程的防洪能力规定一个恰当的限度，即防洪设计标准。

（1）城市防护区防洪标准

城市不仅人口悬殊，在政治、经济、文化方面的重要程度相差也甚大。一般人口越多、重要程度越高者，其防洪标准应当越高；反之，其防洪标准就要低些。我国城市规划法按城市市区和近郊区非农业人口的多少将城市划分为超大城市、特大城市、Ⅰ型大城市、Ⅱ型大城市、中等城市和Ⅰ型小城市、Ⅱ型小城市七个等级。超大城市指城区常住人口1000万及以上的城市；特大城市指城区常住人口500万以上1000万以下的城市；Ⅰ型大城市指城区常住人口300万以上500万以下的城市；Ⅱ型大城市指城区常住人口100万以上300万以下的城市；中等城市指城区常住人口50万以上100万以下的城市；Ⅰ型小城市指城区常住人口20万以上50万以下的城市；Ⅱ型小城市指城区常住人口20万以下的城市。根据《防洪标准》GB 50201－2014，依据防护对象及其规模和重要性对不同等级城市规定了防洪标准，见表10-1。需注意的是，城市可以分为几部分单独进行防护，各防区的防护标准，应根据其重要性、洪水危害程度和防护区非农业人口数量确定相应的防洪标准。

城市防护区的防护等级和防洪标准　　表10-1

防护等级	分级指标			防洪标准（重现期：年）		
	重要程度	常住人口（万人）	当量经济规模（万人）	洪水、海潮	涝水	山洪
Ⅰ	特别重要	≥150	≥300	≥200	≥20	≥50
Ⅱ	重要	≥50且<150	≥100且<300	≥100且<200	≥100且<200	≥30且<50
Ⅲ	比较重要	≥20且<50	≥40且<100	≥50且<100	≥50且<100	≥20且<30
Ⅳ	一般	<20	<40	≥20且<50	≥20且<50	≥10且<20

注：1. 当量经济规模为城市防护区人均GDP指数与人口的乘积，人均GDP指数为城市防护区人均GDP与同期全国人均GDP的比值；

2. 根据受灾后的影响、造成的经济损失、抢险难易程度以及资金筹措条件等因素合理确定；

3. 洪水、山洪的设计标准指洪水、山洪的重现期；涝水的设计标准指相应暴雨的重现期；海潮的设计标准指高潮位的重现期。

（2）乡村防护区防洪标准

乡村防护区应根据人口或耕地面积分为四个防护等级，其防护等级和防洪标准应按表10-2确定。对于人口密集、乡镇企业较发达或农作物高产的乡村防护区，其防洪标准可提高。对于地广人稀或淹没损失较小的乡村防护区，其防洪标准可降低。

乡村防护区的防护等级和防洪标准　　表10-2

防护等级	人口（万人）	耕地面积（万亩）	防洪标准（重现期：年）
Ⅰ	≥150	≥300	100～50
Ⅱ	≥50且<150	≥100且<300	50～30
Ⅲ	≥20且<50	≥30且<100	30～20
Ⅳ	<20	<30	20～10

（3）工矿企业的防洪标准

受洪水威胁的冶金、煤炭、石油、化工、林业、建材、机械、轻工、纺织、商业等工矿企业要有相应的防洪能力，其防洪标准根据规模可分为四个防护等级，其防护等级和防洪标准按表10-3确定，对于有特殊要求的工矿企业还应根据行业相关规定，结合自身特点经分析论证确定防洪标准。

工矿企业的防护等级和防洪标准　　表10-3

等级	工矿企业规模	防洪标准（重现期：年）
Ⅰ	特大型	200～100
Ⅱ	大型	100～50
Ⅲ	中型	50～20
Ⅳ	小型	20～10

注：各类工矿企业的规模，按国家现行规定划分。

（4）交通运输设施的防洪标准

《防洪标准》GB 50201－2014对各种交通运输设施的防洪标准作了比较详细的规定，在规划时应根据各种交通运输设施的重要性采用不同的防洪标准。

1）铁路

国家标准轨距铁路的各类建筑物、构筑物，应根据其在路网中的重要性和预测的近期年客货运量分为两个防护等级，并结合所在河段、地区的行、蓄、滞洪区的要求确定，不得影响行、蓄、滞洪区的正常运用。

2）公路

公路的各类建筑物、构筑物，应根据其功能和相应的交通量分为四个防护等级，并结合所在河段、地区的行、蓄、滞洪区的要求确定，不得影响行、蓄、滞洪区的正常运用。

3）航运

河港主要港区的陆域，应根据其重要性和受淹损失程度分为三个防护等级；对于内河航道上的通航建筑物，应根据可通航内河船舶的吨级分为四个防护等级，并结合所在水域的防洪要求确定其防护等级和防洪标准；当出现海港主要港区陆域的设计高潮位低于当地历史最高潮位情况时，应采用当地历史最高潮位进行校核，对于有掩护的Ⅲ等海港主要港区陆域的防洪标准，可按50年一遇的高潮位进行校核；当河（海）港区陆域的防洪工程是城镇防洪工程的组成部分时，其防洪标准不应低于该城镇的防洪标准。

4）民用机场

民用机场应根据其重要程度和飞行区指标分为三个防护等级：对于防护等级为Ⅰ等、年旅客吞吐量大于或等于1000万人次的民用运输机场，还应按300年一遇的防洪标准进行校核；对于防护等级为Ⅱ等、年旅客吞吐量大于或等于200万人次的民用运输机场，还应按100年一遇的防洪标准进行校核；民用机场的防洪标准不应低于所在城市的防洪标准。

5）管道工程

穿越和跨越有洪水威胁水域的输油、输气等管道工程，应根据其工程规模分为三个防护等级，并结合其所在河段、地区的行、蓄、滞洪区的要求确定防护等级和防洪标准，不得影响行、蓄、滞洪区的正常运用；对于特别重要的大型管道工程，一旦损坏影响面较广、损失巨大，故经分析论证可采用大于100年一遇的防洪标准进行校核，如西气东输管道工程的设计洪水标准为100年一遇，校核洪水标准为300年一遇；从洪水期冲刷较剧烈的水域底部穿过的输油、输气等管道工程，其埋深应同时满足相应的防洪标准洪水的冲刷深度和规划疏浚深度，并应预留安全埋深。

（5）电力设施的防洪标准

电力设施主要包括火电厂、核电厂和高压及超高压和特高压输变电设施这三类，《防洪标准》GB 50201－2014对这三类电力基础设施的防洪标准给出了具体要求。

1）火电厂

火电厂厂区应根据规划容量分为三个防护等级；对于工矿企业自备火电厂，其厂区的防洪标准应与该工矿企业的防洪标准相适应；对于供热型火电厂，其厂区的防洪标准应与供热对象的防洪标准相适应；对于火电厂地表水岸边泵房，应根据火电厂规模分为两个防护等级。

2）核电厂

核电厂与核安全相关建筑物的防洪标准应为设计基准洪水，设计基准洪水应根据可能影响厂址安全的各种严重洪水事件（包括天文潮高潮位、海平面异常、风暴潮增水、假潮增水、海啸或湖涌增水、径流洪水、溃坝洪水、波浪，以及其他因素引起的洪水等）及其可能的不利组合，并结合厂址特征综合分析确定；对于滨海、滨河和河口核电厂，应根据厂址的自然条件，分别确定可能影响厂址安全的严重洪水事件，并应按相关规定进行组合，应选择最大值作为设计基准洪水位，最终确定的核电厂设计基准洪水位不应低于有水文记录或历史上的最高洪水位。

3）高压、超高压和特高压输变电设施

对于35kV及以上的高压、超高压和特高压架空输电线路基础，应根据电压分为四个防护等级，对于大跨越架空输电线路的防洪标准可经分析论证提高；对于35kV及以上的高压、超高压和特高压变电设施，应根据电压分为三个防护等级；对于工矿企业专用高压输变电设施的防洪标准，应与该工矿企业的防洪标准相适应。

（6）环境保护设施的防洪标准

环境保护设施主要包括尾矿库工程、贮灰场工程和垃圾处理工程，《防洪标准》GB

50201－2014 对这三类环境保护基础设施的防洪标准给出了具体要求。

1）尾矿库工程

工矿企业尾矿库工程主要建筑物的防护等级和防洪标准，应符合现行国家标准《尾矿设施设计规范》GB 50863－2013 的有关规定；尾矿库失事将对下游重要的居民区、工矿企业或交通干线造成严重灾害时，经论证其防护等级可提高一等；储存铀矿等有放射性和有害尾矿，失事后可能对环境造成极其严重危害的尾矿库，其防洪标准应予以提高，必要时其后期防洪标准可采用可能最大洪水。

2）贮灰场工程

火电厂山谷贮灰场工程，应根据工程规模分为三个防护等级；当山谷贮灰场下游有重要的居民区、工矿企业或交通干线时，经论证其防护等级可提高一等，并应选取相应的防洪标准；火电厂滩涂贮灰场围堤工程，应根据总容积分为两个防护等级，贮灰场围堤为河（海）堤的一部分时，其设计防洪标准不应低于堤防工程的标准；对于其他类型贮灰场的防洪标准可结合自身特点，按火电厂贮灰场或尾矿库的规定，经分析论证确定。

3）垃圾处理工程

对于城市生活垃圾卫生填埋工程，应根据其工程建设规模分为三个防护等级，且其防洪标准不得低于当地的防洪标准；对于医疗废物化学消毒与微波消毒集中处理工程和危险废物集中焚烧处置工程，其厂区均应达到 100 年一遇的防洪标准。

（7）水利水电工程的防洪标准

根据《防洪标准》GB 50201－2014，水利水电工程按其工程规模、效益和在经济社会中的重要性确定级别，然后按其综合利用任务和功能类别或不同工程类型予以确定。

水利水电工程包括防洪、治涝工程、供水、灌溉、发电工程、水库、拦河水闸、灌排泵站与引水枢纽工程。根据其工程规模、效益和在国民经济中的重要性分为五等，对于防洪、治涝工程的等别，根据其保护对象的重要性和受益面积分为五等；对于供水、灌溉、发电工程的等别，根据其供水规模、供水对象的重要性、灌溉面积和装机容量分为五等，其中以城市供水为主的工程，按供水对象的重要性、引水流量和年引水量三个指标拟定工程级别，确定级别时应至少有两项指标符合要求，对于以农业灌溉为主的供水工程，应按灌溉面积指标确定工程等别；对于水库、拦河水闸、灌排泵站与引水枢纽工程的等别，应根据工程规模分为五等。水利水电工程的永久性水工建筑物的级别，应根据其所属工程的级别、作用和重要性分为五级，见表 10-4。

水利水电工程永久性水工建筑物的级别　　　表 10-4

工程等别	主要建筑物	次要建筑物
Ⅰ	1	3
Ⅱ	2	3
Ⅲ	3	4
Ⅳ	4	5
Ⅴ	5	5

1）水库工程

根据水库工程水工建筑物的级别和坝型，其防洪标准应按表 10-5 选取。

水库水工建筑物的防洪标准 **表 10-5**

水工建筑物级别	山区、丘陵区水库工程的防洪标准（重现期：年）			平原区、滨海区水库工程防洪标准（重现期：年）	
	设计	校核		设计	校核
		混凝土坝、浆砌石坝	土坝、堆石坝		
1	1000～500	5000～2000	10000～5000	300～100	2000～1000
2	500～100	2000～1000	5000～2000	100～50	1000～300
3	100～50	1000～500	2000～1000	50～20	300～100
4	50～30	500～200	1000～300	20～10	100～50
5	30～20	200～100	300～200	10	50～20

2）水电站及其他水利水电工程

与水库工程水工建筑物相一致，水电站工程挡水、泄水建筑物的防洪标准也按表 10-5 选取，水电站厂房及拦河水闸工程、引水枢纽、泵站及供水工程水工建筑物的防洪标准按表 10-6 选取。

水电站厂房及其他水利水电工程水工建筑物的防洪标准 **表 10-6**

级别	水电站厂房的防洪标准（重现期：年）		拦河水闸工程、引水枢纽、泵站及供水工程水工建筑物的防洪标准（重现期：年）		设计防潮标准（重现期：年）
	设计	校核	设计	校核	
1	200	1000	100～50	300～200	≥100
2	200～100	500	50～30	200～100	100～50
3	100～50	200	30～20	100～50	50～20
4	50～30	100	20～10	50～30	20～10
5	30～20	50	10	30～20	10

3）堤防工程

堤防工程的防洪标准，应根据其保护对象或防洪保护区的防洪标准，以及流域规划或流域规划的要求分析确定；蓄、滞洪区堤防工程的防洪标准应根据流域规划的要求分析确定堤防上的闸、涵、泵站等建筑物及其他构筑物的设计防洪标准，不应低于堤防工程的防洪标准，并应留有安全裕度。

（8）其他基础设施的防洪标准

1）通信设施

对于公用长途通信线路，应根据其重要程度和设施内容分为三个防护等级；对于公用通信局、所和公用通信台、站，应根据其重要程度和设施内容分为两个防护等级；对于交通运输、水利水电工程及电力设施等专用的通信设施，其防洪标准应根据其服务对象的要求来确定。

2）文物古迹和旅游设施

不耐淹的文物古迹，应根据文物保护的级别分为三个防护等级；对于特别重要的文物古迹，其防洪标准经充分论证和主管部门批准后可提高；对于受洪灾威胁的旅游设施，应根据其旅游价值、知名度和受淹损失程度分为三个等级。

10.5.3 城市内涝防治设计标准

城市内涝，特指城市范围内的强降雨或连续性降雨（不包括进入城市范围内的客水、因给水排水等管道爆管而产生的径流等）超过城市雨水设施消纳能力，导致城市地面产生积水的现象。近年来，随着极端气候的增加，由强降雨导致的城市内涝灾害频发，对城市防灾能力的要求也日趋严峻。对于易发生内涝的城市，应当编制城市内涝防治专项规划。城市内涝防治专项规划的首要任务是确定城市内涝防治设计标准。

根据《城镇内涝防治技术规范》GB 51222－2017，城市内涝防治设计重现期，依据城市类型、积水影响程度和内河水位变化等因素，经技术经济比较后按表10-7的规定取值，并且应符合下列规定：

1）人口密集、内涝易发且经济条件较好的城市，宜采用规定的设计重现期上限；

2）目前不具备条件的地区可分期达到标准；

3）当地面积水不满足表10-7的要求时，应采取渗透、调蓄、设置行泄通道和内河整治等措施；

4）对超过内涝设计重现期的暴雨，应采取应急措施。

城市内涝防治设计重现期 **表10-7**

城市类型	重现期（年）	地面积水设计标准
超大城市	100	① 居民住宅和工商业建筑物的底层不进水； ② 道路中一条车道的积水深度不超过15cm
特大城市	50～100	
大城市	30～50	
中等城市和小城市	20～30	

注：1. 表中所列设计重现期适用于采用年最大值法确定的暴雨强度公式；
2. 城市类型详见表7-1的注1；
3. 地面积水设计标准没有包括具体的积水时间，各城市应根据地区重要性等因素，因地制宜确定设计地面积水时间。

10.6 设计洪水和潮位计算

10.6.1 设计洪水

设计洪水是指城市防洪工程规划、设计和施工中江河、山沟和城市山丘区河沟设计断面所指定标准的洪水。它是为防洪工程规划、设计而拟定的符合防洪设计标准的当地可能出现的洪水，即防洪规划和防洪工程预计设防的最大洪水。根据城市防洪工程特点和设计要求，城市防洪工程设计洪水，可分别计算设计洪峰流量、时段洪量及洪水过程线的全部或部分内容。

洪水的特性可用洪水过程线、洪峰流量和洪水总量来说明。洪水过程线是指洪水流量随时间变化的曲线，洪峰流量是指一次洪水过程中的瞬时最大流量，洪水总量是指一次洪水过程的总水量。

通常，河流中每年出现的洪水其大小是不相同的，故采用频率和重现期这两个指标来准确反映洪水在多年中的平均出现机会。所谓洪水的频率，是指某一大小的洪水在一定时间内出现次数的百分数，称为该洪水的频率，如1%、2%及5%频率的洪水等。所谓重现期是指该洪水在长时间内平均多少年出现一次或多少年一遇，如50年一遇的洪水指大于或等于这样的洪水在长时期内平均50年出现一次，而不能理解为恰好每隔50年发生一次。对于某具体的50年时间段来说，超过这样大的洪水可能有 n 次，也可能一次都不出现。

10.6.2 设计洪峰流量

相应于防洪设计标准的洪水流量，称为设计洪峰流量。此流量是防洪工程规划设计的基本依据。洪水量计算与泥石流计算是正确规划防洪、防泥石流工程的重要依据。为满足城市河段防洪工程的设计要求，应选定一个或几个河流断面进行设计洪水计算，以这些断面一定标准的洪水作为设计依据，这些断面称为控制断面。推求设计洪水实际上是推求这些控制断面的设计洪水。推求江、河、山洪设计洪水的方法有以下几种。

(1) 推理公式法

推理公式是缺乏资料时小流域计算设计洪水时常用的方法，如山洪防治。推理公式有一定的理论基础，方法简便。被应用的流域由于自然条件各异，有关参数的确定也存在一定的任意性，因此必须对计算成果进行合理性与可靠性分析，并与其他方法综合分析比较，从中进行取舍。我国水利科学研究院水文研究所提出的推理公式已得到广泛采用。

$$Q = 0.278C\frac{S}{t^n}F \tag{10-1}$$

式中 Q——设计洪峰流量，m^3/s；

S——暴雨雨力，即与设计重现期相应的最大的一小时降雨量，mm/h；

C——洪峰径流系数；

t——流域的集流时间，h；

F——流域面积，km^2；

n——暴雨强度衰减指数，与当地气象有关。

该推理公式的适用范围为流域面积40～50km^2。公式中各参数的确定方法，需要通过查阅相关计算图表和当地水文手册求得。

(2) 地区性经验公式法

在缺乏水文直接观测资料的地区，可采用经验公式法。该法使用方便，计算简单，但地区性很强。相邻地区采用时，必须注意各地区的具体条件是否一致，否则不宜套用，地区经验公式可参阅各省（区）水文手册。应用最普遍的是以流域面积为参变数，其中“公路科学研究所”经验公式使用方便，应用较广，其计算公式如下：

$$Q = CF^n \tag{10-2}$$

式中 Q——洪峰流量，m^3/s；

C——径流模数，是概括了流域特征、气候特征、河槽坡度和粗糙程度及降雨强度公式中的指数等因素的综合系数，可根据不同地区按表10-8采用；

F——流域汇水面积，km^2；

n——面积参数，当 $1<F<10km^2$ 时按表10-8采用；当 $F\leqslant 1km^2$ 时，$n=1$。

该经验公式适用于汇水面积小于10km^2 的流域。

地区性经验公式很多，应用时可参阅有关资料和各省水文手册。

径流模数及面积参数 **表 10-8**

地 区	在不同洪水频率时的 C 值					n 值
	1∶2	1∶5	1∶10	1∶15	1∶25	
华北	8.1	13.0	16.5	18.0	19.0	0.75
东北	8.0	11.5	13.5	14.6	15.8	0.85
东南沿海	11.0	15.0	18.0	19.5	22.0	0.25
西南	9.0	12.0	14.0	14.5	16.0	0.75
华中	10.0	14.0	17.0	18.0	19.6	0.75
黄土高原	5.5	6.0	7.5	7.7	8.5	0.80

注：表中的洪水频率反映不同大小洪水发生的可能性，例如 1∶5 反映这种洪水发生的可能性是 20%（即 5 年中可能发生一次，或 100 年中可能发生 20 次）。

（3）洪水调查法

当城市或工业区附近的河流或沟道，没有实测资料或资料不足时，设计洪水流量可采用洪水调查法进行推算。当采用推理公式或经验公式进行计算时，为了论证其正确性，也可采用洪水调查法推算洪水流量加以验证。

洪水调查主要是对河流、山溪历史上出现的特大洪水流量的调查和推算。调查的主要内容是历史上洪水的概况及洪水痕迹标高，推出洪水发生的频率，选择和测量河槽断面，按照式（10-3）计算流速，按照式（10-4）推算设计洪峰流量。

通过洪水调查，取得了洪痕标高（洪水水位）、调查河段的过水断面及河道的其他特征数值，根据这些数值，即可整理分析计算洪水流量。计算洪水流量的方法较多，其中均匀流公式最为常用。

$$v = \frac{1}{n} R^{2/3} I^{1/2} \tag{10-3}$$

$$Q = A \cdot v \tag{10-4}$$

式中 n——河槽粗糙系数；

R——河槽的过水断面与湿周之比，即水力半径；

I——水面比降，一般用河底平均比降代替；

Q——通过调查断面的洪水流量，m^3/s；

A——调查河槽断面的过水面积，m^2；

v——相应调查断面的流速，m/s。

（4）实测流量法

城市上游设有水文站，且具有 20 年以上的流量等实测资料，利用这些多年实测资料，采用数理统计方法，计算出相应于各重现期的洪水流量。计算成果的准确性优于其他几种方法。在有条件的地区，最好采用实测流量推算洪水流量。

10.6.3 设计涝水计算

所谓设计涝水，是指城市及郊区平原区因暴雨而产生的指定标准的水量。根据城市治涝工程设计需要，设计涝水应根据设计要求可分别计算设计涝水流量（或排涝模数）、涝水总量和涝水过程线。

涝区按涝水形成地区下垫面条件不同可分为两类：郊区和城区（即市政排水管网覆盖区域）。城区和郊区的下垫面情况不同，对暴雨产、汇流的影响也不同；不同分区涝水的排出口位置不同，承泄区也可能不同，因此城市治涝工程设计应按涝区下垫面条件和排水系统的组成情况进行分区，分别计算各分区的设计涝水。

（1）郊区的设计涝水计算

当缺少实测资料时，郊区的设计涝水，可根据排涝区的自然经济条件和生产发展水平等，分别选用下列公式计算排涝模数。

1）经验公式法，可按下式计算：

$$q = K \cdot R^m \cdot A^n \tag{10-5}$$

式中 q——设计排涝模数，$m^3/(s \cdot km^2)$；

K——综合系数，反映降雨历时、涝水汇集区形状、排涝沟网密度及沟底比降等因素；应根据具体情况，经实地测验确定；

R——设计暴雨产生的径流深，mm；

A——设计排涝区面积，km^2；

m——峰量指数，反映洪峰与洪量关系；应根据具体情况，经实地测验确定；

n——递减指数，反映排涝模数与面积关系；应根据具体情况，经实地测验确定。

2）平均排除法，可按下列公式计算：

A. 旱地设计排涝模数按下式计算：

$$q_d = \frac{R}{86.4 \cdot T} \tag{10-6}$$

式中 q_d——设计排涝模数，$m^3/(s \cdot km^2)$；

R——旱地设计涝水深，mm；

T——排涝历时，d。

B. 水田设计排涝模数按下式计算：

$$q_w = \frac{P - h_1 - ET' - F}{86.4 \cdot T} \tag{10-7}$$

式中 q_w——水田设计排涝模数，$m^3/(s \cdot km^2)$；

P——历时为 T 的设计暴雨量，mm；

h_1——水田滞蓄水深，mm；

ET'——历时为 T 的水田蒸发量，mm；

F——历时为 T 的水田渗漏量，mm；

T——排涝历时，d。

C. 旱地和水田综合设计排涝模数按下式计算：

$$q_p = \frac{q_d \cdot A_d + q_w \cdot A_w}{A_d + A_w} \tag{10-8}$$

式中 q_p——旱地、水田兼有的综合设计排涝模数，$m^3/(s \cdot km^2)$；

q_w——水田设计排涝模数，$m^3/(s \cdot km^2)$；

A_d——旱地面积，km^2；

A_w——水田面积，km^2。

（2）城区的设计涝水计算

1）当缺少实测资料时，城区的设计涝水，可采用下列方法进行计算：

A. 选取暴雨典型，计算设计面暴雨时程分配，并根据排水分区建筑密集程度，按表10-9确定综合径流系数，进行产流过程计算。

B. 汇流可采用等流时线等方法计算，以分区雨水管设计流量为控制推算涝水过程线。当资料条件具备时，也可采用流域模型法进行计算。

C. 对于城市的低洼区，可参照郊区的设计涝水计算方法中的平均排除法进行涝水计算，排水过程应计入泵站的排水能力。

综合径流系数 **表 10-9**

区域情况	综合径流系数
城镇建筑密集区	0.60～0.70
城镇建筑较密集区	0.45～0.60
城镇建筑稀疏区	0.20～0.45

2）市政雨水管设计流量可用下列公式计算：

$$Q = q \cdot \psi \cdot F \tag{10-9}$$

式中 Q——雨水流量，L/s 或 m^3/s；

q——设计暴雨强度，$L/(s \cdot km^2)$；

ψ——综合径流系数，按表 10-9 选取；

F——汇水面积，km^2。

雨水计算的重现期一般选用 1～3 年，重要干道、重要地区或短期积水即能引起较严重后果的地区，可选用 3～5 年，并应与道路设计协调，特别重要地区可采用 10 年以上。

10.6.4 设计潮水位计算

设计高（低）潮水位是沿海城市进行防洪（潮）规划、设计时的一个重要水文数据。这不仅关系临海堤防、护岸和防潮闸等构筑物高程和船舶航行水域深度的确定，而且也影响构筑物的选型和结构设计计算等。设计潮水位包括设计高潮水位和设计低潮水位。设计潮水位应根据设计要求分析计算设计高、低潮水位和设计潮水位过程线。在分析计算高（低）潮水位时，应有不少于 30 年的实测潮水位资料，并调查历史上出现的特殊高（低）潮水位。

（1）设计依据站有 30 年以上实测潮水位资料推算设计潮水位

将城市附近的潮水位站作为设计依据站，当设计依据站有 30 年以上潮水位观测资料系列时，可设计依据站的系列资料直接进行设计潮水位分析计算。

设计依据站有 30 年以上潮水位资料系列时，需在一致性分析的基础上进行频率计算。根据设计要求选取潮水位系列，按年最大（年最小）值法选取高、低潮水位。对历史上出现的特高、特低潮水位，需注意特高潮水位时有无漫溢，特低潮水位时河水与外海有无隔断。

（2）设计依据站有 5 年以上、但不足 30 年实测潮水位资料推求设计潮水位

当设计依据站实测潮水位资料有 5 年以上、但不足 30 年时，其设计潮水位可用邻近

地区有30年以上资料，且与设计依据站有同步系列的潮位站作为参证站，采用极值同步差比法推求。

极值同步差比法的计算公式如下：

$$h_y = A_y + \frac{R_y}{R_x}(h_x - A_x) \tag{10-10}$$

式中 h_x、h_y——参证站和设计依据站的设计高（低）潮水位，m；

A_x、A_y——参证站和设计依据站的年平均海平面，m；

R_x、R_y——参证站和设计依据站的同期各年年最高（年最低）潮水位的平均值与平均海平面的差值，m。

10.6.5 设计泥石流量计算

泥石流是发生在山区小流域内的一种特殊山洪，由于泥石流形成的条件比较复杂，突发性强，且影响因素较多，其流量计算非常困难。目前，比较常用的泥石流流量计算方法有两种，分别为流量配方法和形态调查法，这两种方法应相互验证。通常的做法是先用流量配方法计算，再用形态调查法相补充。目前，采用流量配方法计算，用形态调查法相补充是比较常用的方法。配方法是假定沟谷里发生的清水水流，在流动过程中不断地加入泥沙，使全部水流都变为一定重度的泥石流。

（1）普通配方法

假定沟谷里发生的清水水流，在流动过程中不断的加入泥沙，而使全部水流都变为一定重度的泥石流，这种方法一般称为配方法。可按下式计算。

$$Q_n = (1+\varphi)Q_w \tag{10-11}$$

$$\varphi = \frac{\gamma_n - 1}{\gamma_h - \gamma_n} \tag{10-12}$$

式中 Q_n——与Q_w相同重现期的泥石流流量，m^3/s，一般为26.7～27.5；

Q_w——某一重现期的清水流量，m^3/s；

φ——泥石流流量增加系数；

γ_n——泥石流密度，kN/m^3；

γ_h——泥砂颗粒密度，kN/m^3。

按此式计算出的泥石流流量一般偏小，需要增加一个附加量。

$$Q_n = [5.8(1+\varphi)Q_w]^{0.83} \tag{10-13}$$

（2）考虑泥沙含水量的配方法

对于高密度的黏性泥石流来说，普通配方法中应考虑泥沙含水量。

$$Q_n = (1+\varphi')Q_w \tag{10-14}$$

$$\varphi' = \frac{\gamma_n - 1}{\gamma_h(1+\omega) - \gamma_n(1+\gamma_h\omega)} \tag{10-15}$$

式中 φ'——考虑泥沙含水量的泥石流流量增加系数；

ω——补给泥石流泥沙中的平均含水量，一般为0.05～0.1；

其余符号同前。

(3) 形态调查法

泥石流形态调查与一般洪水形态调查方法相同，主要是对历史上发生的泥石流在沟床上留下的痕迹、坡度、断面形状和断面粗糙情况进行调查，通过水力学方法估算泥石流的流量。泥石流调查流量按照下式计算。

$$Q_n = Av \tag{10-16}$$

式中 Q_n——调查频率的泥石流流量，m^3/s，在设计时应换算为设计频率流量；

A——形态断面的有效过流面积，m^2；

v——形态断面的断面泥石流平均流速，一般按谢才—曼宁公式计算，m/s。

10.7 城市防洪措施

随着社会经济的飞速发展，单依靠防洪工程措施已难以抵御洪水灾害。目前，绝大部分城市防洪不再依靠单一的措施，而是采取多种措施组成防洪体系来达到城市防洪这一目的。完整的城市防洪体系应包括防洪工程措施和非工程措施。

10.7.1 工程措施

城市防洪工程措施是指为控制和抗御洪水以减免洪水灾害损失而修建的各种工程措施，主要包括挡洪工程、泄洪工程、蓄滞洪工程及泥石流防治工程等四类工程措施。其中，挡洪工程主要包括堤防和防洪闸等防洪设施；泄洪工程则包含河道整治工程、截洪沟和排洪渠等防洪设施；蓄滞洪工程主要包括蓄滞洪区划定、蓄滞洪区堤防、分洪口、吐洪口、安全区围堤、安全台及疏散通道等防洪设施；泥石流防治工程主要包括拦挡坝、停淤场和排导沟等防洪设施。

下面就不同类型地区城市防洪工程的构建及常用的几种城市防洪工程措施进行详细介绍。

(1) 不同类型地区城市防洪工程的构建

根据城市自然条件、洪水类型、洪水特征、用地布局、技术经济条件及流域防洪体系，合理确定城市防洪工程总体布局。应按以下规定来构建不同类型地区的城市防洪工程：

1) 滨海城市防洪应形成以海堤、挡潮闸为主，消浪措施为辅的防洪工程措施；

2) 平原地区河流沿岸城市防洪应采取以堤防为主体，河道整治工程、蓄滞洪区相配套的防洪工程措施；

3) 河网地区城市防洪应根据河流分割形态，分片建立独立防洪保护区，其防洪工程措施由堤防、防洪（潮）闸等组成；

4) 山地丘陵地区城市防洪工程措施应主要由护岸工程、河道整治工程、堤防等组成。

(2) 修筑防洪堤

1) 防洪堤的布置

如图 10-1、图 10-2 所示，防洪堤应在常年洪水位以下的城市用地范围以外布置，堤线必须顺畅，不能拐直弯。同时也要考虑最高洪水位和最低枯水位、城市泄洪口标高、地下水位标高等因素。当居民点内支流与防洪堤之间出现矛盾时，应参考以下方案妥善解决。

A. 沿干流及市内支流的两侧筑堤，而将部分地面水采用水泵排除。此方案排泄支流洪水方便，但要增加防洪堤的长度和道路桥梁、泵站的投资；

B. 只沿干流筑堤，支流和地面水则在支流和干流交接处设置暂时蓄洪区，洪水到来时，闸门关闭，待河流退洪后，再开闸放出蓄洪区的洪水，或者设置泵房排除蓄洪水。此方案适用于流量小、洪峰持续时间较短的支流，且堤内有适当的洼地、水塘可作蓄洪区的情况；

C. 沿干流筑堤，把支流下游部分的水用管道排出，不需抽水设备，这种方案一般在城市用地具有适宜坡度时才宜采用；

D. 在支流建调节水库，城市上游修截洪沟，把所蓄的水引向市区外，以减少堤内汇水面积的水量。

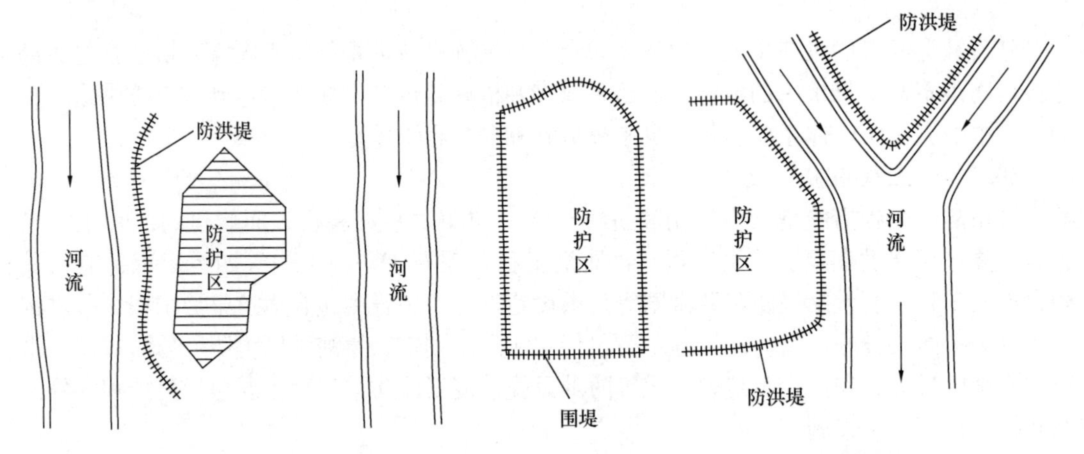

图 10-1　沿防护区河段修筑防洪堤　　　　图 10-2　沿防护区修筑围堤

2）防洪堤的技术要求

A. 防洪堤的轴线应与洪水流向大致相同，并与常水位的水边线有一定的距离；

B. 防洪堤的起点应设于水流平顺的地段，以避免产生严重冲刷；对设于河滩的防洪堤，若对过水断面有严重挤压时，则首段还应布置成八字形，以使水流平顺，避免发生严重冲刷现象；

C. 防洪堤顶可以与城市道路结合，但功能上必须以堤为主；

D. 防洪堤的顶部标高，可采用同一标高或采用与最高洪水的水面比降相一致的坡度。堤顶标高可用下式计算：

$$H=h_h+h_b+\Delta h \tag{10-17}$$

式中　H——堤顶标高，m；

h_h——最高洪水位，m；

Δh——安全超高，m，一般取 0.3～0.5m；

h_b——风浪爬高，m，h_b 可用式（10-18）计算。

$$h_b=3.2h_L K\cdot\tan\alpha \tag{10-18}$$

式中　α——护堤迎水面坡角，°；

K——与护面糙度及渗透性有关的系数。混凝土护坡，$K=1.0$；土坡或草皮护坡，$K=0.9$；块石护坡，$K=0.8$；

h_L——浪高，m，可用式（10-19）计算。

$$h_L=0.0208V_{max}^{5/4}L^{1/3} \tag{10-19}$$

式中 V_{max}——当地最大风速，m/s；

L——最大水面宽，m。

E. 堤岸迎水面应用块石或混凝土砌护，背坡可栽种草皮保护。为防止超过设防标准的洪水，堤顶可加修0.8～1.2m高的防浪墙。

（3）整治河道

整治河道，提高局部河段的泄洪能力，使上下河段行洪顺畅，可以避免因下游河段行洪不畅，致使上游河段产生壅水，而对上游河段造成洪水威胁。河道整治包括如下内容。

1）河道清障

清理河道中的阻水障碍物称为河道清障，河道清障的内容包括：清理河道中的淤积物和冲积物、树木和杂草、碴土、废弃物、垃圾等；清理在行洪河滩上的建筑物、围堤、围墙等障碍物；清理在河道上修建的阻水桥梁和道路。

2）扩宽和疏浚河道

扩宽河道和疏浚河道可以加大河道的过水能力，使河道上下水流顺畅，因而可避免因水流不畅而产生壅水。河道扩宽和疏浚的内容包括：加宽局部较窄处的河床，使上下河段行洪顺畅；清除伸向河中的局部岸角，如图10-3所示；清除河道两岸岸坡上局部突起的坡角，如图10-4所示；清除河道中的浅滩；疏浚河道中淤积的泥沙，加深和扩宽河槽等。

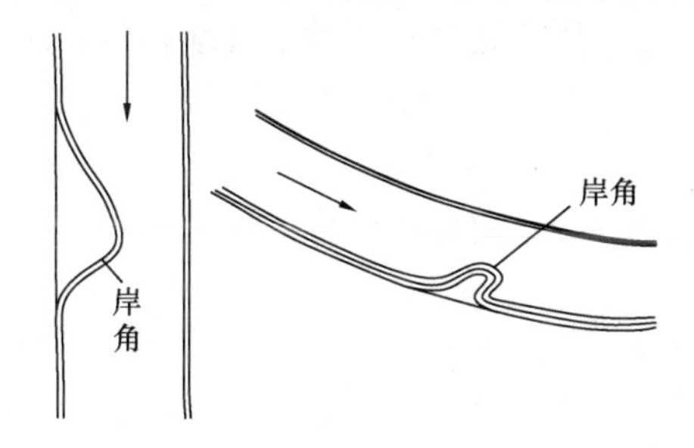

图10-3 清除岸角

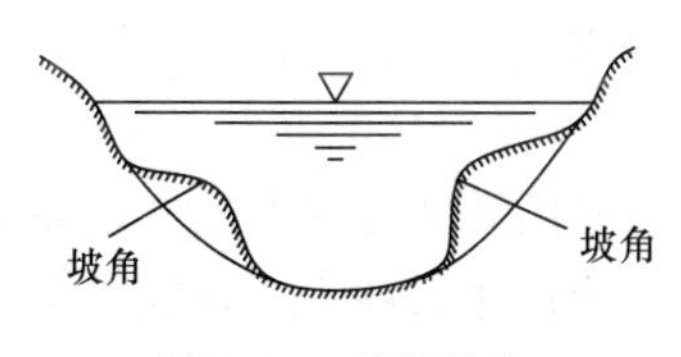

图10-4 清除坡角

3）裁弯取直

弯曲河道凸岸往往淤积，凹岸常常冲刷，河槽极不稳定。同时由于河道弯曲，行洪不畅，上游河道将会产生壅水，对防洪造成威胁。为了使河道水流顺畅，提高其行洪能力，应对弯曲河道进行裁弯取直，如图10-5所示。

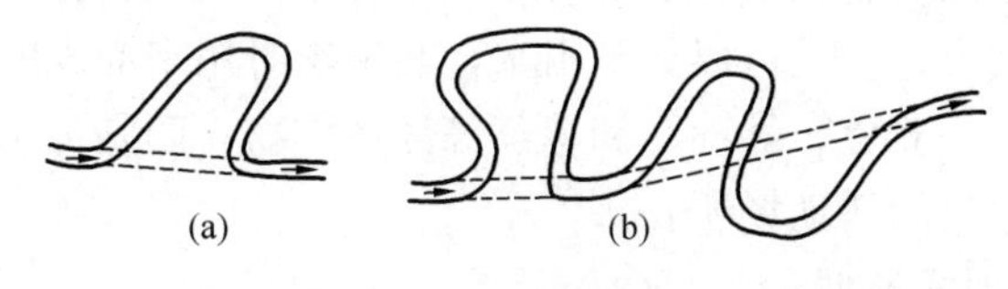

图10-5 裁弯取直

4）稳定河床

游荡性河道往往冲淤严重，河宽水浅，主流极不稳定，河床变化迅速，汛期河岸极易冲决。这类河道的治理措施就是稳定河床，具体措施包括：在河滩上植树，加固滩地；对河岸进行加固，防止洪水时受到冲刷；在河滩上修建防护堤，防止汛期时洪水漫溢；在河道中受冲刷的一岸修建丁坝、顺坝、格坝等工程来稳定河床。

（4）修建排水工程

在平原成低洼地区，汛期由于连续降雨或降暴雨、排水不畅、地下水位升高，将会出现涝渍灾害，造成土地盐碱化和沼泽化，致使农作物减产、树木枯萎、建筑物沉陷开裂、地下水质恶化、蚊蝇孳生、地面湿陷坍塌等现象。防治措施就是修建排水工程。

1）修建排水沟渠

如果涝渍区附近有排水出路，如附近有河道、湖泊、天然洼地、坑塘等容泄区，则可修建排水沟、排水渠进行排水，排除渍水和降低地下水位，这是防治涝渍和浸没的重要措施。

A. 地面排水沟渠。排水沟渠敷设在地面，用以排除地表水。根据排水沟渠结构的不同。这种排水沟渠又可分为：排水明沟（渠）和盖板明沟（渠）；

B. 地下排水沟渠。排水沟渠设在地面以下，做成暗沟（渠）的形式。

2）修建排水井

如果地下水位较高，为了除涝和防止发生浸渍，降低地下水位，可以修建排水井进行排水。

A. 自流排水井。当地下水位较高，高于地面高程，或地下水为承压水时，则地下水可通过排水井自流排出地面，再结合地面排水沟渠将地下水排入承泄区；

B. 抽水排水井。当地下水为非承压水，地下水位低于地表面时，则地下水不可能通过排水井自流排出地面，此时必须通过向井外抽水来降低地下水位。

3）修建排涝泵站

对于低洼地区的积水，无法自流排出防护区，则应选择适当地点修建排涝泵站，将水抽出防护区。

（5）场地填高

场地填高就是把容易被淹没用地进行平整填高，这是防治涝渍灾害的一种较为简单的措施，一般在下列情况下可以采用：

1）当采用其他方法不经济，而又有方便足够的土源时；

2）由于地质条件不适宜筑堤时；

3）填平小面积的低洼地段，以免积水影响环境卫生。

填高低地可以根据建设需要进行填高，并可分期投资，以节约开支。但土方工程量一般较大，总造价昂贵。

（6）修建与整治城市湖塘

利用城市低洼地、河沟修建城市湖塘或将现有的城市湖塘进行扩建整治，使其发挥调蓄洪水的功能是许多城市在规划中常用的方法。整治后的城市湖塘还可以发挥多项功能，一是可以调节气候，改善城市卫生，美化城市；二是可以集蓄雨水，在旱季时用来灌溉园林、农田；三是可以利用城市增加副业生产，养鱼、种茭白和莲菜等经济作物；四是可利用其修建休闲福利设施，增加城市文化、休息的活动场所。

1）在小河、小溪或冲沟上筑坝，形成坝式池塘；

2）在河漫滩开阔地段筑围堤或者挖深，营造一个较大水面，形成围堤式池塘；

3）整治原有池塘，开挖出水口，变死水为活水。

由于水源和地质条件的限制，往往不是所有的洼地都能建成湖塘，为了保证湖塘有足够的水源，需要做详细的经济技术比较。

10.7.2 非工程措施

(1) 城市防洪非工程措施概述

城市防洪非工程措施是相对城市防洪工程措施而言的，泛指通过法令、政策、经济和防洪工程（蓄、泄、分、滞等）措施以外的技术等手段以减少灾害损失的其他各种措施。非工程措施主要包括水库调洪、蓄滞洪区管理、暴雨与洪水预警预报、超设计标准暴雨和超设计标准洪水应急措施、防洪工程设施保护及行洪通道管理保护等。城市防洪非工程措施，是贯彻“全面规划、统筹兼顾、预防为主、综合治理”原则的重要组成部分，其防洪策略的基本理念是根据洪水的自然条件，在一定条件下允许大洪水淹没一部分洪泛区，通过采取各种非工程措施，尽可能减少洪灾损失，并逐步达到洪泛区合理的利用，以确保人民生命财产安全。

除采用城市防洪工程措施外，将城市防洪非工程措施作为城市防洪工程措施外的重要补充的理由如下：

1) 只靠城市防洪工程措施不能解决全部防洪问题，加之投资费用高昂，故必须考虑与非工程措施的结合；

2) 蓄滞洪区的开发利用不尽合理，伴随世界人口和财富迅速增长，致使世界各国虽修建了大量的城市防洪工程设施，但洪水所造成的损失仍然有增无减；

3) 目前绝大多数城市防洪工程的防洪标准偏低，提高城市防洪标准在经济上不合理，而超标准的洪水又可能发生；

4) 大型城市防洪工程投资大、占地多、移民问题突出，开发条件越来越差，可兴建的城市防洪工程越来越少。

因此，采取工程措施与非工程措施相结合的综合治理措施来减少洪灾损失，日益为人们所重视。如泥石流防治，就可以采取工程措施与非工程措施相结合的综合治理措施，在上游区宜植树造林、稳定边坡，在中游区设置拦挡坝等拦截措施，而在下游区宜修建排泄设施或停淤场。

(2) 城市防洪非工程措施规划的主要内容

城市防洪非工程措施作为城市防洪体系的重要组成部分，其内容是不断丰富扩大的，它涉及立法、行政管理、经济和技术措施等各个方面。城市防洪非工程措施规划主要内容应为提出保护城市防洪工程设施用地空间及安全运行的相关要求，提出蓄滞洪区管理要求和防洪预警及应急策略等。不同文献对城市防洪非工程措施的概括和分类是不完全相同、但基本内容是一致的，大体包括以下内容：

1) 水库调洪

城市河流上游往往兴建有具备防洪功能的水库，是流域防洪体系重要的组成部分，对其下游沿岸城市的防洪起到重要的调节与保障作用，城市防洪规划应充分考虑所在流域的水库对城市的防洪作用，充分利用上游水库进行洪水调节，调洪库容及调度应满足城市防洪保护目标要求。如三峡水库兴建后，荆州市防洪能力由 10 年一遇提高到 100 年一遇。一般来说，水库调洪主要包括以下四种措施：

A. 修建水库调节洪水

在被保护城镇的河道上游适当地点修建水库，调蓄洪水，削减洪峰，保护城镇的安全。同时还可利用水库拦蓄的水量满足灌溉、发电、供水等发展经济的需要，达到兴利除害的目的。

B. 利用已建水库调节洪水

利用河道上游已建水库调蓄洪水，削减洪峰，保护城镇安全。例如利用位于丹江和汉江入汇口处的丹江口水库的调节，可削减汉江洪水近 50%，保证了汉江中下游广大地区和城镇免受洪水的威胁。

C. 利用相邻水库调蓄洪水

如图 10-6 所示，若相邻河流 A 和河流 B 各有一座水库 A 和水库 B，位置相距不远，高程相差也不大。水库 A 的库容较小，调蓄洪水的能力较低，下游有防护区，而水库 B 的容积较大，调蓄洪水的能力较强，则可在两水库之间修筑渠道或隧洞，将两座水库相互联通，当 A 河道发生洪水时，通过水库 A 调蓄后的部分洪水可通过联通的渠道或隧洞流入水库 B，通过水库调蓄后泄入 B 河下游，从而确保防护区的安全。

D. 利用流域内干、支流上的水库群联合调蓄洪水

如图 10-7 所示，利用流域内干、支流上已建的水库群对洪水进行联合调蓄，以削减洪峰和洪量，保证下游防护区的安全；同时利用水库群的联合调度，合理利用流域内的水资源。

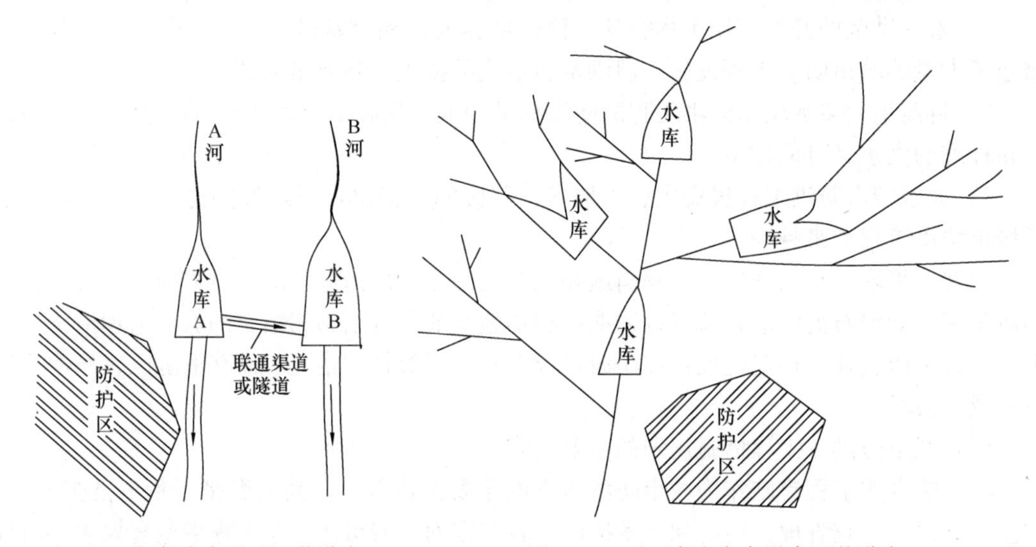

图 10-6　相邻水库联通调蓄洪水　　　　图 10-7　干、支流水库联合调蓄洪水

2）蓄滞洪区管理

蓄滞洪区承担重要的不可替代的区域防洪保障功能，其功能空间必须严格保护，不受侵占，蓄滞洪区应加强土地管理，区内土地利用、开发和各项建设必须符合防洪的要求，保证蓄滞洪容积，减少洪灾损失。按洪水危险程度和排洪要求，将不宜开发区和允许开发区严格划分开；允许开发区根据可能淹没的概率规定一定用途，并通过政府颁布法令或条例进行管理，防止侵占行洪区，达到经济合理地利用蓄滞洪区。严格要求蓄滞洪区做到：一要安全分蓄洪水，二要发展区域经济，三要综合利用资源和保护生态环境。

3）建立暴雨与洪水预警预报系统，拟定和采取居民应急转移计划和对策。把实测或利用雷达遥感收集到的水文、气象、降雨、洪水等数据，通过通信系统传递到预报部门分

析，直接输入电子计算机进行处理，作出洪水预报，提供具有一定预见期的洪水信息，必要时发出灾害预警，及时启动城市防洪应急预案，以便提前为抗洪抢险和居民撤离提供信息，以减少洪灾损失。它的效果取决于社会的配合程度，一般洪水预见期越长，精度越高，效果就越显著；

4）制定遭遇超设计标准暴雨、超设计标准洪水和突发性水灾时的对策性措施与城市防洪应急预案及病险水库防洪抢险救灾应急预案；

5）对洪水易淹区内的建筑物及其内部财物设备的放置等方面都给予规定。例如规定建筑物基础的高程、结构，规定财物存放在安全地点或在洪水到来前移至安全地点等；

6）推行洪水保险。通常指强制性的洪水保险，即对淹没概率不同的地区，对开发利用者强制收取不同保险费率，从经济上约束洪泛区的开发利用；

7）救灾。从社会筹措资金、国家拨款或利用国际援助等进行救济，给受灾者以适当补偿，以安定社会秩序，恢复居民生产生活。救灾虽不能减少洪灾损失，但可减少间接损失，增加社会效益；

8）制定执行有关法令和经济政策等。

10.7.3 非工程措施与工程措施的区别

城市防洪的工程措施和非工程措施两者在城市防洪目标上是一致的，兼具关联性和互补性，但二者在具体的工程措施上又有所不同，主要体现为以下几点：

（1）城市防洪工程措施着眼于洪水本身，设法利用各种防洪工程控制或约束洪水，改变洪水有害的时空分布状态，使防洪保护区不受淹或少受淹；城市防洪非工程措施并不改变洪水的存在状态，而是着眼于蓄滞洪区，设法改变蓄滞洪区的现实和发展状况，使之更能适应洪水的泛滥。

（2）城市防洪工程措施基本上是一个工程技术问题，而城市防洪非工程措施在很大程度上是一个管理问题，它涉及行政、法律、经济和技术等各个方面。

（3）城市防洪工程措施要修建防洪工程，需要投入较多的资金，一般要列入基本建设计划。城市防洪非工程措施虽不修建防洪工程，但也需要一定资金进行洪泛区安全建设，建立洪水预报、警报系统和开展各项有关业务活动等，投入资金可能要少一些，但过去往往被忽视或容易被削减。

（4）城市防洪工程的管理维修和调度运行，技术性较强，主要依靠专业部门去做。而城市防洪非工程措施的政策性较强，关系全社会各个方面，必须由各级地方政府直接领导，依靠各有关业务主管部门、社会团体和广大群众共同执行。

（5）工程措施通常是用一个指标，如用防御百年一遇洪水的指标来表示对防洪保护区的防御程度；城市防洪非工程措施不采用保护程度的指标，而是根据措施本身特点采用减少洪灾损失程度或风险程度等含义。

10.8 城市内涝防治措施

城市内涝防治是一项系统工程，涵盖从雨水径流的产生到末端排放的全过程控制，其中包括产流、汇流、调蓄、利用、排放、预警和应急措施等，而非单指传统的排水管渠设施。城市内涝防治措施包括工程措施和非工程措施。

10.8.1 工程措施

城市内涝防治工程措施主要包括源头减排、排水管渠和排涝除险。下面就常用的几种城市内涝防治工程措施进行详细介绍。

（1）源头减排

源头减排，也称为低影响开发或分散式雨水管理，主要通过绿色屋顶、生物滞留设施、植草沟、调蓄设施和透水路面等控制雨水径流的总量、水质和削减峰值流量，延缓其进入排水管渠的时间，从而减轻排水管渠设施的压力，既起到缓解城镇内涝压力的作用，又使得雨水资源从源头得到利用。

1）源头减排设施分类

依据《城镇内涝防治技术规范》GB 51222－2017，按照其主要功能，源头减排设施可分为渗透、转输和调蓄三大类。其中以渗透功能为主的设施包括透水路面、绿色屋顶、下凹式绿地和生物滞留设施等；以转输功能为主的设施包括植草沟和渗透管渠等。以调蓄功能为主的设施包括雨水塘、雨水罐和调蓄池等。

源头减排设施，应秉持低影响开发理念，宜将其设置成保持或模拟原有自然水文特征和生态特性的源头减排设施。其类型应依据该地区的地理位置、水系特征和场地条件等因素确定。同一地区或项目，往往可采用单一形式或多种形式组合的源头减排设施。

2）源头减排设施设计的主要内容

源头减排设施的设计程序，应包含下列内容：

A. 调查分析相关规划要求、可用空间、土壤渗透性能、地下水位、地形坡度和排水现状等技术因素；

B. 确定源头减排目标，并通过技术经济比较，确定源头减排方案；

C. 进行源头减排设施设计；

D. 对设计结果进行校核。

3）渗透设施的有效储存容积的确定

渗透设施的有效储存容积的计算公式如下：

$$V_s = V_i - W_p \tag{10-20}$$

$$W_p = K \cdot J \cdot A_s \cdot t_s \tag{10-21}$$

式中 V_s——渗透设施的有效储存容积，m^3；

V_i——渗透设施进水量，m^3；

W_p——渗透量，m^3；

K——土壤渗透系数，m/s；

J——水力坡降；

A_s——有效渗透面积，m^2；

t_s——渗透时间，s。

4）渗透设施

A. 透水路面

透水路面可用来替代传统的硬化路面，同时承担交通和排水两项功能，具有降低地面径流系数、储存雨水、渗透回补地下水等功能，还具有改善路面抗滑性能、降低噪声的功能，提高道路的安全性和驾乘舒适性。

目前常用的透水路面类型及适用场所见表10-10。

常用透水路面类型及适用场所 **表10-10**

透水路面类型	适用场所
透水水泥混凝土路面	用于新建城镇轻荷载道路、园林绿地中的轻荷载道路、广场和停车场等
透水沥青路面	用于各等级道路
透水砖路面	用于人行道、广场、停车场和步行街等

透水路面应根据土基透水性要求，采用全透水或半透水铺装结构，详见表10-11。

透水路面铺装结构选择 **表10-11**

土基渗透系数（m/s）	透水路面铺装结构	说明
$>1\times10^{-6}$	全透水	适宜土基透水性较好时采用
$\leqslant1\times10^{-6}$	半透水	应在土基中设置地下集水管，排入下游雨水管渠或其他受纳体，并应采取防倒流措施

当设置透水路面时，须考虑以下几点：

(A) 人行道、广场、室外停车场、步行街、自行车道和建设工程的外部庭院等宜采用渗透性铺装；

(B) 新建地区硬化地面中可渗透地面面积比例不宜小于40%，易发生内涝灾害的地区不宜小于50%；

(C) 有条件的地区应对既有硬化地面进行透水性改建。

当设计透水路面时，须满足以下几点要求：

(A) 透水路面结构层应由透水面层、基层、垫层组成，功能层包括封层、找平层和反滤隔离层等；

(B) 寒冷与严寒地区透水路面应满足防冻厚度和材料抗冻性要求；

(C) 严寒地区、湿陷性黄土地区、盐渍土地区、膨胀土地区、滑坡灾害等地区的道路不得采用全透式路面；

(D) 表层排水式和半透式路面应设置边缘排水系统，透水结构层下部应设置封层。

透水路面的透水基层底部应比当地季节性最高地下水位高1m。当不能满足要求时，透水路面下方应采取防渗措施。当不采取防渗措施时，透水路面应和周围建筑保持安全距离，可按表10-12来选取。

透水路面与周围建筑的安全距离 **表10-12**

透水路面面积（m^2）	与周围建筑地面高程的关系	安全距离（m）
<100	高于周围建筑地面高程	8.0
	低于周围建筑地面高程	1.5
$\geqslant100$且$\leqslant1000$	高于周围建筑地面高程	16.0
	低于周围建筑地面高程	3.5
>1000	高于周围建筑地面高程	32.0
	低于周围建筑地面高程	8.0

B. 绿色屋顶

绿色屋顶，又称种植屋面、屋顶绿化等，绿色屋顶自上而下宜设置土壤层、过滤层、排水层、保护层、防水层和找平层。

根据种植基质深度和景观复杂程度，绿色屋顶一般划分为以下两类：

（A）一类绿色屋顶一般种植草本植物、小型灌木和攀缘植物等，其土壤层和总体厚度较小，对屋顶结构强度要求较低，主要功能为削减雨水径流量。

（B）另一类绿色屋顶一般栽种根系较深的木本植物，其土壤层和总体厚度较大，对屋顶结构强度要求高，主要用于景观，设计较为复杂。

不具备设置绿色屋顶条件的建筑，可采取延缓和减少雨水进入雨水斗、落雨管和地下排水管渠的措施。雨水斗的数量和布置，应根据单个雨水斗的过水能力和设计屋顶积水深度确定。

C. 下凹式绿地

用于源头减排的下凹式绿地，在城市内涝防治系统中的主要功能是净化雨水径流，适当延缓地面经流进入市政排水管渠的时间，削减峰值流量，减轻下游内涝防治设施的负担。其设计应符合如下规定：

（A）应选用适合下凹式绿地运行条件，并满足景观设计要求的耐淹植物；

（B）绿地土壤的入渗率应满足现行行业标准《绿化种植土壤》CJ/T 340－2016 的相关规定；

（C）绿地应低于周边地面和道路，其下凹深度应根据设计调蓄容量、绿地面积、植物耐淹性能和土壤渗透性能等因素确定，下凹深度宜为 50～250mm；

（D）宜采用分散进水的方式，进水集中的位置应采取消能缓冲措施；

（E）应设置具有沉泥功能的溢流设施；

（F）在地下水位较高的地区，应在绿地低洼处设置出流口，通过出流管将雨水缓慢排放至下游排水管渠或其他受纳体。应根据快进缓出的原则确定出流管管径，绿地排空时间宜为 24～48h。

D. 生物滞留设施

生物滞留设施是一种应用较广的源头减排设施，其形式、位置和规模可根据设施功能、场地条件和景观要求等因素确定。其主要功能为截留和过滤强度较小的降雨产生的径流。发生强度较大的降雨时，由于生物滞留设施具有短时期储存雨水的功能，故可以在一定程度上削减雨水径流的峰值流量和总量。

生物滞留设施自上而下宜设置蓄水层、覆盖层、种植层、透水土工布和砾石层，其调蓄面积和深度应根据汇水范围和径流控制要求综合确定。生物滞留设施宜设置水位观察井（管）、雨水径流预处理设施和溢流装置。

5）转水设施

A. 植草沟

植草沟适用于建筑和小区内道路、广场、停车场等周边以及城镇道路和绿地等区域，也可作为生物滞留设施、湿塘等低影响开发设施的预处理。还可与雨水管渠联合应用，在场地高程布置允许且不影响安全的情况下，植草沟可代替雨水管渠。植草沟的进口应能快速将径流流速分散，减少水流冲击，避免雨水径流对坡底形成冲刷。

植草沟的设计，应符合下列规定：

（A）植草沟应采用重力流排水；

（B）应根据各汇水面的分布、性质和竖向条件，均匀分配径流量，合理确定汇水面积；

（C）竖向设计应进行土方平衡计算；

（D）进口设计应考虑分散消能措施；

（E）植草沟的布置应和周围环境相协调。

B. 渗透管渠

雨水渗透管渠可设置在绿化带、停车场和人行道下，起到避免地面积水、减少市政排水管渠排水压力和补充地下水的作用。当采用渗透管渠进行雨水转输和临时储存时，应符合下列规定：

（A）宜采用穿孔塑料、无砂混凝土等透水材料；

（B）开孔率宜为1％～3％，无砂混凝土管的孔隙率应大于20％；

（C）应设置植草沟、沉淀池或沉砂池等预处理设施；

（D）地面雨水进入渗透管渠处、渗透管渠交汇处、转弯处和直线管段每隔一定距离处应设置渗透检查井；

（E）渗透管渠四周应填充砾石或其他多孔材料，砾石层外应包透水土工布，土工布搭接宽度不应小于200mm。

6）调蓄设施

新建、改建和扩建地区，应根据场地条件，因地制宜地选择和建设目标相协调的源头调蓄设施，其形式包括和区域内的天然或人工水体结合的调蓄设施、设置在地上的敞开式雨水调蓄池和地下雨水调蓄设施。

A. 敞开式雨水调蓄设施

敞开式雨水调蓄设施，包括干塘、湿塘、调蓄池等，其形式可根据场地条件灵活采用。为避免雨水径流中的固体杂物进入调蓄设施，可在设施前端设置格栅、前置塘等拦污净化设施。为确保安全，调蓄设施应设置安全防护设施、超高和溢流设施，并应有警示标志，溢流的雨水可排入附近受纳体。该设施具有工程量小、便于日常巡视和维护管理等优点，但缺点是占用地上面积，在人口和建筑稠密的地方难以应用。

B. 地下雨水调蓄设施

地下雨水调蓄设施主要由预处理设施、主体调蓄池和出水井等构筑物所组成，适用于在人口和建筑物密集或地上空间紧张的地区。地下雨水调蓄设施建在绿地、广场和停车场下方，便于维修和改造，应满足与周围地面相同的荷载要求。调蓄设施周围和上方应留有检修通道和空间。绿地内的地下调蓄池应满足绿地建设的总体要求，调蓄池覆土厚度应根据绿地种植要求确定。

（2）排水管渠

排水管渠工程主要由排水管道、沟渠、雨水调蓄设施和排水泵站等组成，主要应对短历时强降雨的大概率事件，其设计应考虑公众日常生活的便利，并满足较为频繁降雨事件的排水安全要求。城市内涝防治系统中的排水管渠设施主要包括管渠系统和管渠调蓄设施。

1）管渠系统

管渠系统包括分流制雨水管渠、合流制排水管渠、泵站以及雨水口、检查井等附属设施。下面就雨水口和泵站设计进行详细介绍。

A. 雨水口

道路低洼和易积水地段应根据需要适当增加雨水口。其设置应遵循以下条件：

(A) 雨水口的高程、位置和数量应根据现有道路宽度和规划道路状况确定；

(B) 道路交叉口、人行横道上游、沿街单位出入口上游、靠地面径流的街坊或庭院的出水口等处均应设置雨水口，路段的雨水不得流入交叉口；

(C) 雨水口间距宜为25～50m，重要路段、地势低洼等区域距离可适当缩小；

(D) 当道路两侧建筑物或小区的标高低于路面时，应在路面雨水汇入处设置雨水拦截设施，并通过雨水连接管接入雨水管道。

雨水口的泄水能力，应根据其构造形式、所在位置的道路纵向和横向坡度以及设计道路积水深度等因素综合考虑确定。

B. 泵站

管渠系统中排水泵站的设计规模和多种因素密切相关，泵站上游的调蓄设计容积越大，泵站所需的设计规模越小，反之亦然。因此，在满足内涝防治设计重现期要求的前提下，经技术经济比较后确定其设计规模。为了及时排除积水，泵站宜设在汇水区地势低洼、易汇集区域雨水的地点，且宜靠近受纳水体（河流、湖泊等），以便降低泵站扬程，减小装机容量。此外，为避免对河道形成冲刷，影响航行安全，泵站出水口宜设置消能设施，出水压力井、出水喇叭口等都能起到消能的作用，出水口的流速应小于0.5m/s。

2）管渠调蓄设施

作为一种常用的防治城市内涝管渠调蓄设施，雨水调蓄池可设置成在线或离线式形式。它是通过将雨水径流的峰值流量暂时储存在雨水调蓄池中，待流量下降后，再从雨水调蓄池中将水排出，起到削减峰值流量的作用，可有效提高地区的排水标准和防涝能力，进而防治城市内涝灾害。

管渠调蓄设施的建设应和城市水体、园林绿地、排水泵站等相关设施统筹规划，相互协调，并应优先利用现有河道、池塘、人工湖、景观水体和园林绿地等设施，按多功能多用途的原则规划设计，降低整体建设费用，达到良好的社会效益。有条件的地区，调蓄设施应与泵站联合设计，兼顾径流总量控制、降雨初期的污染防治和雨水利用。

(3) 排涝除险

排涝除险主设施要用于解决内涝防治设计重现期下超出源头减排设施和排水管渠设施承载能力的雨水径流控制问题，主要应对的是长历时降雨的小概率事件。它也是满足城市内涝防治设计重现期标准的重要保障。

1）排涝除险设施类型

城市排涝除险设施主要包括城镇水体、调蓄设施和行泄通道等设施。

A. 城镇水体，天然或者人工构筑的水体，包括河道、湖泊、池塘和湿地等；

B. 调蓄设施，特别是在一些浅层排水管渠设施不能完全排除雨水的地区所设的地下调蓄设施，包括下凹式绿地、下沉式广场、调蓄池和调蓄隧道等设施；

C. 行泄通道，包括开敞的洪水通道、规划预留的雨水行泄通道，道路两侧区域和其他排水通道。

2）城镇水体

城镇内涝防治系统的规划和设计宜利用现有城镇水体，作为排涝除险设施。在不影响其平时功能的条件下，充分利用水体对雨水径流的调节能力，发挥其降低城镇内涝灾害的作用。应尽量充分保留和利用原有的河道、湖泊等自然水体，既有利于维持生态平衡，改善环境，又可以调节城市径流，减少排水工程规模，发挥综合效应。对现有水体进行水系修复与治理时，应依据城市总体规划，满足规划蓝线和水面率的要求，不应缩减其现有调蓄容量，不应损害其在城市内涝防治系统中的功能。

城市天然河道包括城市内河和过境河道，是城镇内涝防治系统的重要组成部分。城市内河的主要功能是汇集、接纳和储存城镇区域的雨水，并将其排放至城市过境河流中；城市过境河流主要承担接纳外排境内雨水和转输上游来水的双重功能。城市区域内自然水体调蓄容量应根据其地理位置、功能定位、调蓄需求、水体形状、水体容量和水位等特点，经综合分析后确定。

3）调蓄设施

A. 绿地和广场

在城市内涝防治系统中，城市绿地按其功能可分为源头调蓄绿地和排涝除险调蓄绿地。用于排涝除险的绿地主要用来接纳周边汇水区域在排水管渠设施超载情况下的溢流雨水，充当“可受淹”设施。可见绿地是重要的内涝防治设施，因此城市应保证一定的绿地率。用于排涝除险的城市绿地高程应低于路面高程，地面积水可自动流入，通常不设溢流设施。对于新建、改建或扩建的城市道路，绿化隔离带可结合用地条件和绿化方案设置为下凹式绿地。

用于排涝除险的下沉式广场，包括城镇广场、运动场、停车场等，但行政中心、商业中心、交通枢纽等所在的下沉式广场不应作为排涝除险调蓄设施。其设计应综合考虑广场构造和功能、整体景观协调性、安全防护要求、积水风险、积水排空时间和其他现场条件，并应符合现行国家标准《城镇雨水调蓄工程技术规范》GB 51174－2017 的有关规定。

B. 隧道调蓄工程

隧道调蓄工程是指埋设地下空间的大型排水隧道。其调蓄容量应根据内涝防治设计重现期的要求，综合考虑源头减排设施、排水管渠设施和其他排涝除险设施的规模，经数学模型计算后确定。对于内涝易发、人口密集、地下管线复杂、现有排水系统改造难度较高的地区，可设置隧道调蓄工程，并应避免与传统的地下管道和地下交通设施发生冲突。

4）行泄通道

对城市易涝区域可选取部分道路作为排涝除险的行泄通道，并须满足下列条件：

A. 应选取排水系统下游的道路，不应选取城镇交通主干道、人口密集区和可能造成严重后果的道路；

B. 应与周边用地竖向规划、道路交通和市政管线等情况相协调；

C. 行泄通道上的雨水应就近排入水体、管渠或调蓄设施，设计积水时间不应大于12h，并应根据实际需要缩短；

D. 达到设计最大积水深度时，周边居民住宅和工商业建筑物的底层不得进水；

E. 不应设置转弯；

F. 应设置行车方向标识、水位监控系统和警示标志；

G. 宜采用数学模型法校核道路作为行泄通道时的积水深度和积水时间。

当道路表面积水超过路缘石，延伸至道路两侧的人行道、绿地、建筑物或围墙时，其过水能力应符合下列规定：

A. 过水断面沿道路纵向发生变化时，应根据其变化情况分段计算；

B. 过水面变化过于复杂时，可对其简化，简化过程应遵循保守的原则估算断面的过水能力；

C. 对于每个过水断面，其位于道路两侧的边界。应选取离道路中心最近的建筑物或围墙；

D. 每个复合过程断面应细分为矩形、三角形和梯形等标准断面，分别按曼宁公式计算后确定。相邻过水断面之间的分界线不应纳入湿周的计算中。

10.8.2 非工程措施

城市内涝防治非工程措施主要是应急管理方面，以保障人身和财产安全为目标，其防治对象既可以是设计重现期之内的暴雨，也可针对设计重现期之外的暴雨。城市内涝防治非工程措施主要包括城市内涝防治预警系统、应急系统、评价系统以及相应法律法规等。

（1）城市内涝防治预警系统

城市内涝防治预警系统是通过整合城市排水数值模拟、地理信息系统、雨量监测、气象监测预报、内涝实时模拟系统、内涝防治应急系统、信息发布系统、实时道路监测系统和交通管制发布系统等进行整合，形成城市内涝防治数字信息化管控平台，进而实现内涝监测预警、全汛期管理、汛期交通指导行为等目的。

（2）城市内涝防治应急系统

城市内涝防治应急系统主要包括源头减排设施、排水管渠设施和排涝除险设施的事故应急以及超过内涝防治设计重现期情况下的应急。应急系统应建立应急联动管理和应急预案，并由内涝防治设施管理单位共同参与，分工协作，并在以下应急情况下采用相应的应急系统措施：

1）当周边发生污染事故，污染物质汇流入具有渗透功能的源头减排设施并可能影响地下水时，应及时启动应急预案，清除污染源和污染土壤，修复地下水；

2）当排水泵站等排水管渠设施和排涝泵站等排涝除险设施发生突然失电等事故时，应及时启动应急预案，采取立即检查抢修、防止泵站自身受淹、启动临时发电设施和启动移动排涝泵车等措施；

3）当城市河道堤防（墙）等排涝除险设施发生损坏和倒塌等事故时，应及时启动应急预案，采取立即检查抢修、临时加固、临时堆筑围堰和防水挡板等措施；

4）当降雨超过内涝防治设计重现期情况时，应及时启动应急预案，按照统一应急调度指令执行应急抢险，疏散危险区域人员。

（3）城市内涝防治评价系统

为了及时完善内涝防治预警系统、内涝防治应急系统和内涝防治设施运行工况，须建立内涝防治评价系统。通过建立城市内涝防治评价体系，对内涝防治预警系统、内涝防治应急系统和内涝防治设施运行效果进行综合评价，并提出改进建议。内涝防治工作结束后，应及时形成资料归档，便于后期总体评价，为城市内涝防治信息化管控平台建设提供有效数据。

10.9 城市防洪排涝规划基础资料及成果

10.9.1 防洪工程规划基础资料

城市防洪工程规划具有综合性特点，专业范围广，涉及的市政设施也多。因此在工程设计中要搜集整理各种有关资料。一般包括地形图、河道（山洪沟）纵横断面图、城市气象资料、城市地质资料、水文资料、城市社会经济资料、城市洪涝灾害历史资料、城市防洪区划分及防洪工程设施现状资料等。主要基础资料搜集齐全后，还要到现场实地踏勘、核对。

（1）地形图

地形图是城市防洪工程规划设计的基础资料，各种平面布置图，在各设计阶段对地形图的比例要求不同，见表 10-13。

防洪工程设计对地形图的比例要求 **表 10-13**

<table>
<tr><th>设计阶段</th><th colspan="2">图纸</th><th>比例</th></tr>
<tr><td rowspan="4">初步设计</td><td rowspan="2">汇水面积（km^2）</td><td>≥20</td><td>1∶25000～1∶50000</td></tr>
<tr><td>≤20</td><td>1∶5000～1∶25000</td></tr>
<tr><td colspan="2">工程总平面图布置图、滞洪区平面图</td><td>1∶1000～1∶5000</td></tr>
<tr><td colspan="2">堤防、护岸、山洪沟、排洪渠、截洪沟平面及走向布置图</td><td>1∶1000～1∶5000</td></tr>
<tr><td rowspan="4">施工图设计</td><td colspan="2">工程总平面布置</td><td>1∶1000～1∶5000</td></tr>
<tr><td rowspan="3">构筑物平面布置</td><td>堤防、山洪沟、排洪渠、截洪沟</td><td>1∶1000～1∶5000</td></tr>
<tr><td>谷坊、护岸、丁坝</td><td>1∶500～1∶1000</td></tr>
<tr><td>顺坝、防洪闸、涵闸、小桥、排涝泵站</td><td>1∶200～1∶500</td></tr>
</table>

（2）河道（山洪沟）纵横断面图

对拟设防和整治的河道或山洪沟，必须进行纵、横断面的测量，并绘制纵、横断面图。纵横断面图的比例要求见表 10-14。横断面施测间距一般为 100～200m。在地形变化较大地段，应适当增加断面，纵、横断面施测点应相对应。

防洪工程的范围大小差异很大，因此对测量资料的要求差异也很大，测量范围应根据工程的具体情况确定。

纵横断面图的比例 **表 10-14**

<table>
<tr><th>图　名</th><th colspan="2">比　　例</th><th>图　名</th><th colspan="2">比　　例</th></tr>
<tr><td rowspan="2">纵断面图</td><td>水平</td><td>1∶1000～1∶5000</td><td rowspan="2">横断面图</td><td>水平</td><td>1∶100～1∶500</td></tr>
<tr><td>垂直</td><td>1∶100～1∶500</td><td>垂直</td><td>1∶100～1∶500</td></tr>
</table>

（3）城市水文地质资料

1）主要包括设防洪地段的覆盖层、透水层厚度以及覆盖层、透水层和弱透水层的渗透系数；

2）设防洪地段的地下水埋藏深度、坡降、流速及流向；

3）地下水的物理化学性质等。

（4）工程地质资料

1）设防洪地段的地质构造、地段的地貌条件；

2）地震断裂带、滑坡、陷落情况；

3）地基岩石和土壤的物理力学性质；

4）天然建筑材料（土料和石料）场地、物理力学性质、分布厚度、质量、储量及其开采和交通条件等。

（5）城市水文气象资料

1）历年暴雨量资料（至少10～30年）；

2）地区水文图集及水文计算手册；

3）历年洪峰流量及持续时间，历史洪水及灾害调查资料；

4）历史最高洪水位和多年洪水位以及当地最大暴雨强度和持续时间；

5）河道含沙量及河道变迁情况等。

（6）其他资料

1）汇水流域内的地貌和植被情况；

2）洪水汇水流域图，比例1∶5000～1∶50000；

3）城市总体规划，河湖及城市市区、工业区、郊区布局规划图，比例1∶5000～1∶50000；

4）当地建材价格、运输及当地概算有关资料；

5）现有防洪、排水、人防工程等设施及使用情况；

6）有关河道湖泊管理的文件规定等；

7）城市市区防洪、排水设施现状图，比例1∶1000～1∶10000；

8）生活、生产污水的水质、水量、环境污染状况以及造成的危害；

9）环保、卫生、农业、水利等部门对水体防护的要求；

10）工业发展预测资料：在规划年限内可能发展的工业企业类型，产品种类和产量以及规划位置等；

11）规划区域内的地形测量成果图，比例1∶500～1∶5000；

12）市区道路工程规划图，比例1∶2000～1∶10000。

10.9.2 防洪规划成果及其要求

城市防洪规划成果应包括基础资料汇编、规划说明、规划文本和规划图纸四个部分的成果，各部分成果应符合以下要求。

（1）基础资料汇编

应在综合考察或深入调研的基础上，取得完整、正确的现状和历史基础资料，做到统计口径一致或具有可比性。主要基础资料详见上文所述。

（2）规划文本

城市防洪工程规划的文本应以法规条文方式，直接叙述主要规划内容的规范性要求，主要内容应包括以下内容：

1）防洪工程规划的依据；

2）防洪工程规划的原则；

3）防洪工程规划的期限；

4）防洪工程规划的内容：主要包括城市防洪标准的选择、设计洪水量的计算方法、城市用地安全布局引导、城市防洪体系方案、城市防洪工程主要措施（包括工程措施和非工程措施）、防洪渠的定线及水力计算成果等；其中，城市防洪标准、城市用地安全布局原则和城市防洪工程设施布局属于强制性内容。

（3）城市防洪工程专业规划说明书

城市防洪工程专业规划说明书应分析现状，阐述规划意图和目标，解释和说明规划内容。主要包括以下内容：

1）城市概况，主要说明城市人口及发展预测、污水排放情况和历年洪水情况以及现状、自然条件等；

2）防洪、排水设施现状；

3）防洪工程规划的范围及任务；

4）需要新建、改建的城市防洪工程设施与现有防洪工程设施互相衔接的技术措施；

5）主要设备材料及工程量情况；

6）存在问题及意见。

（4）规划图纸

1）城市防洪规划的图纸内容，主要包括各类城市防洪工程设施（水库、泵站、堤坝闸门、泄洪道、排洪沟等）的位置及走向、城市防洪设防地区范围及洪水流向和城市排洪设施位置及规模。

2）城市洪水防治区域规划图，应清晰准确，图文相符，图例一致，比例一般取1∶2000～1∶50000，若城市用地规模过大、过小或过于分散，或有其他特殊要求时，可视情况缩小或放大比例尺。

3）城市防洪工程规划图纸应在图纸的明显处标明图名、图例、风玫瑰、图纸比例、规划期限、规划单位、图签编号等内容。规划图纸具体绘制要求见表10-15。

城市防洪规划图纸绘制要求 　　　　**表10-15**

图纸名称	图纸内容	图纸特征
洪水影响评价图	在城市现状图基础上表示不同频率洪水淹没范围、危害程度、现状防洪区划，分级分区划定洪水灾害重点防御地区或灾害风险较大的地区，表示相关设施保护与建设状态、可能影响城市及区域防洪安全的发展布局、设施建设情况	一般在城市总体规划现状图基础上绘制
城市防洪规划图	在城市总体规划图基础上表示防洪工程设施的位置，用地范围	一般在城市总体规划用地布局图基础上绘制，涉及市域的内容可在市域城镇体系规划图基础上绘制

10.9.3 城市内涝防治规划成果及其要求

城市内涝防治规划的主要成果包括规划文本和规划图纸两部分，各部分成果应符合以下要求。

(1) 规划文本

城市内涝防治工程规划的文本的主要内容应包括以下内容。

1) 项目背景

A. 项目所在地地理位置;

B. 区域边界;

C. 地形地貌和地质水文特征等。

2) 流域情况

A. 流域的主要情况;

B. 河流湖泊;

C. 雨水行泄通道;

D. 历史受淹情况等。

3) 设计标准

A. 适用的国家设计标准和地方标准;

B. 主要基础数据和参数;

C. 计算方法和工具等。

4) 内涝防治现状

A. 现状雨水排放格局和设计标准;

B. 现状雨水排放口位置;

C. 地表渗透系数、综合径流系数、不透水面积比例等现状下垫面条件;

D. 地面集水时间、不同设计重现期下的径流量计算等。

5) 内涝防治设施设计

A. 项目建成后,内涝防治设施的建设对区域下垫面条件、集水时间、径流量的影响;

B. 内涝防治设施位置、类型、规模、设备、与上下游的衔接设计等。

6) 结论

A. 《城镇内涝防治技术规范》GB 51222-2017 的执行情况;

B. 其他适用的国家标准及当地设计标准的执行情况;

C. 内涝防治设施的有效性;

D. 项目全部建成后的雨水排放格局等。

7) 参考资料

A. 降雨资料;

B. 下垫面条件资料;

C. 地形地貌资料规划资料;

D. 现场勘查资料;

E. 其他参考资料等。

8) 附录

A. 设计雨量计算书;

B. 排水管渠水力计算书;

C. 内涝防治设施计算书;

D. 内涝防治设计重现期校核计算书；

E. 水污染控制计算书等。当计算书使用数学模型时，应包含模型输入输出数据，并说明模型主要参数的选择依据和确定方法。

(2) 规划图纸

1) 现状总体排水系统平面图

其内容主要包括：

A. 项目区域边界；

B. 主要河流、雨水行泄通道和汇水分区划分；

C. 现状和内涝防治有关的主要设施。

2) 城市内涝防治设施图

其内容主要包括：

A. 排水系统总平面图；

B. 雨水管道布置图，包括雨水口、检查井等附属设施；

C. 街道平面布置、横向剖面图、纵向坡度、雨水流动方向；

D. 雨水排放口设计图；

E. 建筑物平面位置、底层地面标高；

F. 内涝防治设施设计图，包括源头减排设施、排水管渠设施和排涝除险设施；

G. 当计算书使用数学模型时，还应提供以下图纸：内涝防治设计重现期条件下的现状内涝风险图和设施建设后内涝风险图，超出内涝防治设计重现期的历史降雨事件的现状内涝风险图和设施建设后内涝风险图；

H. 图纸应装订成册。

思考题

1. 城市防洪工程规划的主要内容和基本编制要求包括哪些？

2. 编制城市防洪工程规划应遵循哪些基本原则？

3. 什么是城市防洪标准？确定城市防洪标准应考虑哪些因素？

4. 设计洪峰流量、设计涝水和设计泥石流的计算方法有哪些？并分别说明各方法的适用条件。

5. 城市防洪工程措施有哪些？非工程措施有哪些？

6. 城市内涝防治工程措施有哪些？

第 11 章　区域给水排水工程综合规划

11.1　概　　述

11.1.1　区域给水排水工程综合规划的提出

随着我国经济和社会的发展，城镇分布密度增大，城市的辐射和集聚功能日益明显并得到强化，绝大部分城镇的人口和面积出现急剧膨胀、新城镇数量迅速增加。各市、县纷纷开辟了各种工业园区、经济开发区、高科技产业园区、旅游度假区等。从而使相邻城市间的距离越来越短，城市之间的亲和、渗透作用、资源的共享和基础设施的区域整体功能要求加强。而且，随着生产力的发展和我国社会主义市场经济体制的建立和完善，城乡居民生产方式、生活方式和居住方式发生了重大变化，城乡之间在经济、社会、文化、生态上不断协调统一，区域间经济联系日益密切，市场机制主导下的区域合作不断加强，迫切需要通过编制区域规划来指导和协调地区经济发展。社会发展中的这些变化已经引起各级城乡管理部门和规划人员的重视并逐渐形成共识。为了适应这种变化已经提出进行"都市圈""城市密集带""组团型城市"等的区域性规划——一种更大范围的宏观控制规划。

我国水资源先天不足，且在时空分布上极不平衡，很多区域正在面临着可供水水量匮乏、河流和地下水水量减少的危机。各城市或城镇只考虑本行政区供水问题而忽视水系的上下游其他相关城市、乡村供水安全问题，而忽视区域或流域水质水量的平衡，常常造成全流域或区域用水困难。此外，我国城市建设长期注重给水、偏废排水、忽略生态用水，对有限的水资源一味盲目开采、利用，缺乏有效保护，造成水资源短缺和水环境质量的不断恶化。而且，由于缺乏区域统筹规划，各城市仅关注本城市可获取的水量、水质及水系的上下游问题，结果常常出现城市之间污染转嫁、上游城市过度开发，导致城市供水可取用水源日渐减少，加之城市工业的发展和城市规模的扩大，城市需水量迅猛增长，导致整个流域或区域用水日趋紧张。许多城市为了解决供水问题，纷纷各自寻找水源，采用远距离引水。为了提高供水水质，减少重复投资，合理利用水资源，实现规模效益，在全国很多地区开始提出或已经实施了区域供水规划。这样既能协调城镇供水需求和供水工程建设，又有利于统一排放经过处理的污水，也有利于管理城市用水。

区域给水排水工程规划，应根据区域的水资源的时空分布特点进行水资源的开发和水污染的控制，在区域范围内通过水资源的合理调配，平衡供需矛盾，通过协调污水处理程度、排污口及水体的自净容量之间的关系，维系河流水资源供给能力，保证下游城市的生存发展，维护区域生态平衡。区域给水排水工程规划的编制和实施，是促进区域给水排水工程协同发展的主要手段，是贯彻落实科学发展观，解决区域给水排水问题的迫切需要，是市场经济条件下完善水资源与水环境管理的客观要求，是尽快完善规划体系的重要措施。给水排水工程规划如果仅仅在高度集中的城市范围内配置，已经不能全面地适应区域发展的需求，必须通过区域空间水资源与水环境保护的整体进行优化配置，从更高的层面、更宽的视野统筹考虑区域给水与排水工程建设，促进区域经济、社会、人口、资源、环境及城乡的统筹协调发展。

11.1.2 区域给水排水工程综合规划基本思想

区域给水排水工程综合规划是集区域水源、给水、排水、净水处理与综合利用等规划于一体的专项规划，它作为区域规划的一个有机组成部分，应符合国家总体建设方针和政策，因而在规划过程中必须遵循一定的工作原则与步骤，以更好地保证水规划与区域内城市或城镇发展相协调，从空间和时序上促进区域发展与各项建设协调进行。

(1) 坚持科学思想指导，促进区域可持续发展

区域规划工程要坚持以邓小平理论、“三个代表”重要思想和生态文明思想为指导，贯彻落实以人为本，全面、协调、可持续的科学发展观，坚持市场配置资源的基础性作用，注重发挥政府的宏观调控职能，重视制度创新和体制改革，统一规划、统筹协调、突出重点、发挥优势、分工合作、共同发展，从宏观、长远和空间的视角，协调人口增长、资源开发、环境保护与经济社会发展之间的关系，促进区域可持续发展。

(2) 树立区域、流域观念，实现给水排水工程建设的整体协调发展

在规划、开发新区以及自然资源的开发与环境保护等方面，区域规划已成为实现区域经济发展的重要前提。区域规划中有一项很重要的专业规划即水资源综合利用规划，其主要内容之一就是给水排水工程规划。区域性的给水排水工程规划应根据区域水资源时空分布特点或河流水体上、下游的水文、水利关系，进行水资源开发和水污染控制，在区域范围内通过水资源的合理调配，平衡供需矛盾，通过协调污水处理、排污口及水体自净容量之间的关系，维系河流水资源的供给能力，保证下游城市的生存和发展，维护区（流）域生态平衡。此外，区域给水排水工程综合规划还应根据区域内水资源可供量及分布特点、水环境承载力，对区域内各城市用地布局、产业结构、发展需求进行分析评价，限制高耗水工业与重污染企业的发展，提倡建设节水工业和采用清洁工艺，促进区域经济——水资源——环境的协调发展。

(3) 以系统分析方法进行区域给水排水工程综合规划

系统方法的主要作用就在于它能够帮助我们实现系统的最优化。系统方法就是以系统思想为出发点，着重从区域整体与各城市或地区之间、区域与水环境之间的相互联系、相互作用中综合地考察给水排水系统，建立相关数学模型，寻求区域内给水排水系统的优化。区域给水排水工程作为一个系统，包括取水设施、供水设施、用水对象、排水设施、污水处理设施、水源的生态环境以及该地区的经济文化状况等诸多相互关联和相互影响的要素，它们构成了一个整体。在这个整体里由于环境和经济活动等各种因素的变化，这个系统及其内部关系又总是在不断地变化。经过整体考虑和细致的研究，可寻找出给水排水工程的设计、建设和管理的综合最优方案。系统分析方法是解决社会用水供需矛盾以及水体环境恶化与恢复的平衡矛盾比较科学的、有效的方法之一。

(4) 保障区域生态环境需水，提倡水资源综合利用

忽视水资源与生态环境系统之间的关系是20世纪水资源管理的失误，直接导致了生态环境的恶化，引发出河道断流、地下水位下降、森林退化和生物多样性减少等问题。要解决这些问题，必须重新审视水资源管理策略，强调水资源、生态系统和人类社会的相互协调，重视生态环境和水资源的内在联系，必须考虑生态用水要求，重新审视供水、用

水、节水、排水、污水处理及其回用等规划策略。此外，还需充分考虑水资源的可持续利用。提倡一水多用、串联使用，提高生活用水的重复使用率、实行工业循环用水、分质用水、回收利用污水等措施，将以往对水污染的消极治理变为积极预防，这样才能促进水环境质量向着有利于人类当今和长远利益的方向发展。

11.1.3 区域给水排水工程综合规划原则

(1) 综合利用、兼顾全局原则

水资源是一种多用途的资源，兼有航运、发电、灌溉、给水之功效。供水规划应在水资源综合利用、统筹安排供需平衡的前提下才可能得到有效的实施，否则会形成抢水现象。为此应开展流域规划、河湖水系规划，建立水资源管理、协调机构，充分发挥水资源的经济效益，最大限度地满足各部门、各地区的用水要求，保证洪水排泄畅通无阻。

(2) 开源节流，合理用水

为了解决局部干旱地区和城市水源不足的困难，以水定城，广辟水源，挖掘自身潜力，避免盲目找水、买水。主要开源做法有：

1) 向地下要水，供给分散的居民和居民区、工业区，但只能适度开采，以免地面沉降。

2) 海水淡化或用海水作为冷却水，但海水淡化制水的成本高，不易推广。

3) 建立水源工程，修筑水库，扩大蓄水量。

4) 人工降水，即在云层较厚或有降雨条件下，适量撒播有促进降雨作用的凝结核于云层中，起到人工降雨的作用，增加水库蓄水量。

5) 跨流域调水，如南水北调，引长江水到黄淮流域，小型的有引滦入津，引黄济青等。

6) 污水资源化利用

城市污水处理净化后，可用于一些工业企业的冷却用水、道路绿化浇洒和农业灌溉用水等。在开源的同时，更需要节流（节约用水），如对高耗水工业要改革工艺、更新设备，建立节水型工业，使水利用率大幅提高；对居民生活用水要制订合理的用水标准，实行超标水费制，推广节水型卫生设备，加强管网检修和跑、冒、滴、漏的管理。对农业要提高农业灌溉水的利用系数，推行沟灌、喷灌、滴灌等新技术和耕作保墒技术，节约灌溉用水量。

(3) 加强流域水源保护和污水治理

要从流域水源保护和水环境质量提升上挖掘潜力，提升区域整体水安全保障能力。首先，要搞好区域水土保持，建立水源涵养林和水源保护区，严禁在水厂上游 1km、下游 100m 范围内建厂排污；控制地下水过量开采，实行冬季回灌。其次要治理污水，应采取厂内治理和区域集中治理、污染物的综合利用和净化处理相结合的办法改善区域水环境质量，工业污水排放必须符合工业废水排放浓度标准。城市汇集的工业废水和生活污水应经过污水处理厂处理达标后排入河流，并且要建立排放口控制机制。对区域农田中化肥、农药所含的有机物和有毒物质进行管控，多施有机肥和生物农药，禁磷，减轻污染危害。

(4) 讲求效益原则

区域给水排水综合规划的一个重要目的就是为了实现区域水资源利用效益最大化。通过规划，合理地布局各项给水排水工程设施，尽可能节约经济成本。但是，仅仅是降低经济成本是不够的，区域给水排水工程综合规划还应当坚持经济效益与社会效益、环境生态效益的统一，使区域供排水安全能够长期得到保障。

11.1.4 规划工作步骤

（1）明确规划设计任务，确定规划编制依据；

（2）搜集必需的基础资料，必要时进行现场勘察；

（3）在掌握现状和规划要求的基础上，合理确定规划区域各城镇用水定额，估算用水量与排水量，并根据水环境功能区划明确河系水质目标；

（4）制定区域供水与水污染控制规划方案，对水源选择、输水方式、输配管网、净水工艺、厂址选择、排水体制、排水分区、污水处理利用、排放出路、排水管网、生态水量及河系水质进行规划设计，拟定不同方案，利用系统方法进行优化分析，作技术经济分析及系统工程评价，最终确定最佳方案；

（5）根据规划期限，提出分期实施规划的步骤和措施；

（6）编制城市给水排水规划文件，绘制给水排水规划图，完成最终成果。

11.2 区域给水工程规划

11.2.1 区域需水量预测

区域用水包括城镇生活用水、工业用水、市政公共服务用水以及农村用水。通常城市供水工程设计时采用的水量预测方法有：按分类用水定额法测算；按历年用水增长率法测算；按综合用水定额法测算。历年用水增长率法是依据过去历年用水增长（递减）率来对未来的水量推测。由于经济发展的变化非线性，预测值前后相差很大，不容易估计准确。综合用水定额法是用规划人口乘以人均综合用水定额指标来预测未来某年的水量，由于不同地区的工业结构不同，万元产值耗水率不同，工业用水与生活用水的比例也不一样，则工业用水人均指标就不同，而生活用水量指标几乎差不多，故采用综合用水定额指标来估算水量不太准确。因此，区域供水规划中水量预测宜采用分类用水定额法计算，用综合用水定额法校核。

（1）综合用水定额法

目前，城市规划行业往往采用城市单位人口综合用水量指标来测算水量。综合用水量可根据《城市给水工程规划规范》GB 50282－2016 规定进行估算，具体数据参见第 7 章内容。

（2）分类用水定额法

1）城镇生活用水

根据相关统计资料，我国不同规模和地区的城市生活用水量存在明显差异，见表 11-1。城镇生活用水量随着城镇人口的增加、住房面积的扩大、公共设施的增多、生活水平的提高在不断增加。用水水平与城镇规模、水源条件、生活水平、生活习惯和城市气候等因素有关。据世界一些主要大城市生活用水量资料统计，每人每天用水量较低的约 100～200L，一般为 300L，最高可达 600L 以上。我国一些大城市为 100～150L，最高达 200～250L，最低为 70～80L。规划时，可按远景人口规模和人均日用水量标准（200～400L/d）

估算日常生活用水。

我国不同规模和地区的城市生活用水量[L/(人·d)] **表 11-1**

城市类别（人口数）	城市生活用水		居民住宅用水		公共市政用水	
	北方	南方	北方	南方	北方	南方
特大城市(＞100 万)	177.1	260.8	102.9	160.8	74.2	94.0
大城市(50 万～100 万)	179.2	204.0	98.8	103.0	80.4	101.0
中城市(20 万～50 万)	136.7	208.0	96.8	148.9	39.9	59.1
小城市(＜20 万)	138.0	187.6	79.3	148.5	58.7	39.1

2）工业用水

工业用水一般是指工、矿企业在生产过程中，用于制造、加工、冷却、空调、净化、洗涤等方面的用水，其中也包括工、矿企业内部职工生活用水。工业用水不仅占城市用水的比重大，而且增长速度快、用水集中，现代工业生产尤其需要大量的水，它是造成城市水资源紧张的主要原因。工业用水还与工业结构、工业生产的技术水平、节约用水的程度、用水管理水平、供水条件和水源多寡等因素有关。在规划时，可按万元产值用水量（查当年《中国水资源公报》）和远景工业产值进行估算，也可按趋势法和相关法进行预测，一般预测计算公式为：

$$Q=Q_0(1+p)^n \tag{11-1}$$

式中 Q——规划期工业需水量；

Q_0——起始年工业用水量；

p——工业用水年平均增长率；

n——预测期。

3）城市市政公共服务用水

可按占城镇总用水量比例（10%～20%）估算。

上述三者合计平均日总用水量规模和年总用水量作为今后水厂建设规模的依据。

4）农村用水

农村用水包括农林牧副渔及农村居民点、乡镇企业等总的用水量。其中以灌溉用水量所占比例最大。农村用水受农作物生长期的有效降雨量的大小及土壤的保水性能好坏影响，还受农作物组成、灌溉管理等人为因素的影响，用水量面广、量大、季节性强。可根据各种作物的灌溉定额乘以种植面积得出灌溉需水量，并选择好灌溉水源，搞好和城镇用水的协调。

11.2.2 区域给水工程规划

（1）区域给水系统组成

区域给水系统一般由水源、取水工程、净水工程、输配水工程四部分组成。

1）水源

A. 地表水：包括江河水、湖泊水以及海水等；

B. 地下水：包括浅层水、承压水、裂隙水、岩溶水和泉水。

此外，污水的回收处理再利用，也越来越被人们重视。

2）取水工程

取水工程指在适当的水源和取水地点建造的取水构筑物。其主要目的是保证城镇取得足够数量和质量良好的水。

3）净水工程

建造的给水处理构筑物，对天然水质进行处理，满足国家生活饮用水质标准或工业生产用水水质标准要求。

4）输配水工程

输配水工程包括由水源或取水工程至净水工程之间的输水管、渠或天然河道、隧道以及由净水工程到用户之间的输水管道、配水管网和泵站、水塔、水池等构筑物。

（2）水源地选择

地下水、地表水、水库水等清洁水源（Ⅲ类水以上）可作为供水的水源地，视其水量、分布和周围环境择优而定。一般应选择水量充沛，水质良好，便于防护和综合利用矛盾小的水源，同时接近用水大户，有利于经济合理地布置给水工程。

（3）拟定水厂地址

地下水应根据水文地质条件，选在接近主要用户的水质良好的富水地段，取水构筑物位置应设在城镇和工业企业的上游。河流水应选择水深岸陡、泥沙量少的凹岸或河床稳定、水深流速快的河段较窄的顺岸，接近用水集中的大户，布置在不受洪水淹没，安全可靠的城镇和工业区的上游地段。

（4）管网布置

区域性给水工程一般有以下三种形式：一是长距离输水工程，如引滦入津，引黄济青等；二是集中型布置，即若干个乡镇由一个水厂供水，如某市一水厂由太湖取水，设计能力 80 万 t/d，通过输水干管，统一供给该市东部 20 余个乡镇；三是分散型布置，各个城镇和工业区各自取水就近布置输水管网。此外城市人口、工业集中，用水量大，需要若干个水厂分区供水，可同时组成统一的输配管网，便于互相补充和调剂。

11.3 区域排水工程规划

11.3.1 规划步骤

城镇和工业区的排水可以采用合流制，也可采用雨污分流制。由于工业污水和生活污水对环境污染日趋严重，一般都采用雨污分流制。其规划步骤如下。

（1）污水量预测。

（2）污水管网规划。

（3）集中污水处理厂设置。

11.3.2 区域排水量估算

区域排水量按用水量的 80%～85%计，或工业污水和生活污水分别计算。

11.3.3 区域污水管网规划

污水管网规划包括划分排水区域，确立排污管走向、断面形式和尺寸、泵站和污水处理厂位置。污水处理厂一般选择距城镇工业区一定距离的河流下游。污水经物理、生物、化学等方法处理达到排放标准后，才能排入河道。雨水排放按相应城市暴雨强度公式估算排水量，设计排水管网，就近排入河道。

11.3.4 区域性污水处理设施布置

区域性布置就是把两个以上城镇地区的污水统一排除或处理，如图 11-1 所示。该形式有利于污水处理设施集中化、大型化和水资源的统一规划管理，节省投资，运行稳定占地少，是水污染控制和环境保护的一个发展方向，这种布置形式对于边远地区和城郊等建筑密度较小地区不适用，因为管理复杂，工程基建周期长，见效较慢，而且存在事故影响面较大的问题。适用于城镇密集区及区域水污染控制的地区，并能与区域规划进行有效地协调。

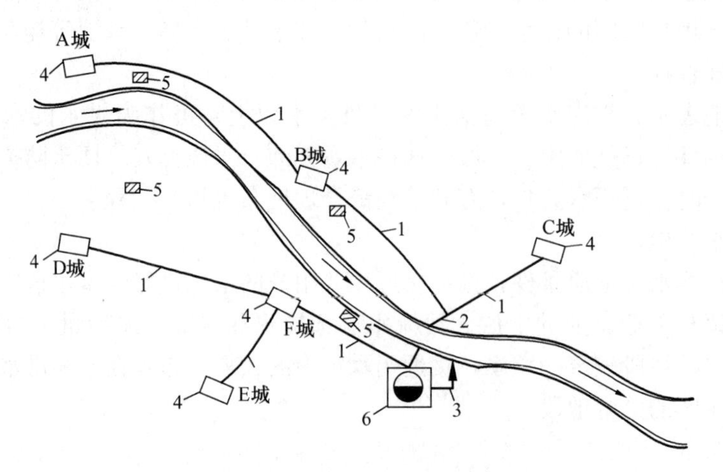

图 11-1 区域排水系统示意图

1—污水主干管；2—压力管道；3—排放管；4—泵站；

5—废除的城镇污水处理厂；6—区域污水处理厂

思 考 题

1. 为什么要进行区域给水排水工程综合规划？规划的基本思想主要体现在哪些方面？
2. 简述区域给水排水工程综合规划工作步骤。
3. 区域给水排水工程综合规划原则有哪些？
4. 区域给水管网布置有哪些形式？各有什么优缺点？
5. 区域性污水处理设施布置有什么样的特点？

第12章 城市给水排水工程规划实例

12.1 西部某县城给水排水工程总体规划实例

12.1.1 县城概况

规划县城位于西部某省西部，位于黄河北岸，东西长118km，南北宽91.8km，全境面积4760.34km^2，折合47.6034万hm^2；地形由西向东、由南向北倾斜，境内海拔高度最高为2362m，最低为1194m；地貌类型分为沙漠、黄河冲积平原、台地、山地、盆地五个较大的地貌单元；属宁南中温带干旱气候区，地处内陆，远离海洋，靠近沙漠，是典型的大陆性气候，而且具有沙漠性气候特征；全年日照时数2845.9h，日照率64%，太阳年辐射总量141.90kcal/cm^2，年平均气温8.4℃，无霜期167天，年平均降水量188.4mm，多集中于7月～9月，年平均蒸发量平原地区为1913.8mm，沙漠地区为3206.5mm；主要自然灾害有干旱、洪水、霜冻、风沙及冰雹等；水资源较丰富，境内共有三条主要河流，主要为黄河过境水，年平均流量1039.8m^3/s，平均过境水量328.14亿m^3，年可利用水量7.05亿m^3，水资源分布极不平衡，地区间有余有缺；城市人口规模为2005年13.0万，2010年16.0万，2020年25.0万；工业总产值146773万元，农业总产值51503万元；工业形成了造纸、农副产品加工、建材、冶金、化工四大支柱产业。

12.1.2 给水排水工程现状

(1) 给水工程现状

1) 水源

城区供水水源为地下水，水源水质除锰含量超标外，所监测的20项指标均符合国家现行《生活饮用水水源水质标准》CJ 3020—1993的规定。县城自来水公司水厂原有深井泵房8眼，清水池4座（2×800m^3、2×3500m^3）。

2) 给水处理厂

由于黄河贯穿县城，流量大、水质较好，地下水补给良好，现有水厂一座，位于县城沙渠桥头南侧，占地面积1.3hm^2，日供水能力为8000m^3/d。近期供水规模为2.0万m^3/d，远期供水规模为4.2万m^3/d。

3) 城区给水管网现状

城区给水管网不全，没有形成网络，供水可靠性差。随着城区规模的不断扩大，现有供水设施的供水能力已无法满足城区用水的要求。部分区域没有给水系统，靠自备井自行解决。主要给水管网主干管为*DN*200～*DN*600球墨铸铁管，埋深1.5m。

(2) 排水工程现状

1) 现状排水体制

城市排水采用合流制。

2）污水处理厂

污水处理厂位于黄河引道与转盘东南角，日处理污水能力为 4 万 m^3/d。

3）城市排水管网现状

城市污水主干管总长为 7335m，均为钢筋混凝土预应力Ⅰ级管，其中：A 街排水干管：*d*500 钢筋混凝土管，长 799m，埋深 1.7m；B 街排水干管：*d*600 钢筋混凝土管，长为 476m，*d*800 钢筋混凝土管，长 707m，埋深 1.9m；C 街排水干管：*d*1000 钢筋混凝土管，长 818m，埋深 2.1m；D 街排水干管：*d*1200 钢筋混凝土管，长 1085m，*d*1500 钢筋混凝土管，长 653m，*d*1550 钢筋混凝土管，长 589m，*d*1800 钢筋混凝土管，长 2206m，埋深 2.1m。

（3）消防与防洪现状

1）消防

该县消防中队现址位于 E 街，占地约 0.3hm^2。属标准型普通消防站，现有消防车 4 辆，其中普通水罐车 3 辆，泡沫消防车 1 辆；现有消火栓 37 个，另有自备消火栓 47 个。

2）防洪

该县地处黄河上游下端，境内地貌类型多样，县城南依黄河，坡陡流急，随着与河水俱来的石子和悬移泥沙的推移，河身不停地游移改道。黄河县域内流程 114km。南长滩至下河沿长 61km，河床宽 150～250m；下河沿至山河桥长 53km，河床宽 250～1000m。实测最大流量 5980m^3/s，最高水位 1235.19m，最低水位 1228.99m，多年平均过境水量 327.35 亿 m^3，流量 1038m^3/s，含沙量 4.3kg/m^3，输沙量 14207 万 t/a。下河沿以下水面纵比降 1/1000～1/3000，最大流速 3.2～4.2m/s，最大水深 8.7m。经过多年治理，在黄河两岸已修筑防洪堤 69.9km。营造黄河护岸林带 74km，宽 50～300m，修筑护岸码头 180 座，挑水丁坝 130 座。

12.1.3 给水工程规划

（1）设计依据

1）《中华人民共和国城市规划法》；

2）《城市规划编制办法》；

3）《城市规划编制办法实施细则》；

4）《省国民经济和社会发展第十个五年计划纲要》；

5）《省国民经济和社会发展“十五”计划》；

6）《县城市总体规划（1997－2010）》；

7）《省“十五”给水工程规划》；

8）《县城水源地供水水位地质勘探报告》。

（2）规划原则

实行水资源的统一规划，统一管理和调度；充分挖掘河流水源、地下水源；节约用水，实行有计划用水；努力提高现有工业用水的重复利用率，限制建设高水耗生产企业；保护水源水质，提高用水质量；改造和新建管网，形成统一的和以环状管网为主的给水管网，保证供水的安全性。

（3）用水量估算

用水量估算结果见表 12-1。

县城用水量估算一览表 **表 12-1**

用水项目	近期			远期		
	用水量指标	规模	日用水量（m^3/d）	用水量指标	规模	日用水量（m^3/d）
居民生活用水	120L/(人·d)	16 万人	19200	150L/(人·d)	25 万人	37500
公建用水	1 万 $m^3/(km^2 \cdot d)$	1.161km^2	11610	1 万 $m^3/(km^2 \cdot d)$	7.196km^2	71960
工业用水	2 万 $m^3/(km^2 \cdot d)$	1.369km^2	27380	2 万 $m^3/(km^2 \cdot d)$	2.816km^2	56320
市政用水	按上述 5%计		2910	按上述 5%计		8289
未预见量	按上述 10%计		6110	按上述 10%计		17406
合计			67210			191475

根据该县的规划人口指标和消防规范规定，火灾次数按同一时间内 2 次考虑，1 次灭火用水量为 60L/s，火灾延续时间按 2h 计。

（4）水源地选择

规划采取由自来水公司统一供水的原则，近期考虑城区供水水源为地下水，水源地为 A 桥一带，总面积约 70km^2，可开采水量 4.20 万 m^3/d；远期考虑采用黄河水作为水源。

（5）供水能力

近期供水 6.72 万 m^3/d，远期达到 19.15 万 m^3/d。

（6）取水方式及水厂组成

规划近期采用二井式组井，考虑在现有水井附近增加水井形成二井式组井，设计组井可以节省投资、便于管理，进行工程设计前必须进行工程性的水文地质勘探和抽水试验，以取得确定的数据。规划水厂位置不变，满足近期（2010 年）供水规模为 6.72 万 m^3/d 的要求。水厂处理工艺：深井原水—曝气—过滤—除锰—消毒—清水池—加压泵站—输水管网。远期（2020 年）供水规模要求达到 19.15 万 m^3/d，需取黄河水作为补充水源，新建一地表水水厂，水厂位于现有地下水厂的南部，水厂规模为 10 万 m^3/d，占地 3.30hm^2，水厂处理工艺为：初沉—反应—沉淀—过滤—消毒—管网。利用再生水 2.43 万 m^3/d。

（7）给水管网系统

近远期均采用枝状管网与环状管网相结合的方式供水，在管网中每隔 120m 设置一个消火栓，在有再生水管网的地方消火栓设置于再生水管网上，无再生水管网的地方设置于给水管网上，消防采用低压，近期以枝状为主，远期以环状为主，再生水水管网沿主要绿化区布设。输配水管如图 12-1 所示。

（8）近期建设

加快自来水厂建设，使其供水能力总计达到 6.72 万 m^3/d，建设城市人口密集地区的给水管网。

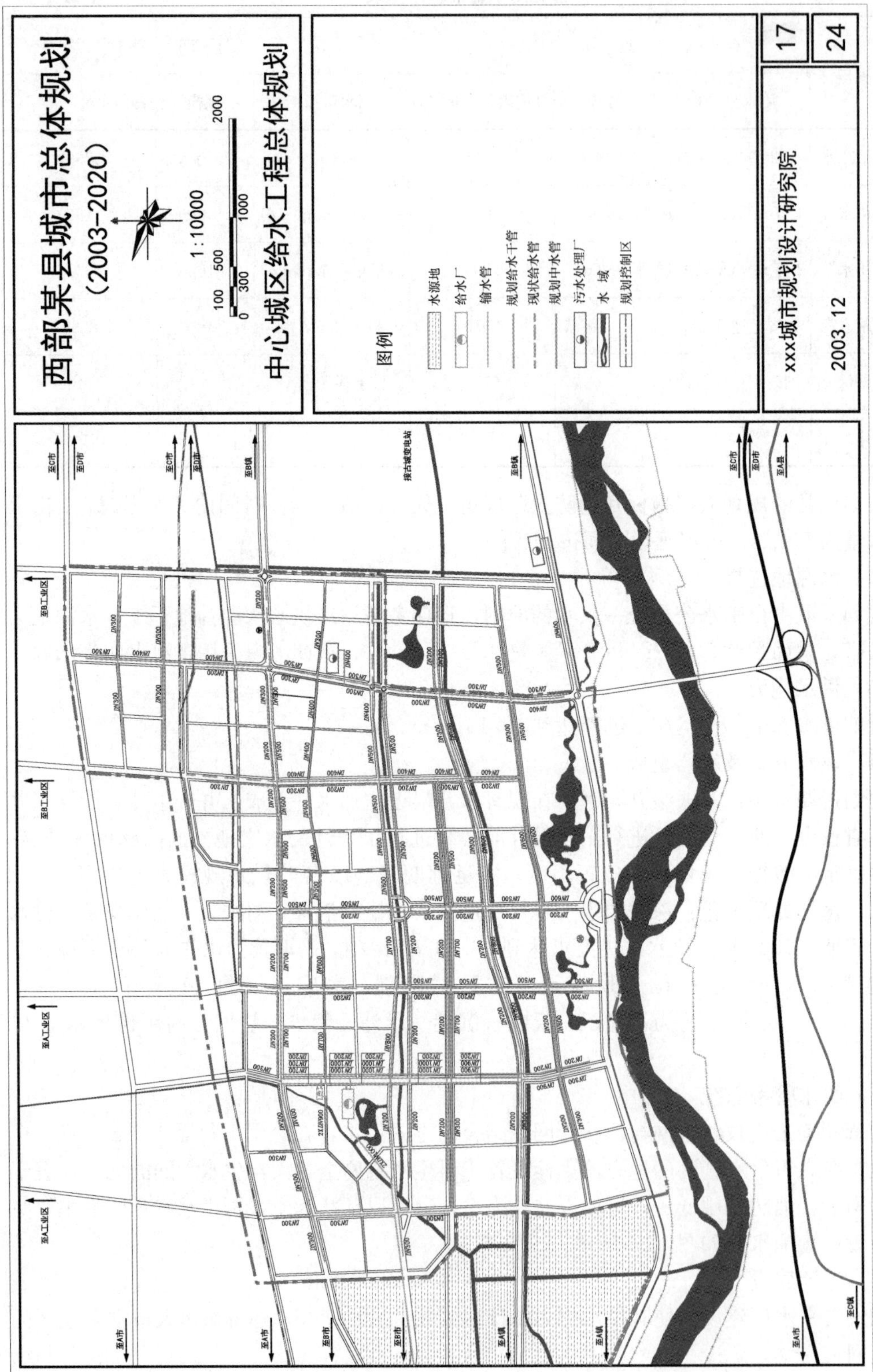

图 12-1　西部某县城给水工程总体规划图

(9) 消防给水

1) 消防用水量

消防用水按同一时间发生火灾 2 次，每次灭火用水量为 60L/s，火灾持续时间为 2h 计算，则消防用水量为：$Q=2\times60\times2\times3600/1000=864m^3$。

2) 消防水源

消防用水规划由给水管网和消防水池供给。规划消防用水量储存在城市自来水厂的清水池中，不得随意动用。在消防要求较高和消防给水不足或无消防车通道的地方，应设消防水池。

3) 消防给水管网

规划采用生活-消防统一给水系统，消防采用低压制。市政给水管网宜布置成环状，室外消防给水管道的最小管径不应小于 100mm，最不利点市政消火栓的压力不小于 0.1MPa，流量不小于 15L/s，对于给水管网压力低的城区和高层建筑集中的地区，应增建给水加压站，确保压力达到消防要求。

4) 消火栓布置

规划采用室外地下式消火栓，消火栓应沿道路设置，并宜靠近十字路口，间距不应大于 120m，保护半径不超过 150m，当道路宽大于 60m 时，宜在道路两边设置消火栓。

室外消火栓应设置直径为 100mm 和 65mm 的栓口各一个，并有明显的永久性标志。

(10) 再生水工程

城市污水经过二级处理后，再经过混凝、沉淀、过滤和消毒，可作为再生水用于市政绿化用水，浇洒道路、洗车和消防、农灌或其他生态用水，回用水量近期按 3 万 m^3/d 设计。此外，可在详细规划阶段考虑局部设中水处理站就近处理回用，城市道路考虑中水管线位置，详见给水工程规划图。

12.1.4 排水工程规划

(1) 设计依据

1)《中华人民共和国城市规划法》；

2)《城市规划编制办法》；

3)《城市规划编制办法实施细则》；

4)《省国民经济和社会发展第十个五年计划纲要》；

5)《省国民经济和社会发展“十五”计划》；

6)《县城市总体规划（1997－2010）》；

7)《县城区集污及日处理 4 万 m^3 污水处理厂工程环境影响报告表》。

(2) 排水体制选择

排水体制采用雨污分流制。

(3) 雨水系统规划

暴雨强度公式为：

$$q=\frac{240(1+0.83P)}{t^{0.477}} \tag{12-1}$$

式中　　q ——暴雨强度，L/(s·hm^2)；

P ——重现期，a；

t ——降雨历时，min；

重现期2～3年，t_1=5～15min。径流系数为：城镇建筑密集区为ψ=0.60～0.70，城镇建筑较密集区ψ=0.45～0.60，城镇建筑稀疏区ψ=0.20～0.45。

根据规划区西北高东南低的地形特点，充分利用现有的管渠系统，本着就近、简捷、分散的原则，采用重力流将雨水就近排入黄河水体或干渠。

(4) 污水系统规划

1) 污水量

生活污水与工业废水合流一个管网系统，工业废水须达到国家行业标准后方可排入，各企业还应加强节水措施，减少污水排放量。污水量按供水量（居民生活用水、公共建筑用水和工业用水）的0.80计，近期污水总量为：5.82×0.80=4.66万m^3/d，远期污水总量为：16.58×0.80=13.26万m^3/d。

2) 污水处理厂

原有污水处理厂继续保留，在本规划区外西南角新建一座污水处理厂，采用二级生化处理，处理规模为9.26万m^3/d，占地面积12hm^2。污水经二级生物处理后，3.0万m^3/d作为城市再生水水源，其余经处理后就近用于农灌或其他生态用水。污水处理厂设再生水池两座，容积均为700m^3。

3) 管网系统

根据道路规划，充分利用城区西高东低、北高南低的特点，采用重力流将污水收集到污水处理厂进行处理，如图12-2所示。

(5) 近期建设

近期建设主要集中在城市旧城区排水管网的改造上，做好雨污合流制管道的分流改造，新建区要充分考虑雨污分流。

12.1.5 防洪工程规划

(1) 防洪标准

根据现行《防洪标准》GB 50201-2014有关规定，结合该县城的政治、经济、文化地位及城市发展规模等因素综合考虑。黄河按50a一遇洪水标准设防，其他小河沟均采用30a一遇洪水标准设防，河道上的桥梁等构筑物设防标准须大于或等于相应河道的设防标准。

(2) 防洪措施

1) 沿河城区修建防洪堤，对河堤整治，河堤线及坝高由水利部门具体确定；

2) 加强河道管理工作，严禁在河道中建设有碍行洪的构筑物等。做好河道清淤工作，控制河道挖沙等活动，以确保河道的泄洪能力；

3) 与城区连接的河段，要沿河边确定出治导线，不能在治导线范围内设障或建设，以免影响行洪。

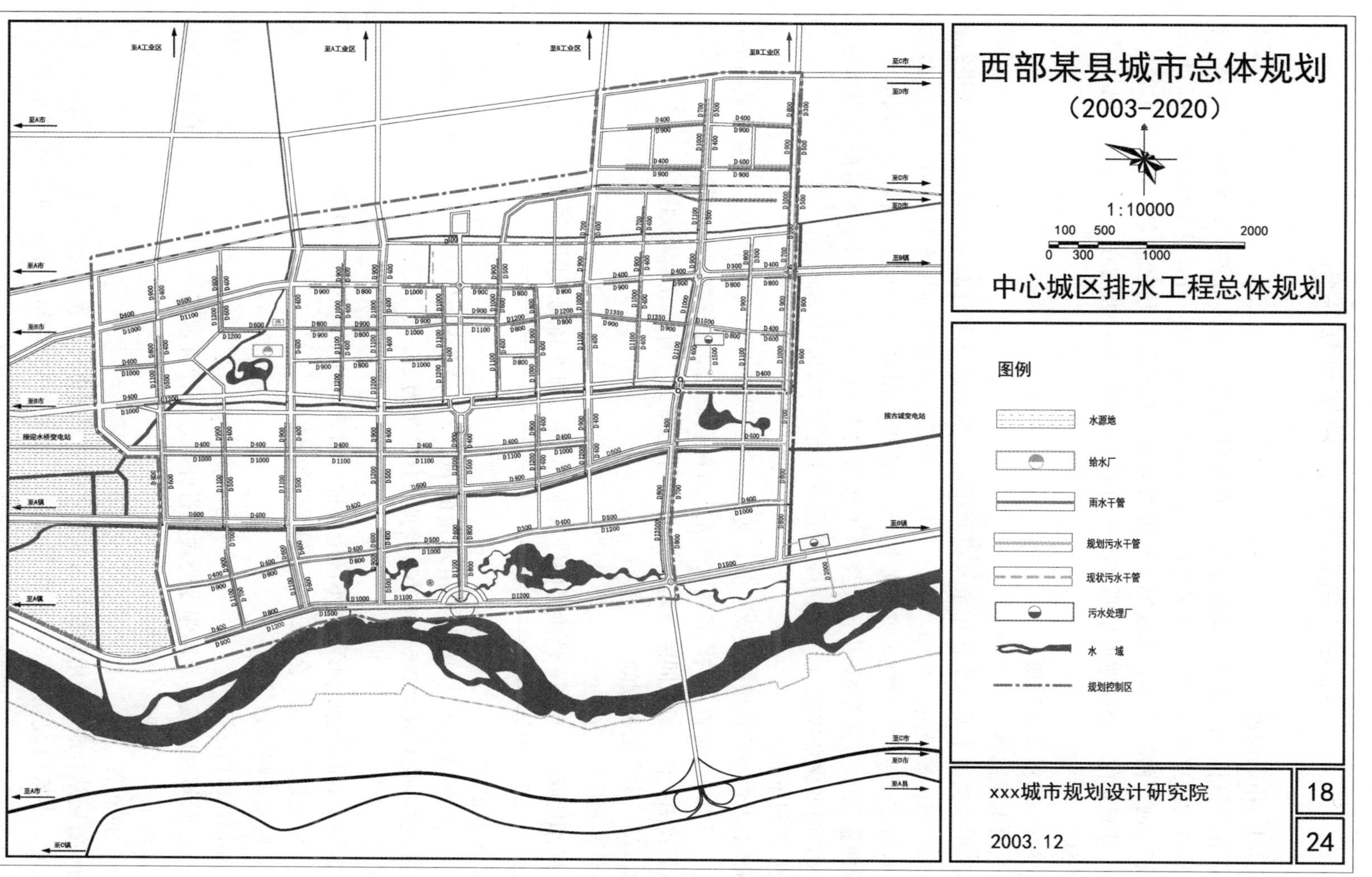

图 12-2　西部某县城排水工程总体规划图

12.2 陕北某小区详细规划实例

12.2.1 小区概况

某居住小区位于陕北某县城最北端，延河西岸，依据总体规划，此处为城市的新发展区，是县城的门户地段。规划区东西宽约 230m，南北宽约 950m，总用地面积 16.79hm^2。小区东靠延河，西临靖延高速公路，用地西面有少量建筑，质量较差，规划考虑整体效果，现状建筑拆除。小区地形呈西北高东南低，坡向延河，坡度在 5%～8%，现状用地基本为空地。

12.2.2 给水工程规划

(1) 用水量估算

小区用水类型主要为生活用水及浇洒用水，生活用水量计算采用人均指标法进行计算，用水量指标按最高日 200L/(人・日)计，道路、绿地浇洒用水量按 4L/(m^2・d)计，消防用水量按同一时间发生火灾 1 次考虑，一次灭火用水量为 10L/s，持续时间 2h，未预见及管网漏失水量按生活用水及浇洒用水量之和的 15%计。则小区最高日用水量为 887m^3/d，时变化系数取 2.5，则小区管道设计流量为 25.7L/s。

(2) 管网布置

小区供水水源接自城市供水干管，接入管管径为 *DN*200。小区内给水管网采用环状网与枝状网相结合布置，供至各用水单元。埋深在最大冻土深度以下。规划在供水干管上设置地面式消火栓，最大间距不超过 120m。详见图 12-3 给水工程规划图。

12.2.3 排水工程规划

(1) 排水体制

依据《县城总体规划》所确定的排水体制，小区排水体制采用雨污分流制。

(2) 污水系统规划

1) 污水量计算

小区生活污水排放量按生活用水量的 80%计，则小区生活污水平均日排放量为 710m^3/d，总变化系数取 2.5，则小区管道设计流量为 20.54L/s。

2) 管网布置

小区污水管网依据地形结合小区道路进行布置，自南向北统一收集接入城市污水管道，小区内规划最小排水管径 *d*200，最大管径 *d*400。

(3) 雨水系统规划

1) 雨水量计算

雨水量计算采用该县暴雨强度公式进行计算，设计重现期 3～5 年，地面径流系数取 0.60，地面集水时间取 5～10min。

2) 管网布置

雨水管网结合地形采用管线最短就近排放的原则进行布置，分别就近排入城市雨水管网及延河，小区内规划最小雨水管径 *d*300，最大管径 *d*700。详见图 12-4 排水工程规划图。

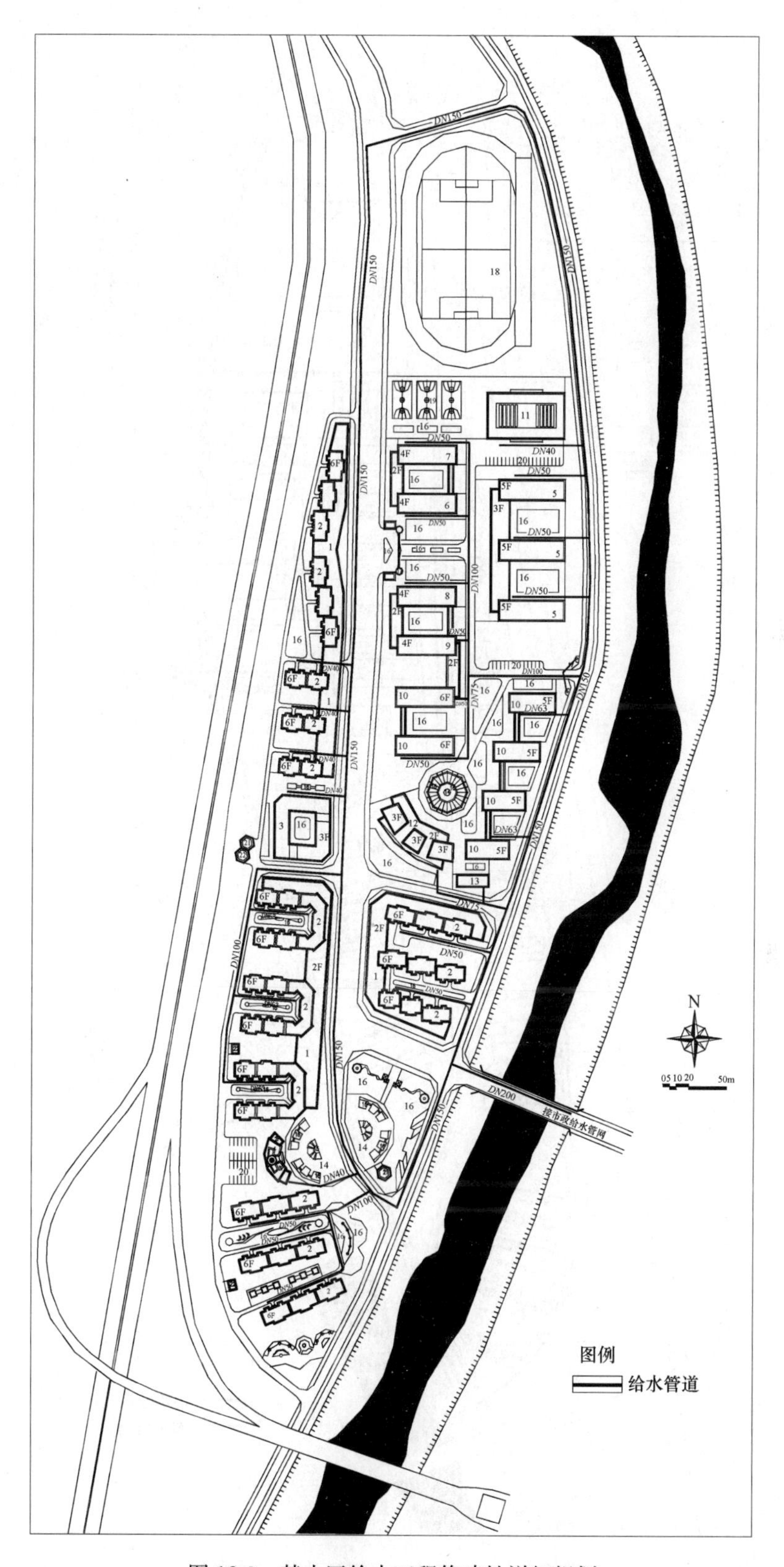

图 12-3　某小区给水工程修建性详细规划

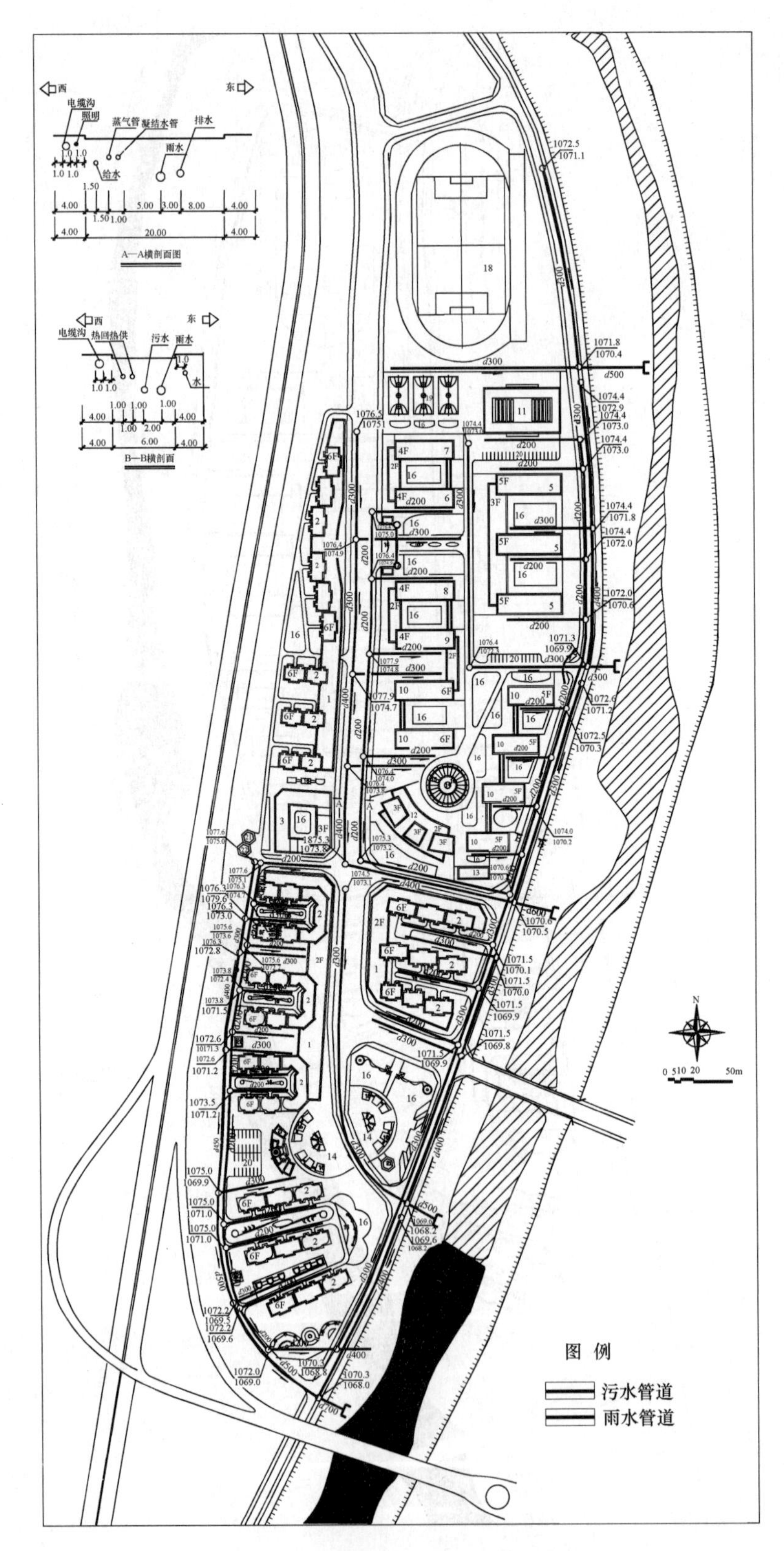

图 12-4　某小区排水工程修建性详细规划

12.3 华东某县中北片给水工程规划

12.3.1 县城概况

华东某县地处华东某省东部沿海，南北宽 49.4km，东西长 64.4km，县域土地总面积 1880km²；辖 13 个建制镇，4 个乡，共 832 个行政村；全县县域总人口 2001 年末为 584276 人，其中非农业人口为 66135 人，人口密度 311 人/km²，人口自然增长率为 3.98‰；县政府驻地城关镇，总人口 103877 人，镇区 58420 人，是全县的政治、经济和文化中心。

该县地势西高东低，地形复杂多变，为沿海多山丘陵区。区域构造属华南台块浙闽隆起带东南沿海断裂褶皱区，新华夏系一级第二隆起带东北端。地质简单，断裂发育，属滨海丘陵地带。天台山脉中段横亘全境，西北部、西部和东部多低山，最高峰海拔 954m。全县地势自西向东南倾斜。北部、东南部和南部有小块平原。全县内陆低山地面积 167.25km²，丘陵面积 986.75km²，平原面积 480.6km²。有 14 条河流独立入海。沿海有岛屿 44 个，礁 55 个，大陆海岸线长 166.48km，滩涂宽广约 191.58km²。全县陆地总面积中，海拔 500～1000m 低山谷占 10.1%，50～100m 丘陵占 61.5%，50m 以下台地、平地占 28.4%，素有“七山一水二分田”之说。县域水资源总量约 17.26 亿 m³，山区水资源量为 15.85 亿 m³（含地下径流量），平原区水资源量为 1.41 亿 m³（含潜水部分），人均水资源占有量约为 2954m³。

该县属亚热带季风性湿润气候区，季风明显，四季分明，年平均气温 16.2℃。极端最低气温−9.6℃，极端最高气温 39.5℃。年降水总量的分布趋势是随海拔高度上升递增，山区多于平原和海滨地区，迎风坡多于背风坡，暖季多于冷季。县气象站 1957 年～1983 年资料，平均年降水量为 1655.3mm，降水日 169.4 天。全县多年平均降雨量 29.93 亿 m³，年最大降水量 2620.9mm（1960 年），年最小降水量 766.9mm（1967 年）。

该县 2002 年国内生产总值为 83 亿元，人均 14200 元。从产业结构来看，工业经济占主要份额，第三产业比例超过第一产业。由于地形、交通和历史条件的差异，县域经济发展不平衡，中部地区经济较发达，集中了全县主要的工业生产，东部地区次之，而西部地区经济较为落后，农业经济仍发挥突出作用。

12.3.2 供水水源现状

（1）水资源现状

根据《县水资源可持续开发利用规划》对水资源计算表明：现实测全县产水面积为 1851km²，全县多年平均降雨量为 1646.7mm，年平均降雨总量为 30.48 亿 m³，平均径流量为 942mm，全县多年平均径流量 17.44 亿 m³，多年平均蒸发量 704.7mm。

县域内流域面积大于 10km² 的独立水系共有 14 条：自西向东入港的有 5 条，自东向西入港的有 3 条，自北向南的有 5 条，自南向北的有 1 条，其中流域面积大于 50km² 的有 5 条。

（2）水资源开发现状

该县已建水库 355 座，总库容 17455 万 m³，其中中型水库 4 座，总库容 13083 万 m³，小型水库 351 座，总库容 4369 万 m³。建成 1 万 m³ 以下山塘 1254 座，总库容 298 万 m³；

合计蓄水工程1609处，总蓄水量为17753万m^3；建成堰坝1762条，机井271眼，小型水力发电站31处45台，总装机7140kW。

为了解决中心市区的供水问题，已建成A水库，总库容1.684亿m^3，在保证率为$P=94\%$条件下每年向中心市区供水1.73亿m^3，在保证率为$P=84\%$条件下每年向本县供灌溉用水0.13亿m^3。

从目前开发利用水资源总量及分布情况看，主要集中在A流域（含大溪），约占全县开发利用量的50%以上，另外还有B水库，占全县水资源开发量的20%，其他中小流域开发利用程度均较低。

（3）水资源水质现状

该县水资源水质状况分为三类。

一类为丘陵山原的河流和总库容为100万m^3以上的水库，有A水库等12座，基本上达到地表水Ⅰ、Ⅱ类水质标准，而D水库等6座水库均受到不同程度的污染，其水质未能达到饮用水水源水质标准。通过治理和保护，上述几个水库均可以达到饮用水水源水质标准。

二类为围海蓄淡工程，有B水库等4座，其水质除氯离子超过Ⅴ类标准，其水质为Ⅴ类水，但可作部分工业和农业灌溉、水产养殖等用水。

三类为平原河网，由于县域经济发展及人口密集，生活污染物和农业耕作、化肥、药物的残留物导致绝大多数河网水质严重恶化，水体发黑发臭、大肠杆菌严重超标，基本上均属Ⅳ、Ⅴ类，只能用于农业灌溉。

12.3.3 供水现状

近几年来，该县的给水工程经过各方努力，取得较大成就，供水能力有了很大提高，居民用水条件得到很大改善，基本满足城市发展和经济建设的需要。

中心城区有自来水厂两座：分别为第一水厂和第二水厂，总供水能力7万m^3/d，最高日供水量为5.17万m^3/d。第一水厂位于A桥边，以A水库为水源，供水能力为2万m^3/d，采用大口井取水，处理工艺为水力加速澄清池+无阀滤池；第二水厂位于A村东侧，设计规模10万m^3/d，总占地面积5hm^2，目前已建成一期工程，供水能力5万m^3/d，已投产运行，主要处理工艺为微絮凝过滤。第二水厂设计规模为10万m^3/d的二期工程的净水系统部分现已完工。全县现有水厂568座（包括村级水站），其中乡镇水厂13座，总供水能力17万m^3/d。

12.3.4 给水工程规划

（1）规划依据

1）《县城市总体规划调整》（2002年～2020年）；

2）《A镇总体规划》（2001年～2020年）；

3）《县临港开发区总体规划》（2003年～2020年）；

4）《县B镇总体规划》（2003年～2020年）；

5）《县水资源可持续开发利用规划》；

6）《县国民经济及社会发展第十个五年计划纲要》；

7）《城市给水工程规划规范》GB 50282；

8）《室外给水设计规范》GB 50013；

9)《地表水环境质量标准》GB 3838；

10)《生活饮用水卫生标准》GB 5749。

(2) 规划目标

县中北片给水工程规划是在符合县城市总体规划的前提下，对 2020 年中北片供水工程作的统一规划。通过对中北片规模的综合分析与论证，确定中北片区供水规模、供水水源、水厂的位置以及中北片供水管网的优化布置，并根据总体规划中城市近期建设规模，制定合理的城市供水工程分期实施计划，从而确保城市供水设施满足城市发展的需求。

(3) 规划期限及规划范围

1) 规划期限

与《县城总体规划调整》(2002 年～2020 年) 确定的规划年限相衔接。

近期：2005 年～2010 年；

远期：2011 年～2020 年。

2) 规划范围

规划的范围为该县中北片区，包括中心城区、A 镇、B 镇、临港开发区和 C 镇五个镇区。

(4) 规划指标

1) 供水水质

城镇供水水质统一执行《生活饮用水卫生标准》，农村水厂供水水质可参照上述规范执行。

2) 供水水压

城市水厂应逐步提高供水压力，使城市配水管网的供水水压满足用户接管点处服务水头大于 28m 的要求，乡镇配水管网的供水水压宜逐步满足最不利自由水压不小于 16m 的要求。

3) 供水普及率

近期供水普及率在现有基础上适当提高，中远期城区及镇区供水普及率达到 100%；乡镇及镇域农村中期分别达到 30%～95%，远期达到 100%。

(5) 用水量预测

1) 预测方法

本规划将采用综合用水量指标法和分类用水量定额法两种方法预测需水量。

2) 中心城区

A. 综合用水量指标法预测用水量

a. 综合用水量预测指标

根据统计，1994 年～2001 年县城关历年平均单位人口最高日综合用水量为 798L/(人・d)，同时根据资料该省内的城市综合用水指标平均值：2010 年为 585L/(人・d)，2020 年为 695L/(人・d)，据此综合确定中心城区综合用水量指标：2010 年为 600L/(人・d)，2020 年为 650L/(人・d)；供水普及率为 100%。

b. 用水量预测结果

根据《县城市总体规划调整》中心城区规划人口及上述综合用水量预测指标，即可测算出中心城区用水量，详见表 12-2。

中心城区用水量预测结果 **表 12-2**

		2010 年	2020 年
A 片	人口（万人）	15.4	18.62
	供水量（万 m^3/d）	9.24	12.1
B 片	人口（万人）	2.0	3.42
	供水量（万 m^3/d）	1.2	2.2
C 片	人口（万人）	4.6	7.96
	供水量（万 m^3/d）	2.76	5.2
供水量合计（万 m^3/d）		13.2	19.5

B. 分类用水量定额法预测需水量

a. 综合生活用水量预测

据统计 2001 年中心城区供水人口约 6.61 万人，年综合生活用水量为 554.9 万 m^3，最高日综合生活用水指标为 230L/(人·d)。

随着居民住房卫生设施条件的逐步改善和生活水平的提高，以及第三产业特别是商贸服务业的发展，居民住宅的用水量和商贸服务业用水量会有较大的增长，综合生活用水量将有很大提高，结合《城市给水工程规划规范》GB 50282，确定中心城区 2010 年和 2020 年最高日综合生活用水量指标分别取值为 330L/(人·d) 和 360L/(人·d)，供水普及率为 100%。

根据规划综合生活用水量定额及前述规划供水人口即可测算出各规划期的最高日综合生活用水量。

2010 年：　　$22.0\times0.33=7.26$ 万 m^3/d

2020 年：　　$30.0\times0.36=10.8$ 万 m^3/d

b. 工业用水量预测

根据县城 1991 年～1999 年城市用水情况统计，工业用水量占售水量的 19%～49%，虽然近几年部分工业企业生产出现不景气状况，工业用水所占比例有所下降，但考虑今后城市经济将有一定的发展，其工业用水量会逐年增加。为此，考虑 2005 年～2020 年，工业用水量占总用水量的 30%。

2010 年：　　$[7.26/(1-0.30)]\times30\%=3.11$ 万 m^3/d

2020 年：　　$[10.8/(1-0.30)]\times30\%=4.63$ 万 m^3/d

c. 总用水量预测

根据综合生活用水量及工业用水量预测结果，并考虑消防、浇洒道路、绿化用水以及漏耗和其他未预见水量，即可测算出总用水量，预测结果详见表 12-3。

中心城区用水量预测结果 **表 12-3**

年限 / 项目	2010 年（万 m^3/d）	2020 年（万 m^3/d）
综合生活用水量	7.26	10.80
工业用水量	3.11	4.63

续表

项目 \ 年限	2010年（万 m^3/d）	2020年（万 m^3/d）
市政用水量	1.04	1.54
漏耗及未预见水量	1.71	2.55
最高日总用水量	13.12	19.52

注：1. 市政用水量指消防、绿化及浇洒道路用水量，按生活和工业用水量之和的10%计；
2. 漏耗及未预见水量分别按生活、工业用水量及市政用水量之和的15%计取。

C. 中心城区规划用水量

取两种预测方法预测结果的平均值可得中心城区2010年和2020年最高日总用水量分别为13.16万 m^3/d 和19.51万 m^3/d。

3）临港开发区

A. 综合用水量指标法预测用水量

（A）综合用水量预测指标

由于临港开发区工业用水量占很大的比例，结合《城市给水工程规划规范》GB 50282，确定临港开发区2010年和2020年市最高日综合用水量指标取值均为1000L/(人·d)，供水普及率为100%。

（B）用水量预测结果

根据《县临港开发区总体规划》到2020年临港开发区人口规模约为5.1万人，城市建设用地1225.4hm^2，近期启动区城市建设用地346hm^2，可估算出2010年临港开发区人口规模约为2.66万人。根据上述综合用水量预测指标，即可测算出2010年和2020年临港开发区最高日总用水量分别为2.66万 m^3/d 和5.10万 m^3/d。

B. 分类用水量定额法预测需水量

（A）综合生活用水量预测

参照中心城区的最高日综合生活用水量定额，确定临港开发区2010年和2020年最高日综合生活用水量定额分别取值为330L/(人·d)和360L/(人·d)，供水普及率为100%。

根据规划综合生活用水量定额及前述规划供水人口即可测算出各规划期的最高日综合生活用水量。

2010年：　　$2.66\times0.33=0.88$ 万 m^3/d

2020年：　　$5.10\times0.36=1.84$ 万 m^3/d

（B）工业用水量预测

根据资料，目前开发区单位工业区面积用水量指标一般为0.6～1.0万 $m^3/(km^2\cdot d)$，视产业方向、生产规模、技术先进程度、水资源情况等因素取不同的值。根据《县临港开发区总体规划》，临港工业区的产业方向主要以机械、电子信息、新材料、海洋资源综合开发等为重点，并不是耗水大的产业，用水指标可以取略低值，因此单位工业用地面积用水量指标采用0.65万 $m^3/(km^2\cdot d)$。

根据《县临港开发区总体规划》到2020年临港开发区工业用地面积为433.8hm^2，占城市建设用地1225.4hm^2 的35.4%，2010年工业用地面积为226.3hm^2。根据上述单位工业用地面积用水量指标，即可测算出最高日工业用水量。

2010 年：　　　　　　　　$2.263 \times 0.65 = 1.47$ 万 m^3/d

2020 年：　　　　　　　　$433.8 \times 0.65 = 2.82$ 万 m^3/d

（C）总用水量预测

根据综合生活用水量及工业用水量预测结果，并考虑消防、浇洒道路、绿化用水以及漏耗和其他未预见水量，即可测算出总用水量。预测结果详见表 12-4。

临港区用水量预测结果　　　　**表 12-4**

项目 \ 年限	2010 年（万 m^3/d）	2020 年（万 m^3/d）
综合生活用水量	0.88	1.84
工业用水量	1.47	2.82
市政用水量	0.24	0.47
漏耗及未预见水量	0.39	0.77
最高日总用水量	2.98	5.90

注：1. 市政用水量指消防、绿化及浇洒道路用水量，按生活和工业用水量之和的 10%计；

2. 漏耗及未预见水量分别按生活、工业用水量及市政用水量之和的 15%计取。

C. 临港开发区规划用水量

取两种预测方法预测结果的平均值可得临港开发区 2010 年和 2020 年最高日总用水量分别为 2.82 万 m^3/d 和 5.50 万 m^3/d。

4）A 镇

A. 综合用水量指标法预测用水量

（A）规划供水普及率

规划 A 镇镇区供水普及率为 100%，镇域农村近期供水普及率为 90%，中期供水普及率为 95%，远期供水普及率为 100%。

（B）综合用水量预测指标

根据《A 中心镇总体规划》可知镇区生产用水与生活用水之比，近期为 4∶6，远期为 4.5∶5.5，生产用水较中心城区高，因此结合规划城区综合用水量指标以及《城市给水工程规划规范》，确定 A 镇区 2010 年和 2020 年最高日综合用水量指标分别取值为 700L/(人·d)和 800L/(人·d)，A 镇农村 2010 年和 2020 年最高日综合用水量指标分别取值为 500L/(人·d)和 600L/(人·d)。

（C）用水量预测结果

根据《A 中心镇总体规划》到 2020 年 A 镇域人口规模为 4.8 万人，2010 年镇域人口规模为 4.53 万人；2010 年、2020 年 A 镇区人口规模分别为 2.47 万人和 3.0 万人。

根据供水人口及上述综合用水量预测指标，即可测算出西店用水量，详见表 12-5。

A 镇供水量预测结果　　　　**表 12-5**

		2010 年	2020 年
A 镇区	人口（万人）	2.47	3.0
	供水量（万 m^3/d）	1.73	2.40

续表

		2010年	2020年
镇域农村	人口（万人）	2.07	1.80
	供水量（万 m^3/d）	0.99	1.08
供水量合计（万 m^3/d）		2.72	3.48

B. 分类用水量定额法预测需水量

（A）综合生活用水量预测

参照中心城区的最高日综合生活用水量指标，结合《城市给水工程规划规范》，确定A镇区2010年和2020年市最高日综合生活用水量定额分别取值为700L/(人·d)和800L/(人·d)；A镇农村2010年和2020年最高日综合生活用水量指标分别取值为500L/(人·d)和600L/(人·d)。根据规划综合生活用水量定额及前述规划供水人口即可测算出各规划期的最高日综合生活用水量。

A镇区

2010年：　　2.47×0.33＝0.82万 m^3/d

2020年：　　3.0×0.36＝1.08万 m^3/d

镇域农村

2010年：　　2.07×0.28×0.95＝0.55万 m^3/d

2020年：　　1.8×0.31＝056万 m^3/d

（B）工业用水量预测

根据《A中心镇总体规划》可知A镇区生产用水与生活用水之比，近期为4∶6，中远期按4.5∶5.5；镇域农村生产用水与生活用水之比为3∶7。

A镇区

2010年：　　[0.82/(1－0.45)]×45％＝0.67万 m^3/d

2020年：　　[1.08/(1－0.45)]×45％＝0.88万 m^3/d

镇域农村

2010年：　　[0.55/(1－0.30)]×30％＝0.24万 m^3/d

2020年：　　[0.56/(1－0.30)]×30％＝0.24万 m^3/d

（C）总用水量预测

根据综合生活用水量及工业用水量预测结果，并考虑消防、浇洒道路、绿化用水以及漏耗和其他未预见水量，即可测算出总用水量，预测结果详见表12-6。

A镇用水量预测结果　　表12-6

项目 \ 年限	2010年（万 m^3/d）	2020年（万 m^3/d）
综合生活用水量	0.82＋0.55	1.08＋0.56
工业用水量	0.67＋0.24	0.88＋0.24
市政用水量	0.23	0.28

续表

年限 项目	2010 年 (万 m^3/d)	2020 年 (万 m^3/d)
漏耗及未预见水量	0.38	0.46
最高日总用水量	2.89	3.50

注：1. 市政用水量指消防、绿化及浇洒道路用水量，按生活和工业用水量之和的 10%计；

2. 漏耗及未预见水量分别按生活、工业用水量及市政用水量之和的 15%计取。

C. A 镇规划用水量

取两种预测方法预测结果的平均值可得 A 镇 2010 年和 2020 年最高日总用水量分别为 2.81 万 m^3/d 和 3.49 万 m^3/d。

5）B 镇

同样采用上述两种预测方法（过程略）可预测出 B 镇区 2010 年和 2020 年最高日总用水量分别为 0.44 万 m^3/d 和 0.53 万 m^3/d。

6）C 镇

同样采用上述两种预测方法（过程略）可预测出 C 镇区 2010 年和 2020 年最高日总用水量分别为 0.42 万 m^3/d 和 0.43 万 m^3/d。

7）中北片区总用水量

根据上述预测可测算出中北片区总用水量，详见表 12-7。

中北片区总用水量预测结果　　表 12-7

年限 镇区	2010 年 (万 m^3/d)	2020 年 (万 m^3/d)
中心城区	13.16	19.53
临港开发区	2.82	5.50
A 镇	2.80	3.49
B 镇	0.44	0.53
C 镇	0.41	0.43
中北片区最高日总用水量	19.63	29.48

（6）供水水源选择

经过县政府同意，D 水库将作为电厂的专用水库，D 水库在 2008 年之前可作为供水厂的供水水源地。因此根据《县水资源可持续开发利用规划》和《县城总体规划调整》，中心城区、临港开发区、B 镇和 C 镇的主要供水水源是 C 水库和 E 水库，两水库可供水资源量约为 30 万 m^3/d，近期主要利用 E 水库，部分利用 D 水库；A 镇的主要供水水源是 F 水库，近期可利用 A 水库引水工程。

（7）供水总规模

根据上述用水量预测结果，中北片区 2010 年及 2020 年供水的总规模应为 20 万 m^3/d 及 30 万 m^3/d。

（8）供水总体方案

根据选定的水源、供水规模，县中北片区域水厂建设有三个方案可供选择，方案一为将县二水厂扩建至15万m^3/d，在C镇新建一座规模为5万m^3/d的水厂，在临港开发区新建一座规模为6万m^3/d的水厂，A镇的用水由A镇新建水厂解决；方案二为将县二水厂扩建至15万m^3/d，在C镇新建一座规模为11万m^3/d的水厂，A镇的用水由A镇新建水厂解决方案三为将县二水厂扩建改造至10万m^3/d，在C镇新建一座规模为16万m^3/d的水厂，A镇的用水由A镇新建水厂解决。经综合分析比较，方案三投资和运行成本均最低（方案技术经济比较过程略），规划推荐采用方案三，如图12-5所示。

推荐方案具体内容如下。

1）新建A水厂

根据上述用水量预测结果可知A镇2010年和2020年最高日总用水量分别为2.81万m^3/d和3.49万m^3/d。但根据《县A水厂可行性研究报告》A水厂还需考虑香山、紫溪两片区近、远期0.93万m^3/d和2.50万m^3/d的用水，因此A水厂的近、远期规模分别为3.0万m^3/d和6.0万m^3/d，A水厂的实施步骤为：2010年之前，先建设A水厂一期工程3.0万m^3/d，水源拟建G水库附近预留县城供水接口，预留接口规模2万m^3/d；同时在E水库下游，由E水库接管至A水库引水工程引水管，接管规模1万m^3/d；至2020年，A镇附近其他片区总需水量将达到6.0万m^3/d，故届时将建成A水厂二期工程3.0万m^3/d，由拟建F水库提供3.0万m^3/d原水。

2）扩建改造县二水厂

县二水厂位于A村东侧，总占地面积5hm^2，一期工程已于1996年10月建成，供水能力5.0万m^3/d；县二期扩建工程设计规模10.0万m^3/d，工程净水系统部分现已在2005年3月底建成通水。由于县二水厂一期工程已运行8年多，絮凝池和滤池均出现了一定的问题，且原设计未考虑沉淀池，因此县二水厂目前出厂水虽基本能满足国家颁布的《生活饮用水卫生标准》，但浊度基本在1～3NTU，偶有出现大于3NTU的情况，最高曾达12NTU。要使县二水厂出水水质能满足卫生部2001年6月发布的《生活饮用水卫生标准》对出厂水浊度应不大于0.5NTU的要求。必须对县二水厂一期工程进行改造，但考虑一期工程改造的难度较大，且县二水厂现有用地较为紧张，在滤池东侧新建一座规模为5.0万m^3/d的网格絮凝、斜管沉淀池后，必须在县二水厂东侧新征用地用以污泥处理工程，征地难度也较大，因此考虑县二水厂二期扩建工程建成后，废除一期工程，改为二期工程污泥处理和深度处理用地，县二水厂供水能力为10.0万m^3/d。供水水源近期为E水库，远期为E水库和C水库，水厂主要解决临港开发区、B镇以及中心城区北片的用水。

3）新建B水厂

根据用水量预测结果，县中北片扣除A镇2010年及2020年供水的总规模应分别为16.83万m^3/d及25.99万m^3/d。扣除县二水厂设计规模10.0万m^3/d，还差16.0万m^3/d的水量，因此拟在C镇新建设计规模为16.0万m^3/d的水厂一座，供水水源为E水库和C水库，水厂主要解决C镇和中心城区的用水，

B水厂考虑分二期实施，一期工程规模6.0万m^3/d，2010年建成通水，二期工程工程规模10.0万m^3/d，2020年建成通水，届时县中北片区扣除A水厂供水能力将达26万m^3/d，完全可满足该区域供水要求。

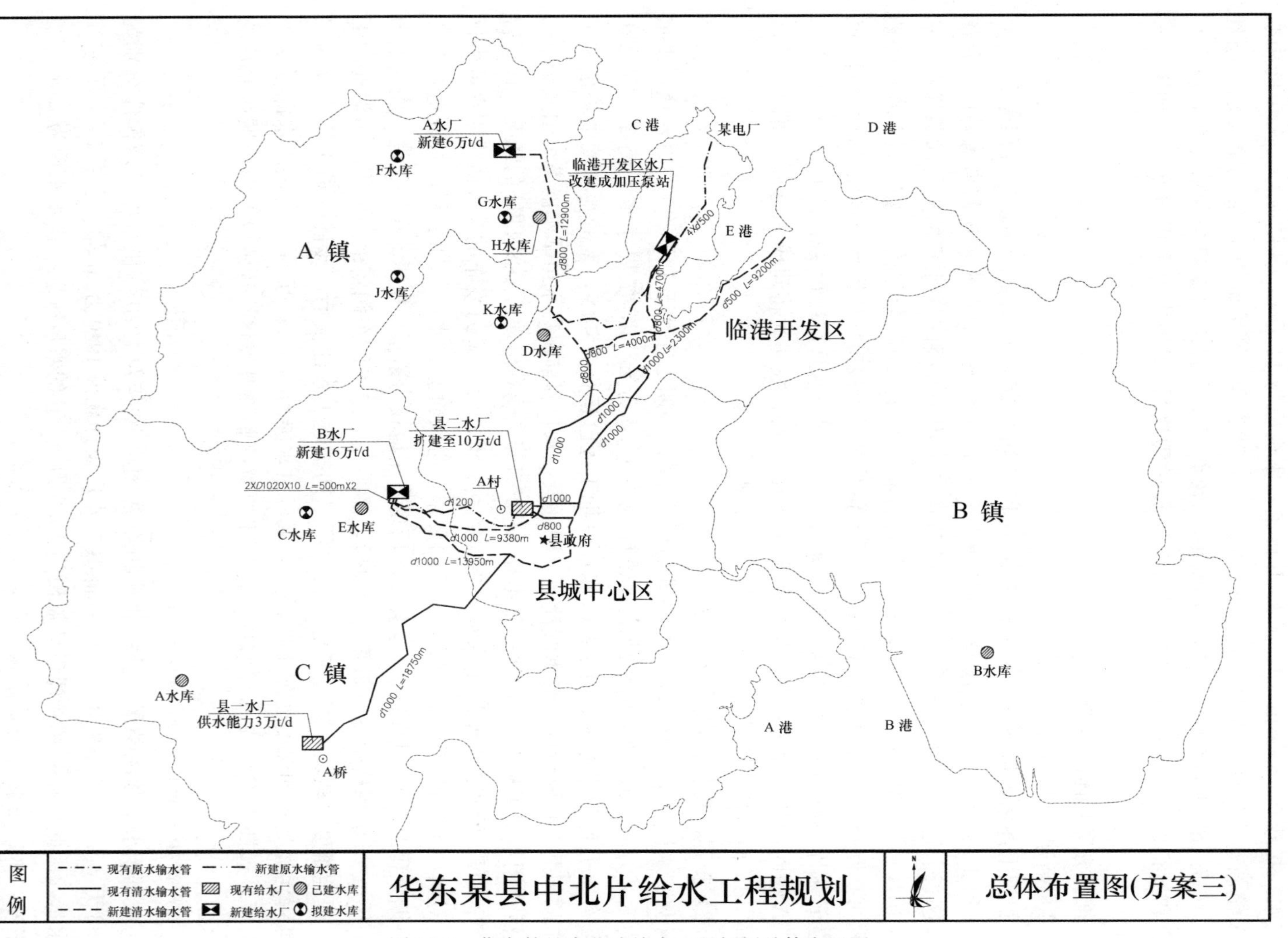

图 12-5　华东某县中北片给水工程规划总体布置图

4）临港开发区水厂改为中途加压泵站

临港开发区水厂一期工程3.0万m^3/d已于2005年底建成通水。D水库是某电厂淡水补给水的专用水库，目前临港开发区水厂暂借用该电厂淡水补给水作为水厂原水，今后按原计划由E水库供给原水。由于原水输水管线长达26.9km，线路走向复杂，施工难度大，工程投资费用高，因此拟从新建的B水厂和县二水厂直接输送清水至临港开发区，将临港开发区水厂改为中途加压泵站，并保留已建临港开发区水厂一期工程3.0万m^3/d的水处理设施和附属建筑物，以备发生特殊情况时投入运行。

12.4 华东某市污水系统专项规划

12.4.1 城市概况

华东某市地处华东某省东部，市域南北长60km，东西宽46km，市域总面积约1403km^2，全市共辖18个乡镇、3个街道，其中12个建制镇，6个乡。2003年全市总人口77.41万人，270278户。其中城镇人口31.64万人。

该市地处海滨，背山面海，南部为丘陵地带，全市22座海拔500m以上山峰集中在东南部，其中最高峰海拔861m；市北部系堆积平原，平均海拔5m左右。全市丘陵山地约占50%，平原约占41.75%，河流湖泊占8.3%，海岸线长达40.6km。

该市属东亚季风气候区，季风显著、气候温和、四季分明、湿润多雨。因地形复杂，光、温、水地域差别明显，灾害性天气较多，总趋势洪涝多于干旱；年平均气温16.4℃，7月～8月为盛夏，最热月（7月）平均最高气温28℃，极端最高气温为39℃，最冷月（1月）平均气温4.1℃，极端最低气温为－10.5℃，无霜期250天左右，一般年降雨量1400mm以上，年平均降水天数160天，占全年的42.7%，最大年降水量2116.6mm，最小年降水量940.6mm，常年主导风向为南风。

该市地面水系有A江、B江两大水系，南部低山丘陵区和东关水网区以A江、A运河为主干，形成树枝和网络状河网。全市水域面积14.48km^2，占地域面积9.42%，全市年平均径流量为8.01亿m^3，径流系数为0.46，径流量分布趋势由东南向西北递减。

全市地下水年天然资源量1.05亿m^3，主要分布于A江中游的河谷地带。其来源有三，即松散岩类孔隙水、红岩孔隙裂隙水和基岩裂隙水。三类出露面积731.4km^2。全市有民用井4987口，饮用人数21.2万。地下水位在自然地面以下0.55～0.70m。

12.4.2 给水排水工程现状

（1）给水工程现状

第一水厂占地0.22hm^2，水源为A闸总干渠水。水厂投产后，几经挖潜改造，并增加了一部分设施，给水能力增加至1万m^3/d。

第二水厂占地1.37hm^2，厂址位于A乡，通过四期扩建规模达到16万m^3/d。水源为A闸总干渠水，净水工艺为折板絮凝、平流沉淀、三阀滤池、净水构筑物为一体化叠层组团结构。输水线路包括汤浦水库至提升泵站1.2km的引水管和隧洞，提升泵站至二水厂19.11km的*DN*1200输水管道。第二水厂投产后，运行稳定，出厂水质优良。第一水厂因水源水质有污染，净水构筑物不配套，运行电耗、药耗高等原因而停产。

第三水厂一期规模为15.0万m^3/d，二期规模（2020年）为30.0万m^3/d，厂址位于经济开发区规划地块上，水源为 A 水库。

（2）排水工程现状

按区域划分，该市可划分为北部市区和南部其余各镇，北部市区排水系统分为江东和江西两大系统。江东老城区的排水系统为雨污合流制，合流污水通过人民路排水总渠排入曹娥江，拟今后采用雨污分流制；江西经济开发区实行雨污分流的排水体制，污水主要通过二级泵站向北排入 A 江，雨水主要向南排入 B 运河和天然河塘。相邻的 A 街道采用雨污合流制，直接排入 B 运河。其他各镇排水系统尚待建设。

城区污水排放总量为 2800 万 t/a，生活污水量为 900 万 t/a，工业污水量为 1900 万 t/a，泵站的实际处理能力为 7.5 万 m^3/d。

北部市区的污水管管径为 $d800$～$d1000$，排放入 A 江的管径为 $d800$。其他主干道排水管径为 $d600$，其他城区排水干管以 $d300$ 和 $d400$ 为主。新建城市干道以 $d800$ 和 $d1000$ 管为主。

该市现有污水处理厂一座，位于 A 工园区，占地约 $25hm^2$，该工程主要服务范围为北部市区、F 镇、A 街道及 A 工园区的生活污水和工业废水。设计总规模 30 万 m^3/d，一期规模 7.5 万 m^3/d。污水处理厂采用气浮、厌氧、生化三级深化处理工艺。

12.4.3 污水系统规划

（1）规划依据

1）《华东某市环境保护“九五”计划和 2010 年远景目标》；

2）《华东某市城市总体规划（2001～2020）》；

3）《华东某市工业新城区一新区总体规划》；

4）《华东某市经济开发区拓展区控制性详细规划》；

5）《华东某市工业新城区一新区纺织园区一期控制性详细规划》；

6）《华东某市工业新城区一新区机电区控制性详细规划》；

7）《华东某市第三水厂排水工程初步设计》；

8）《华东某市域各镇总体规划（2002～2020）》；

9）《室外给水设计规范》GB 50013；

10）《室外排水设计规范》GB 50014；

11）《城市给水工程规划规范》GB 50282；

12）《城市排水工程规划规范》GB 50318。

（2）规划指导思想

本规划坚持以城市总体规划为基本框架，以“统筹规划，合理安排，因地制宜，分期实施”为指导思想，根据各片区的具体情况，规划排水管网系统、污水中途提升泵站及污水处理厂，注重资源、经济、生态环境的可持续发展，建立完善的城市污水系统，逐步实现水资源的有效利用，以支持该市社会经济的持续发展，优化城市综合发展环境，提高该市的城市综合竞争力。

（3）规划期限及规划范围

1）规划期限

本次规划采用时限规划法，规划年限基本与总体规划一致。

近期：2005 年～2010 年；

远期：2011 年～2020 年。

2）规划范围

根据《华东某市城市总体规划》，本规划的规划范围为整个市域。

（4）排水体制

1）现状排水体制

北部市区的现状排水体制老城区为雨污合流，新城区基本上为雨污分流。基本上雨水和污水就近排入市内各条河流。只有少量生活污水和工业废水被截流至位于城东海湾附近的污水处理厂。

2）规划排水体制

总体规划确定采用该市雨污分流制。但从现状来看，江东老城区现有排水体制主要采用雨污合流，仅部分新开发区设计采用雨污分流。若近期将合流制排水系统全部改造为分流制，难度很大，需要时间较长，不能满足污水处理厂建设的要求。尤其是市中心区，建筑密度大、街道狭窄，改造时需要大面积破马路、拆迁，施工很复杂，工程投资大，实施难度大。因此，规划新建开发区采用雨污分流制；老城区结合道路及小区改造进行排水管道改造，根据管道等级主次、老城区交通状况，分区分片进行排水管道改造，在建设、改造管道的同时进行道路路面、人行道等市政基础设施的改造，逐步、分期进行雨污分流的建设改造。

（5）污水系统分区

根据市总体规划以及各镇区规划，结合该市实际发展情况，本次规划将该市的污水系统分为五个分区，如图 12-6 所示。

（6）污水量预测

1）预测方法

根据《城市排水工程规划规范》和《城市给水工程规划规范》，城市污水量应根据城市综合用水量乘以城市污水排放系数确定。应首先预测出该市的用水量，然后再计算出污水量。

本次规划采用人均综合指标法和单位建设用地综合指标法两种方法预测污水量。

2）规划指标

A. 人均综合用水量指标

《华东某市城市总体规划》预测 2002 年城市需水量为 54 万 m^3/d，可知人均综合用水量指标确定为 400L/(人 · d)。参考周围其他城市情况，并对该市超常规发展状况适当留有余地。综合上述各种因素，确定规划人均综合用水量指标为 400L/(人 · d)。

B. 单位建设用地综合用水量指标

根据 2002 年该市建设用地面积和现状供水量，得出现状城市单位建设用地综合用水量指标为 0.56 万 $m^3/(km^2 \cdot d)$。参照周围其他城市情况及发展经验，对该市超常规发展状况适当留有余地。综合上述各种因素，确定规划单位建设用地综合用水量指标为 0.6 万 $m^3/(km^2 \cdot d)$。

3）第一分区污水量

根据人均综合用水量指标和单位建设用地综合用水量指标，预测出最高日用水量，考虑日变化系数为 1.2，可得出平均日用水量。两种方法预测出第一分区的平均日用水量见

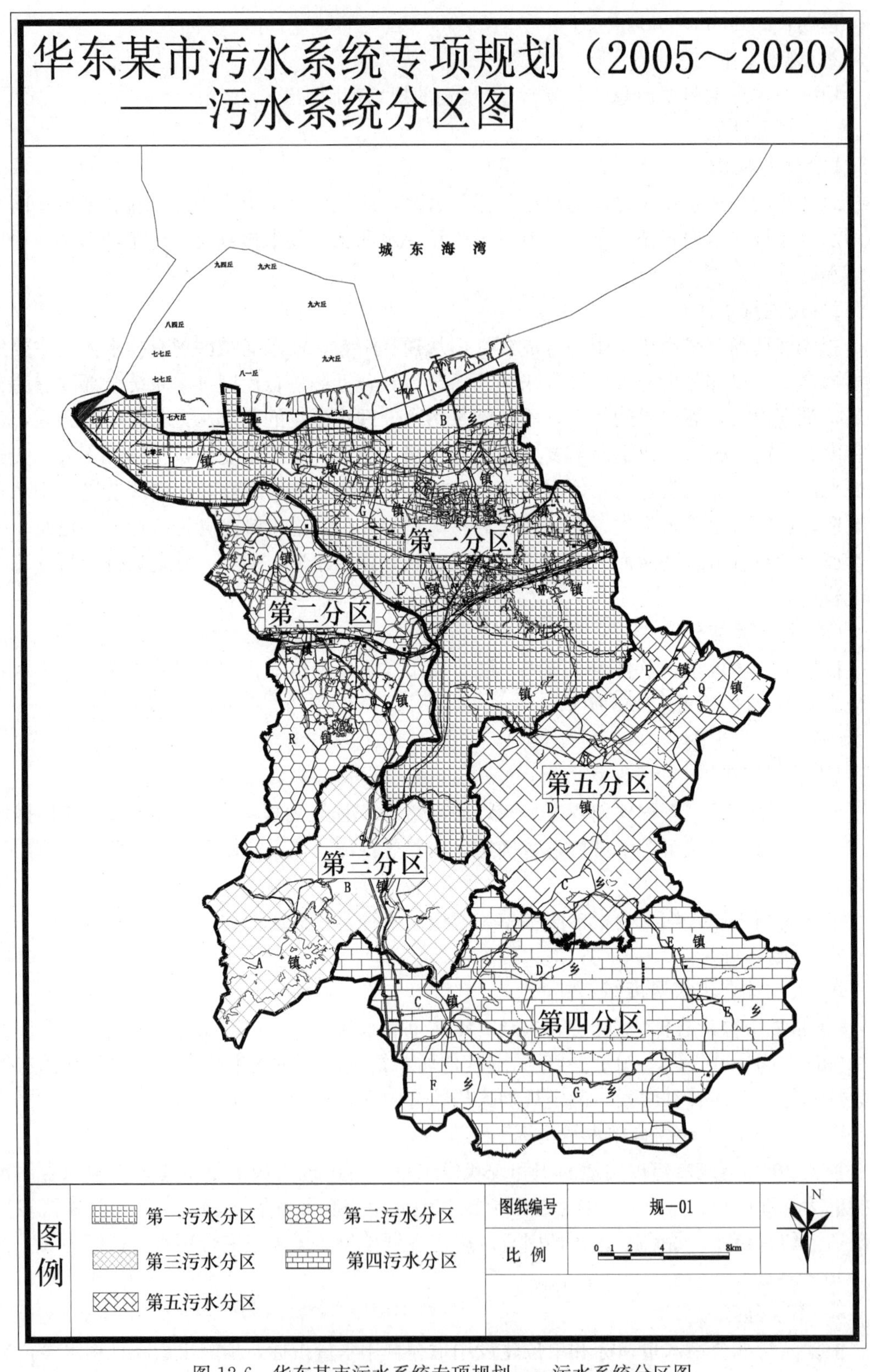

图 12-6 华东某市污水系统专项规划——污水系统分区图

表 12-8 和表 12-9。

第一分区平均日水量计算表（方法一）　　表 12-8

人均综合指标法	城镇人口（万人）	单位人口综合用水量指标［万 m³/(万人·d)］	最高日用水量（万 m³/d）	日变化系数	平均日用水量（万 m³/d）
2010 年	23.56	0.4	9.42	1.2	7.85
2020 年	25.62	0.4	10.25	1.2	8.54

第一分区平均日水量计算表（方法二）　　表 12-9

单位建设用地综合指标法	建成区面积（km²）	单位建设用地综合用水指标［万 m³/(km²·d)］	最高日用水量（万 m³/d）	日变化系数	平均日用水量（万 m³/d）
2010 年	25.8	0.6	15.45	1.2	12.88
2020 年	28.5	0.6	17.13	1.2	14.28

本规划城市综合污水排放系数取 0.9，2010 年污水收集率为 75%，2020 年污水收集率为 95%，考虑地下水渗入量与污水量之比为 10%，据此可以预测出第一分区的污水量见表 12-10 和表 12-11。

第一分区污水量计算表（方法一）　　表 12-10

人均综合指标法	平均日用水量（万 m³/d）	排放系数	渗入系数	污水总量（万 m³/d）	污水收集率	污水收集总量（万 m³/d）
2010 年	7.85	0.9	1.1	7.78	75%	5.83
2020 年	8.54	0.9	1.1	8.45	95%	8.03

第一分区污水量计算表　　表 12-11

单位建设用地综合指标法	平均日用水量（万 m³/d）	排放系数	渗入系数	污水总量（万 m³/d）	污水收集率	污水收集总量（万 m³/d）
2010 年	12.88	0.9	1.1	12.75	75%	9.56
2020 年	14.28	0.9	1.1	14.14	95%	13.73

从上述预测结果来看，两种方法预测的用水量较接近。规划确定 2010 年第一分区可收集的污水量为 10 万 m³/d，到 2020 年为 14 万 m³/d。

4）第二分区污水量

同样采用上述两种预测方法（过程略）可预测出 2010 年第二分区可收集的污水量约为 8.3 万 m³/d，到 2020 年约为 11.5 万 m³/d。

根据《经济开发区拓展区控制性详细规划》到 2020 年开发区拓展区增加的污水量约为 11.5 万 m³/d，则第二分区到 2020 年污水量约为 26.5 万 m³/d。

5）第三分区污水量

根据《华东某市A镇总体规划》《华东某市B镇总体规划》，可以得出第三分区的污水量，见表12-12。

第三分区污水量计算表 **表12-12**

规划期限	污水总量（万 m^3/d）	污水收集率	污水收集总量（万 m^3/d）
2010年	1.0	75%	0.75
2020年	2	95%	1.9

目前该地区工业废水量约为 $300m^3/d$。

6）第四分区污水量

根据《华东某市C镇总体规划》，可以得出第四分区的污水量，见表12-13。

第四分区污水量计算表 **表12-13**

规划期限	污水总量（万 m^3/d）	污水收集率	污水收集总量（万 m^3/d）
2010年	1.25	75%	0.9
2020年	2.5	95%	2.4

目前该地区工业废水量约为 $600m^3/d$。

7）第五分区污水量

根据《华东某市D镇城镇总体规划》《华东某市E镇城镇总体规划》，可以得出第五分区的污水量，见表12-14。

第五分区污水量计算表 **表12-14**

规划期限	污水总量（万 m^3/d）	污水收集率	污水收集总量（万 m^3/d）
2010年	1.5	75%	1.1
2020年	3	95%	2.8

8）污水总量

根据上述预测可测算出该市总污水量，预测结果详见表12-15。

污水总量预测表（万 m^3/d） **表12-15**

规划期限	第一分区	第二分区	第三分区	第四分区	第五分区	小计	新区	拓展区
2010年	10	8.3	0.75	0.9	1.1	24.1	7.5	3.5
2020年	14	15	1.9	2.4	2.8	40	48.6	15.7

注：表中污水量为考虑当时城镇达到的相应污水收集率的情况下，污水管网能收集到的污水量。

（7）北部市区污水处理厂建设模式的比选和确定

北部市区包括第一分区、第二分区、新区、开发区拓展区。根据上述污水量预测可确定北部地区的规划污水量，2010年为32.5万 m^3/d，2020年为 $97.5m^3/d$，见表12-16。

北部市区污水量预测表（万 m^3/d） **表 12-16**

规划期限	第一分区	第二分区	新区	拓展区	合计
2010	10	8.3	7.5	3.5	29.3
2020	14	15	48.6	15.7	93.3

根据《华东某市城市总体规划》和《工业新城区——新区总体规划》，均考虑将新区和市域范围内的所有污水送至新区内的污水处理厂处理。

根据《经济开发区拓展区控制性规划》，经济开发区以运河为界，布置东、西两个污水收集系统。运河东片的污水经污水管收集后汇集入一号泵站（10 万 m^3/d），经提升后往北排入污水处理厂。运河西片的污水经污水管收集后汇集入二号泵站（11 万 m^3/d），经提升后往西排入污水处理厂。

根据《污水处理工程可行性研究报告》，也考虑将市区、F 镇、A 街道及 A 工园区的生活污水和工业污水送至新区内的污水处理厂处理。特别在内河水环境容量分析中认为：如果要排入内河水网，市区的城市污水除了进行常规的生物处理以外，还应进行深度处理，以满足内河环境容量要求。

根据《2003 年市水系内河（湖、海）地表水水质检测结果报表》，A 江为Ⅲ类水标准，城东海湾港区为Ⅳ类海水标准。根据《城镇污水处理厂污染物排放标准》，排入地表水Ⅲ类功能水域或海水Ⅱ类功能水域，执行一级标准的 B 标准，排入海水Ⅳ类功能水域，执行二级标准。根据检测结果城东海湾除港区外大部分海域均为Ⅱ类功能水域，随着国家对环保问题的日益重视，如何提高内河及近海海域的水环境质量已是必须考虑的问题，因此为了积极地保护 A 江和城东海湾近海海域的水环境，本专项规划考虑排入 A 江的污水执行一级标准的 A 标准，排入城东海湾的污水执行一级标准的 B 标准。

综上所述，本次专项规划对污水处理厂的布局，提出适度分散和适度集中两个方案。

1）适度分散方案

考虑将 A 工园区现有污水处理厂扩建至 32.5 万 m^3/d，在新区西侧新建一座 35 万 m^3/d 的污水处理厂，两座污水处理厂负责处理江东市区和新区的生活污水和工业污水，污水出水水质执行一级标准的 A 标准，并考虑 30%的污水经深度处理后回用；考虑在经济开发区西北角、A 江西侧新建一座 30 万 m^3/d 的污水处理厂，污水处理厂负责处理 A 江西侧城区和 F 镇的污水，污水出水水质执行一级标准的 A 标准，由于一级标准的 A 标准是城镇污水处理厂出水作为回用水的基本要求，可以说该污水处理厂污水回用率为 100%。三座污水处理厂的总处理能力为 97.5 万 m^3/d。

2）适度集中方案

考虑将精细化工园区现有污水处理厂扩建至 32.5 万 m^3/d，在新区西侧新建一座 65 万 m^3/d 的污水处理厂，两座污水处理厂负责处理城区、道墟镇及新区的生活污水和工业污水，污水出水水质执行一级标准的 A 标准，并考虑 30%的污水经深度处理后回用。总处理能力为 97.5 万 m^3/d。

上述两个方案的污水处理厂都处于城市边缘地带，对周围的环境影响小。无论是采用适度分散模式还是适度集中模式都能达到规划的目的，选择哪种模式需从技术经济上对两个方案进行详细的比较。

经综合对比，适度集中方案不仅工程量小，工程投资省，且常年运行费用低（方案技术经济比较过程略），本规划推荐采用适度集中方案。

（8）污水体系总体布置

1）现状主要污水市政设施，如图 12-7 所示。

A. 在市东北部近城东海湾处已建一座污水处理厂，现状处理能力为 7.5 万 m^3/d，高峰时可达 8.0 万 m^3/d。

B. A 江西岸经济开发区内，正在建设一号泵站，建成后输送能力可达 10 万 m^3/d，主要输送 A 江以西城区的生活污水和部分工业废水。

C. A 江西岸经济开发区内的一号泵站附近有三通交汇井一座，把西岸的部分工业废水送至三号泵站和四号泵站。

D. 在 B 街道北部 A 江东岸建有三号泵站，现有输送能力 10 万 m^3/d，目前主要输送来自 A 江以西的化工废水，和 A 江以东部分生活污水和工业废水，其中生活污水主要来自于 B 街道老城区的 A 泵站。

E. 在 B 街道北部 A 江东岸的三号泵站附近，正在建设城北泵站，建成后规模可达 10 万 m^3/d。

F. 在 G 镇建有四号泵站一座，输送能力为 10 万 m^3/d，主要输送来自三号泵站的污水。

G. 在三通交汇井和三号泵站之间有 *DN*1000 的压力管道连接。

H. 在 B 街道老城区 A 泵站和三号泵站之间敷设有一根 *DN*600 的压力管道。

I. 在三号泵站和四号泵站之间敷设有 1 根 *DN*1200 的压力管道。

J. 在四号泵站和污水处理厂之间敷设有 1 根 *DN*1200 的压力管道。

2）规划建设污水市政设施，如图 12-8、图 12-9 所示。

A. 2010 年将原有污水处理厂从现有 7.5 万 m^3/d 规模扩建至 32.5 万 m^3/d，基本满足 2010 年污水处理要求。

B. 到 2010 年四号泵站规模扩建至 27.5 万 m^3/d。

C. 到 2010 年在开发区一号泵站和江东三号泵站、城北泵站之间新建 *DN*1000 压力管 1 根，三号泵站、城北泵站和四号泵站之间新建 *DN*1200 压力管道 2 根。

D. 到 2020 年二号泵站规模扩建至 11 万 m^3/d。

E. 到 2020 年在新区新建五号泵站一座，规模为 30 万 m^3/d。

F. 到 2020 年新区西侧新新建污水处理厂一座，规模为 65 万 m^3/d。

G. B 镇建污水处理厂一座，总规模 1.9 万 m^3/d，近期规模为 0.75 万 m^3/d。

H. C 镇建污水处理厂一座，总规模 2.4 万 m^3/d，近期规模为 0.90 万 m^3/d。

I. E 镇建污水处理厂一座，总规模 2.8 万 m^3/d，近期规模为 1.10 万 m^3/d。

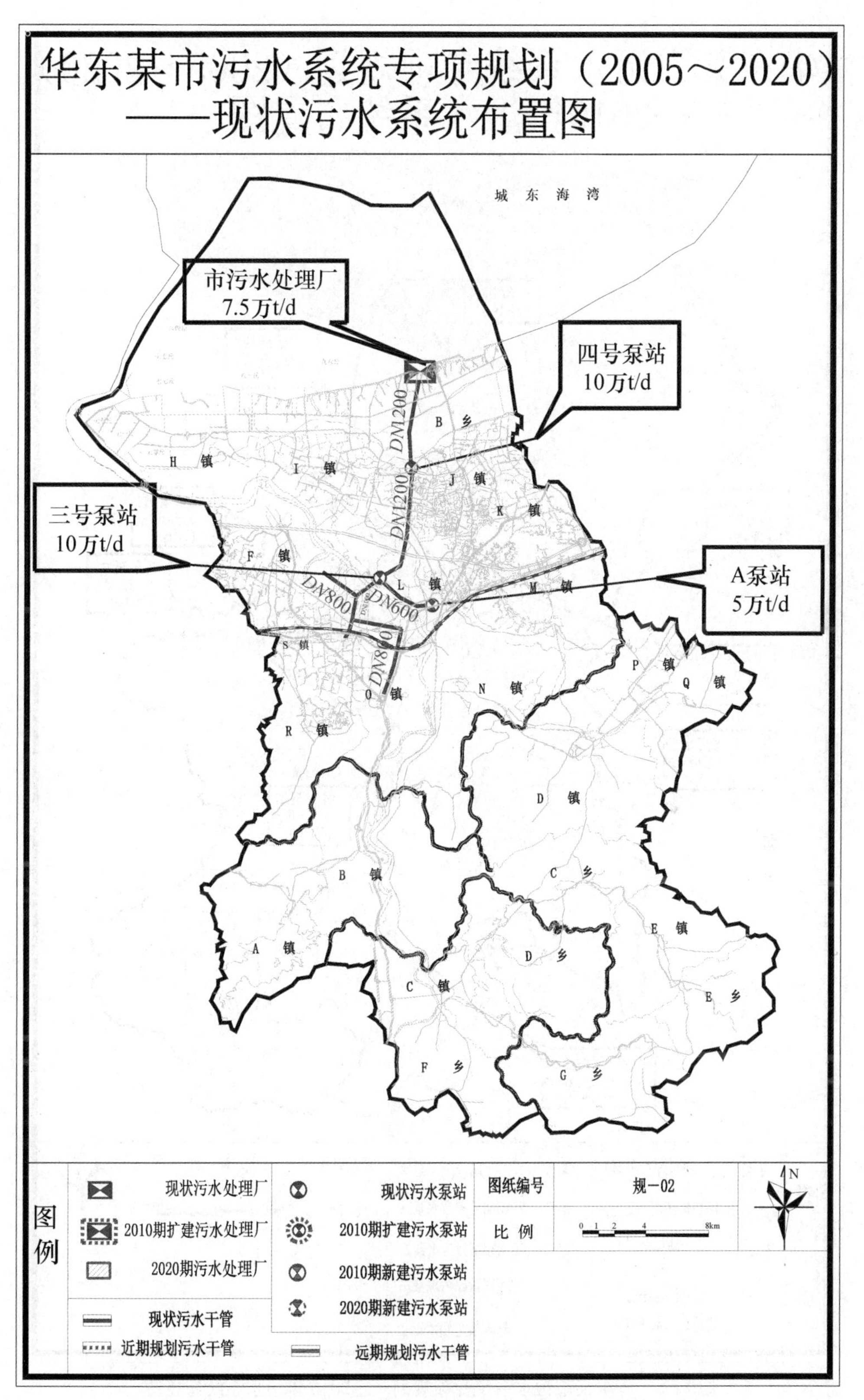

图 12-7　华东某市污水系统专项规划——现状污水系统布置图

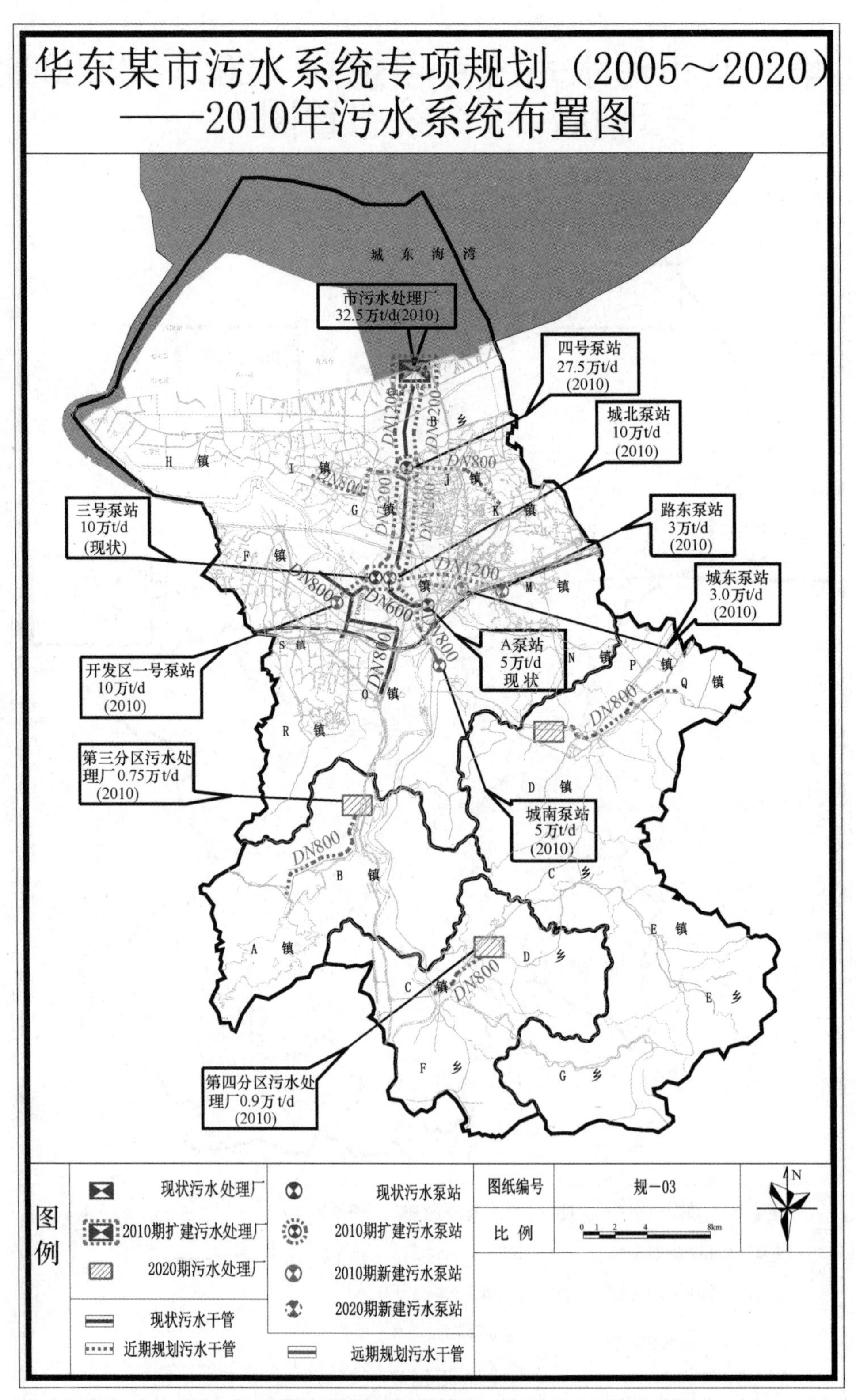

图 12-8 华东某市污水系统专项规划——2010 年污水系统布置图

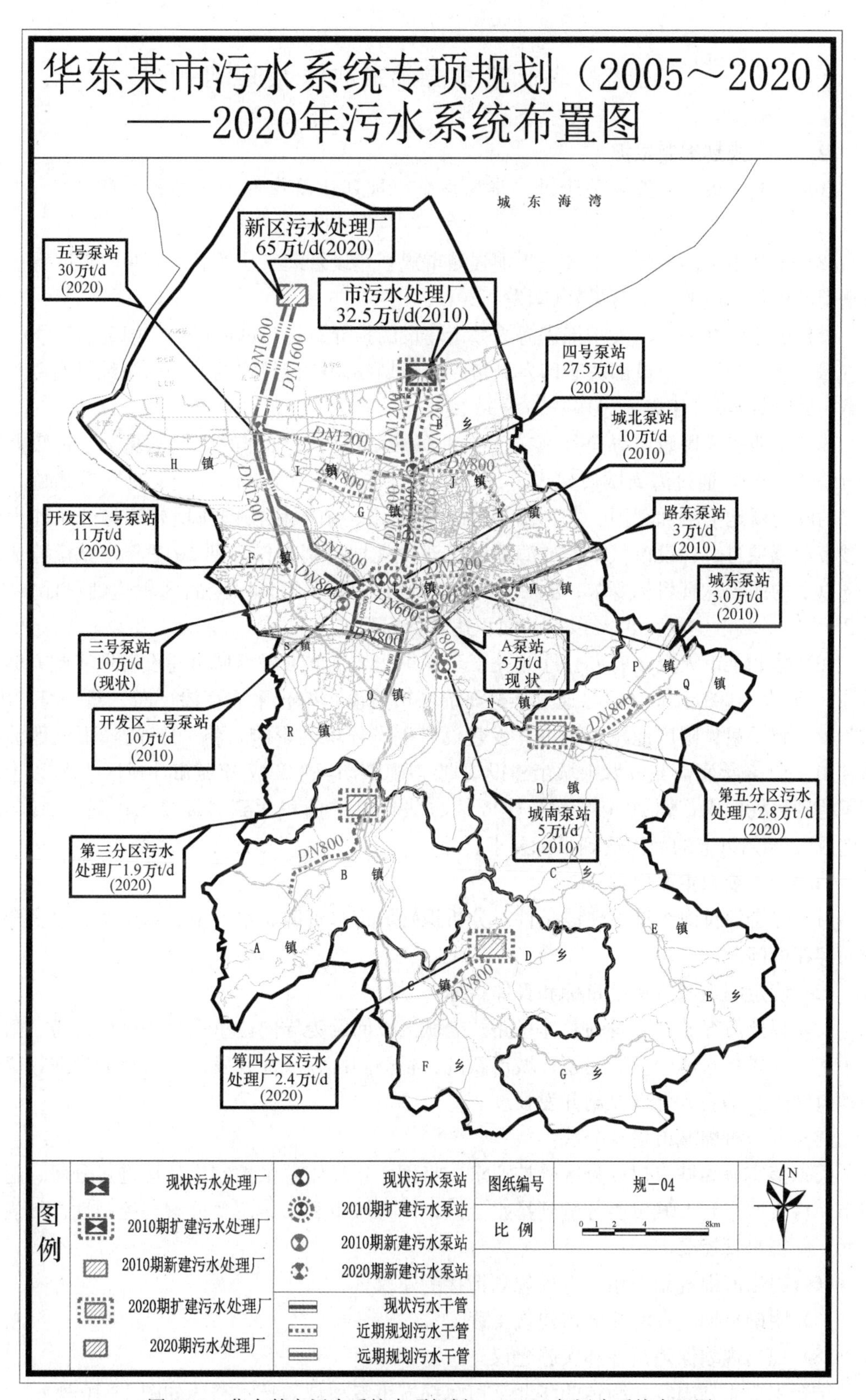

图 12-9 华东某市污水系统专项规划——2020 年污水系统布置图

12.5 华北某市海绵城市专项规划

12.5.1 规划编制依据

（1）中共中央国务院《关于进一步加强城市规划建设管理工作的若干意见》（中发〔2016〕6号）

（2）中共中央国务院关于进一步加强城市规划建设管理工作的若干意见《关于深入推进新型城镇化建设的若干意见》（国发〔2016〕8号）

（3）国务院办公厅《关于推进海绵城市建设的指导意见》（国办发〔2015〕75号）

（4）住房和城乡建设部关于印发城市专项规划编制暂行规定的通知《海绵城市专项规划编制暂行规定》（建规〔2016〕50号）

（5）山西省人民政府办公厅《关于推进海绵城市建设管理的实施意见》（晋政办发〔2016〕27号），通过海绵城市建设，综合采取"渗、滞、蓄、净、用、排"等措施，将70%的降雨就地消纳和利用。2016年底前，太原市、山西科技创新城要率先开工建设海绵城市示范项目，各设市城市完成海绵城市建设规划编制工作。到2017年，城市建成区10%以上的面积达到目标要求；到2020年，城市建成区20%以上的面积达到目标要求；到2030年，城市建成区80%以上的面积达到目标要求。

（6）华北某市人民政府办公厅《关于印发华北某市推进海绵城市建设管理实施方案的通知》（政办〔2016〕44号），通过推进海绵城市建设，综合采取"渗、滞、蓄、净、用、排"等措施，最大限度地减少城市开发建设对生态环境的影响，将70%的降雨就地消纳和利用。2016年底前完成海绵城市建设规划编制工作；到2017年城市建成区10%以上的面积达到目标要求；到2020年城市建成区20%以上的面积达到目标要求；到2030年城市建成区80%以上的面积达到目标要求。

12.5.2 规划主要内容

（1）综合评价海绵城市建设条件。分析识别城市水资源、水环境、水生态、水安全等方面存在的问题。

（2）确定海绵城市建设目标和具体指标。

（3）提出海绵城市建设的总体思路。老城区以问题为导向，重点解决城市内涝、雨水收集利用、黑臭水体治理等问题；城市新区、各类园区、成片开发区以目标为导向，优先保护自然生态本底，合理控制开发强度。

（4）划分海绵城市建设分区。

（5）落实海绵城市建设分区管控要求。将雨水年径流总量控制率目标进行分解。超大城市、特大城市和大城市要分解到排水分区；中等城市和小城市要分解到控制性详细规划单元，并提出管控要求。

（6）提出海绵规划与相关专项规划衔接的建议。

（7）明确近期重点海绵城市建设工程。

（8）提出规划保障措施和实施建议。

结合主要规划内容，制定的华北某市海绵城市专项规划技术路线如图12-10所示。

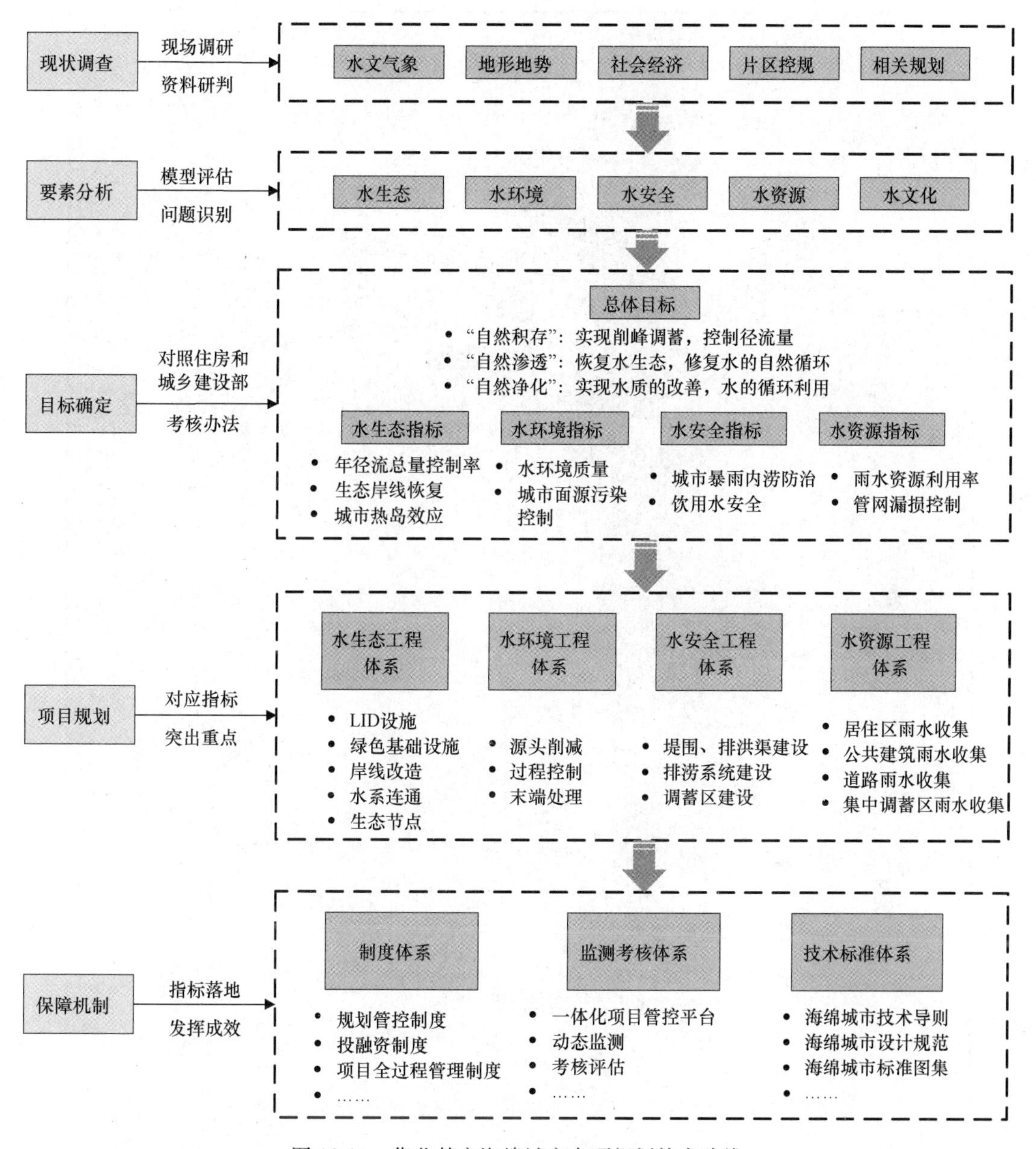

图 12-10　华北某市海绵城市专项规划技术路线

12.5.3　规划范围

华北某市海绵城市专项规划的范围参照《华北某市总体规划（2011～2030）》中心城区的规划范围，规划建设用地为 102.86km²，规划人口 102 万人，用地规划如图 12-11 所示。主城区建设用地 88.39km²，规划人口 86 万人；马厂组团建设用地 7.72km²，规划人口 8.4 万人；故县组团建设用地 6.75km²，规划人口 7.6 万人。

12.5.4　规划期限

规划期限与城市总体规划保持一致，并考虑长远发展需求。依据《中华人民共和国城乡规划法》与《华北某市总体规划（2011～2030）》，本规划确定该市海绵城市专项规划期限为 2017 年～2030 年。

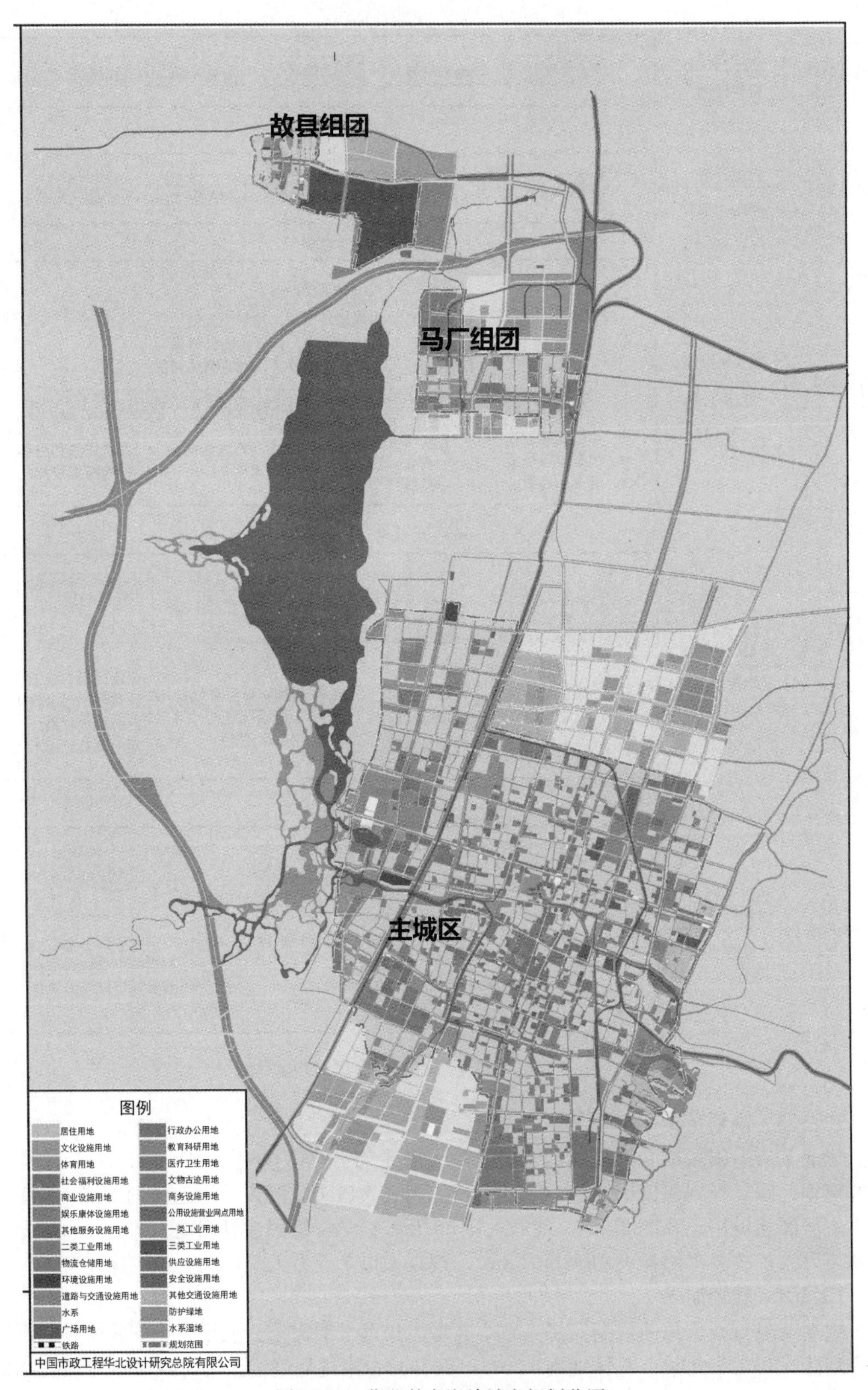

图 12-11　华北某市海绵城市规划范围

12.5.5 规划的基础条件

(1) 气象、降雨

华北某市属暖温带大陆性季风气候，夏季炎热多雨，雨热不均；秋季温和凉爽，阴雨稍多；冬季寒冷寡照，雨雪稀少。年平均降水量 616.9mm，最高年降雨量 1075.6mm，主要集中在 7 月、8 月、9 月三个月，最低年降雨量 323.6mm，主要集中在春秋两季。

(2) 城市下垫面

主城区：ψ=0.597；马厂组团：ψ=0.595；故县组团：ψ=0.676。

(3) 地下水

地下水位约为 0.4～5.3m，水位高程范围约为 926.36～938.13m；地下水位主要受河水及大气降水补给。

12.5.6 规划目标

依据华北某市人民政府办公厅《关于印发华北某市推进海绵城市建设管理实施方案的通知》要求，确定了海绵城市建设水生态、水环境、水资源、水安全相关指标及控制策略，详见表 12-17。

华北某市海绵城市专项规划目标　　表 12-17

<table>
<tr><th rowspan="2">类别</th><th rowspan="2">指标</th><th colspan="2">目标值</th><th rowspan="2">控制性/指导性</th></tr>
<tr><th>近期</th><th>远期</th></tr>
<tr><td rowspan="3">水生态</td><td>年径流总量控制率</td><td>重点区域先达到 80%</td><td>80%</td><td>控制性</td></tr>
<tr><td>生态岸线恢复</td><td>60%</td><td>90%</td><td>控制性</td></tr>
<tr><td>城市热岛效应</td><td>缓解</td><td>明显缓解</td><td>指导性</td></tr>
<tr><td rowspan="2">水环境</td><td>地表水体水质标准</td><td>100%（地表水环境质量达标率）</td><td>100%（地表水环境质量达标率）</td><td>控制性</td></tr>
<tr><td>城市面源污染控制</td><td>旱季合流制管道不得有污染物进入水体</td><td>建成分流制排水体制</td><td>指导性</td></tr>
<tr><td rowspan="3">水资源</td><td>污水再生利用率</td><td>40%</td><td>50%</td><td>控制性</td></tr>
<tr><td>雨水资源利用率</td><td>1.5%</td><td>3%</td><td>指导性</td></tr>
<tr><td>管网漏损控制率</td><td>10%</td><td>8%</td><td>指导性</td></tr>
<tr><td rowspan="4">水安全</td><td>雨水管渠设计标准</td><td colspan="2">中心城区 2 年一遇</td><td>控制性</td></tr>
<tr><td>内涝防治标准</td><td colspan="2">20 年一遇</td><td>控制性</td></tr>
<tr><td>防洪标准</td><td colspan="2">100 年一遇</td><td>控制性</td></tr>
<tr><td>饮用水安全</td><td>集中式水源地水质达标率 100%</td><td>集中式水源地水质达标率 100%</td><td>控制性</td></tr>
<tr><td rowspan="4">制度建设及执行情况</td><td>规划建设管控制度</td><td rowspan="4">在重点建设区域制定和推广海绵城市规划建设管控制度，技术规范与标准、投融资机制、绩效考核与奖励机制、产业促进政策等长效机制</td><td rowspan="4">在全市制定和推广海绵城市规划建设管控制度，技术规范与标准、投融资机制、绩效考核与奖励机制、产业促进政策等长效机制</td><td>指导性</td></tr>
<tr><td>投融资机制建设</td><td>指导性</td></tr>
<tr><td>绩效考核与奖励机制</td><td>指导性</td></tr>
<tr><td>产业化</td><td>指导性</td></tr>
</table>

12.5.7 规划成果

(1) 海绵骨架构建

基于海绵基底现状空间布局与特征，构建中心城区海绵骨架格局，保障中心城区海绵骨架结构；合理识别需要重点保护和修复的海绵基底，确定其空间位置及相应保护及修复要求。根据“渗、滞、蓄、净、用、排”要求对 6 大流域划分为 27 个二级径流控制单元，面积从 22ha 到 359ha 不等，详见图 12-12、图 12-13。

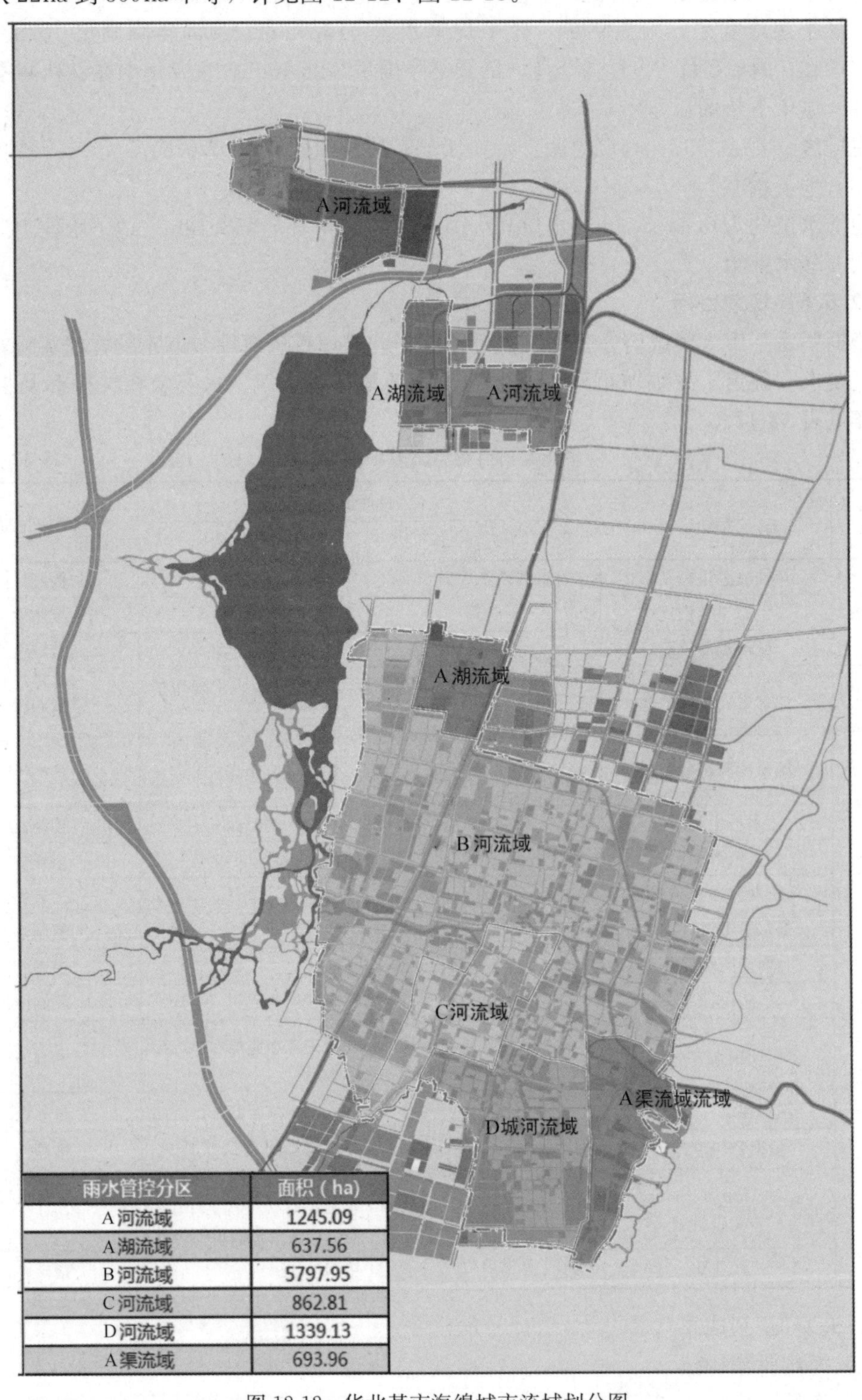

雨水管控分区	面积（ha）
A河流域	1245.09
A湖流域	637.56
B河流域	5797.95
C河流域	862.81
D河流域	1339.13
A渠流域	693.96

图 12-12　华北某市海绵城市流域划分图

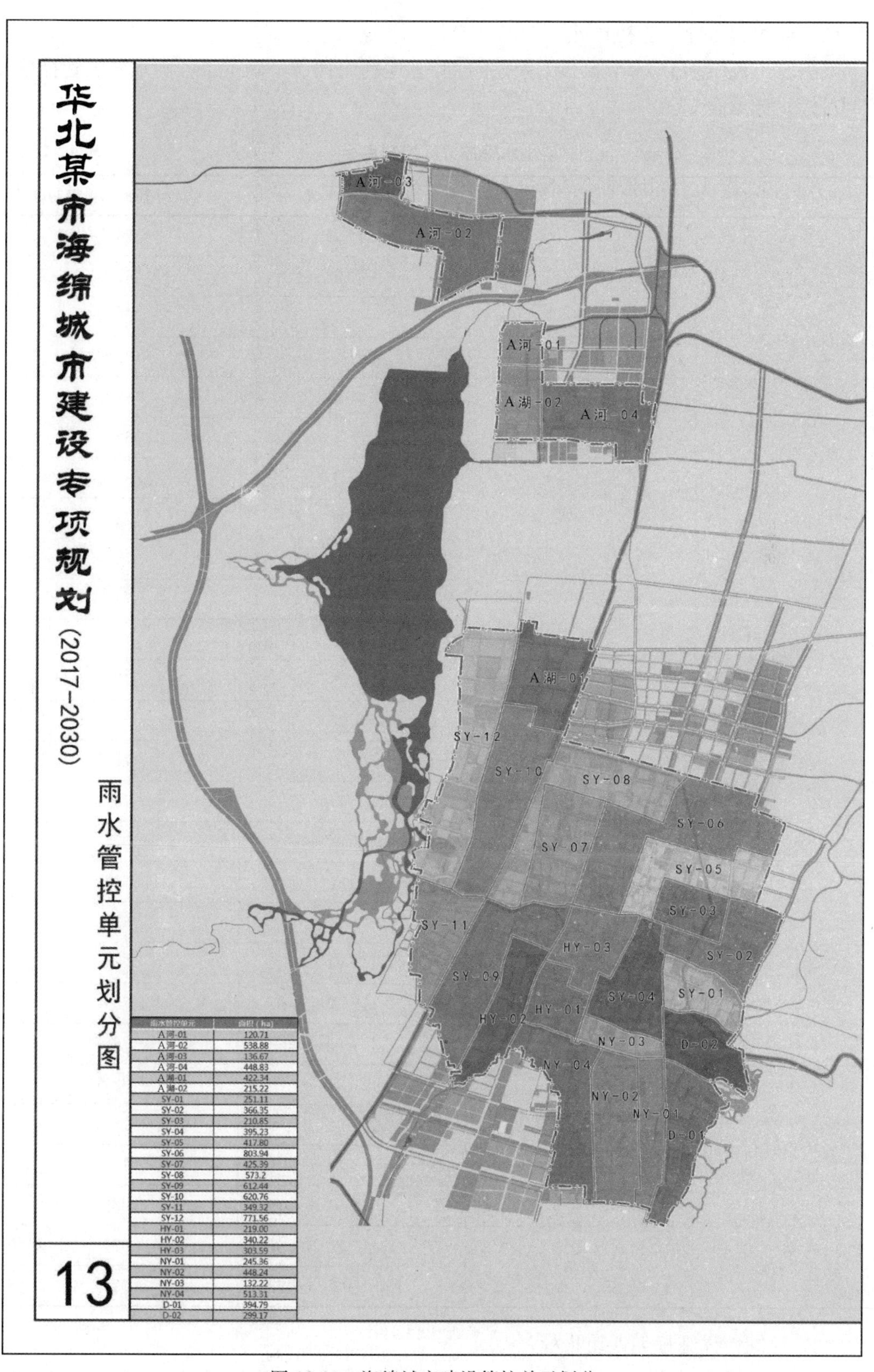

雨水管控单元	面积（ha）
A河-01	120.71
A河-02	538.88
A河-03	136.67
A河-04	448.83
A湖-01	422.34
A湖-02	215.22
SY-01	251.11
SY-02	366.35
SY-03	210.85
SY-04	395.23
SY-05	417.80
SY-06	803.94
SY-07	425.39
SY-08	573.2
SY-09	612.44
SY-10	620.76
SY-11	349.32
SY-12	771.56
HY-01	219.00
HY-02	340.22
HY-03	303.59
NY-01	245.36
NY-02	448.24
NY-03	132.22
NY-04	513.31
D-01	394.79
D-02	299.17

图 12-13　海绵城市建设管控单元划分

（2）海绵城市建设管控单元

根据城市流域划分，结合区域建设条件和土地利用性质，确定了各雨水分区管控单元控制目标，详见表 12-18。

雨水管控分区控制目标　　表 12-18

雨水管控分区	分区年径流总量控制率	雨水管控单元	单元年径流总量控制率
A 河流域	79%	A 河-01	78%
		A 河-02	82%
		A 河-03	78%
		A 河-04	82%
A 湖流域	82%	A 湖-01	82%
		A 湖-02	82%
B 河流域	80%	SY-01	82%
		SY-02	78%
		SY-03	78%
		SY-04	78%
		SY-05	78%
		SY-06	78%
		SY-07	78%
		SY-08	78%
		SY-09	78%
		SY-10	82%
		SY-11	82%
		SY-12	82%
C 河流域	78%	HY-01	78%
		HY-02	78%
		HY-03	78%
D 河流域	80%	NY-01	82%
		NY-02	78%
		NY-03	78%
		NY-04	82%
A 渠流域	82%	D-01	82%
		D-02	82%

（3）控制性详细规划地块指标

为了指导具体海绵工程建设，细化了 27 个控制单元中地块控制指标（以 A 河流域单元为例），详见表 12-19。

控制性详细规划地块指标（A 河流域单元） **表 12-19**

流域	管控单元	面积（ha）	用地类型	总用地面积（ha）	建筑密度（%）	绿地率（%）	硬化铺装百分比（%）	强制性指标		引导性指标		
								年径流总量控制率（%）	单位面积可调蓄容积（m^3/ha）	下凹式绿地率（%）	透水铺装率（%）	绿色屋顶率（%）
A 河流域	A 河-01	120.71	G1	13.64	5	95	0	0.85	44	2%	40%	0
			G2	14.07	0	100	0	0.85	35	2%	40%	0
			E1	2.35	0	0	0	1	0	0	0	0
			M2	75.87	35	30	35	0.75	100	17%	30%	0
			S1	14.78	0	20	80	0.5	57	14%	10%	0
	A 河-02	538.9	R2	55.97	26	40	34	0.8	100	12%	50%	0
			A1	1.04	35	35	30	0.82	119	17%	50%	5%
			A2	2.38	30	35	35	0.82	117	17%	50%	5%
			A3	6.79	30	35	35	0.82	117	17%	50%	5%
			A4	2.35	30	35	35	0.82	117	17%	50%	5%
			A5	2.29	25	35	40	0.82	114	16%	50%	5%
			A6	0.52	25	40	35	0.82	109	14%	50%	5%
			A7	0.09	25	40	35	0.82	109	14%	50%	5%
			B1	7.88	40	30	30	0.78	106	18%	50%	0
			G1	9.3	5	95	0	0.85	44	2%	70%	0
			G2	23.24	0	100	0	0.85	35	2%	70%	0
			G3	1.64	25	40	35	0.85	113	14%	70%	0
			S1	54.97	0	20	80	0.5	57	14%	10%	0
			S42	1.24	0	35	65	0.5	48	7%	10%	0
			M3	366.48	35	30	35	0.78	106	18%	40%	5%
			U1	0.57	20	30	50	0.82	118	20%	50%	0
			U11	0.41	20	30	50	0.82	118	20%	50%	0
			U13	1.74	20	30	50	0.82	118	20%	50%	0

（4）建设指引

根据各单元地块控制指标，结合汇水区特征和海绵设施功能，确定各单元海绵设施建设指引（以 A 河流域单元为例），详见图 12-14。

（5）近期建设规划

结合海绵城市建设的点与面，稳步推进海绵城市建设，选择建筑与小区、道路、公园与绿地和水系整治等建设条件良好，可实施性强的代表性项目，确定了该市近期海绵城市建设项目工程，详见图 12-15。

华北某市海绵城市建设专项规划（2017-2030）

A河流域海绵城市建设指引图 15

单元控制目标

单元	年径流总量控制率	LID设施（下沉式绿地、雨水花园等）	末端调蓄设施（调蓄池、水库等）
A河-01	78%	75%	3%
A河-02	82%	76%	6%
A河-03	78%	74%	4%
A河-04	82%	75%	7%

新建单元分类建设标准（A河-02、04）

用地类型	绿地率	建筑密度	绿色屋顶率	透水铺装率	下沉式绿地率
R	40%	26%	/	50%	15%
A	35%	30%	5%	50%	20%
B	30%	40%	/	50%	20%
G	95%	5%	/	70%	5%
S	20%	0%	/	20%	20%
M	40%	25%	5%	40%	20%
U	30%	20%	/	50%	25%
W	40%	25%	/	40%	15%

改建单元分类建设标准（A河-01、03）

用地类型	绿地率	建筑密度	绿色屋顶率	透水铺装率	下沉式绿地率
R	40%	26%	/	30%	12%
A	35%	30%	/	30%	16%
B	30%	40%	/	30%	17%
G	95%	5%	/	40%	2%
S	20%	0%	/	10%	14%
M	40%	25%	/	30%	17%
U	30%	20%	/	30%	19%

主要设施规划

项目类型	项目名称	面积
海绵公园	A公园	3.44公顷
	B公园	3.0公顷
	C公园	3.4公顷
	D公园	3.16公顷
滨河缓冲带	约2.28公里	
污水处理厂	A污水处理厂	7.82万t/d
污泥处理厂	市污泥处理厂	300t/d
雨水处理站	两座	

图 12-14　A河流域海绵城市建设指引

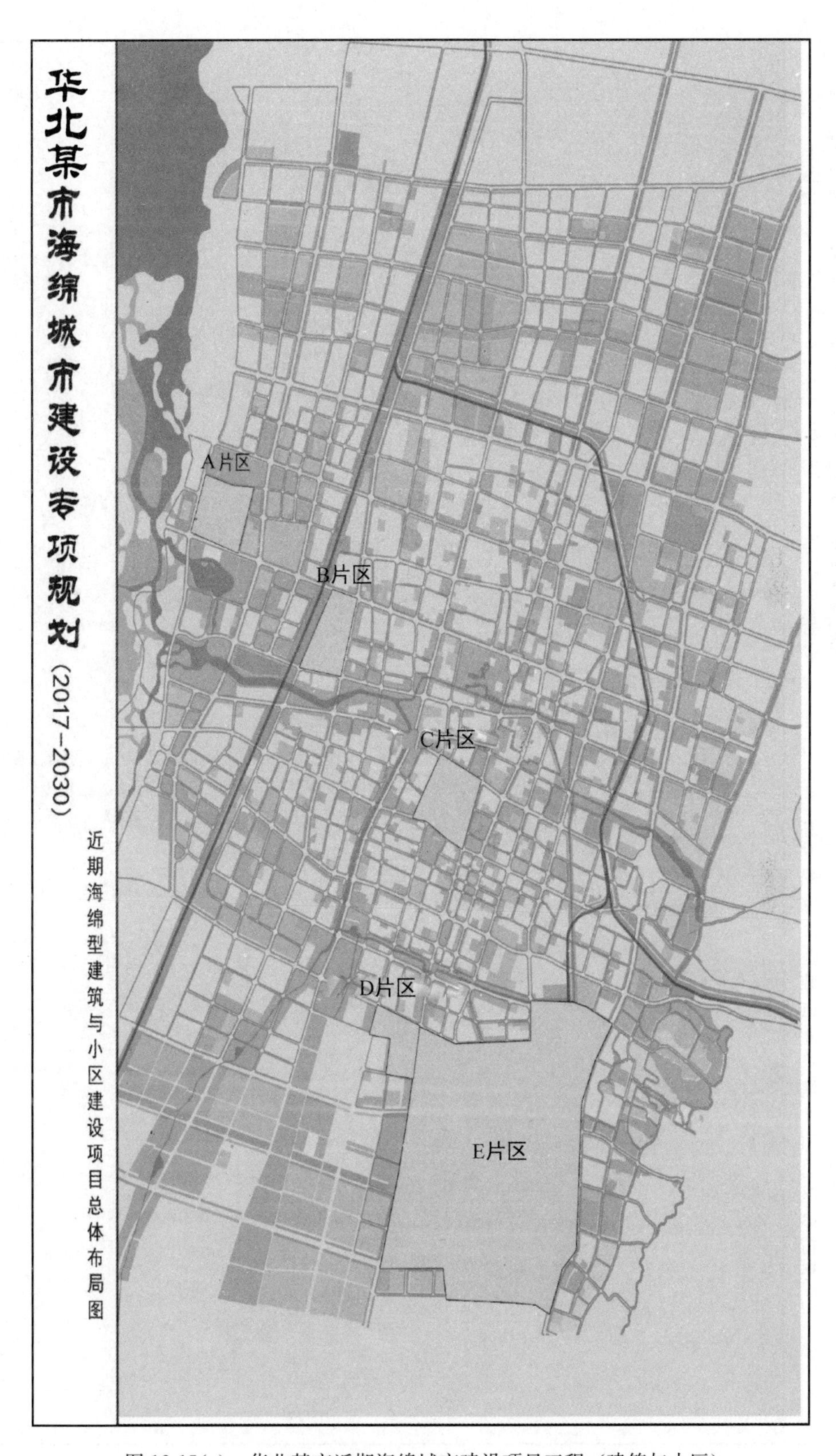

图 12-15(a)　华北某市近期海绵城市建设项目工程（建筑与小区）

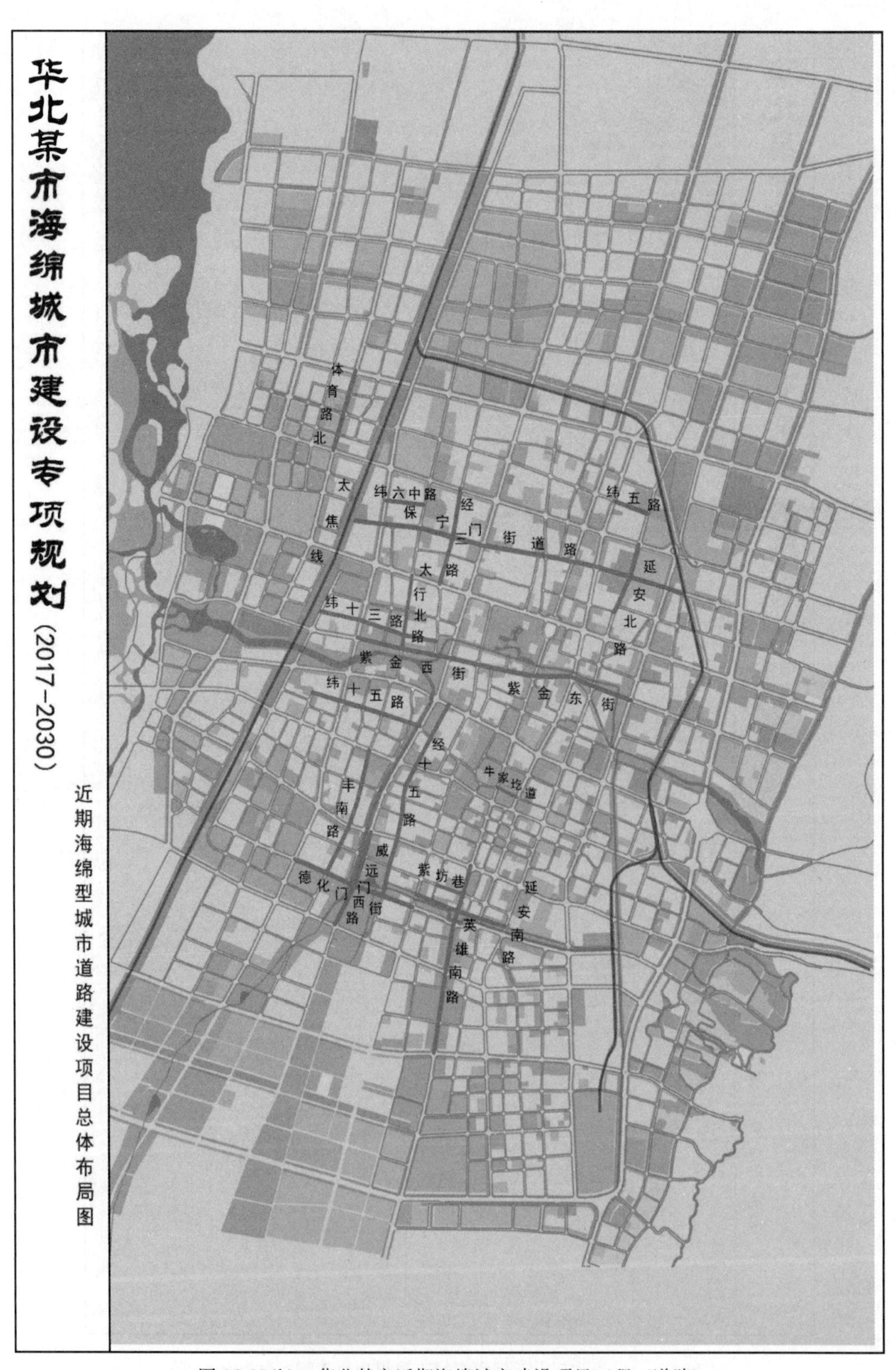

图 12-15(b)　华北某市近期海绵城市建设项目工程（道路）

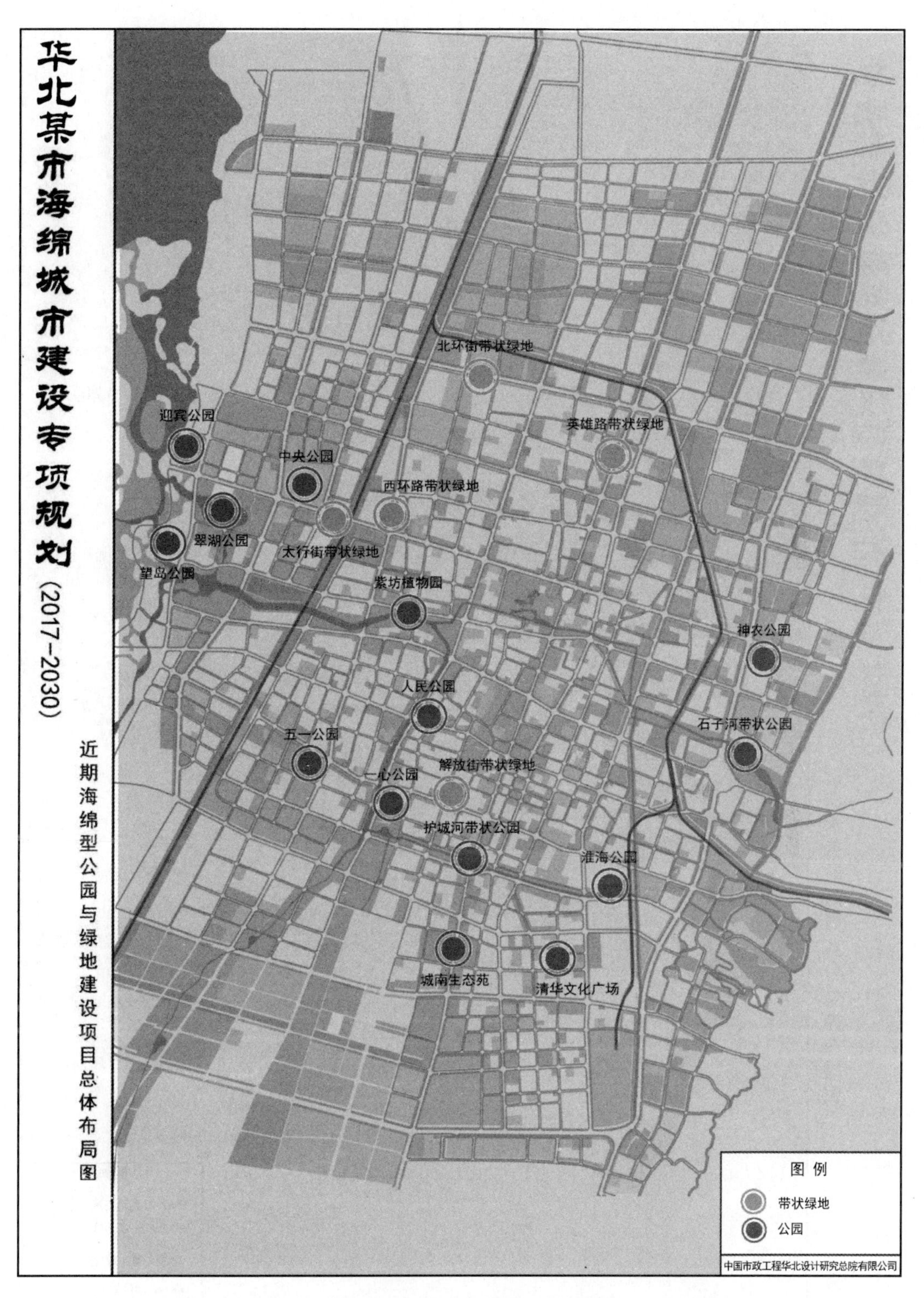

图 12-15(c)　华北某市近期海绵城市建设项目工程（公园与绿地）

图 12-15(d) 华北某市近期海绵城市建设项目工程（水系整治）

12.6 华东某县水环境综合治理专项规划

12.6.1 概况

华东某县，地处安徽省西南部，安庆市正东面，长江北岸，大别山之东南麓，属长江流域，地质构造属于著名的庐枞火山岩盆地，境内地势西北高、东南低，北部为低丘漫岗、中部为丘陵岗冲，东南部为沿江洲圩。境内主要山峰有 A 山、B 山、C 山、D 山等。主要水系有 H 湖、J 湖、K 湖、G 湖、B 湖，沟汊纵横交错，湖泊星罗棋布是本地区重要的地貌特征。县域最高峰 A 山，海拔 674m；县城项目区最高峰 A 山海拔 298m；中心城区最高峰海拔 136m。整体山水呈现出“一江相伴、三洲镶嵌、五河楔网、八湖棋布、九山相依”的格局，详见图 12-16。县域边界由东、南侧的长江岸线，西侧湖泊及北侧的山脉合围而成。

图 12-16 华东某县山水格局

该县属北亚热带湿润气候区，气候特点为四季分明、日照充足、热量丰富、雨量充沛、无霜期长。全县年平均气温 16.5℃，年均降水量 1326.5mm，冬季降水量少，夏季（梅雨季）雨量集中，约占全年总量 40%。该区属亚热带季风气候区，四季分明，气候温和，雨量充沛，日照充足，无霜期长。

多年平均降水量 1359mm，多年平均水面蒸发量 1532mm。降水量年际变化较大，历年最大降水量为 2041.2mm（1954 年），年最小降水量为 756.5mm（1978 年），最大降水量是最小降水量的 2.7 倍。

12.6.2 项目范围和内容

本项目为华东某县城区水环境综合治理项目，治理水域包括城区 6 个湖泊（A 湖、B 湖、C 湖、D 湖、E 湖、F 湖）和一个圩区鱼塘（五七圩）。项目区范围大概约 $20km^2$，其中水系面积 $10km^2$，水系周边陆域面积约 $10km^2$。主要建设内容有：水利工程、水系连通工程；排水优化工程及初期雨水污染控制工程；淤泥治理工程；水环境水生态治理工程；景观工程；市政道路工程。

水利工程、水系连通工程包括：A 湖与 B 湖采用新开挖 A 河将两湖连通，A 湖与 C 湖采用箱涵连通；排水优化工程及初期雨水污染控制工程包括：新建雨水管网、污水管网；淤泥治理工程 6 个湖泊的清淤工程及污泥处理处置；水环境水生态治理工程包括 A 湖、B 湖、C 湖、D 湖、E 湖、F 湖体及湖滨带生态修复，构建水生态系统；景观工程包括河道湖泊景观设计和五七圩生态湿地公园建设；市政道路工程包括 A 路和 B 路，A 路道路设计红线宽 40m，全长 3.51km，B 路道路设计红线宽 30m，道路全长 5.9km。

12.6.3 设计依据

（1）法律法规

《中华人民共和国环境保护法》（2015）；

《中华人民共和国水污染防治法》（2008 年 2 月 28 日修订）；

《中华人民共和国固体废物污染环境防治法》（2005 年 4 月 1 日）；

《中华人民共和国森林法》（2011 年 1 月 8 日修订）；

《中华人民共和国水法》（2002）；

《中华人民共和国土地管理法》（2004 年修订）；

《中华人民共和国水土保持法》（2010）；

《中华人民共和国防洪法》（2015 年修订）。

（2）技术标准及规范

《城市生活垃圾处理及污染防治技术政策》（城建［2000］120 号）；

《城市生活垃圾卫生填埋技术规范》CJJ 17－2004；

《生活垃圾填埋污染控制标准》GB 16889－2008；

《污水综合排放标准》GB 8978；

《室外排水设计标准》GB 50014；

《城市污水处理厂污泥处置 土地改良用泥质》（修订）（2001 年版）；

《城市绿地设计规范》GB 50420。

（3）相关规划及方案

《华东某县城总体规划（2015－2030）》；

《华东某县城绿道总体规划（2013－2020）》；

《华东某县城绿地系统专项规划（2015－2030）》；

《A 湖、B 湖片区概念性规划》；

《华东某市生态控制规划》；

《华东某县城空间特色风貌规划》；

《华东某市枞阳县城市防洪规划（2016－2030）》；

《华东某县城区防洪安保工程可行性研究报告》；
《华东某县城市排水（雨水）防涝综合规划（2012－2030）》；
《华东某县城空间特色风貌规划》；
《华东某市枞阳县城市防洪规划（2016－2030）》；
《华东某县城区防洪安保工程可行性研究报告》；
《华东某县城市排水（雨水）防涝综合规划（2012－2030）》。

12.6.4 现状存在的问题

（1）防洪工程存在问题

城区及周边主要水系有 A 湖、B 湖、C 湖、D 湖、E 湖、长河、长江等。A 湖通过长 1.5km 河道经 A 湖闸与长河相连；C 湖、D 湖经 A 排涝闸站与长河相通；E 湖经 E 湖泵站和 F 湖闸与长河相通等。

（2）排涝工程存在问题

1）城区排涝体制不健全，远未形成完整的排涝体系

原有的排水体制为雨污合流制，污水直接进入相关水体，对环境的危害大。该县规划区内现有的地表水体已受到不同程度的污染，严重损害了水体的使用功能。

2）现有排水管道未经统一规划，设计不尽合理

现有的排水管道铺设没有在系统的规划指导下进行，管道铺设的随意性大，没有明确排水关系，管道可以汇集的雨水范围与其排水能力不相适应，排水走向不尽合理。规划区内大部分区域没有排水管道。

3）排水能力不足

随着县城建设规模的不断扩大和地面覆盖情况的改变，城区排水能力呈下降趋势，原有排水设施的排水能力严重不足，常常需架设临时泵站抢排城区积水。汛期外河水位较高，涝水不能自排。

（3）城市水系存在问题

从现状情况看，城区内几个湖泊均通过排涝闸等建筑物与长河或长江相通，但存在湖泊间水系相对独立，无法实现湖与湖之间的水系沟通，无法保证城区必要的景观水位，没有形成城市的活水，城市水景观水文化没有充分打造，水资源浪费严重。

12.6.5 设计原则

以治污水为总纲，全面贯彻“水安全、水资源、水环境、水生态、水景观、水智慧”的六位一体理念，以防洪排涝安全为保障，以水环境治理为重点，以新型城市化建设为亮点，以水生态保护与修复为助手，以水景观打造为提升，以流域海绵系统治理为补充，推进该县城区水环境综合治理工作。具体设计原则如下：

（1）坚持流域统筹、系统治理原则；

（2）坚持统一标准、多专业融合原则；

（3）坚持海绵 LID、立体治水原则；

（4）坚持清淤治违，畅通湖渠原则；

（5）坚持区域文化融入、滨湖景观特色化原则；

（6）坚持集约高效的空间合理开发原则。

12.6.6 设计目标

以水生态修复保护为首要目标，以精致小城、休闲慢城为核心理念，以湿地休闲度假为开发重点，以现代服务业为发展方向，通过汇聚生态游憩、文化体验、回归自然、品尚运动、湿地度假、乐活人居等多元业态，全面建设特征鲜明、总体功能完备、服务要素齐全、现代服务业活跃的生态旅游综合体，最终将其打造为体验绿色低碳健康生活的绿道公园环网，传承地方与现代文化的精致小城新名片，长三角湖泊型生态休闲旅游慢城新典范。

（1）水质目标

A 湖、B 湖：主要指标 COD_{Cr}、NH_3-N 达Ⅲ类（COD_{Cr}20mg/L、NH_3-N1.0mg/L）、TP 不大于 0.2mg/L，水体透明度不低于 0.8m，库湾区不发生藻华。

C 湖：主要指标 COD_{Cr}、NH_3-N 达Ⅲ类（COD_{Cr}20mg/L、NH_3-N1.0mg/L）、TP 不大于 0.2mg/L，水体透明度不低于 0.8m，库湾区不发生藻华。

D 湖：主要指标 COD_{Cr}、NH_3-N 达Ⅲ类（COD_{Cr}20mg/L、NH_3-N1.0mg/L）、TP 不大于 0.2mg/L，水体透明度不低于 0.8m，库湾区不发生藻华。

E 湖：主要指标 COD_{Cr}、NH_3-N 达Ⅲ类（COD_{Cr} 20mg/L、NH_3-N1.0mg/L）、TP 不大于 0.3mg/L，水体透明度不低于 0.8m，库湾区不发生藻华。

F 湖：主要指标 COD_{Cr}、NH_3-N 达Ⅲ类（COD_{Cr}20mg/L、NH_3-N1.0mg/L）、TP 不大于 0.3mg/L，水体透明度不低于 0.8m，库湾区不发生藻华。

（2）水利目标

区内湖泊水系连通，各湖泊换水周期不低于 1 年。

（3）景观目标

遵从“山、水、林、田”相互渗透的大尺度地貌形态格局，对区域进行定性、定量的分析，综合布局生态、文化、游憩、休闲、度假、基础设施等功能与场所，与整个县城共同构建良好的吃、住、行、游、购、娱系统。整个生态旅游区形成“城在景中、景在城中、城景共融”的风貌。

12.6.7 总体思路

项目以城区 6 大湖泊为主题，以城市防洪提升为前提，解决城市的水安全问题；以水系连通工程为基础，解决项目区城区 4 个湖泊季节缺水和水资源时空分配不均的问题；以水环境治理工程和水生态修复工程为保障，解决城区湖泊水质较差的问题；以结合城市各项规划发展与滨水景观优化提升的水景观工程为手段，解决城区湖泊水系与城市空间及城市发展隔离的问题，最终实现“控源截污、水质改善、景美水清、碧水长流”的终极目标。

12.6.8 工程布局

（1）水利工程

拟通过调水和循环工程，打造一条绿色生态景观长廊，将该县城环绕其中。工程措施包括开挖 A 河和对其驳岸进行打造，长约 3.6km；建设 A 河船闸 1 座，船闸与河道中心的距离为 6m，船闸纵向布置长度：上闸首 17m、下闸首 17.5m、闸室段 100m，上游主导航墙为 46m，下游主导航墙为 71m；A 湖与 C 湖用规格为 2m×2.5m 的箱涵连通，长约 600m，并设节制闸；C 湖与 D 湖采用规格为 1m×2.0m 的箱涵连通，长约 600m，并设节制闸；E 湖与 F 湖采用规格为 1.5m×2.0m 的顶管连通，长约 400m。主要水利工程技术路线及工程布局图详见图 12-17、图 12-18。

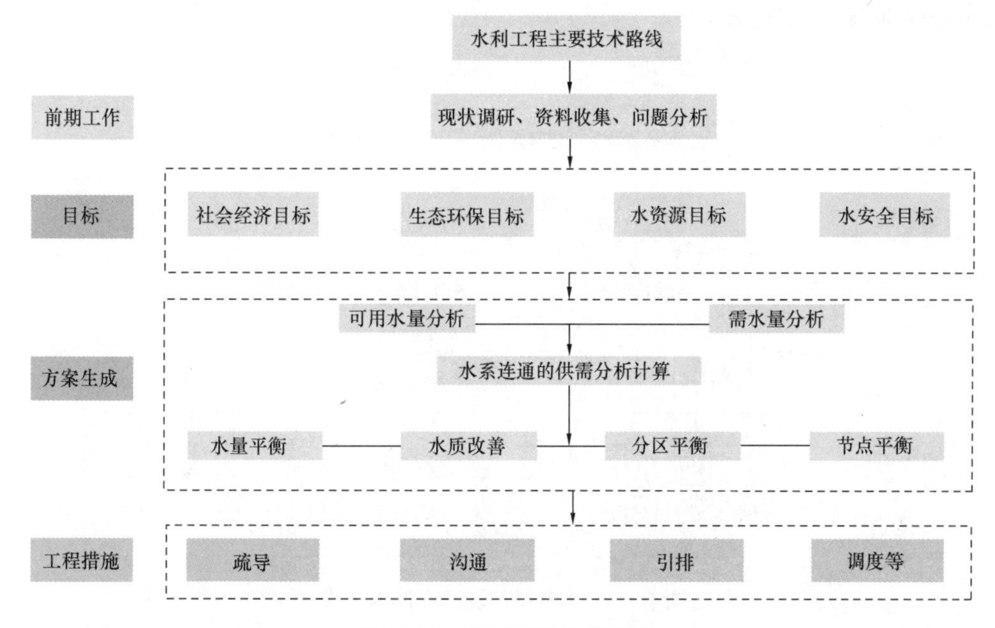

图 12-17　水利工程技术路线

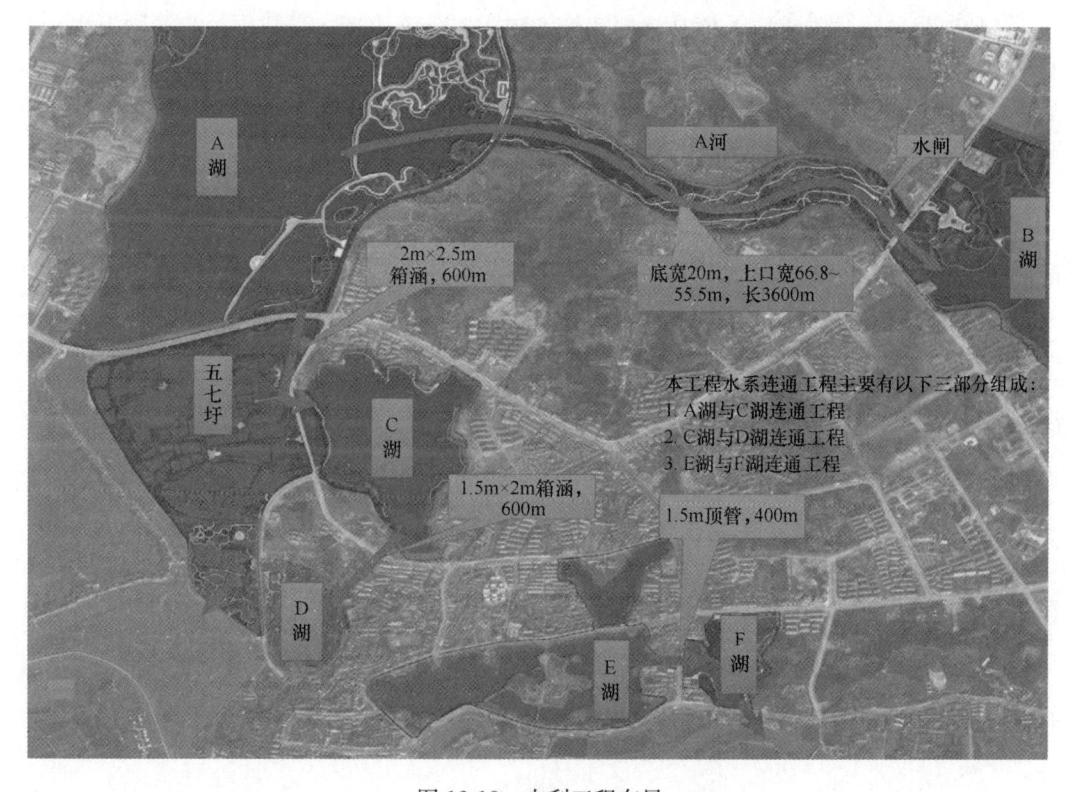

图 12-18　水利工程布局

(2) 水环境治理工程

水环境治理工程主要包括截污纳管工程、初雨净化工程和清淤工程 3 方面，其系统整治技术路线如图 12-19 所示。

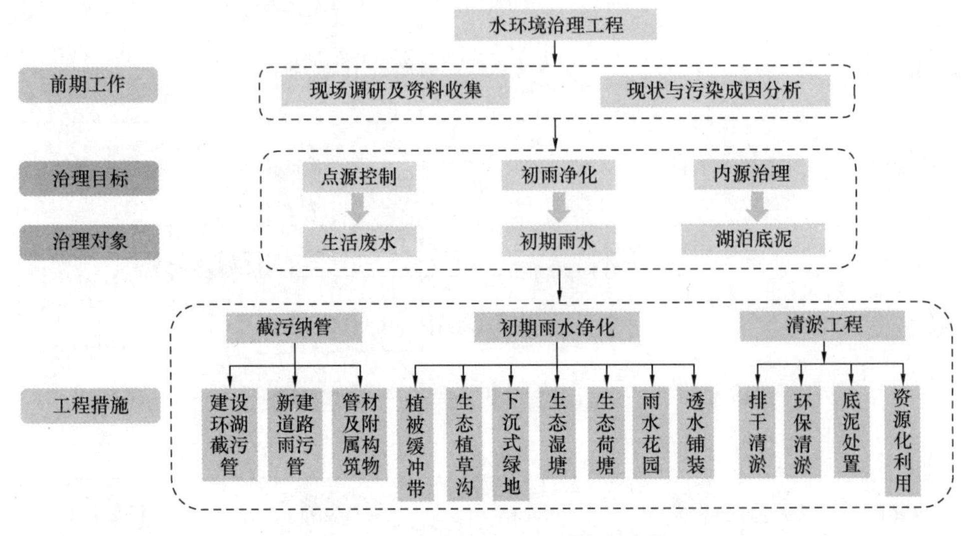

图 12-19　水环境治理工程技术路线

1) 截污纳管工程

结合项目区实际需求以及该县近期实施的雨污水分流改造、新建雨污水管网工程，本次环湖截污方案考虑新建 E 湖南岸段、正大街段、C 湖沿岸、B 路和 A 路配套污水干管五个部分，详见图 12-20。

图 12-20　截污纳管工程

2）初期雨水污染控制工程

结合该县实际需求，通过构建植被缓冲带、生态植草沟、透水铺装、生态湿塘、生态荷塘、雨水花园、下沉式绿地等技术措施对该县的初期雨水进行滞留和净化，工程布局详见图 12-21。

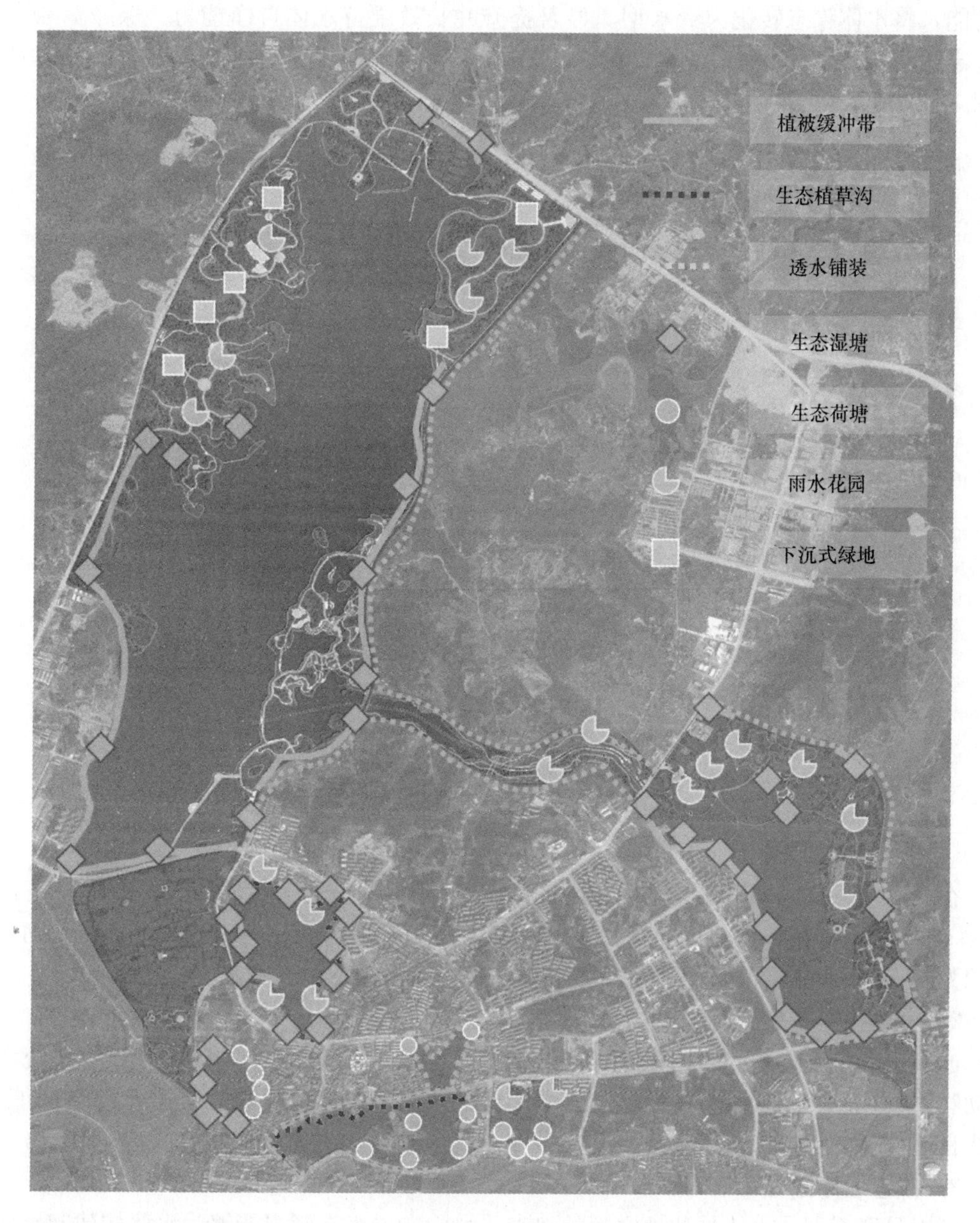

图 12-21　初期雨水污染控制工程布局

3）清淤工程

本次清淤对象为项目区内 A 湖、B 湖、C 湖、D 湖、E 湖以及 F 湖淤积污染泥层（表层浮泥＋黑臭泥层），A 湖平均清淤深度以 0.2m 计（164 万 m^3），B 湖以 0.4m 计（82 万 m^3），E 湖以 0.3m 计（16.8 万 m^3），C 湖以 0.4m 计（22.8 万 m^3），D 湖以 0.5m

计（6.65 万 m^3），F 湖以 0.6m 计（5.58 万 m^3），清淤总量为 297.83 万 m^3。

(3) 水生态修复工程

水生态修复工程措施主要包括生态湿地、全食物链生态系统构建、生态驳岸、谷坊塘坝、水动力提升等工程。通过水生态修复与构建工程可完善县城区湖泊水生态系统的结构和功能，将水体稳态转化为清水型，显著提升并长效维持水体自净能力，保障 A 湖和 B 湖稳定达到三类水标准，C 湖、D 湖、E 湖、F 湖达到地表Ⅳ类水。其系统整治技术路线如图 12-22 所示。

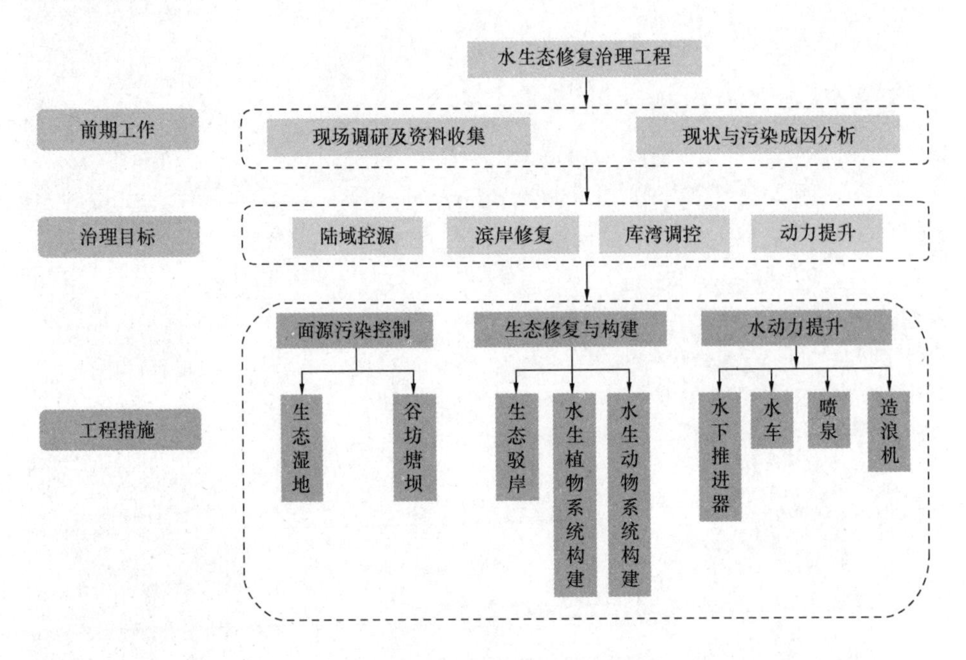

图 12-22　水生态修复工程技术路线

1) 生态湿地工程

本项目生态湿地采用表面流生态湿地，在 A 湖建设面积为 63.25hm^2，在 B 湖建设面积为 43.19hm^2，在 C 湖建设面积为 4.92hm^2，在 D 湖建设面积为 1.68hm^2，在 F 湖建设面积为 0.6hm^2，总建设面积为 113.64hm^2，工程布局详见图 12-23。

2) 全食物生态系统构建工程

通过全食物生态系统的构建形成科学配置的挺水-浮叶-沉水植物的水生植物系统和浮游动物-蚌虾-草食性鱼类-肉食性鱼类科学配比的水生动物生态系统，提升水体自净能力，形成良性循环的稳定水生态系统。

3) 生态驳岸工程

驳岸是联系湖体水体与陆地之间的纽带，科学布置生态驳岸能够为水体构建起天然的生态污染隔离带，构筑湖体污染防治的天然屏障；主要驳岸类型：草坡＋抛石驳岸建设总长度为 23.23km，木桩驳岸建设总长度为 11.15km，石笼驳岸建设总长度为 5.56km。

4) 谷坊塘坝

谷坊塘坝适宜建设在有一定坡度的山地汇流段，在该县城区 6 个湖泊中，在 A 湖、C 湖、F 湖三个湖泊当中进行谷坊塘坝的建设，达到蓄水拦砂的目的，总建设面积

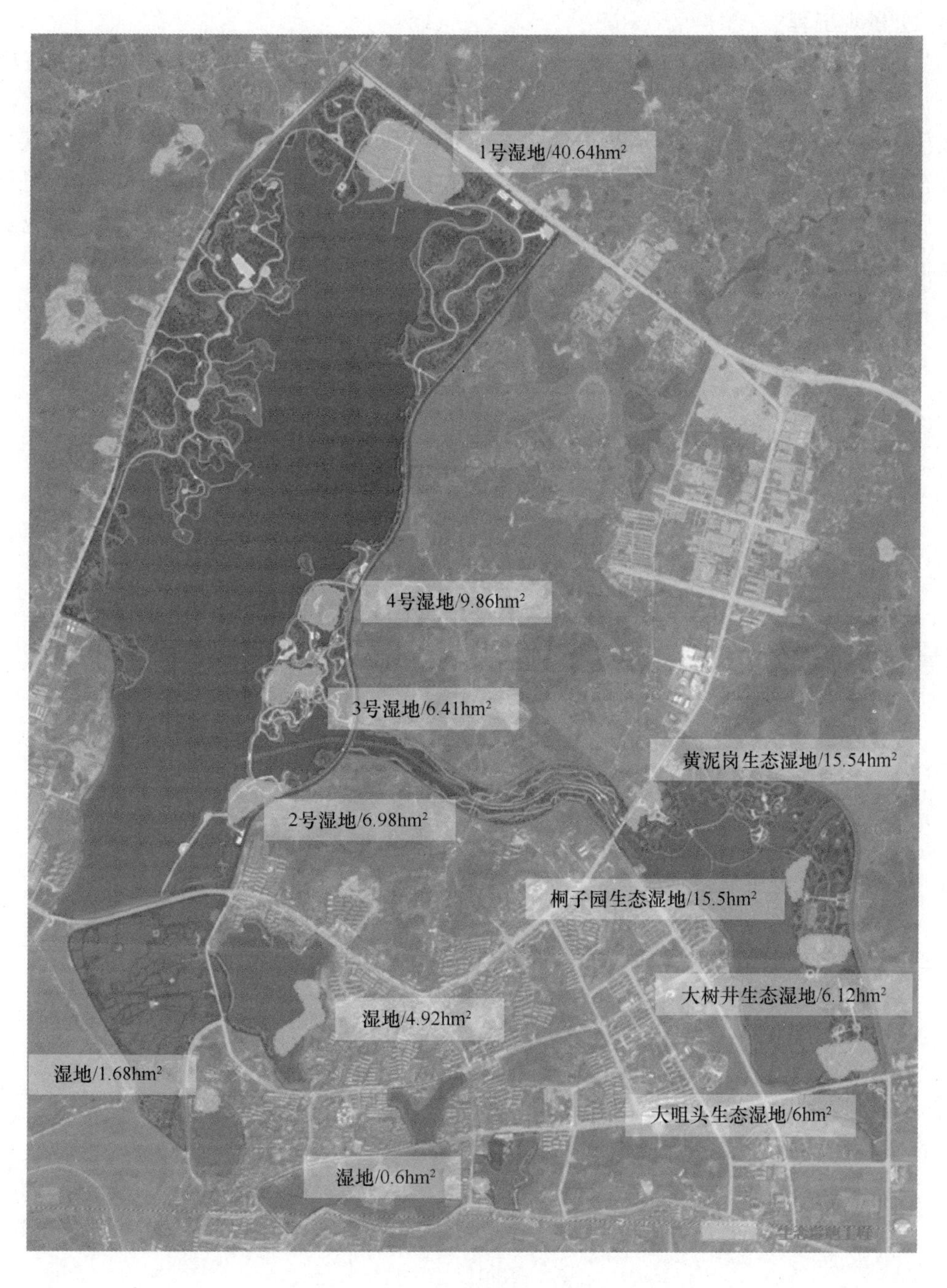

图 12-23　生态湿地工程布局

为 30.12hm²。

5）水动力提升工程

针对库湾区水动力条件较差的区域，通过设置水车、喷泉、造浪机以及水下推进器，改善水动力，提升水体流动性的同时，提升生态水景效果。总共布置生态水车 4 台，造浪机 42 台，水下推进器 178 台，景观喷泉 22 台，工程布局略。

(4) 景观工程

项目绿化景观及配套市政工程项目是建立在自然地形特征、城市发展格局、城市功能布局、绿地规划系统、地域文化特色、滨水景观现状等多方面因素综合分析的基础上，针对该县各湖泊景观系统的构建，划分为生态保育及适度开发区、城区核心公共景观区、湿地生态复育区三个区域，采用环保、新颖、生态的现代技术手法及新型材料，结合配套市政工程建设，将景观可持续性和生态性发挥到最大，建设修复建绿的城区绿廊。景观工程建设技术路线如图 12-24 所示。

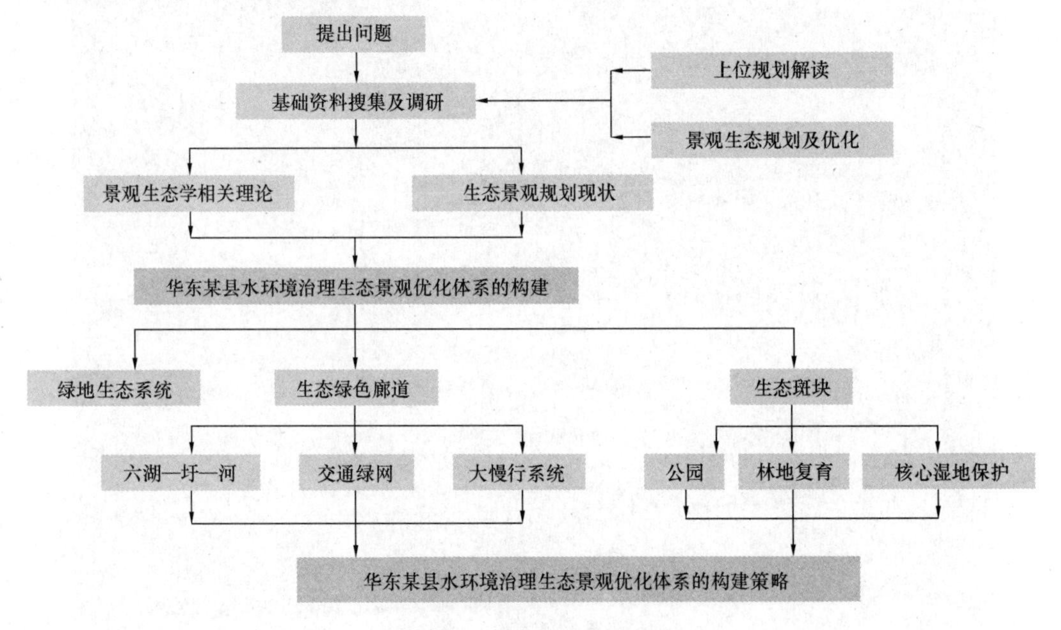

图 12-24　景观工程技术路线

附录1 《地表水环境质量标准》GB 3838－2002

地表水环境质量标准基本项目标准限值（单位：mg/L）　　附表1-1

序号	项目＼标准值＼分类		Ⅰ类	Ⅱ类	Ⅲ类	Ⅳ类	Ⅴ类
1	水温（℃）		人为造成的环境水温变化应限制在：周平均最大温升≤1；周平均最大温降≤2				
2	pH（无量纲）		6～9				
3	溶解氧	≥	饱和率90%（或7.5）	6	5	3	2
4	高锰酸盐指数	≤	2	4	6	10	15
5	化学需氧量（COD）	≤	15	15	20	30	40
6	五日生化需氧量（BOD_5）	≤	3	3	4	6	10
7	氨氮（NH_3-N）	≤	0.15	0.5	1.0	1.5	2.0
8	总磷（以P计）	≤	0.02（湖、库0.01）	0.1（湖、库0.025）	0.2（湖、库0.05）	0.3（湖、库0.1）	0.4（湖、库0.2）
9	总氮（湖、库，以N计）	≤	0.2	0.5	1.0	1.5	2.0
10	铜	≤	0.01	1.0	1.0	1.0	1.0
11	锌	≤	0.05	1.0	1.0	2.0	2.0
12	氟化物（以F^-计）	≤	1.0	1.0	1.0	1.5	1.5
13	硒	≤	0.01	0.01	0.01	0.02	0.02
14	砷	≤	0.05	0.05	0.05	0.1	0.1
15	汞	≤	0.00005	0.00005	0.0001	0.001	0.001
16	镉	≤	0.001	0.005	0.005	0.005	0.01
17	铬（六价）	≤	0.01	0.05	0.05	0.05	0.1
18	铅	≤	0.01	0.01	0.05	0.05	0.1
19	氰化物	≤	0.005	0.05	0.2	0.2	0.2
20	挥发酚	≤	0.002	0.002	0.005	0.01	0.1
21	石油类	≤	0.05	0.05	0.05	0.5	1.0
22	阴离子表面活性剂	≤	0.2	0.2	0.2	0.3	0.3
23	硫化物	≤	0.05	0.1	0.05	0.5	1.0
24	粪大肠菌群（个/L）	≤	200	2000	10000	20000	40000

集中式生活饮用水地表水源地补充项目标准限值（单位：mg/L） **附表 1-2**

序号	项目	标准值
1	硫酸盐（以 SO_4^{2-} 计）	250
2	氯化物（以 Cl^- 计）	250
3	硝酸盐（以 N 计）	10
4	铁	0.3
5	锰	0.1

集中式生活饮用水地表水源地特定项目标准限值（单位：mg/L） **附表 1-3**

序号	项目	标准值	序号	项目	标准值
1	三氯甲烷	0.06	41	丙烯酰胺	0.0005
2	四氯化碳	0.002	42	丙烯腈	0.1
3	三溴甲烷	0.1	43	邻苯二甲酸二丁酯	0.003
4	二氯甲烷	0.02	44	邻苯二甲酸二（2-乙基己基）酯	0.008
5	1,2-二氯乙烷	0.03	45	水合肼	0.01
6	环氧氯丙烷	0.02	46	四乙基铅	0.0001
7	氯乙烯	0.005	47	吡啶	0.2
8	1,1-二氯乙烯	0.03	48	松节油	0.2
9	1,2-二氯乙烯	0.05	49	苦味酸	0.5
10	三氯乙烯	0.07	50	丁基黄原酸	0.005
11	四氯乙烯	0.04	51	活性氯	0.01
12	氯丁二烯	0.002	52	滴滴涕	0.001
13	六氯丁二烯	0.0006	53	林丹	0.002
14	苯乙烯	0.02	54	环氧七氯	0.0002
15	甲醛	0.9	55	对硫磷	0.003
16	乙醛	0.05	56	甲基对硫磷	0.002
17	丙烯醛	0.1	57	马拉硫磷	0.05
18	三氯乙醛	0.01	58	乐果	0.08
19	苯	0.01	59	敌敌畏	0.05
20	甲苯	0.7	60	敌百虫	0.05
21	乙苯	0.3	61	内吸磷	0.03
22	二甲苯①	0.5	62	百菌清	0.01
23	异丙苯	0.25	63	甲萘威	0.05
24	氯苯	0.3	64	溴清菊酯	0.02
25	1,2-二氯苯	1.0	65	阿特拉津	0.003
26	1,4-二氯苯	0.3	66	苯并（a）芘	2.8×10^{-6}
27	三氯苯②	0.02	67	甲基汞	1.0×10^{-6}
28	四氯苯③	0.02	68	多氯联苯⑥	2.0×10^{-5}

续表

序号	项目	标准值	序号	项 目	标准值
29	六氯苯	0.05	69	微囊藻毒素-LR	0.001
30	硝基苯	0.017	70	黄磷	0.003
31	二硝基苯[4]	0.5	71	钼	0.07
32	2,4-二硝基甲苯	0.0003	72	钴	1.0
33	2,4,6-三硝基甲苯	0.5	73	铍	0.002
34	硝基氯苯[5]	0.05	74	硼	0.5
35	2,4-二硝基氯苯	0.5	75	锑	0.005
36	2,4-二氯苯酚	0.093	76	镍	0.02
37	2,4,6-三氯苯酚	0.2	77	钡	0.7
38	五氯酚	0.009	78	钒	0.05
39	苯胺	0.1	79	钛	0.1
40	联苯胺	0.0002	80	铊	0.0001

注：① 二甲苯：指对-二甲苯、间-二甲苯、邻-二甲苯；

② 三氯苯：指 1,2,3-三氯苯、1,2,4-三氯苯、1,3,5-三氯苯；

③ 四氯苯：指 1,2,3,4-四氯苯、1,2,3,5-四氯苯、1,2,4,5-四氯苯；

④ 二硝基苯：指对-二硝基苯、间-二硝基苯、邻-二硝基苯；

⑤ 硝基氯苯：指对-硝基氯苯、间-硝基氯苯、邻-硝基氯苯；

⑥ 多氯联苯：指 PCB-1016、PCB-1221、PCB-1232、PCB-1242、PCB-1248、PCB-1254、PCB-1260。

附录2 《地下水质量标准》GB/T 14848－2017

地下水质量常规指标及限值（单位：mg/L） 附表2-1

序号	指标	Ⅰ类	Ⅱ类	Ⅲ类	Ⅳ类	Ⅴ类
一、感官性状及一般化学指标						
1	色（铂钴色度单位）	≤5	≤5	≤15	≤25	＞25
2	嗅和味	无	无	无	无	有
3	浑浊度（NTU①）	≤3	≤3	≤3	≤10	＞10
4	肉眼可见物	无	无	无	无	有
5	pH	6.5≤pH≤8.5			5.5≤pH＜6.5 8.5＜pH≤9.0	pH＜5.5或 pH＞9.0
6	总硬度（以 $CaCO_3$ 计）（mg/L）	≤150	≤300	≤450	≤650	＞650
7	溶解性总固体（mg/L）	≤300	≤500	≤1000	≤2000	＞2000
8	硫酸盐（mg/L）	≤50	≤150	≤250	≤350	＞350
9	氯化物（mg/L）	≤50	≤150	≤250	≤350	＞350
10	铁（mg/L）	≤0.1	≤0.2	≤0.3	≤2.0	＞2.0
11	锰（mg/L）	≤0.05	≤0.05	≤0.10	≤1.50	＞1.50
12	铜（mg/L）	≤0.01	≤0.05	≤1.00	≤1.50	＞1.50
13	锌（mg/L）	≤0.05	≤0.50	≤1.00	≤5.00	＞5.00
14	铝（mg/L）	≤0.01	≤0.05	≤0.20	≤0.50	＞0.50
15	挥发性酚类（以苯酚计）（mg/L）	≤0.001	≤0.001	≤0.002	≤0.01	＞0.01
16	阴离子表面活性剂（mg/L）	不得检出	≤0.1	≤0.3	≤0.3	＞0.3
17	耗氧量（COD_{Mn}法，以 O_2 计）（mg/L）	≤1.0	≤2.0	≤3.0	≤10.0	＞10.0
18	氨氮（以N计）（mg/L）	≤0.02	≤0.10	≤0.50	≤1.50	＞1.50
19	硫化物（mg/L）	≤0.005	≤0.01	≤0.02	≤0.10	＞0.10
20	钠（mg/L）	≤100	≤150	≤200	≤400	＞400
二、微生物指标						
21	总大肠菌群（MPN②/100mL或CFU③/100mL）	≤3.0	≤3.0	≤3.0	≤100	＞100
22	菌落总数（CFU/mL）	≤100	≤100	≤100	≤1000	＞1000
三、毒理指标						
23	亚硝酸盐（以N计）（mg/L）	≤0.01	≤0.10	≤1.00	≤4.80	＞4.80
24	硝酸盐（以N计）（mg/L）	≤2.0	≤5.0	≤20.0	≤30.0	＞30.0

续表

序号	指标	Ⅰ类	Ⅱ类	Ⅲ类	Ⅳ类	Ⅴ类
25	氰化物（mg/L）	≤0.001	≤0.01	≤0.05	≤0.1	>0.1
26	氟化物（mg/L）	≤1.0	≤1.0	≤1.0	≤2.0	>2.0
27	碘化物（mg/L）	≤0.04	≤0.04	≤0.08	≤0.50	>0.50
28	汞（mg/L）	≤0.0001	≤0.0001	≤0.001	≤0.002	>0.002
29	砷（mg/L）	≤0.001	≤0.001	≤0.01	≤0.05	>0.05
30	硒（mg/L）	≤0.01	≤0.01	≤0.01	≤0.1	>0.1
31	镉（mg/L）	≤0.0001	≤0.001	≤0.005	≤0.01	>0.01
32	铬（六价）（mg/L）	≤0.005	≤0.01	≤0.05	≤0.10	>0.10
33	铅（mg/L）	≤0.005	≤0.005	≤0.01	≤0.10	>0.10
34	三氯甲烷（μg/L）	≤0.5	≤6	≤60	≤300	>300
35	四氯化碳（μg/L）	≤0.5	≤0.5	≤2.0	≤50.0	>50.0
36	苯（μg/L）	≤0.5	≤1.0	≤10.0	≤120	>120
37	甲苯（μg/L）	≤0.5	≤140	≤700	≤1400	>1400
四、放射性指标④						
38	总α放射性（Bq/L）	≤0.1	≤0.1	≤0.5	>0.5	>0.5
39	总β放射性（Bq/L）	≤0.1	≤1.0	≤1.0	>1.0	>1.0

注：① NTU 为散射浊度单位；

② MPN 表示最可能数；

③ CFU 表示菌落形成单位；

④ 放射性指标超过指导值，应进行核素分析和评价。

地下水质量非常规指标及限值（单位：mg/L）　　**附表 2-2**

序号	指标	Ⅰ类	Ⅱ类	Ⅲ类	Ⅳ类	Ⅴ类
毒理指标						
1	铍（mg/L）	≤0.0001	≤0.0001	≤0.002	≤0.06	>0.06
2	硼（mg/L）	≤0.02	≤0.10	≤0.50	≤2.00	>2.00
3	锑（mg/L）	≤0.0001	≤0.0005	≤0.005	≤0.01	>0.01
4	钡（mg/L）	≤0.01	≤0.10	≤0.70	≤4.00	>4.00
5	镍（mg/L）	≤0.002	≤0.002	≤0.02	≤0.10	>0.10
6	钴（mg/L）	≤0.005	≤0.005	≤0.05	≤0.10	>0.10
7	钼（mg/L）	≤0.001	≤0.01	≤0.07	≤0.15	>0.15
8	银（mg/L）	≤0.001	≤0.01	≤0.05	≤0.10	>0.10
9	铊（mg/L）	≤0.0001	≤0.0001	≤0.0001	≤0.001	>0.001
10	二氯甲烷（μg/L）	≤1	≤2	≤20	≤500	>500
11	1,2-二氯乙烷（μg/L）	≤0.5	≤3.0	≤30.0	≤40.0	>40.0
12	1,1,1-三氯乙烷（μg/L）	≤0.5	≤400	≤2000	≤4000	>4000
13	1,1,2-三氯乙烷（μg/L）	≤0.5	≤0.5	≤5.0	≤60.0	>60.0

续表

序号	指标	Ⅰ类	Ⅱ类	Ⅲ类	Ⅳ类	Ⅴ类
14	1,2-二氯丙烷（μg/L）	≤0.5	≤0.5	≤5.0	≤60.0	>60.0
15	三溴甲烷（μg/L）	≤0.5	≤10.0	≤100	≤800	>800
16	氯乙烯（μg/L）	≤0.5	≤0.5	≤5.0	≤90.0	>90.0
17	1,1-二氯乙烯（μg/L）	≤0.5	≤3.0	≤30.0	≤60.0	>60.0
18	1,2-二氯乙烯（μg/L）	≤0.5	≤5.0	≤50.0	≤60.0	>60.0
19	三氯乙烯（μg/L）	≤0.5	≤7.0	≤70.0	≤210	>210
20	四氯乙烯（μg/L）	≤0.5	≤4.0	≤40.0	≤300	>300
21	氯苯（μg/L）	≤0.5	≤60.0	≤300	≤600	>600
22	邻二氯苯（μg/L）	≤0.5	≤200	≤1000	≤2000	>2000
23	对二氯苯（μg/L）	≤0.5	≤30.0	≤300	≤600	>600
24	三氯苯（总量）（μg/L）①	≤0.5	≤4.0	≤20.0	≤180	>180
25	乙苯（μg/L）	≤0.5	≤30.0	≤300	≤600	>600
26	二甲苯（总量）（μg/L）②	≤0.5	≤100	≤500	≤1000	>1000
27	苯乙烯（μg/L）	≤0.5	≤2.0	≤20.0	≤40.0	>40.0
28	2,4-二硝基甲苯（μg/L）	≤0.1	≤0.5	≤5.0	≤60.0	>60.0
29	2,6-二硝基甲苯（μg/L）	≤0.1	≤0.5	≤5.0	≤30.0	>30.0
30	萘（μg/L）	≤1	≤10	≤100	≤600	>600
31	蒽（μg/L）	≤1	≤360	≤1800	≤3600	>3600
32	荧蒽（μg/L）	≤1	≤50	≤240	≤480	>480
33	苯并（b）荧蒽（μg/L）	≤0.1	≤0.40	≤4.0	≤8.0	>8.0
34	苯并（a）芘（μg/L）	≤0.002	≤0.002	≤0.01	≤0.50	>0.50
35	多氯联苯（总量）（μg/L）③	≤0.05	≤0.05	≤0.50	≤10.0	>10.0
36	邻苯二甲酸二（2-乙基己基）酯（μg/L）	≤3	≤3	≤8.0	≤300	>300
37	2,4,6-三氯酚（μg/L）	≤0.05	≤20.0	≤200	≤300	>300
38	五氯酚（μg/L）	≤0.05	≤0.90	≤9.00	≤18.0	>18.0
39	六六六（总量）（μg/L）④	≤0.01	≤0.50	≤5.00	≤300	>300
40	γ-六六六（林丹）（μg/L）	≤0.01	≤0.20	≤2.00	≤150	>150
41	滴滴涕（总量）（μg/L）⑤	≤0.01	≤0.10	≤1.00	≤2.00	>2.00
42	六氯苯（μg/L）	≤0.01	≤0.10	≤1.00	≤2.00	>2.00
43	七氯（μg/L）	≤0.01	≤0.04	≤0.40	≤0.80	>0.80
44	2,4-滴（μg/L）	≤0.1	≤6.0	≤30.0	≤150	>150
45	克百威（μg/L）	≤0.05	≤1.40	≤7.00	≤14.0	>14.0
46	涕灭威（μg/L）	≤0.05	≤0.60	≤3.00	≤30.0	>30.0
47	敌敌畏（μg/L）	≤0.05	≤0.10	≤1.00	≤2.00	>2.00
48	甲基对硫磷（μg/L）	≤0.05	≤4.00	≤20.0	≤40.0	>40.0
49	马拉硫磷（μg/L）	≤0.05	≤25.0	≤250	≤500	>500

续表

序号	指标	Ⅰ类	Ⅱ类	Ⅲ类	Ⅳ类	Ⅴ类
50	乐果（μg/L）	≤0.05	≤16.0	≤80.0	≤160	>160
51	毒死蜱（μg/L）	≤0.05	≤6.00	≤30.0	≤60.0	>60.0
52	百菌清（μg/L）	≤0.05	≤1.00	≤10.0	≤150	>150
53	秀去津（μg/L）	≤0.05	≤0.40	≤2.00	≤600	>600
54	草甘膦（μg/L）	≤0.1	≤140	≤700	≤1400	>1400

注：① 三氯苯（总量）为 1,2,3-三氯苯、1,2,4-三氯苯、1,3,5-三氢苯 3 种异构体加和；

② 二甲苯（总量）为邻二甲苯、间二甲苯、对二甲苯 3 种异构体加和；

③ 多氯联苯（总量）为 PCB28、PCB52、PCB101、PCB118、PCB138、PCB153、PCB180、PCB194、PCB206 9 种多氯联苯单体加和；

④ 六六六（总量）为 α-六六六、β-六六六、γ-六六六、δ-六六六 4 种异构体加和；

⑤ 滴滴涕（总量）为 o,p'-滴滴滴、o,p'-滴滴伊、o,p'-滴滴涕、p,p'-滴滴涕 4 种异构体加和。

附录 3 《生活饮用水水源水质标准》CJ/T 3020－1993

生活饮用水水源水质标准　　　　附表 3-1

序号	项目	标准限值	
		一级	二级
1	色	色度不超过 15 度，并不得呈现其他异色	不应有明显的其他异色
2	浑浊度（度）	≤3	
3	嗅和味	不得有异臭、异味	不应有明显的异臭、异味
4	pH	6.5～8.5	6.5～8.5
5	总硬度（以碳酸钙计）(mg/L)	≤350	≤450
6	溶解铁（mg/L）	≤0.3	≤0.5
7	锰（mg/L）	≤0.1	≤0.1
8	铜（mg/L）	≤1.0	≤1.0
9	锌（mg/L）	≤1.0	≤1.0
10	挥发酚（以苯酚计）(mg/L)	≤0.002	≤0.004
11	阴离子合成洗涤剂（mg/L）	≤0.3	≤0.3
12	硫酸盐（mg/L）	<250	<250
13	氯化物（mg/L）	<250	<250
14	溶解性总固体（mg/L）	<1000	<1000
15	氟化物（mg/L）	≤1.0	≤1.0
16	氰化物（mg/L）	≤0.05	≤0.05
17	砷（mg/L）	≤0.05	≤0.05
18	硒（mg/L）	≤0.01	≤0.01
19	汞（mg/L）	≤0.001	≤0.001
20	镉（mg/L）	≤0.01	≤0.01
21	铬（六价）(mg/L)	≤0.05	≤0.05
22	铅（mg/L）	≤0.05	≤0.07
23	银（mg/L）	≤0.05	≤0.05
24	铍（mg/L）	≤0.0002	≤0.0002
25	氨氮（以 N 计）(mg/L)	≤0.5	≤1.0
26	硝酸盐（以 N 计）(mg/L)	≤10	≤20
27	耗氧量（$KMnO_4$法）(mg/L)	≤3	≤6
28	苯并（α）芘（μg/L）	≤0.01	≤0.01
29	滴滴涕（μg/L）	≤1	≤1

续表

序号	项目	标准限值	
		一级	二级
30	六六六（μg/L）	≤5	≤5
31	百菌清（mg/L）	≤0.01	≤0.01
32	总大肠菌群（个/L）	≤1000	≤10000
33	总α放射性（Bq/L）	≤0.1	≤0.1
34	总β放射性（Bq/L）	≤1	≤1

附录4 《饮用水水质准则》（WHO-第4版）

饮用水水质准则值（WHO-第4版） **附表4-1**

序号	指标	准则值（mg/L）	备注
1	苯（Benzene）	0.01[b]	
2	甲苯（Toluene）	0.7（C）	
3	乙苯（Ethylbenzene）	0.3（C）	
4	二甲苯（类）（Xylenes）	0.5（C）	
5	苯乙烯（Styrcnc）	0.02（C）	
6	一溴二氯甲烷（Bromodichloromethane）	0.06[b]	
7	溴仿（Bromoform）	0.1	
8	四氯化碳（Carbontetrachloride）	0.004	
9	1,2-二氯乙烷（1,2-Dichloroethane）	0.03[b]	
10	1,2-二氯乙烯（1,2-Dichloroethene）	0.05	
11	二氯甲烷（Dichloromethane）	0.02	
12	1,2-二氯丙烷（Dichloropropane（1,2-（1,2-DCP）））	0.04（P）	
13	1,3-二氯丙烯（1,3-Dichloropropene）	0.02[b]	
14	二溴氯甲烷（Dibromochloromethane）	0.1	
15	四氯乙烯（Tetrachloroethene）	0.04	
16	氯乙烯（Vinylchloride）	0.0003[b]	
17	三卤甲烷（Trihalomethanes）		各组分浓度与各自准则值的比值之总和≤1
18	三氯乙烯（trichloroethene）	0.02（P）	
19	1,2-二溴-3-氯丙烷（1,2-Dibromo-3-chloropropane）	0.001[b]	
20	1，2-二溴乙烷（1,2-Dibromoethane）	0.0004[b]（P）	
21	氯仿（Chloroform）	0.3	
22	1，2-二氯苯（1,2-Dichlorobenzene）	1（C）	
23	1，4-二氯苯（1,4-Dichlorobenzene）	0.3（C）	
24	五氯酚（Pentachlorophenol）	0.009[b]（P）	
25	2,4,6-三氯酚(2,4,6-Trichlorophenol)	0.2[b]（C）	
26	苯并（a）芘（Benzo [a] Kpyrene）	0.0007[b]Boron	
27	滴灭威（Aldicarb）	0.01	用于砜与亚砜化合物

续表

序号	指标	准则值 (mg/L)	备注
28	艾氏剂和异艾氏剂（Aldrin & dieldrin）	0.00003	两者之和
29	甲草胺/草不绿（Alachlor）	0.02^{b}	
30	莠去津及代谢产物	0.1	
31	毒死蜱（Chlorpyrifos）	0.03	
32	呋喃丹/卡巴呋喃/克百威（Carbofuran）	0.007	
33	氯丹（Chlordane）	0.0002	
34	异狄氏剂（Endrin）	0.0006	
35	西玛津/西玛三嗪（Simazine）	0.002	
36	滴滴涕和代谢物（DDTandmetabolites）	0.001	
37	2，4-滴丙酸（Dichloroprop）	0.1	
38	林旦/林丹/高丙体666（Lindane）	0.002	
39	禾草特/环草丹/草达灭（Molinate）	0.006	
40	2,4,5-涕(2,4,5-T)	0.009	
41	乐果（Dimethoate）	0.006	
42	甲氧滴滴涕（Methoxychlor）	0.02	
43	佛乐灵（Triflualin）	0.02	
44	氰乙酰肼/氰草津（Cyanazine）	0.0006	
45	异丙甲草安（Metolachlor）	0.01	
46	二甲戊乐灵（Pendimethalin）	0.02	
47	丙烯酰胺（Acrylamide）	0.0005^{b}	
48	2，4-滴（2,4-二氯酚羟基醋酸）[2,4-D(2,4-dichloro-phenoxy-aceticacid)]	0.03	用于游离酸
49	丁基-2,4-二氯酚羟基醋酸（2,4-DB）	0.09	
50	二（2-乙基）邻苯二甲酸盐（或酯）(Di（2-ethylhexyl）phthalate)	0.008	
51	1,4-二噁烷/1,4-二氧杂环乙烷（1,4-Dioxane）	0.05^{b}	
52	三氯醋酸盐（Trichloroacetate）	0.2	
53	二甲基亚硝胺（N-Nitrosodimethlamine）	0.0001	
54	EDTA/乙二胺四乙酸（Edeticacid（EDTA））	0.6	用于游离酸
55	次氨基三乙酸（NTA）（Nitrilotriaceticacid（NTA））	0.2	
56	特丁律（Terbuthylazine）	0.007	
57	环氧氯丙烷/表氯醇（Epichlorohydrin）	0.0004（P）	

续表

序号	指标	准则值（mg/L）	备注
58	2,4,5-涕丙酸（Fenoprop）	0.009	
59	六氧丁二烯（Hexachlorobutadiene）	0.0006	
60	异丙隆（Isoproturon）	0.009	
61	2-甲基-4-氯苯氧基乙酸（MCPA）	0.002	
62	2-甲基-4-氯丙酸（Mecoprop）	0.01	
63	锑（Antimony）	0.02	
64	砷（Arsenic）	0.01（A，T）	
65	钡（Barium）	0.7	
66	硼（boron）	2.4	
67	溴酸盐（Bromate）	0.01[b]（A，T）	
68	镉（Cadmium）	0.003	
69	氯酸盐（Chlorate）	0.7（D）	
70	氯（Chlorine）	5（C）	用于有效消毒，在 pH<8.0 时，至少接触 30min，游离氯≥0.5mg/L
71	亚氯酸盐（Chlorite）	0.7（D）	
72	氯麦隆（Chlorotoluron）	0.03	
73	铬（Chromium）	0.05（P）	总铬
74	铜（Copper）	2	低于此值时所洗衣物和卫生洁具有可能着色
75	铅（Lead）	0.01（A，T）	
76	氟化物（Fluoride）	1.5	设定国家标准时应考虑饮水量和其他来源的摄入量
77	硒（Selenium）	0.04（P）	
78	铀（Uranium）	0.03（P）	只涉及铀的化学性质
79	汞（Mercury）	0.006	无机汞
80	镍（Nichel）	0.07	
81	硝酸盐（以 NO_3^- 计）（Nitrate）	50	短期暴露
82	钠（Sodium）	50	用于二氯异尿酸钠
83	二氯异氰尿酸盐（Dichloroisocyanurate）	40	用于三聚氰酸
84	亚硝酸盐（以 NO_2^- 计）（Nitrite）	3 0.2（P）	短期暴露 长期暴露
85	一氯胺（Monochloramine）	3	
86	一氯醋酸盐（Monochloroacetate）	0.02	
87	二溴乙腈（Dibromoacetonitrile）	0.07	
88	二氯乙酸（Dichloroacetate）	0.05[b]（D）	

续表

序号	指标	准则值（mg/L）	备注
89	二氯乙腈（Dichloroacetonitrile）	0.02（P）	
90	三氯乙酸盐（Trichloroacetate）	0.2	
91	微囊藻毒素-LR（Microcystin-LR）	0.001（P）	总量（游离和细胞结合的）

注：1. P—暂定准则值，针对有毒性但尚无足够证据判断其对人体健康危害的项目；

T—暂定准则值，针对监测数据通常低于指标值的项目，包括水源水；

A—暂定准则值，针对指标值低于实际定量分析限度的项目；

D—暂定准则值，针对经水的消毒可能导致浓度超标的项目；

C—暂定准则值，针对浓度虽不大于准则值，但已能使水的外观、味道和气味改变，引起消费者投诉的项目。

2. [b]考虑作为致癌物，其准则值是指在一般寿命的上限值期间发生癌症危险为 10^{-5}时饮水中致癌物（每 100000 人口饮用准则值浓度的水在 70 年间增加 1 例癌症）的浓度。危险为 10^{-4}或 10^{-6}时的浓度值可通过将该准则值乘以 10 或除以 10 计算获得。

附录5 《饮用水水质标准与健康建议》(USEPA－2011)

美国第一类饮用水标准（USEPA－2011） **附表 5-1**

序号	指 标	标准（mg/L）		致癌分类	说明
		MCLG	MCL		
一、化合物					
1	苯（Benzene）	0	0.005	H	苯系物
2	甲苯（Toluene）	1	1	I	
3	乙苯（Ethylbenzene）	0.7	0.7	D	
4	二甲苯（Xylenes）	10	10	I	
5	苯乙烯（Styrene）	0.1	0.1	C	
6	四氯化碳（Carbontetrachloride）	0	0.005	L	卤代烃类
7	二溴氯丙烷（Dibromochloropropane-DBCP）	0	0.0002	B2	
8	1,2-二氯乙烷（1,2-Dichloroethane）	0	0.005	B2	
9	1,1-二氯乙烯（1,1-Dichloroethylene）	0.007	0.007	S	
10	顺-1,2-二氯乙烯（cis-1,2-Dichloroethylene）	0.07	0.07	I	
11	转-1,2-二氯乙烯（tran-1,2-Dichloroethylene）	0.1	0.1	I	
12	二氯甲烷（Dichloromethane）	0	0.005	B2	
13	1,2-二氯丙烷（1,2-Dichloropropane）	0	0.005	B2	
14	二溴乙烯（Ethylenedibromide）	0	0.00005	L	
15	1,1,1-三氯乙烷（1,1,1-Trichloroethane）	0.2	0.2	I	
16	1,1,2-三氯乙烷（1,1,2-Trichloroethane）	0.003	0.005	C	
17	三氯乙烯（Trichloroethylene）[a]	0	0.005	B2	
18	氯乙烯（Vinylchloride）	0	0.002	H	
19	六氯代环戊乙烯（Hexachlorocyclpentadiene）	0.05	0.05	N	
20	四氯乙烯（Tetrachloroethylene）[a]	0	0.005	—	
21	氯苯（Monochlorobenzene）	0.1	0.1	D	氯代苯类
22	邻二氯苯（o-Dichlorobenzene）	0.6	0.6	D	
23	对二氯苯（p-Dichlorobenzene）	0.075	0.075	C	
24	六氯苯（Hexachlorobenzene）	0	0.001	B2	
25	1,2,4-三氯苯（1,2,4-Trichlorobenzene）	0.07	0.07	D	
26	多氯联苯（Polychlorinatedbiphenyls-PCBS）	0	0.0005	B2	多氯联苯（PCBs）
27	毒杀芬（Toxaphene）	0	0.003	B2	
28	2,3,7,8-四氯二苯并-p-二噁英［2,3,7,8-TCDD（DioXin）］	0	3×10^{-8}	B2	

续表

序号	指 标	标准（mg/L）		致癌分类	说明
		MCLG	MCL		
29	五氯酚（Pentachlorophenol）	0	0.001	L	酚类
30	苯并（a）芘（Benzo（a）pyrene）	0	0.0002	B2	多环芳烃（PAHs）
31	氯丹（Chlordane）	0	0.002	B2	有机农药
32	2,4-滴（2,4-Dichlorophenoxyacetic）	0.07	0.07	D	
33	甲草胺（Alachlor）	0	0.002	B2	
34	克百威（Carbofuran）	0.04	0.04	N	
35	地乐酚（Dinoseb）	0.007	0.007	D	
36	茅草枯（Dalapon sodium salt）	0.2	0.2	D	
37	阿特拉津（Atrazine）	0.003	0.003	N	
38	异狄氏剂（Endrin）	0.002	0.002	D	
39	敌草快（Diquat）	0.02	0.02	E	
40	草甘膦（Glyphosate）	0.7	0.7	D	
41	林丹（Lindane）	0.0002	0.0002	S	
42	七氯（Heptachlor）	0	0.0004	B2	
43	西玛嗪（Simazine）	0.004	0.004	N	
44	甲氧滴滴涕（Methoxychlor）	0.04	0.04	D	
45	毒锈定（Picloram）	0.5	0.5	D	
46	草氨酰［Oxamyl（Vydate）］（杀线威）	0.2	0.2	N	
47	草藻灭（Endothall）	0.1	0.1	N	
48	七氯环氧化物（Heptachlorepoxide）	0	0.0002	B2	
49	2,4,5-涕丙酸（2,4,5-TP（Silvex））	0.05	0.05	D	
50	涕灭威（Aldicarb[b]）	0.001	0.003	D	
51	涕灭威砜（Aldicarb sulfone[b]）	0.001	0.002	D	
52	涕灭威亚砜（Aldicarb sulfoxide[b]）	0.001	0.004	D	
53	氯仿（Chloroform（THM））	0.07	0.08[c]	L/N	三卤化物（THM）
54	溴二氯甲烷（Bromodichloromethane（THM））	0	0.08[c]	L	
55	三溴甲烷（Bromoform（THM））	0	0.08[c]	L	
56	二溴氯甲烷（Dibromochloromethane（THM））	0.06	0.08[c]	S	
57	二（2-乙基己基）已二酸（盐）（Di［2-ethylhexyl］adipate）	0.4	0.4	C	其他有机化合物
58	二（2-乙基己基）邻苯二甲酸酯［Di（2-ethylhexyl）phthlate］	0	0.006	B2	
59	丙烯酰胺（Acrylamide）	0	TT[d]	L	
60	一氯乙酸（Monochloroacetic acid）	0.03	0.06[e]	I	
61	二氯乙酸（Dichloroacetic acid）	0	0.06[e]	L	
62	三氯乙酸（Trichloroacetic acid）	0.02	0.06[f]	S	
63	环氧氯丙烷（Epichlorohydrin）	0	TT[f]	B2	

续表

序号	指 标	标准（mg/L）		致癌分类	说明
		MCLG	MCL		
64	锑（Sb）	0.006	0.006	D	
65	砷（As）	—	0.05	A	
66	石棉平均纤长/L>10μm	7MFL[g]	7MFL[g]	A[h]	
67	钡（Ba）	2	2	N	
68	铍（Be）	0.004	0.004	—	
69	镉（Cd）	0.005	0.005	D	
70	溴酸盐（Bromate）	0	0.01	B2	
71	氯胺（Chloramine[i]）	4	4	—	
72	氯（Chlorine）	4	4	D	
73	二氧化氯（Chlorine dioxide）	0.8	0.8	D	
74	亚氯酸盐（Chlorite）	0.8	1	D	无机组分
75	总铬（Cr）	0.1	0.1	D	
76	铜（Cu）（在水龙头处）	1.3	TT[j]	D	
77	氰化物（CN）	0.2	0.2	I	
78	氟（F）	4	4	—	
79	铅（Pb）（在水龙头处）	0	TT[j]	B2	
80	汞（无机的）（Hg）	0.002	0.002	D	
81	镍（Ni）	0.1	0.1	D	
82	硝酸根+亚硝酸根（以N计）（NO_3^--N+NO_2^--N）	10	10	—	
83	硒（Se）	0.05	0.05	D	
84	铊（Th）	0.0005	0.002	I	
85	总α粒子活性	0	15pCi/L	A	
86	$^{A226}R+^{228}R$	0	5pCi/L	A	
87	β粒子和光子活性	0	4mrem/a	A	放射性核素
88	氡（Radon）	0	300，最大400pCi/L	A	
89	铀（Uranium）	0	0.03	A	
	二、微生物				
90	蓝氏贾第氏鞭毛虫	—	TT*		
91	异养菌总数	未定	TT*		

续表

序号	指 标	标准（mg/L）		致癌分类	说明
		MCLG	MCL		
92	军团菌	0	TT*		
93	总大肠杆菌	0	5.0%**		
94	浊度	未定	TT*		
95	病毒	0	TT*		

注：① MCLG-污染物最大浓度目标，它是防止不良人类健康影响具有足够安全范围的非强制性饮用水污染物浓度；MCL-污染物最大浓度，输送至公共供水用户水中污染物最高允许浓度。

② 致癌分类-A类为致癌物，有足够的流行病学证据支持吸入该污染物和致癌之间的关系；B类为很可能的致癌物，流行病学证据有限（B1），动物致癌证据充足（B2）；C类为可能的致癌物，动物致癌证据不多，人类致癌证据缺乏或无资料；D类为不能进行致癌分类的组分，动物或人类的致癌证据均缺乏或无资料；E类为无致癌证据的组分，至少在不同种属的两个充分的动物实验中无致癌证据，或者在充分的流行病学调查和动物实验中无致癌证据；

就一种人类致癌剂的可能性和过量时可以引发癌症的情况进行定性权重描述时推荐的描述术语为：H为对人类致癌性的；L为很可能对人致癌性的；L/N为超过一个指定的剂量可能会致癌，但在这个剂量以下不可能会致癌，这是因为肿瘤在这个剂量下不会形成；S为致癌潜力具有启发性证据的；I为评估致癌潜力的信息不充分的；N为对人不可能有致癌性的。

③ [a]审定中；

[b]由于相似的作用方式，这三种化合物中的两种以上的任何组合，其MCL值都不得超过0.007mg/L；

[c]1998年消毒剂和消毒副产物最终规定，三卤甲烷总量为0.08mg/L；

[d]当饮水系统中采用丙烯酰胺时，在投加剂量1mg/L，其化合物（或产物）和单位体含量不能超过相当于含有0.05%单体的聚丙烯酰胺聚合物；

[e]1998年消毒剂和消毒副产物最终规定，五种卤代乙酸的总量为0.06mg/L；

[f]当饮水系统中采用氯环氧丙烷时，在投加计量20mg/L，其化合物（或产物）和单体含量不能超过相当于含有0.01%单体的以氯环氧丙烷为基础的聚合物的含量；

[g]MFL＝百万纤维每升；

[h]基于吸入暴露的致癌性；

[i]氯胺，以游离氯计；

[j]铜和铅的影响浓度分别为1.3mg/L和0.015mg/L。

④* 过滤系统必须去除99%隐孢子虫；杀死或灭活99.9%蓝氏贾第鞭毛虫，杀死或灭活99.99%病毒；控制异养菌总数小于500个/mL；对军团菌未列限制，EPA认为，如果贾第鞭毛虫和病毒被灭活，则其已得到控制；任何时间浊度不得超过5NTU。

⑤** 每月总大肠杆菌阳性水样不超过5%。含有总大肠菌的水样要分析粪型大肠杆菌，粪型大肠杆菌不允许存在。

美国第二类饮用水标准（USEPA-2011）　　**附表 5-2**

序号	指标	类型	最大浓度（mg/L）
1	Al	F	0.05～0.2
2	Cl^-	F	250
3	色度	F	15单位
4	Cu	F	1.0
5	腐蚀性	F	无腐蚀性

续表

序号	指标	类型	最大浓度（mg/L）
6	F	F	2.0
7	发泡剂	F	0.5
8	Fe	F	0.3
9	Mn	F	0.05
10	气味	F	3 单位
11	pH	F	6.58.5
12	Ag	F	0.1
13	SO_4^{2-}	F	250
14	TDS	F	500
15	Zn	F	5

附录6 《生活饮用水卫生标准》GB 5749-2022

生活饮用水水质常规指标及限值（单位：mg/L） 附表 6-1

序号	指标	限值
	一、微生物指标	
1	总大肠菌群（MPN/100mL 或 CFU/100mL）①	不应检出
2	大肠埃希氏菌（MPN/100mL 或 CFU/100mL）①	不应检出
3	菌落总数（MPN/mL 或 CFU/mL）②	100
	二、毒理指标	
4	砷（mg/L）	0.01
5	镉（mg/L）	0.005
6	铬（六价）（mg/L）	0.05
7	铅（mg/L）	0.01
8	汞（mg/L）	0.001
9	氰化物（mg/L）	0.05
10	氟化物（mg/L）②	1.0
11	硝酸盐（以 N 计）（mg/L）	10
12	三氯甲烷（mg/L）③	0.06
13	一氯二溴甲烷（mg/L）③	0.1
14	二氯一溴甲烷（mg/L）③	0.06
15	三溴甲烷（mg/L）③	0.1
16	三卤甲烷（三氯甲烷、一氯二溴甲烷、二氯一溴甲烷、三溴甲烷的总和）③	该类化合物中各种化合物的实测浓度与其各自限值的比值之和不超过 1
17	二氯乙酸（mg/L）③	0.05
18	三氯乙酸（mg/L）③	0.1
19	溴酸盐（mg/L）③	0.01
20	亚氯酸盐（mg/L）③	0.7
21	氯酸盐（mg/L）③	0.7
	三、感官性状和一般化学指标④	
22	色度（铂钴色度单位）（度）	15
23	浑浊度（散射浑浊度单位）（NTU②）	1
24	臭和味	无异臭、异味
25	肉眼可见物	无
26	pH	不小于 6.5 且不大于 8.5

续表

序号	指标	限值
27	铝（mg/L）	0.2
28	铁（mg/L）	0.3
29	锰（mg/L）	0.1
30	铜（mg/L）	1.0
31	锌（mg/L）	1.0
32	氯化物（mg/L）	250
33	硫酸盐（mg/L）	250
34	溶解性总固体（mg/L）	1000
35	总硬度（以 $CaCO_3$ 计）（mg/L）	450
36	高锰酸钾盐指数（以 O_2 计）（mg/L）	3
37	氨（以 N 计）（mg/L）	0.5
	四、放射性指标⑤	
38	总 α 放射性（Bq/L）	0.5（指导值）
39	总 β 放射性（Bq/L）	1（指导值）

注：① MPN 表示最可能数；CFU 表示菌落形成单位。当水样检出总大肠菌群时，应进一步检验大肠埃希氏菌；当水样未检出总大肠菌群时，不必检验大肠埃希氏菌。

② 小型集中式供水和分散式供水因水源与净水技术受限时，菌落总数指标限值按 500MPN/mL 或 500CFU/mL 执行，氟化物指标限值按 1.2mg/L 执行，硝酸盐（以 N 计）指标限值按 20mg/L 执行，浑浊度指标限值按 3NTU 执行。

③ 水处理工艺流程中预氧化或消毒方式：

——采用液氯、次氯酸钙及氯胺时，应测定三氯甲烷、一氯二溴甲烷、二氯一溴甲烷、三溴甲烷、三卤甲烷、二氯乙酸、三氯乙酸；

——采用次氯酸钠时，应测定三氯甲烷、一氯二溴甲烷、二氯一溴甲烷、三溴甲烷、三卤甲烷、二氯乙酸、三氯乙酸、氯酸盐；

——采用臭氧时，应测定溴酸盐；

——采用二氧化氯时，应测定亚氯酸盐；

——采用二氧化氯与氯混合消毒剂发生器时，应测定亚氯酸盐、氯酸盐、三氯甲烷、一氯二溴甲烷、二氯一溴甲烷、三溴甲烷、三卤甲烷、二氯乙酸、三氯乙酸；

——当原水中含有上述污染物，可能导致出厂水和末梢水的超标风险时，无论采用何种预氧化或消毒方式，都应对其进行测定。

④ 当发生影响水质的突发公共事件时，经风险评估，感官性状和一般化学指标可暂时适当放宽。

⑤ 放射性指标超过指导值（总 β 放射性扣除 ^{40}K 后仍然大于 1Bq/L），应进行核素分析和评价，判定能否饮用。

生活饮用水消毒剂常规指标及要求 **附表 6-2**

序号	指标	与水接触时间（min）	出厂水和末梢水限值（mg/L）	出厂水余量（mg/L）	末梢水余量（mg/L）
1	游离氯[a, d]	≥30	≤2	≥0.3	≥0.05
2	总氯[b]	≥120	≤3	≥0.5	≥0.05

续表

序号	指标	与水接触时间(min)	出厂水和末梢水限值(mg/L)	出厂水余量(mg/L)	末梢水余量(mg/L)
3	臭氧[c]	≥12	≤0.3	—	≥0.02 如采用其他协同消毒方式，消毒剂限值及余量应满足相应要求
4	二氧化氯[d]	≥30	≤0.8	≥0.1	≥0.02

注：[a] 采用液氯、次氯酸钠、次氯酸钙消毒方式时，应测定游离氯。

[b] 采用氯胺消毒方式时，应测定总氯。

[c] 采用臭氧消毒方式时，应测定臭氧。

[d] 采用二氧化氯消毒方式时，应测定二氧化氯；采用二氧化氯与氯混合消毒剂发生器消毒方式时，应测定二氧化氯和游离氯。两项指标均应满足限值要求，至少一项指标应满足余量要求。

生活饮用水水质扩展指标及限值（单位：mg/L） **附表 6-3**

序号	指标	限值
	一、微生物指标	
1	贾第鞭毛虫（个/10L）	<1
2	隐孢子虫（个/10L）	<1
	二、毒理指标	
3	锑（mg/L）	0.005
4	钡（mg/L）	0.7
5	铍（mg/L）	0.002
6	硼（mg/L）	1.0
7	钼（mg/L）	0.07
8	镍（mg/L）	0.02
9	银（mg/L）	0.05
10	铊（mg/L）	0.0001
11	硒（mg/L）	0.01
12	高氯酸盐（mg/L）	0.07
13	二氯甲烷（mg/L）	0.02
14	1,2-二氯乙烷（mg/L）	0.03
15	四氯化碳（mg/L）	0.002
16	氯乙烯（mg/L）	0.001
17	1,1-二氯乙烯（mg/L）	0.03
18	1,2-二氯乙烯（总量）（mg/L）	0.05
19	三氯乙烯（mg/L）	0.02
20	四氯乙烯（mg/L）	0.04
21	六氯丁二烯（mg/L）	0.0006
22	苯（mg/L）	0.01
23	甲苯（mg/L）	0.7

续表

序号	指标	限值
24	二甲苯（总量）(mg/L)	0.5
25	苯乙烯（mg/L）	0.02
26	氯苯（mg/L）	0.3
27	1,4-二氯苯（mg/L）	0.3
28	三氯苯（总量）(mg/L)	0.02
29	六氯苯（mg/L）	0.001
30	七氯（mg/L）	0.0004
31	马拉硫磷（mg/L）	0.25
32	乐果（mg/L）	0.006
33	灭草松（mg/L）	0.3
34	百菌清（mg/L）	0.01
35	呋喃丹（mg/L）	0.007
36	毒死蜱（mg/L）	0.03
37	草甘膦（mg/L）	0.7
38	敌敌畏（mg/L）	0.001
39	莠去津（mg/L）	0.002
40	溴氰菊酯（mg/L）	0.02
41	2,4-滴（mg/L）	0.03
42	乙草胺（mg/L）	0.02
43	五氯酚（mg/L）	0.009
44	2,4,6-三氯酚（mg/L）	0.2
45	苯并（a）芘（mg/L）	0.00001
46	邻苯二甲酸二（2-乙基己基）酯（mg/L）	0.008
47	丙烯酰胺（mg/L）	0.0005
48	环氧氯丙烷（mg/L）	0.0004
49	微囊藻毒素-LR（藻类暴发情况发生时）(mg/L)	0.001
三、感官性状和一般化学指标*		
50	钠（mg/L）	200
51	挥发酚类（以苯酚计）(mg/L)	0.002
52	阴离子合成洗涤剂（mg/L）	0.3
53	2-甲基异莰醇（mg/L）	0.00001
54	土臭素（mg/L）	0.00001

注：* 当发生影响水质的突发公共事件时，经风险评估，感官性状和一般化学指标可暂时适当放宽。

附录 7 《污水综合排放标准》GB 8978-1996

第一类污染物最高允许排放浓度（单位：mg/L）　　附表 7-1

序号	污染物	最高允许排放浓度
1	总汞	0.05
2	烷基汞	不得检出
3	总镉	0.1
4	总铬	1.5
5	六价铬	0.5
6	总砷	0.5
7	总铅	1.0
8	总镍	1.0
9	苯并（a）芘	0.00003
10	总铍	0.005
11	总银	0.5
12	总 α 放射性	1Bq/L
13	总 β 放射性	10Bq/L

第二类污染物最高允许排放浓度（单位：mg/L）　　附表 7-2

（1997 年 12 月 31 日之前建设的单位）

序号	污染物	适用范围	一级标准	二级标准	三级标准
1	pH	一切排污单位	6～9		
2	色度（稀释倍数）	染料工业	50	180	—
		其他排污单位	50	80	—
3	悬浮物（SS）	采矿、选矿、选煤工业	100	300	—
		脉金选矿	100	500	—
		边远地区砂金选矿	100	800	—
		城镇二级污水处理厂	20	30	—
		其他排污单位	70	200	400
4	五日生化需氧量（BOD_5）	甘蔗制糖、苎麻脱胶、湿法纤维板工业	30	100	600
		甜菜制糖、酒精、味精、皮革、化纤浆粕工业	30	150	600
		城镇二级污水处理厂	20	30	—
		其他排污单位	30	60	300

续表

序号	污染物	适用范围	一级标准	二级标准	三级标准
5	化学需氧量（COD）	甜菜制糖、焦化、合成脂肪酸、湿法纤维板、染料、洗毛、有机磷农药工业	100	200	1000
		味精、酒精、医药原料药、生物制药、苎麻脱胶、皮革、化纤浆粕工业	100	300	1000
		石油化工工业（包括石油炼制）	100	150	500
		城镇二级污水处理厂	60	120	—
		其他排污单位	100	150	500
6	石油类	一切排污单位	10	10	30
7	动植物油	一切排污单位	20	20	100
8	挥发酚	一切排污单位	0.5	0.5	2.0
9	总氰化合物	电影洗片（铁氰化合物）	0.5	5.0	5.0
		其他排污单位	0.5	0.5	1.0
10	硫化物	一切排污单位	1.0	1.0	2.0
11	氨氮	医药原料药、染料、石油化工工业	15	50	—
		其他排污单位	15	25	—
12	氟化物	黄磷工业	10	20	20
		低氟地区（水体含氟量＜0.5mg/L）	10	20	30
		其他排污单位	10	10	20
13	磷酸盐（以P计）	一切排污单位	0.5	1.0	20
14	甲醛	一切排污单位	1.0	2.0	5.0
15	苯胺类	一切排污单位	1.0	2.0	5.0
16	硝基苯类	一切排污单位	2.0	3.0	5.0
17	阴离子表面活性剂（LAS）	合成洗涤剂工业	5.0	15	20
		其他排污单位	5.0	10	20
18	总铜	一切排污单位	0.5	1.0	2.0
19	总锌	一切排污单位	2.0	5.0	5.0
20	总锰	合成脂肪酸工业	2.0	5.0	5.0
		其他排污单位	2.0	2.0	5.0
21	彩色显影剂	电影洗片	2.0	3.0	5.0
22	显影剂及氧化物总量	电影洗片	3.0	6.0	6.0
23	元素磷	一切排污单位	0.1	0.3	0.3
24	有机磷农药（以P计）	一切排污单位	不得检出	0.5	0.5
25	粪大肠菌群数	医院*、兽医院及医疗机构含病原体污水	500个/L	1000个/L	5000个/L
		传染病、结核病医院污水	100个/L	500个/L	1000个/L

续表

序号	污染物	适用范围	一级标准	二级标准	三级标准
26	总余氯（采用氯化消毒的医院污水）	医院*、兽医院及医疗机构含病原体污水	<0.5**	>3（接触时间≥1h）	>2（接触时间≥1h）
		传染病、结核病医院污水	<0.5**	>6.5（接触时间≥1.5h）	>5（接触时间≥1.5h）

注：* 指50个床位以上的医院；** 加氯消毒后须进行脱氯处理，达到本标准。

第二类污染物最高允许排放浓度（单位：mg/L）　　**附表 7-3**

（1998年1月1日之前建设的单位）

序号	污染物	适用范围	一级标准	二级标准	三级标准
1	pH	一切排污单位	6～9		
2	色度（稀释倍数）	染料工业	50	180	—
3	悬浮物（SS）	采矿、选矿、选煤工业	70	300	—
		脉金选矿	70	400	—
		边远地区砂金选矿	70	800	—
		城镇二级污水处理厂	20	30	—
		其他排污单位	70	150	400
4	五日生化需氧量（BOD_5）	甘蔗制糖、苎麻脱胶、湿法纤维板、染料、洗毛工业	20	60	600
		甜菜制糖、酒精、味精、皮革、化纤浆粕工业	20	100	600
		城镇二级污水处理厂	20	30	—
		其他排污单位	20	30	300
5	化学需氧量（COD）	甜菜制糖、合成脂肪酸、湿法纤维板、染料、洗毛、有机磷农药工业	100	200	1000
		味精、酒精、医药原料药、生物化工、苎麻脱胶、皮革、化纤浆粕工业	100	300	1000
		石油化工工业（包括石油炼制）	60	120	500
		城镇二级污水处理厂	60	120	—
		其他排污单位	100	150	500
6	石油类	一切排污单位	5	10	20
7	动植物油	一切排污单位	10	15	100
8	挥发酚	一切排污单位	0.5	0.5	2.0
9	总氰化合物	一切排污单位	0.5	0.5	1.0
10	硫化物	一切排污单位	1.0	1.0	1.0
11	氨氮	医药原料药、染料、石油化工工业	15	50	—
		其他排污单位	15	25	—

续表

序号	污染物	适用范围	一级标准	二级标准	三级标准
12	氟化物	黄磷工业	10	15	20
		低氟地区（水体含氟量<0.5mg/L）	10	20	30
		其他排污单位	10	10	20
13	磷酸盐（以P计）	一切排污单位	0.5	1.0	—
14	甲醛	一切排污单位	1.0	2.0	5.0
15	苯胺类	一切排污单位	1.0	2.0	5.0
16	硝基苯类	一切排污单位	2.0	3.0	5.0
17	阴离子表面活性剂(LAS)	一切排污单位	5.0	10	20
18	总铜	一切排污单位	0.5	1.0	2.0
19	总锌	一切排污单位	2.0	5.0	5.0
20	总锰	合成脂肪酸工业	2.0	5.0	5.0
		其他排污单位	2.0	2.0	5.0
21	彩色显影剂	电影洗片	1.0	2.0	3.0
22	显影剂及氧化物总量	电影洗片	3.0	3.0	6.0
23	元素磷	一切排污单位	0.1	0.1	0.3
24	有机磷农药（以P计）	一切排污单位	不得检出	0.5	0.5
25	乐果	一切排污单位	不得检出	1.0	2.0
26	对硫磷	一切排污单位	不得检出	1.0	2.0
27	甲基对硫磷	一切排污单位	不得检出	1.0	2.0
28	马拉硫磷	一切排污单位	不得检出	5.0	10
29	五氯酚及五氯酚钠（以五氯酚计）	一切排污单位	5.0	8.0	10
30	可吸附有机卤化物（AOX以Cl计）	一切排污单位	1.0	5.0	8.0
31	三氯甲烷	一切排污单位	0.3	0.6	1.0
32	四氯化碳	一切排污单位	0.03	0.06	0.5
33	三氯乙烯	一切排污单位	0.3	0.6	1.0
34	四氯乙烯	一切排污单位	0.1	0.2	0.5
35	苯	一切排污单位	0.1	0.2	0.5
36	甲苯	一切排污单位	0.1	0.2	0.5
37	乙苯	一切排污单位	0.4	0.6	1.0
38	邻-二甲苯	一切排污单位	0.4	0.6	1.0
39	对-二甲苯	一切排污单位	0.4	0.6	1.0

续表

序号	污染物	适用范围	一级标准	二级标准	三级标准
40	间-二甲苯	一切排污单位	0.4	0.6	1.0
41	氯苯	一切排污单位	0.2	0.4	1.0
42	邻二氯苯	一切排污单位	0.4	0.6	1.0
43	对二氯苯	一切排污单位	0.4	0.6	1.0
44	对硝基氯苯	一切排污单位	0.5	1.0	5.0
45	2,4-二硝基氯苯	一切排污单位	0.5	1.0	5.0
46	苯酚	一切排污单位	0.3	0.4	1.0
47	间-甲酚	一切排污单位	0.1	0.2	0.5
48	2,4-二氯酚	一切排污单位	0.6	0.8	1.0
49	2,4,6-三氯酚	一切排污单位	0.6	0.8	1.0
50	邻苯二甲酸二丁酯	一切排污单位	0.2	0.4	2.0
51	邻苯二甲酸二辛酯	一切排污单位	0.3	0.6	2.0
52	丙烯腈	一切排污单位	2.0	5.0	5.0
53	总硒	一切排污单位	0.1	0.2	0.5
54	粪大肠菌群数	医院*、兽医院及医疗机构含病原体污水	500个/L	1000个/L	5000个/L
		传染病、结核病医院污水	100个/L	500个/L	1000个/L
55	总余氯（采用氯化消毒的医院污水）	医院*、兽医院及医疗机构含病原体污水	＜0.5**	＞3（接触时间≥1h）	＞2（接触时间≥1h）
		传染病、结核病医院污水	＜0.5**	＞6.5（接触时间≥1.5h）	＞5（接触时间≥1.5h）
56	总有机碳（TOC）	合成脂肪酸工业	20	40	—
		苎麻脱胶工业	20	60	—
		其他排污单位	20	30	—

注：1. 其他排污单位是指除在该控制项目中所列行业以外的一切排污单位；

2. * 指50个床位以上的医院；** 加氯消毒后须进行脱氯处理，达到本标准。

附录 8 《城镇污水处理厂污染物排放标准》GB 18918-2002

基本控制项目最高允许排放浓度（日均值）（单位：mg/L）　　**附表 8-1**

序号	基本控制项目		一级标准		二级标准	三级标准
			A 标准	B 标准		
1	化学需氧量（COD）		50	60	100	120[①]
2	生化需氧量（BOD$_5$）		10	20	30	60[①]
3	悬浮物（SS）		10	20	30	50
4	动植物油		1	3	5	20
5	石油类		1	3	5	15
6	阴离子表面活性剂		0.5	1	2	5
7	总氮（以 N 计）		15	20	—	—
8	氨氮（以 N 计）[②]		5（8）	8（15）	25（30）	—
9	总磷（以 P 计）	2005 年 12 月 31 日前建设的	1	1.5	3	5
		2006 年 1 月 1 日起建设的	0.5	1	3	5
10	色度（稀释倍数）		30	30	40	50
11	pH		6～9			
12	粪大肠菌群数（个/L）		10^3	10^4	10^4	—

注：① 下列情况下按去除率指标执行：当进水 COD 大于 350mg/L 时，去除率应大于 60%；BOD 大于 160mg/L 时，去除率应大于 50%。

② 括号外数值为水温高于 12℃时的控制指标，括号内数值为水温≤12℃时的控制指标。

部分一类污染物最高允许排放浓度（日均值）（单位：mg/L）　　**附表 8-2**

序号	项目	标准值
1	总汞	0.001
2	烷基汞	不得检出
3	总镉	0.01
4	总铬	0.1
5	六价铬	0.05
6	总砷	0.1
7	总铅	0.1

选择控制项目最高允许排放浓度（日均值）（单位：mg/L）　　**附表 8-3**

序号	选择控制项目	标准值	序号	选择控制项目	标准值
1	总镍	0.05	23	三氯乙烯	0.3
2	总铍	0.002	24	四氯乙烯	0.1
3	总银	0.1	25	苯	0.1
4	总铜	0.5	26	甲苯	0.1
5	总锌	1.0	27	邻-二甲苯	0.4
6	总锰	2.0	28	对-二甲苯	0.4
7	总硒	0.1	29	间-二甲苯	0.4
8	苯并（a）芘	0.00003	30	乙苯	0.4
9	挥发酚	0.5	31	氯苯	0.3
10	总氰化物	0.5	32	1,4-二氯苯	0.4
11	硫化物	1.0	33	1,2-二氯苯	1.0
12	甲醛	1.0	34	对硝基氯苯	0.5
13	苯胺类	0.5	35	2,4-二硝基氯苯	0.5
14	总硝基化合物	2.0	36	苯酚	0.3
15	有机磷农药（以P计）	0.5	37	间-甲酚	0.1
16	马拉硫磷	1.0	38	2,4-二氯酚	0.6
17	乐果	0.5	39	2,4,6-三氯酚	0.6
18	对硫磷	0.05	40	邻苯二甲酸二丁酯	0.1
19	甲基对硫磷	0.2	41	邻苯二甲酸二辛酯	0.1
20	五氯酚	0.5	42	丙烯腈	2.0
21	三氯甲烷	0.3	43	可吸附有机卤化物（AOX以Cl计）	1.0
22	四氯化碳	0.03			

主 要 参 考 文 献

[1] Cecilia Tortajada & Pierre van Rensburg. Drink more recycled wastewater[J]. Nature, 2020, 577, 26-28.

[2] Gao Z, Zhang Q H, Li J, Wang Y F, Dzakpasu M, Wang X C. New conceptualization and quantification method of first-flush in urban catchments: A modelling study[J]. Science of the Total Environment, 2023, 873, 162271.

[3] Guillermo Goyenola. Uruguay's water crisis: prepare for future events Nature[J], 2023 , 618, 675.

[4] Jean-Philippe Venot. Water: a commons beyond economic value[J]. Nature, 2023, 618, 675.

[5] M. K. H. WINKLER and M. C. M. VAN LOOSDRECHT. Intensifying existing urban wastewater. SCIENCE, 2022, 375(6579): 377-378.

[6] MARK C M, VAN LOOSDRECHT and DAMIR BRDJANOVIC. Anticipating the next century of wastewater treatment. SCIENCE, 2014, 344(6191): 1452-1453.

[7] Ren Z, Umble A. Recover wastewater resources locally[J]. Nature, 2016, 529, 25.

[8] Tao T, Xin K L. A sustainable plan for China's drinking water[J]. Nature, 2014, 511(7511): 527-528.

[9] Willet J, Wetser K, Dykstra J E, Bianchi A B. WaterROUTE: A model for cost optimization of industrial water supply networks when using water resources with varying salinity[J]. Water Research, 2021, 202, 117390.

[10] Wu H, Wang R, Yan P. et al. Constructed wetlands for pollution control[J]. Nat Rev Earth Environ 4, 218 - 234 (2023).

[11] 曹耀冰. 城市总体规划中给水、污水规划水量指标刍议[J]. 中国西部科技, 2006(19): 49-50.

[12] 常妮妮. 城市内湖景观功效综合评价指标研究[D]. 西安: 西安建筑科技大学, 2020.

[13] 陈冬. 论科学化的城市给排水规划[J]. 科技创新导报, 2008(16): 132 .

[14] 陈静. 最新安全生产问题防范与解决手册(防洪防汛安全卷)[M]. 北京: 中国言实出版社, 2000.

[15] 陈龙珠等. 防灾工程学导论[M]. 北京: 中国建材工业出版社, 2005.

[16] 陈晓宏, 江涛, 陈俊合. 水环境评价与规划[M]. 广州: 中山大学出版社, 2001.

[17] 程江, 吴阿娜, 车越等. 平原河网地区水体黑臭预测评价关键指标研究[J]. 中国给水排水, 2006, 22(9): 18-22.

[18] 邓志光, 吴宗义, 蒋卫列. 城市初期雨水的处理技术路线初探[J]. 中国给水排水, 2009, 25(10): 11-14.

[19] 董淑杰, 高洪波, 孟宪文. 工业用水量预测方法及适用条件分析[J]. 黑龙江水专学报, 2004(03): 59-60.

[20] 杜茂安, 韩洪军. 水源工程与管道系统设计计算[M]. 北京: 中国建筑工业出版社, 2006.

[21] 冯炳燕. 控制性详细规划中的给排水规划探讨[J]. 广东建材, 2007(5): 16-18.

[22] 高艳玲. 城市水务管理[M]. 北京: 中国建材工业出版社, 2005.

[23] 高艳英. GIS空间分析法在重庆城市综合管廊规划研究中的应用[D]. 重庆: 重庆大学, 2021.

[24] 顾强. 苏州河水环境质量变化特征及其黑臭风险评估[D]. 上海: 华东师范大学, 2017.

[25] 广东省城乡规划设计研究院. 低碳生态视觉下的市政工程规划新技术[M]. 北京: 中国建筑工业出版社, 2012.

[26] 郝英群，张璘，孙成，等. 江苏省城市河流黑臭评价标准研究[J]. 环境科技，2013，26(6)：46-50.
[27] 何雨豪，宋玉亮，张百德，等. 控制合流制溢流治理水体黑臭的技术探讨[J]. 应用化工，2022，51(04)：1141-1145.
[28] 巢亚萍. 常州运河支流水体黑臭监测调查及防治对策[J]. 环境与发展，2001，13(2)：30-31.
[29] 胡洪营. 聚焦矛盾精准施策全面提升污水资源化利用水平[J]. 给水排水，2021，57(02)：1-3.
[30] 黄诚，张晓祥，韩炜，等. 基于SWMM模型及GIS技术的城市雨洪调控情景模拟——以镇江市城区为例[J]. 人民长江，2022，53(04)：31-36.
[31] 黄鲜. 基于AHP-模糊综合评价法的网络电子地图评价分析[D]. 湘潭：湘潭大学，2019.
[32] 黄征. 面向城市内涝的淹没分析与风险评估研究[D]. 北京：北京建筑大学，2022.
[33] 季京宣，俞亭超，杨玉龙，等. 多水厂供水管网的供水分界带水质改善研究[J]. 给水排水，2022，58(08)：116-122.
[34] 周玉文，赵洪宾. 排水管网理论与计算[M]. 北京：中国建筑工业出版社，2000.
[35] 季永兴，刘水芹. 苏州河水环境治理20年回顾与展望[J]. 水资源保护，2020，36(01)：25-30+51.
[36] 蒋白懿，李亚峰. 给水排水管道设计计算与安装. 北京：化学工业出版社，2005.
[37] 金大陆. 20世纪六七十年代上海黄浦江水系污染问题研究(1963—1976)[J]. 中国经济史研究，2021(01)：168-182.
[38] 金光炎. 地下水文学初步与地下水资源评价[M]. 南京：东南大学出版社，2009.
[39] 金相灿. 城市河流污染控制理论与生态修复技术[M]. 北京：科学出版社，2015.
[40] 巨涛. 给水排水规划深度问题探讨[J]. 中外建筑，2008(4)：2.
[41] 李广贺. 水资源利用与保护(第四版)[M]. 北京：中国建筑工业出版社，2020.
[42] 李洁. 西安市湿沉降氮污染物迁移转化特征研究[D]. 西安：西安建筑科技大学，2023.
[43] 李莲秀. 关于城市给排水系统规划的思考[J]. 建筑经济，2007(8)：51-54.
[44] 李树平，刘遂庆. 城市排水管渠系统[M]. 北京：中国建筑工业出版社，2009.
[45] 李天荣. 城市工程管线系统[M]. 重庆：重庆大学出版社，2002.
[46] 栗玉鸿，王家卓，胡应均，等. 城市明渠生态补水方法初探——以石家庄海绵城市规划中水环境提升为例[J]. 给水排水，2019，55(02)：64-69.
[47] 凌云飞，雷木穗子，周飞祥，等. 喀斯特地区(贵州六盘水市)黑臭水体治理策略[J]. 中国给水排水，2022，38(12)：76-82.
[48] 刘国印，黄乾. 灰色动态模型在工业用水量预测中的应用[J]. 水利规划与设计，2007(03)：48+52.
[49] 刘利. 滨海缺水城市水资源优化利用研究[D]. 青岛：中国海洋大学，2011.
[50] 刘隧庆. 给水排水管网系统(第四版)[M]. 北京：中国建筑工业出版社，2021.
[51] 柳超. 复杂河流水系水质评价及污染物时空分布特征研究[D]. 青岛：青岛理工大学，2018.
[52] 卢少勇. 黑臭水体治理技术及典型案例[D]. 北京：化学工业出版社，2019.
[53] 罗鋆. 可持续城市基础设施规划建设研究[D]. 重庆：重庆大学，2007.
[54] 马勇，彭永臻，尚付刚，等. GIS在城市给水排水中的应用[J]. 城市环境与城市生态，2003，16(5)：3.
[55] 苗展堂. 微循环理念下的城市雨水生态系统规划方法研究[D]. 天津：天津大学，2013.
[56] 莫栩琪. 融合BIM与GIS的社区给排水管网多尺度建模研究[D]. 桂林：桂林理工大学，2022.
[57] 秦琦，田一梅，喻青. 浅议区域给水排水综合规划[J]. 安徽农业科学，2007(05)：1465-1466.
[58] 阮仁良，黄长缨. 苏州河水质黑臭评价方法和标准的探讨[J]. 上海水务，2002(3)：32-36.

[59] 生态环境部. 到2025年县级城市建成区黑臭水体基本消除[J]. 给水排水，2022，58(05)：75.
[60] 史晓新，朱党生，张建永. 现代水资源保护规划[M]. 北京：化学工业出版社，2004.
[61] 史秀芳，卢亚静，潘兴瑶，等. 合流制溢流污染控制技术、管理与政策研究进展[J]. 给水排水，2020，56(S1)：740-747.
[62] 宋巧娜，唐德善. 城市工业用水量的灰色马尔可夫预测模型[J]. 节水灌溉，2007(05)：54-56.
[63] 宋瑞宁，郭毅，徐巍，等. InfoWorks ICM 模型在污水管网运营管理中的应用[J]. 给水排水，2022，58(S1)：401-405.
[64] 苏乐，朱延平，舒诗湖，等. 管网输配系统中消毒副产物生成及控制技术研究[J]. 中国给水排水，2022，38(14)：42-46.
[65] 汤洁，卞建民，李昭阳. 3S技术在环境科学中的应用[M]. 北京：高等教育出版社，2009.
[66] 陶文华. 城市雨洪 SWMM 模型的构建与 LID 综合效能评价方法研究[D]. 武汉：武汉工程大学，2022.
[67] 陶霞. 城市道路初期雨水快速处理技术研究[D]. 北京：清华大学，2010.
[68] 万玉山，李娜，彭明国，等. 南方某小城镇给水排水系统规划[J]. 中国给水排水，2012，28(24)：28-30+34.
[69] 王飞，胡智翔，胡群芳，等. 城市供水管网运行安全监测技术及应用[J]. 同济大学学报(自然科学版)，2023，51(02)：197-205+212.
[70] 王开章. 现代水资源分析与评价[M]. 北京：化学工业出版社，2006.
[71] 王启山. 水工业工程常用数据速查手册[M]. 北京：机械工业出版社，2005.
[72] 王倩，张琼华，王晓昌. 国内典型城市降雨径流初期累积特征分析[J]. 中国环境科学，2015，35(6)：1719-1725.
[73] 王淑梅，王宝贞，曹向东，等. 对我国城市排水体制的探讨[J]. 中国给水排水，2007(12)：16-21.
[74] 王淑莹，马勇，王晓莲，等. GIS在城市给水排水管网信息管理系统中的应用[J]. 哈尔滨工业大学学报，2005(01)：123-126.
[75] 王晓昌，张荔，袁宏林. 水资源利用与保护[M]. 北京：高等教育出版社，2008.
[76] 王晓玲，孙月峰，梅传书，等. 区域工业用水量非线性预测模型的优选[J]. 天津：天津大学学报，2006(12)：1399-1404.
[77] 王旭，王永刚，孙长虹，等. 城市黑臭水体形成机理与评价方法研究进展[J]. 应用生态学报，2016，27(4)：1331-1340.
[78] 魏文龙，荆红卫，张大伟，等. 北京市城市河道水体发臭分级评价方法[J]. 环境科学与技术，2017，36(02)：439-447.
[79] 吴俊奇，付婉霞，曹莠芹. 给水排水工程[M]. 北京：中国水利水电出版社，2004.
[80] 吴兆申，皇甫佳群，金家明. 城市给排水工程规划水量规模的确定[J]. 给水排水，2003(04)：29-31+1.
[81] 夏文林，黄伟. 黑臭水体综合治理工程中河道底泥清淤深度的确定[J]. 中国给水排水，2022，38(06)：44-47.
[82] 熊春宝. 测量学[M]. 天津：天津大学出版社，2007.
[83] 徐荣晋. 给水排水工程常用数据速查手册[M]. 北京：中国建材工业出版社，2006.
[84] 徐祖信. 我国河流单因子水质标识指数评价方法研究[J]. 同济大学学报：自然科学版，2005，33(3)：321-325.
[85] 徐祖信. 河流污染治理规划理论与实践[M]. 北京：中国环境科学出版社，2003.
[86] 严煦世，高乃云. 给水工程 上册(第五版)[M]. 北京：中国建筑工业出版社，2020.
[87] 严煦世，高乃云. 给水工程 (第五版)[M]. 北京：中国建筑工业出版社，2022.

[88] 严煦世，刘遂庆. 给水排水管网系统. 第3版[M]. 北京：中国建筑工业出版社，2014.
[89] 杨正，赵杨，车伍，陈灿. 典型发达国家合流制溢流控制的分析与比较[J]. 中国给水排水，2020，36(14)：29-36.
[90] 玉孝莉. 城市规划中给排水工程规模的确定[J]. 黑龙江环境通报，2004(03)：92-94+86 .
[91] 张成才，杨东. 3S技术及其在水利工程施工与管理中的应用[M]. 武汉：武汉大学出版社，2014.
[92] 张军，雷军，李硕豪，等. 3S技术导论[M]. 北京：清华大学出版社，2023.
[93] 张孔锋.《福建省城市用水量标准》中工业用地用水量指标的确定[J]. 中国给水排水，2012，28(14)：29-32.
[94] 张丽丽，马云东，魏令勇. 区域给水与污水处理及回用系统规划的优化研究[J]. 环境科学与管理，2006，(02)：112-113.
[95] 张玉先. 给水工程(第1册)[M]. 北京：中国建筑工业出版社，2019.
[96] 张智. 给排水工程 上册(第五版)[M]. 北京：中国建筑工业出版社，2015.
[97] 赵玲萍，邵敏. 中水系统纳入给排水系统综合规划的优化研究[J]. 节水灌溉，2006，(02)：26-28+52.
[98] 赵玲萍. 中水系统纳入城市给排水系统综合规划的优化研究[D]. 天津：天津大学，2004..
[99] 中国城市科学研究会水环境与水生态分会. 城市黑臭水体治理的成效与展望[M]. 北京：科学出版社，2023.
[100] 罗惠云. 编制城市给水排水工程专业规划的探讨[J]. 湖南城市学院学报(自然科学版)，2004(04)：28-30.
[101] 中华人民共和国住房和城乡建设部.《海绵城市建设技术指南——低影响开发雨水系统构建(试行)》. 北京：中国建筑工业出版社，2015.
[102] 钟登杰，张湖川，李林澄，等. 城市初期雨水污染及处理措施综述[J]. 环境污染与防治，2019，41(02)：224-230.
[103] 周蓉，王绍贵，陈冬育，等. 湛江市黑臭水体治理中暗渠清污分流设计与思考[J]. 中国给水排水，2022，38(22)：72-79.
[104] 周鑫根. 小城镇污水处理工程规划与设计[M]. 北京：化学工业出版社，2005.